A. Kaestner

Lehrbuch der Speziellen Zoologie

Band I: Wirbellose

3. Teil

Lehrbuch der Speziellen Zoologie

Von

Dr. Alfred Kaestner

em. o. Professor für Spezielle Zoologie an der Universität zu München, weiland 1. Direktor der Naturwissenschaftlichen Sammlungen des Bayrischen Staates

unter Mitarbeit (Abschnitt Protozoa) von Dr. **Arno Wetzel**

em. o. Professor für Zoologie, weiland Direktor des Zoologischen Institutes der Universität zu Leipzig

Band I: Wirbellose

3. Teil

Insecta: A. Allgemeiner Teil

Mit 182 Abbildungen im Text

SEMPER BONIS ARTIBUS

GUSTAV FISCHER VERLAG · STUTTGART 1972

ISBN 3-437-20097-6
Ausgabe in der Deutschen Bundesrepublik

Satz und Druck: Druckerei „Magnus Poser" Jena, DDR

Vorbemerkung

Aus drucktechnischen Gründen mußten der Allgemeine (Einführende) und der Spezielle Insekten-Teil getrennt herausgegeben werden. Im vorliegenden Einführenden Teil finden sich daher sehr viele Hinweise auf Kapitel (= Ordnungen) und Bilder des Speziellen Teiles; sie sind dadurch kenntlich, daß sie **kein** vorangestelltes E aufweisen.

Der Spezielle Teil erscheint 1973.

Geleitwort

Als ALFRED KAESTNER im Sommer 1970 das Manuskript für den Insektenband seines Lehrbuches in Jena ablieferte, dachten wir alle nicht, daß es dem rüstigen und geistvollen Mann nicht vergönnt sein sollte, Drucklegung und Weiterführung seines großen Werkes zu erleben, dem er die Kraft und den Inhalt seiner reifen Jahre gewidmet hat. Langjährige, herzliche Verbundenheit und die Bewunderung für seine Leistung, noch einmal als einzelner ein Lehrbuch der Speziellen Zoologie zu schaffen, machten es mir zur selbstverständlichen Pflicht, der Bitte seiner Witwe und des Verlages zu entsprechen und bei der technischen Vollendung des Insektenbandes zu helfen.

Dies ist mit dem Wunsche geschehen, nur dort einzugreifen, wo offensichtliche Versehen oder Fehler unterlaufen sind, die der Autor selbst würde geändert haben, Inhalt und Diktion indessen als vollendet zu betrachten, auch wo neue Erkenntnisse ihn selbst vielleicht noch zu einer Änderung veranlaßt haben würden. War er doch stets mit Begeisterung bereit, wesentliche Fortschritte in sein Werk einzubauen, wenn sie einer kritischen Prüfung standhielten. Er vereinigte in sich in idealer Weise die Eigenschaften eines Lehrbuch-Autors: gleichermaßen Liebe zur Sache wie zu den Studierenden seines Faches, enormes Wissen und unermüdliche Arbeitskraft mit der Aufgeschlossenheit des Forschers für das Neue und der Fähigkeit des Hochschullehrers, das Wesentliche einfach, d. h. konzentriert und doch klar darzustellen.

Das letzte Zeugnis dieses seines Schaffens richtig in das Licht der Öffentlichkeit gebracht zu haben, ist meine Hoffnung. Es war nur möglich durch enge Zusammenarbeit mit dem Verlag, der mich immer wieder in verständnisvoller Weise auch durch Vermittlung der Mitwirkung anderer Kollegen unterstützte. Ihnen allen, insbesondere den Herren Professoren Dr. LINDAUER, Dr. SCHREMMER, Dr. KINZELBACH sowie Herrn Dr. FECHTER, der beim Korrekturlesen half, glaube ich auch im Sinne des Autors danken zu dürfen.

Jena, im Sommer 1972

H. J. MÜLLER

Vorwort

Dieser Teil des „Lehrbuchs der Speziellen Zoologie“ schließt die Darstellung der Wirbellosen ab. Sein Anliegen ist es, den Leser zu einem Verständnis des Lebens der Insekten zu führen, einer Tiergruppe, die dem Menschen in viel stärkerem Maße in der freien Natur entgegentritt als die übrigen Wirbellosen, Spinnen vielleicht ausgenommen. Wenn auch die morphologischen Kapitel die Grundkenntnisse aus einer einführenden Vorlesung voraussetzen, wie sie etwa das Taschenbuch „Grundriß der Allgemeinen Zoologie“ von Alfred Kühn darbietet, so wird doch der ernsthafte Naturfreund auch ohne eine solche Vorbedingung den weitaus größten Teil des Textes dieses Bandes verstehen können. Das eingangs genannte Ziel des Verfassers ist erreichbar geworden durch die Überfülle der auf dem Gebiete der Insektenkunde erschienenen Abhandlungen, durch welche die Insekten jetzt in einem höheren Maße als alle übrigen Wirbellosen nach den verschiedensten Richtungen untersucht worden sind. Sie sind diejenigen Evertebraten, bei denen wir nach den augenblicklichen Kenntnissen am ehesten verstehen können, wie eine Tiergruppe mit einer von den Vertebraten völlig verschiedenen Organisation das Leben bestehen kann. Bei dem ungeheuren Anwachsen der biologischen Literatur können die neugewonnenen Ergebnisse nur zu einem geringen Teil Allgemeingut der Zoologen werden. In bezug auf die Insekten ist das am ehesten auf dem Gebiete der Sinnesphysiologie und der Endokrinologie geschehen. Andere, nicht weniger bedeutsame Forschungen sind jeweils nur einem kleinen Kreis spezialisierter Zoologen bekannt geworden. Das vorliegende Buch möchte dazu beitragen, sie vielen Interessierten bequem zugänglich zu machen. Wie einschneidend unsere Kenntnisse bereichert worden sind, zeigt ein flüchtiger Blick auf das Kapitel Kältefestigkeit. Was hätte man wohl vor einem Dutzend Jahren über dieses Thema dem Leser Grundsätzliches, nämlich Physiologisches, bieten können? Um auch ein Beispiel aus der Speziellen Entomologie zu nennen: Welche Einsicht in die Entstehung der Kasten der Termiten und Hymenopteren, der Morphen der Blattläuse hätte man vor anderthalb Jahrzehnten vermitteln können? Man mußte es bei der morphologischen Beschreibung, bei den Blattläusen bei der sorgfältigen Erforschung der Generationenfolgen bewenden lassen. Und welche Einblicke in biologische Zusammenhänge kann man heute dem Leser gerade in bezug auf die Aphidina bieten! Die Gestaltung des dieser Gruppe gewidmeten Kapitels zeigt aber die große Schwierigkeit auf, die aus dem Versuch erwächst, die Fortschritte der Wissenschaft grundsätzlich und einigermaßen anschaulich in einem Lehrbuch darzustellen: die unvermeidliche Länge der Darstellung. Vor 15 Jahren wäre mir ein knappes Viertel des heute beanspruchten Raumes ausreichend erschienen, das Wesentlichste über die Aphidina zu sagen. Dieses Viertel ist auch heute unentbehrlich für die Darstellung, aber wieviel grundlegend Wichtiges ist hinzuzufügen, um wenigstens einige der bisher bekannten Fakten in einen tieferen Zusammenhang zu bringen!

Um einen Weg zwischen der meiner Ansicht nach unbedingt nötigen Tiefe der Darstellung und dem übermäßigen Anschwellen des Buches zu finden, war es nötig, eine Auswahl des Stoffes nach Schwerpunkten zu treffen, die sich aus dem Ziel des Buches ergeben. Es wurden — höchst ungern — ganze Gebiete der Entomologie vollständig oder bruchstückweise ausgeklammert. Ich habe verzichtet auf die Darstellung der Physiologie der Embryonalentwicklung, auf die Schilderung der Muskulatur, soweit sie nicht für das Verständnis der Kinetik der Organe von Bedeutung ist, auf die Beschreibung der Abwandlung des Rumpfskelettes sowie vieler innerer Organe bei den einzelnen Ordnungen und auf die Diagnostizierung taxonomischer Einheiten unterhalb der Subordo. Die Aufführung von Familien dient lediglich dem Zweck, den Leser über die systematische Stellung, die Größe usw. der im Text genannten, wirtschaftlich und biologisch wichtigen Arten zu orientieren. Weiterhin habe ich nach Möglichkeit vermieden, Habitusbilder von Arten zu bringen, die in den oft vortrefflich illustrierten Schulbüchern stets vorhanden sind. Man wird also in diesem Buche vergeblich Bilder von der Stubenfliege und dem Maikäfer suchen. Den gewonnenen Raum habe ich dazu verwendet, Figuren zur Veranschaulichung der Organe, die im Großen Praktikum behandelt werden, in größerer Anzahl zu bringen, um zu ermöglichen, daß solche Organe wie z. B. Mundwerkzeuge als Apparate und nicht nur als morphologische Gebilde verstanden werden können.

Der Insektenband ist in 2 Teile gegliedert. Der erste enthält eine knappe Einführung (E) in die Morphologie, Physiologie, Entwicklung und Verhaltensweise der Insekten sowie die Einflüsse ihrer Umwelt. Er stellt ein Lernpensum dar. Mit ihm allein ein Verständnis für das Insektenleben zu gewinnen, ist unmöglich angesichts der ungeheuren Mannigfaltigkeit dieser Gruppe, in der überdies meist die Larven eine andere Lebensweise haben als die Imagines. Es mußte also ein Spezieller Teil angefügt werden, der in die einzelnen Ordnungen einführt etwa in der gleichen Ausführlichkeit wie in den übrigen Bänden des Lehrbuchs die Klassen abgehandelt werden. Der erste und der zweite aus technischen Gründen getrennt erscheinende Buchteil sind durch Verweisungen miteinander verbunden. Der Leser der knappen Definition der Mimikry in der Einführung (E) z. B. findet einen Hinweis auf das Kapitel Schmetterlinge. In diesem sind die Experimente geschildert, die beweisen, unter welchen Umständen mimetische Insekten einen wirksamen Schutz genießen. Auf solche kurzen Darstellungen von Versuchsbedingungen lege ich großen Wert. Der kritische Leser vermag mit ihrer Hilfe die Sicherheit der Grundlagen zu beurteilen, auf denen die mitgeteilten Einsichten beruhen. Das Nachdenken über solche Experimente und ihre Beweiskraft — natürlich sind nicht solche gemeint, zu deren Ausführung komplizierte Apparate dienen — fördert das biologische Denken. Außerdem werfen die Vorsichtsmaßnahmen oft ein scharfes Licht auf die Leistungsfähigkeit anderer Organe des Versuchstieres, die ausgeschaltet werden müssen usw. Weiterhin habe ich die Hoffnung, daß man die Besprechung solcher Versuche, die keine physikalischen und chemischen Vorkenntnisse erfordern, in den Unterricht in den mittleren Schulklassen einfügen wird. Man kann mit ihnen die auf dieser Stufe vorherrschende reine Beschreibung wirkungsvoll unterbrechen und, ohne den Boden der Anschauung zu verlassen, einen Einblick in das biologische Denken vermitteln.

Die gewaltige Anzahl der Abhandlungen und ihre Verstreuung über sehr viele Zeitschriften sowie die Kontroversen in vielen Einzelheiten machten es mir in einer

Anzahl von Fällen unmöglich, mich einwandfrei zu orientieren. Ich war auf die Hilfe kompetenter Kollegen angewiesen. So war ich sehr erfreut darüber, daß sich Herr Prof. NACHTIGALL bereit erklärte, das Kapitel „Flug" zu schreiben und zu illustrieren, wofür ich ihm auch hier meinen herzlichen Dank abstatten möchte. Weiterhin fühle ich mich den Herren sehr verpflichtet, die sich liebenswürdigerweise erboten hatten, Teile des Manuskriptes durchzusehen. Herr Prof. AUTRUM erläuterte mir nicht nur seine Auffassung über die neuerdings aufgetauchten Theorien der Bedeutung von Beugungsbildern bei der Funktion des Superpositionsauges, sondern sah das Manuskript des Kapitels Gesichtssinn durch. Herr Dr. BACHMEIER las den Abschnitt Terebrantia und fügte eine Übersicht über das moderne System dieser Gruppe an, die Herren Dr. DIERL und Dr. FORSTER lasen das Manuskript über Lepidoptera, Herr Dr. DÖHLER die Trichoptera, Herr Prof. Dr. JACOBS den Abschnitt Stridulation der Caelifera und Herr Prof. PEUS die Kapitel Diptera und Siphonaptera. Die Anmerkungen dieser bedeutenden Kenner sind meinem Buche sehr zugute gekommen.

In großer Dankbarkeit gedenke ich auch der zahlreichen Kolleginnen und Kollegen, die mir Auskünfte über Einzelfragen gegeben haben, mir Separata ausliehen, die ich nicht beschaffen konnte oder die mir unbekannt waren, mir unveröffentlichte Manuskripte und Originalzeichnungen zur Verfügung stellten und deren Übernahme in mein Buch gestatteten. Ich muß mich begnügen, hier die Namen der freundlichen Helferinnen und Helfer aufzuführen, ohne die Hilfeleistungen im einzelnen zu nennen:

Fräulein Dr. BAYER, München; Prof. Dr. BEIER, Wien; Oberpräparator BILEK, München; Prof. Dr. BÜCKMANN, Ulm; Prof. Dr. EIBL-EIBESFELD, Seewiesen; Dr. FREUDE, München; Forstamtmann GAUSS, Kirchzarten; Prof. Dr. GEIGER, München; Prof. Dr. GERSCH, Jena; Dr. HANNEMANN, Berlin; Dr. HAUPT, Berlin; Prof. Dr. HENNIG, Ludwigsburg; Dr. HÖLLDOBLER, Frankfurt; Dr. HOMANN, Göttingen; Prof. Dr. ILLIES, Schlitz; Prof. Dr. JANETSCHEK, Innsbruck; Dr. KAISER, Hamburg; Dr. KINZELBACH, Mainz; Prof. Dr. KOCH, Stockdorf; Dr. LANGE, Freiburg; Prof. Dr. MARKL, Darmstadt; Dr. MICKOLEIT, Tübingen; Prof. Dr. MÜLLER, Jena; Prof. Dr. NACHTIGALL, Saarbrücken; Prof. Dr. PRIESNER, Linz; Prof. Dr. RISLER, Mainz; Dr. SATTLER, Schlitz; Prof. Dr. SCHALLER, Wien; Dr. G. SCHMIDT, Freiburg; Dr. H. SCHMIDT, Reinbek; Prof. Dr. SCHREMMER, Heidelberg; Prof. Dr. SCHWOERBEL, Biberach a. Riß; Dr. SEIFERT, Köln; Dr. SEITZ, Frankfurt; Dr. STEFFAN, Mainz; Frau Dr. STRÜBING, Berlin; Dr. THURM, Tübingen; Dr. ULRICH, München; Dr. W. WAGNER, Hamburg; Prof. Dr. WEIDNER, Hamburg; Dr. WINKLER, Berlin; Dr. WUNDT, München.

Mein Dank gilt ferner den Damen und Herren, die Zeichnungen ausgeführt haben: Frau PUHONNY, München, den Herren Dr. DIERL und DILLER in München, Herrn Dipl.-Biol. VENT in Jena sowie Fräulein TSCHARNKE, die mir freundlicherweise zahlreiche Abbildungen aus Werken anderer Autoren photographisch reproduzierte. Eine große Erleichterung für mich und eine Bereicherung für das Buch hat es bedeutet, daß mir der VEB Gustav Fischer Verlag bereitwillig aus dem Klischeeschatz des Verlages vieles zur Verfügung gestellt hat, vor allem zahlreiche Druckstöcke aus dem großartigen Lehrbuch des unvergeßlichen HERMANN WEBER.

München, im Herbst 1970 ALFRED KAESTNER

Inhaltsverzeichnis
für den gesamten Insektenband

Allgemeiner Teil: Einführung in die Morphologie, Physiologie und Ontogenie der Insekten

Spezieller Teil

(Vorschau, erscheint 1973 in gesondertem Band. Der Anordnung liegen phylogenetische Gesichtspunkte zugrunde)

Wie diese Übersicht zeigt, sind die herkömmlicherweise als Ordnungen bezeichneten taxonomischen Einheiten keineswegs genealogisch gleichwertig.

2. Klasse des Unterstammes Tracheata

Hexapoda, Insecta

Allgemeiner Teil

Einführung in die Morphologie, Physiologie und Ontogenie der Insekten

Bisher sind über 775000 Arten bekannt geworden.
Längste Art: *Pharnacia serratipes* GRAY (Stabheuschrecke), 33 cm.
Voluminöseste Arten sind die Käfer
Titanus giganteus LINNAEUS, bis 15 cm lang,
Goliathus LAMARCK und *Megasoma* KIRBY, bis über 10 cm lang und bei 5 cm Breite und 4 cm Dicke bis 30 g schwer.
Kleinste Arten:
Alaptus magnanimus ANNECKE (Schlupfwespe), 0,2 mm lang,
Nanosella jungi MOTSCHULSKY (Käfer), 0,25 mm lang.
(Zum Vergleich: *Paramaecium caudatum* EHRENBERG, 0,12—0,33 mm lang.)

Tracheata, deren Rumpfsegmente zu zwei Tagmata gruppiert sind, dem Thorax und dem Abdomen. Der Thorax besteht aus den ersten 3 Rumpfsegmenten und trägt alle Lokomotionsorgane. Das Abdomen hat primär konstant 11 Segmente und ein Telson. Es weist höchstens zweigliedrige Extremitätenrudimente in manchen Ordnungen auf, die gewöhnlich auf seinen hinteren Abschnitt beschränkt sind. Die Geschlechtsorgane münden im hinteren Drittel des Abdomens. Primär sind sowohl Mittel- als auch Seitenaugen vorhanden. Die Mundwerkzeuge bestehen aus einem Paar Mandibeln und 2 Paar Maxillen, von denen das hintere durch mediane Verschmelzung seiner Grundglieder zu einem Labium ausgestaltet worden ist. In sehr vielen Fällen sind Flügel vorhanden.

Die Insekten haben eine Artenfülle entwickelt, die schon jetzt bei unserer unvollkommenen Kenntnis ¾ aller bisher bekannten Tierspecies ausmacht*). Ihre umfangreichste Familie, die Rüsselkäfer, übertrifft mit ihren 46000 Arten die Säugetiere (4146) um mehr als das Zehnfache, die Vögel (8590) um mehr als das Fünffache. Die meisten Arten sind 0,5 bis 2 cm lang, erstaunlicherweise kann ihre Größe bis auf 0,2 mm zurückgehen trotz des komplizierten Körperbaues und des Vorhandenseins funktionsfähiger Flügel. Sie haben alle Formen des Geländes und deren Lebensräume sowie das Süßwasser besiedelt, ins Meer sind sie aber nur in ganz vereinzelten Ausnahmen über die Gezeitenzone hinaus vorgedrungen. Für den Menschen haben sie durch die Vernichtung von Nutzpflanzen, Vorräten der verschiedensten Art und als Parasiten, die zum Teil sehr gefährliche Krankheiten übertragen, sehr große Be-

*) Dabei werden in jedem Jahr noch über 1000 bisher unbekannte Insektenarten entdeckt, während es sehr selten vorkommt, daß eine neue Vogelart gefunden wird; auch bei den Säugetieren ist der Zuwachs an neuen Species sehr gering.

deutung gewonnen. Im Gegensatz zu den übrigen Tracheaten, den Myriapoda, haben sie ihre Mundwerkzeuge in mannigfachster Weise aus beißenden zu saugenden, leckenden und stechenden Apparaten umgeformt, so daß sie alle nur denkbaren Nahrungsquellen bequem ausnützen und auch als Schmarotzer leben können. Die Beschränkung der Beine auf 3 Paare gab die Möglichkeit, diese sehr lang werden zu lassen, ohne daß sie sich überkreuzen. Durch Differenzierung wurden sie bei manchen Ordnungen zu Sprung-, Schwimm- oder Greifbeinen umgestaltet. Das Auftreten der Flügel bei der weit überwiegenden Mehrzahl der Arten hat die Fähigkeit zur Suche des Geschlechtspartners und der Nahrung, zur schnellen Flucht und zur Artverbreitung gegenüber allen übrigen Land-Wirbellosen sehr gesteigert. In Verbindung damit sind natürlich auch die Leistungen der Sinnesorgane entsprechend gesteigert worden. Die geflügelten Arten haben besondere Begattungswerkzeuge ausgebildet, mit deren Hilfe Spermatophoren oder Sperma direkt an oder in die weibliche Geschlechtsöffnung gebracht werden. Der Verhaltenskatalog der meisten Arten ist viel reichhaltiger als derjenige der Myriapoda, was vor allem bei der Werbung und der Brutpflege hervortritt, in höchster Steigerung bei den sozial lebenden Arten, den Termiten, Ameisen, Wespen und Bienen.

E1. Das Integument

Das Integument besteht aus der Epidermis (= Hypodermis) und der von ihr erzeugten Kutikula.

I. Die Kutikula

Sie bedeckt nicht nur die gesamte Körperoberfläche, sondern kleidet auch alle Öffnungen des Verdauungs-, Atmungs- und Drüsensystems aus, so daß nirgends freie Zelloberflächen der Atmosphäre ausgesetzt sind. Die Kutikula setzt sich aus 2 Schichten zusammen, aus einer äußeren nur 0,03 bis etwa 0,4 μm dicken chitinlosen Epikutikula und einer viel stärkeren darunterliegenden chitinhaltigen Prokutikula (Abb. E1.1).

Die Prokutikula ist im Gebiet der Kopfkapsel, Extremitäten und Skelettplatten häufig aus 3 übereinanderliegenden Schichten zusammengesetzt, die sich durch verschiedenes Verhalten gegen Färbungen gut unterscheiden lassen. Auf der Epidermis lagert die weiche Endokutikula, die meist deutlich geschichtet erscheint. Nach außen folgt die elastische Mesokutikula und schließlich die steife, harte Exokutikula (Abb. E1.1). Diese Außenschicht kann bernsteinfarbig, dunkelbraun oder schwarz sein, entsprechende Schichtung oder nur einen der Farbtöne zeigen wie z. B. meist die bernsteinfarbige Exokutikula der Flügel. Gewöhnlich ist die Kutikula durchsetzt von gewundenen Porenkanälen, die bis in die innere Schicht der Epikutikula reichen. Jeder enthält einen Plasmafortsatz der Epidermis. Sind deren Zellen groß, so senden sie 50, ja 200 und noch mehr derartige Plasmafäden aus, so daß z. B. bei Wanzen durchschnittlich 2¾ Millionen Porenkanäle auf 1 mm² der Kutikula kommen.

Das Chitin, ein stickstoffhaltiges Polysaccharid, ist der Zellulose bis auf den Stickstoffgehalt sehr ähnlich (Bruttoformel $C_8H_{13}O_5N$)n. Sein Makromolekül besteht zu 82,5% aus Poly-N-acetylglukosamin, 12,5% Polyglukosamin und 5% Wasser. Es bildet lange Ketten, die durch Wasserstoffbrücken zusammengehalten werden.

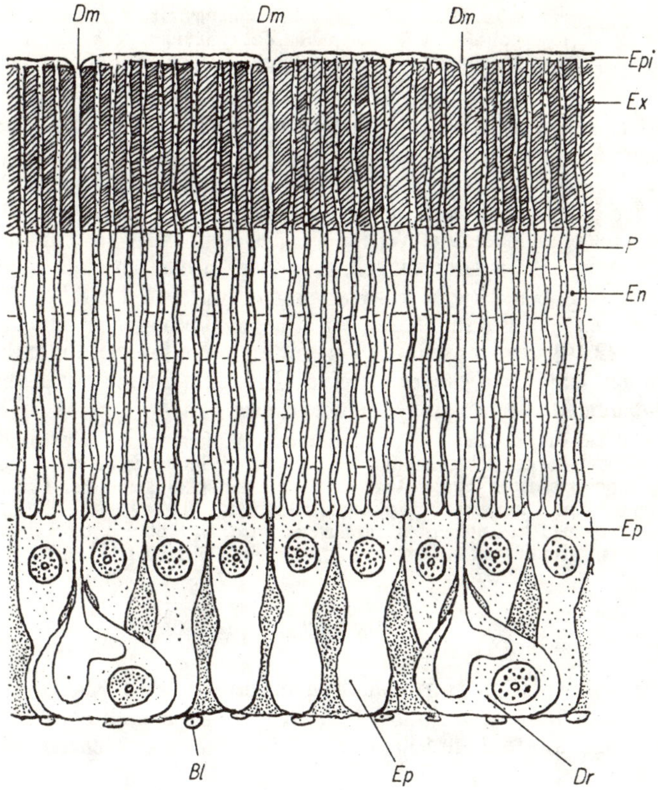

Abb. E1.1. Schematischer Querschnitt durch die Kutikula eines Insekts. Nach verschiedenen Autoren. **Bl** Blutkörperchen; **Dm** Mündung des Ausführkanals einer Haut-Drüsenzelle **Dr**; **En** Endokutikula; **Ep** Epidermiszelle; **Epi** Epikutikula; **Ex** Exokutikula; **P** Porenkanal einer Epidermiszelle, innerhalb der Epikutikula endigend.

Von großer Bedeutung für das Leben auf dem Lande ist das geringe spezifische Gewicht des Chitins (1,3). Dabei ist es durch seine Reiß- und Druckfestigkeit gegen mechanische Einwirkungen ebenso widerstandsfähig wie gegen viele chemische Einflüsse, verträgt es doch das Kochen in Kalilauge. Das Chitin ist der Hauptbestandteil der Kutikula, der gewöhnlich mehr als die Hälfte von deren Trockengewicht ausmacht. Seine Mizellen sind eingebettet in eine Grundsubstanz, die zum erheblichen Teil aus Eiweiß besteht und häufig 25–40% des Trockengewichtes der Kutikula erreicht.

Die Anzahl und die Dicke der Schichten der Kutikula wechseln nicht nur von Familie zu Familie, sondern auch in den einzelnen Regionen des Körpers ein und desselben Individuums. So ist die Exokutikula an den Gelenkmembranen sowie bei weichhäutigen Larven, z. B. Schmetterlingen, oft nicht nachzuweisen oder wird nur durch kegelförmige Areale vertreten (Abb. E1.2). Weiterhin kann an manchen Stellen die Mesokutikula fehlen (z. B. in Abb. E1.1) oder außerdem noch — was allerdings selten ist — die Endokutikula, so daß lediglich die Exokutikula vorhanden ist.

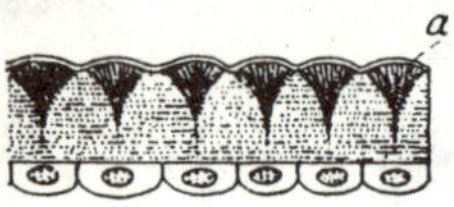

Abb. E1.2. Schematischer Querschnitt durch die Haut der Raupe von *Ephestia kuehniella* ZETTERSTEDT. Die Exokutikula **a** ist auf kegelförmige Areale beschränkt. Nach KÜHN, aus WEBER.

Als besondere Form der Kutikula tritt an sehr beweglichen Körperstellen, immer in sehr kleinen Arealen, **Resilin** auf, das den Gummi an Elastizität weit übertrifft. Preßt man z. B. das nicht einmal stecknadelkopfgroße Resilinstück an der Flügelgelenkstelle der Heuschrecke *Schistocerca* zusammen, so speichert es 96% der aufgenommenen Bewegungsenergie. Würde es zu Boden fallen, so spränge es beinahe bis zum Ausgangspunkt wieder zurück. Aus Resilin besteht z. B. die Kutikula an Flügelgelenken, am Gelenk des Pleuralleisten-Kopfes der Flöhe (Abb. 32.7), an Teilen der Sehnen der Flugmuskeln, am Pumpenkolben der Speichelspritze der Wanzen (Abb. 22.10) sowie auf einem Verbindungsstreifen der abdominalen Tergite und Sternite der Käfer, wo es das Auseinanderweichen nach der Kontraktion des Abdomens bei den Atembewegungen bewirkt, usw.

Das Resilin ist ein Protein, das aus 15 in Proteinen häufigen und 2 sehr spezifischen Aminosäuren besteht. Gleich bei der Sekretion durch die Epidermis bilden sich stabile Querverbindungen zwischen seinen benachbarten Proteinketten. Demgemäß sind keine Porenkanäle vorhanden. Häufig scheiden die Epidermiszellen alternierend Resilin, fibrilläres Protein und Chitin ab, so daß das Resilin von verschiedenen Schichten durchzogen wird. Es läßt sich mit wässerigen Lösungen von Methylen- und Toluidinblau anfärben und fluoresziert blau im UV-Licht.

II. Die Epikutikula

Sie ist derart dünn, daß sie morphologisch nur mit Hilfe des Elektronenmikroskops untersucht werden kann. Gewöhnlich besteht sie aus 4 Schichten. Auf der Exokutikula liegt die sogenannte dichte Lage (dense layer) aus abwechselnden Folgen von

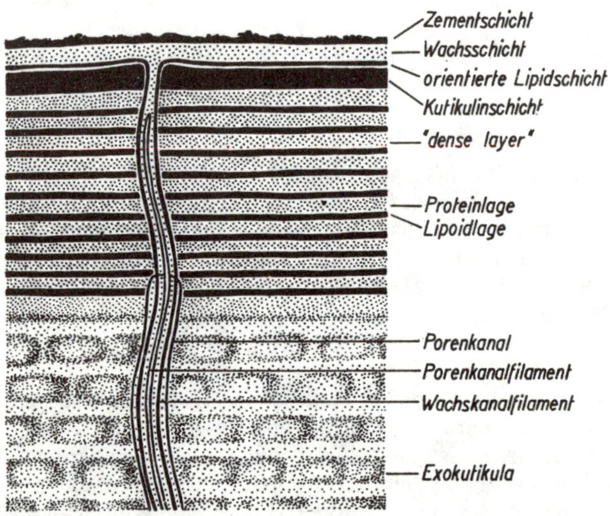

Abb. E1.3. *Pyrrhocoris apterus* LINNAEUS. Schnitt durch die Kutikula, nach Aufnahmen mit etwa 100000facher Vergrößerung gezeichnet. Nach GLUUD. Der Porenkanal geht in einen Wachskanal über, der durch die dichte Schicht und die Kutikulinschicht zieht. Dicke der Schichten: Zement 5 nm bis 0,15 μm; Wachsschicht 50–60 nm; Kutikulinschicht 20 nm.

Lipoiden und Proteinen. Darauf folgt Kutikulin, dasselbe Material, aber durch Chinone stark gegerbt, so daß die Eiweiße hochgradig vernetzt, elastisch und fest sind als ideale Schutzschicht gegen mechanische Beanspruchung (Abb. E1.3). Darüber liegt eine biologisch sehr bedeutsame Wachsschicht, die bedeckt wird von dem oft sehr dünnen und schwammigen Zement (gegerbten Proteinen).

III. Die Bildung der Kutikula und Epikutikula

Dieser Vorgang ist bei jeder Häutung zu beobachten und setzt schon längere Zeit vor dem Abstreifen der alten Kutikula ein. Die dünnen Epidermiszellen wachsen zu beträchtlicher Höhe heran und häufig so ungleich, daß sie keine ebene Außenfläche des Körpers bilden, sondern daß zungenförmige Erhebungen über diese hinausragen. Die darüber abgeschiedene Kutikula ist dementsprechend ausgesprochen faltig und wird so der nach dem Abwerfen der alten Haut einsetzenden Körperstreckung gerecht. Als erstes erscheint auf der Außenfläche der Epidermis die Kutikulinlage. Wahrscheinlich wird sie von den Oenocyten gebildet, spezialisierten Epidermiszellen, die sich aus dem Verband gelöst haben und an der Basis der Epidermis liegen. Diese enthalten das gleiche Material, aus dem die Kutikulinschicht besteht, und schrumpfen stark, wenn sie ausgebildet ist. Dann beginnt an der apikalen Fläche der Epidermis, unter dem Kutikulin, die Bildung der Prokutikula, die begleitet wird von einem starken Transport der Glykogen- und Proteinreserven aus dem Fettkörper durch das Blut zur Epidermis. Zu dieser Zeit ins Blut injizierte, mit ^{14}C markierte Acetate sowie mit Tritium markierte Aminosäuren und Glukose lassen sich autoradiographisch in der neugebildeten Kutikula nachweisen, sind also durch die Epidermis aufgenommen und eingebaut worden als Grundstoffe derselben. Mit der in die Dicke wachsenden Kutikula verlängern sich die Porenkanäle. In ihnen werden die Komponenten für die Wachssynthese von den Epidermiszellen zur Oberfläche der Prokutikula geschafft. Innerhalb der unteren Lage der Kutikulinschicht treten sie aus den hier endenden Porenkanälen heraus und durchdringen die obere Lage, über der sie die Wachsschicht bilden (Abb. E1.3). Währenddessen haben sich einige drüsige Zellen der Epidermis sehr vergrößert und ergießen schließlich ihren Inhalt durch Porenkanäle auf die Oberfläche der Wachsschicht, so daß die sogenannte Zementlage entsteht. Gewöhnlich wird kurz vor oder kurz nach dieser Periode die alte Kutikula abgestreift. Die neugebildete Kutikula ist noch dünn, weiß und weich, so daß sie der Vergrößerung und Umformung des Körpers plastisch folgen kann. Sie kann zur Exokutikula umgewandelt werden, wenn sie mit o-Chinon durchtränkt wird. Dieses verknüpft benachbarte Polypeptidketten zu einem starren, wasserunlöslichen Netzwerk, dem Sklerotin, das sich mit den Chitinfibrillen vereinigt. Die dabei auftretende dunkle Färbung beruht auf der Chinongerbung und kann durch Melaninbildung aus Tyrosin verstärkt werden, ohne daß Partikel nachweisbar werden.

Die Herkunft des Chinons ist durch Untersuchungen der Hämolymphe geklärt worden. Vor der Härtung ist darin reichlich Tyrosin vorhanden, das fast vollständig daraus verschwindet, noch ehe die Sklerotisierung einsetzt. Injektionen von mit ^{14}C markiertem Tyrosin zeigen, daß es von der Epidermis aufgenommen und von der Kutikula inkorporiert wird. Von ihm abgeleitete Dihydroxyphenole diffundieren dann bis in die Kutikulinschicht, gerben diese und proximad diffundierend auch die Exokutikula.

Anschließend erfolgt die Bildung weiterer Kutikulaschichten, von denen einige (Mesokutikula) in schwächerer Weise als die Exokutikula einer Gerbung unterliegen, die inneren aber nicht von ihr beeinflußt werden und die Endokutikula darstellen. Bei Odonaten (Libellen), Schaben, Ohrwürmern, Heuschrecken und Schnabelkerfen (Rhynchota) werden während der ganzen Zwischenhäutungsperiode jeden Tag ein Paar fluoreszierende Endokutikulaschichten abgesondert, so daß man an deren Anzahl das Alter des Individuums erkennen kann.

Die Kutikula bleibt zumindest an vielen Stellen des Körpers weiterhin unter dem Einfluß des Körpers und stellt keine „tote" Substanz dar. Lücken in der Wachsschicht werden zeitlebens durch neues Material geschlossen. Bei der Hesperiidenraupe *Calpodes*, die zwischen den Häutungen wächst, wird während dieser Zeit injiziertes, mit Tritium markiertes Tyrosin diffus in alle Schichten der Prokutikula eingelagert, ein Zeichen dafür, daß hier ein Intussusceptions-Wachstum stattfindet.

IV. Die Bedeutung der Kutikula als Skelett

Die Kutikula dient nicht nur als eine vor mechanischen Verletzungen schützende Körperbedeckung. Soweit ihre Außenschicht zur Exokutikula modifiziert ist, bildet sie auch das Skelett des Insekts, das den Muskeln feste Ursprungs- und Insertionsflächen bietet. Diese werden oft vergrößert, indem sich das Integument einfaltet und röhrenförmige Apodeme bzw. Apophysen, plattenförmige Phragmen oder dünne, biegsame ektoblastische Sehnen bildet (Abb. E1.4). Bei Insekten, deren Integument hauptsächlich aus der Endokutikula besteht, wie z. B. bei vielen Raupen und Maden, bildet diese zusammen mit der Rumpfmuskulatur und der Hämolymphe ein hydrostatisches Rumpfskelett.

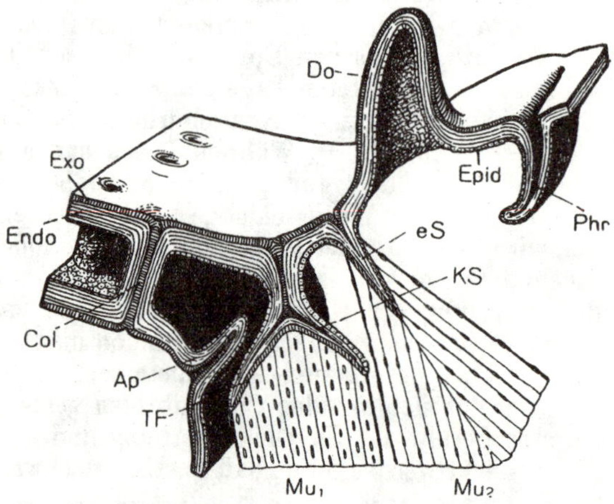

Abb. E1.4. Bildungen der Kutikula. Schema. Nach WEBER. **Ap** Apophyse (= Apodem); **Col** Columna; **Do** Dorn; **Endo** Endokutikula; **Epid** Epidermis; **eS** einfache, im Inneren des Muskels liegende Sehne; **Exo** Exokutikula; **KS** Kappensehne; **Phr** hohles Phragma (ins Körperinnere eingebuchtete Falte); **TF** Tonofibrillen; **Mu 1** parallelfaseriger, **Mu 2** fiederförmiger Muskel.

V. Skulpturen und Anhänge der Kutikula (Haare, Schuppen)

Die Oberfläche der Kutikula ist häufig nicht glatt, sondern trägt Höcker, Perlen, kleine Grübchen usw., die gewöhnlich allein von der Epi- und der Exokutikula gebildet werden. Dazu kommen Auswüchse in Gestalt einzelner dicker, hohler Dornen oder sehr zahlreicher, oft dicht beieinander stehender dünner haarförmiger Trichome (Microtrichia) (Abb. E1.4). Die Trichome stehen nur mit der Oberfläche der Kutikula in Verbindung. Im Gegensatz dazu sind echte Haare und Borsten bzw. Stacheln stets innerhalb einer dünnen Membran über einem vertikal verlaufenden Kanal der Kutikula eingelenkt (Abb. E1.6). An der Entstehung des echten Haares sind mindestens 2 Zellen beteiligt. Aus der trichogenen Zelle ist bei der Häutung das Haar gebildet worden durch einen stabähnlichen, über die Epidermis weit in die Häutungsflüssigkeit ragenden distalen Fortsatz, der später auf seiner Oberfläche Exo- und Epikutikula abscheidet (vgl. Abb. E1.5, 29.2). Die andere, als tormogen bezeichnete Zelle aber erzeugt die dünne ringförmige Gelenkmembran und einen diese umgebenden Basalring. Dabei umfaßt sie den distalen Fortsatz der trichogenen Zelle mit 2 Aussackungen. Die haarbildenden Zellen sind nach arteigenen Mustern in der Epidermis angeordnet, die Haare in bezug auf Länge, Dicke, Fiederung usw. charakteristisch verschieden gestaltet. Auch die Schuppen der Zygentoma, vieler Rüsselkäfer und Schmetterlinge entstehen auf gleiche Weise (Abb. 29.2 bis 29.6).

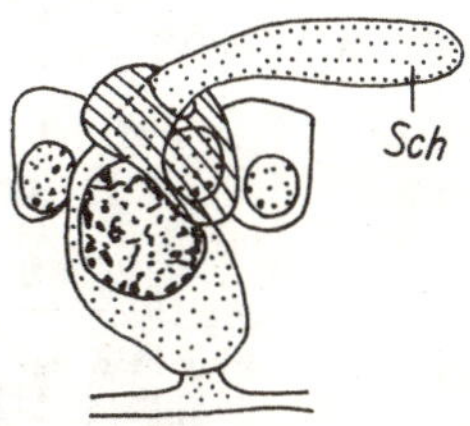

Abb. E1.5

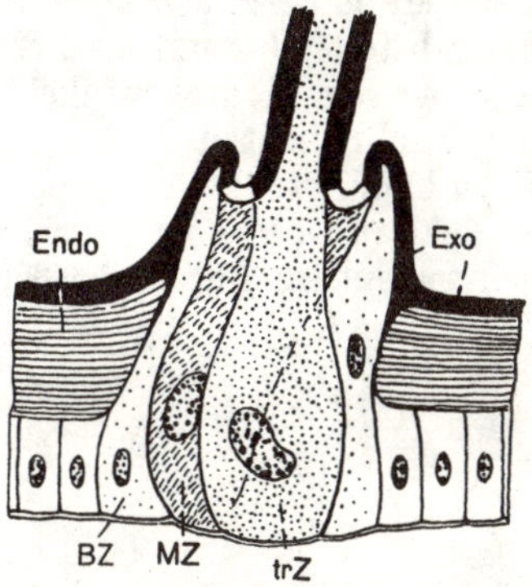

Abb. E1.6

Abb. E1.5. Entwicklung einer Flügelschuppe, die auf diesem Stadium der eines Haares gleicht. Nach STOSSBERG, aus WEBER. **Sch** Schuppenbildungszelle (punktiert), die tormogene Zelle schräggestreift, die anderen Zellen sind einfache Epidermiszellen.

Abb. E1.6. Schema eines Längsschnittes durch ein dickes Haar, dessen tormogene Zelle eine weitere Zelle erzeugt hat, die allein den Basalring bildet, der die Gelenkmembran des Haares umgibt. Nach SNODGRASS, aus WEBER. **BZ** den Basalring bildende Zelle; **Endo** Endokutikula; **Exo** Exokutikula; **MZ** Zelle, welche die zarte Gelenkmembran bildet, in deren Mitte das Haar eingelenkt ist; **trZ** trichogene Zelle. Nach Fertigstellung des Haares schrumpft die trichogene Zelle häufig, so daß das Haar kein Plasma enthält.

VI. Die Physiologie der Kutikula

Die Kutikula hat sehr große Bedeutung für den Wasserhaushalt aller Insekten und für die Atmung der Wasserinsekten.

1. Landinsekten

Das Integument der Landinsekten ist sehr impermeabel für Wasser. Das beruht auf dem Vorhandensein der Wachsschicht der Epikutikula, die wahrscheinlich nicht scharf gegen die Zementschicht abgegrenzt ist, sondern diese „durchwächst". Entfernt man durch Lösungsmittel oder durch Abreiben die Wachsschicht oder zerstört man ihre Struktur durch unbiologisch hohe Erwärmung (30–50 °C) bei lebenden oder toten Insekten, so steigt die Wasserabgabe des Insektes schlagartig sehr hoch an. Daraus geht hervor, daß nur die oberflächlichste Schicht der Kutikula für die Permeabilität entscheidende Bedeutung hat, nicht aber die Prokutikula, ganz gleich ob sie dick, dünn, sklerotisiert oder nicht gegerbt ist. Dasselbe ergibt sich, wenn man eine künstliche Membran mit dem chemisch von der Epikutikula eines Insektes abgelösten Wachs überzieht: sie wird für Wasser impermeabel.

Aus zahlreichen Experimenten kann gefolgert werden, daß in vielen Fällen die Wachsschicht aus einer einzigen Lage von Molekülen besteht. Der hydrophile Pol der Kohlenhydratketten (OH-Gruppen) adhäriert an der gegerbten Kutikulinschicht, die Methangruppen aber sind zur Oberfläche hin gerichtet (Abb. E1.7). Sie sind wasserabstoßend. Setzt man einen Wassertropfen auf die Kutikula eines Landinsektes, so ist sein Kontaktwinkel größer als 90°, sehr oft 130° (Abb. E1.7). Darauf und auf der sehr dichten Packung der Moleküle, zwischen denen sich kein Wasser adsorbieren kann, beruht die Impermeabilität.

Wenig geklärt ist die Fähigkeit mancher Landinsekten, dampfförmiges Wasser aus der Atmosphäre durch die Kutikula aufzunehmen, wenn die relative Luft-

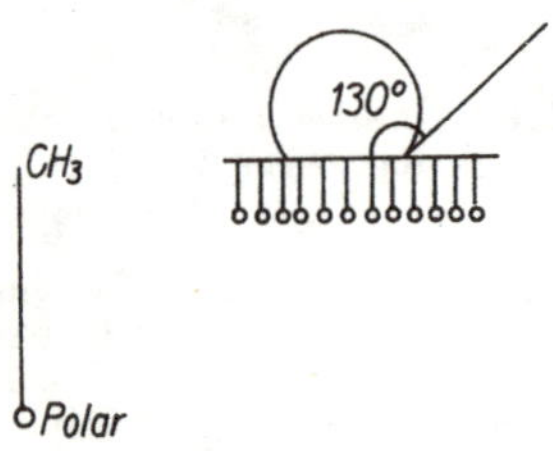

Abb. E1.7

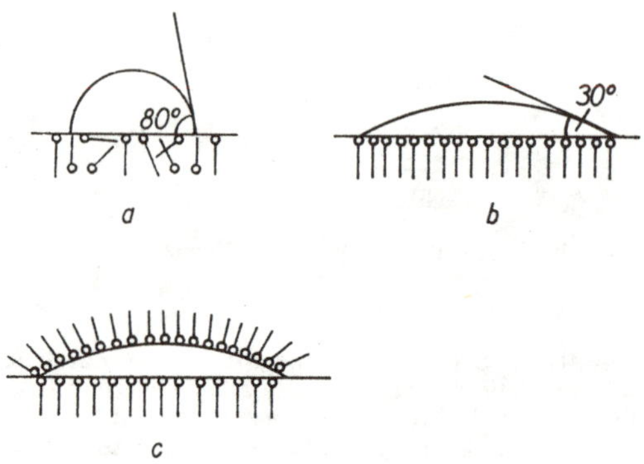

Abb. E1.8

Abb. E1.7. Schema einer monomolekularen Wachsschicht der Epikutikula. Der Kontaktwinkel des darauf gesetzten Wassertropfens beträgt 130°. o OH-Gruppe. Nach BEAMENT.

Abb. E1.8. Schema einer nicht polarisierten Wachslage der Epikutikula, auf die ein Wassertropfen gesetzt wird (a). Der Kontaktwinkel sinkt von 80° auf 30°, und schließlich umhüllen die OH-Gruppen den Tropfen (c). Nach BEAMENT.

feuchtigkeit mindestens 65% beträgt (vgl. E17). Dafür sind bei der genannten RF Kräfte erforderlich, die, mit Osmose verglichen, etwa 300 at entsprechen. Verständnis für den Prozeß kann man aus einigen Experimenten gewinnen.

Eine isolierte Kutikula ist asymmetrisch für Wasser permeabel, und zwar viel stärker von ihrer Außenfläche (Exokutikula) nach innen als von der Körper- zur Außenseite. Trocknet man eine solche Kutikula aus, so entwickelt sie große Imbibitionskräfte entsprechend den vielen hydratablen Seitenketten des Chitins und nicht gegerbten Proteins. Eine Änderung des *p*H der Kutikula von der Epidermis aus könnte genügend Kräfte entwickeln, um Wasser auch durch die Wachsschicht körperwärts zu transportieren. Beim isoelektrischen Punkt wird ja sehr wenig Wasser gebunden, viel aber bei der Änderung des *p*H. Eine direkte Wasserentziehung aus den Proteinen wäre dazu also nicht erforderlich.

Weiterhin besteht die Wachsschicht keineswegs immer aus einer einzigen Molekülllage. Welche Veränderung der Bedingungen für die Permeabilität das bedeuten kann, zeigt folgendes Experiment, das gleichzeitig einen Einblick in die Kräfte gibt, die das lebende Integument entwickeln kann. Setzt man einer *Periplaneta* eine konzentrierte Salzlösung auf ein Tergit, so ist der Tropfen nach 10 min eingesogen, und an seiner Stelle liegt ein Salzkristall. (Seine Verdunstung dauert unter den Versuchsbedingungen so viel länger, daß sie das Resultat nicht beeinträchtigt.) Daß tatsächlich nur das Wasser gegen den sehr hohen Gradienten vom Integument aufgesogen worden ist, beweisen Versuche mit Tropfen einer konzentrierten Lösung von Cyannatrium, deren Wasser ohne jede Schädigung vom Insekt aufgenommen wird. Die Beteilung der Epidermis ergibt sich daraus, daß der Versuch nicht bei Schaben gelingt, deren Epidermis durch die Häutungsflüssigkeit bereits von der Prokutikula getrennt ist.

Der Durchtritt des Wassers durch die Wachsschicht kommt dadurch zustande, daß diese nicht aus polar angeordneten Molekülen besteht, sondern aus mehreren Lagen derselben, die sehr verschieden liegen in der 0,2 μm dicken Schicht. Unter diesen Bedingungen adhärieren solche Moleküle, deren OH-Gruppen nach der Oberfläche gerichtet sind, an dem Tropfen (Abb. E1.8). Sie bedecken schließlich dessen ganze Oberfläche mit einem Wachsmantel, dessen Außenfläche aus Methylgruppen besteht. Das ermöglicht die Passage durch die Wachsschicht.

2. Wasserinsekten

a) Bei Wasserinsekten hat die Wachsschicht die Bedeutung, daß sie das Tier vor der Überflutung durch Wasser schützt. Sie hält die Diffusion von außen nach innen in sehr engen Grenzen*). Die Bedeutung dieser Funktion zeigt sich, wenn man *Dytiscus* in Wasser von 25 °C setzt, eine Temperatur, die die Struktur seiner Wachslage ändert. Der Käfer stirbt an dem dann erfolgenden ungehinderten Einströmen des Wassers. Die verschiedene Widerstandsfähigkeit des Wachses gegen höhere Temperaturen bei den einzelnen Gattungen der Wasserinsekten regelt deren geographische Verbreitung.

b) Wasserinsekten, die atmosphärische Luft atmen, können nur existieren, wenn die Umgebung ihrer Stigmen, die Stigmenvorhöfe sowie umgebende Borstenkränze eine wasserabstoßende Oberfläche haben. Diese Eigenschaften müssen auch die aus Haaren oder Integumentarealen bestehenden Umgrenzungen der Räume haben, in denen Luftschichten oder Luftblasen mit in die Tiefe genommen werden (vgl. E20 III). Dasselbe gilt auch für die Behaarung der Unterseite des Körpers und der Tarsen der auf der Wasseroberfläche laufenden Collembolen, Wanzen und Käfer (E5, Abb. E5.12, E5.13).

---

*) Bei der Wasserwanze *Ilyocoris cimicoides* LINNAEUS beträgt der Wassereinstrom in 24 h 10% des Körpergewichtes. Er wird ohne weiteres durch Abscheidungen der Exkretionsorgane ausgeglichen. STADDON (1969), J. exp. Biol. **51**.

VII. Die Färbung

Die Färbung der Insekten beruht teils auf Pigmenten, teils auf Strukturen.

1. Pigmentfarben

Ihr Sitz ist gewöhnlich das Integument samt seinen Anhängen wie Haaren und Schuppen. (Entstehung des Zeichnungsmusters der Schmetterlingsflügel: Abb. 29.8 bis 29.10).

Selten beruht die Färbung auf dem Durchschimmern unter der Haut liegender Organe durch ein diaphanes Integument. Bei Libellen und manchen Nematoceren-Larven sind es mit Pigment gefüllte mesoblastische Zellen, manchmal handelt es sich um die Hämolymphe oder den Fettkörper, bei Raupen nicht selten um den Darminhalt.

Die Kutikula ist durch Melanine gewöhnlich gelblich bis braun oder schwarz gefärbt. In den Epidermiszellen lagern häufig Körner von Proteinen, an die Ommochrome gebunden sind, die über Tryptophan aus Kynurenin entstehen. Auch sie verleihen dem Tier eine gelbe, braune bis schwärzliche, manchmal aber auch rotbraune Färbung. In manchen Ordnungen spielen die als Endprodukte des Stoffwechsels entstehenden Pteridine eine Rolle (das Weiß des Kohlweißlings, das Gelb des Zitronenfalters und der Wespen, manche rote Farben). Sehr häufig sind auch Carotinoide bei orange- oder rotfarbigen Arten, z. B. Coccinelliden.

Die grüne Färbung ist bisher nur bei wenigen Insekten untersucht worden. Sie beruht bei den *Mantodea*, *Saltatoria*, *Phasmatodea*, und zumindest manchen Schmetterlingsraupen auf dem Zusammenwirken von Carotinoiden mit einem blauen Gallenfarbstoff. Bei *Locusta*, *Schistocerca*, Raupen von *Pieris rapae* ist der blaue Farbstoff Glaucobilin, bei *Mantis* und *Carausius* hingegen Biliverdin. *Tettigonia viridissima* aber hat 4 verschiedene blaue Gallenfarbstoffe. Auch die Carotinoide dieser grünen Insekten sind verschieden.

Die Carotinoide können von Tieren nicht selbständig aufgebaut werden. Für *Carausius morosus* ist nachgewiesen, daß sie selektiv aus der Nahrung (Efeu) aufgenommen werden, das in den Blättern schwach vertretene β-Carotin in großer, das reichlich darin vorhandene Lutein in geringer Menge. Füttert man mit Weißkohl, so treten wenige Mengen von Carotinoiden in der Epidermis auf, Ernährung mit Kartoffelscheiben führt zu ihrem völligen Fehlen.

Kennzeichnend für eine ganze Anzahl von *Orthopteromorpha* ist es, daß sich ihre grüne Färbung während der postembryonalen Entwicklung in Braun umwandeln kann und umgekehrt. Als auslösende Faktoren spielen eine Rolle das Licht [z. B. bei den *Mantodea* (12)], auch die Feuchtigkeit bei manchen *Caelifera*, die Wärme und Gruppeneffekte bei manchen *Caelifera* und *Phasmatodea* (16 u. 17). Am genauesten sind diese Verhältnisse bei *Carausius morosus* untersucht worden, wo Biliverdin, Derivate des β-Carotins, Ommochrome und Melanin des Integumentes die Färbung bestimmen.

Bei der unter verschiedenen Bedingungen erfolgten Aufzucht frisch geschlüpfter Stabheuschrecken bis zu 2 Wochen nach der Häutung zur Imago änderte sich der Gehalt an Pigmenten, wie die Analyse des Gehaltes bei den Imagines ergab:

Temperatur	Photoperiode	Färbung
a) 28 °C	12/12	hellbeige bis dunkelbraun
b) 18 °C	12/12	hellgrün
c) 28 °C	Dauerdunkel	schwarzbraun
d) 18 °C	Dauerdunkel	dunkelgrün

Zu a) Wärme fördert die Synthese von Melanin, Ommochrom und Carotinoiden sowie ihre Einlagerung in das Integument, aber nicht eine stärkere Produktion von Biliverdin.

Zu b) Bei kühlerer Temperatur wird besonders Biliverdin in die Epidermis eingelagert, der Carotinoidgehalt ist deutlich geringer als bei 28 °C. Melanin und Ommochrom werden kaum produziert.

Zu c) Ommochrom- und Melaninsynthese und ihre Einlagerung werden in erster Linie durch die Wärme, in zweiter Linie durch die Dunkelheit gefördert. Die Bildung von Biliverdin ist stark gehemmt.

Zu d) Der Gehalt an Biliverdin in der Epidermis ist gesteigert, durch die Dunkelheit auch etwas die Bildung von Melanin. Hingegen hat der Mangel an Licht bei der geringen Wärme die Carotinoidmengen gesenkt.

Während sich die Menge des Ommochroms im Verlauf der postembryonalen Entwicklung bei günstigen Umständen auf das Hundertfache erhöhen kann, steigt sie bei Carotinoiden nur von 1 bis 1,3, bei Biliverdin von 1 auf 1,8.

Bei den *Mantodea* und Orthopteroiden der offenen Landschaft besteht oft eine Parallele zwischen den Bedingungen, unter denen die grünen Insekten braun werden, mit denen, die eine Vergilbung und Bräunung der Blätter bewirken. So kann die Umfärbung einen Sichtschutz nach sich ziehen (vgl. in Kap. 12, 16 u. 17 die Abschnitte Färbung und Schutz).

Morphologischer Farbwechsel, der durch die Bildung eines vorher nicht vorhandenen Pigmentes zustande kommt, ist bekannt von Libellenlarven, Raupen des Gabelschwanzes (29) und Heuschrecken infolge des Gruppeneffektes (16).

Physiologischer Farbwechsel, der auf der Verschiebung von Pigmentkörnern besteht, ist bei Insekten selten beobachtet worden, z. B. bei braunen *Carausius morosus*, die sich nachts verdunkeln, und bei der Larve von *Chaoborus*, deren mesoblastische Farbzellen auf den Tracheenblasen sich zusammenziehen und ausdehnen können. In beiden Fällen wirken Neurohormone steuernd.

2. Strukturfarben

Leuchtend metallisches Blau, Grün, Kupferrot oder Gold sowie alle Schillerfarben sind Strukturfarben. Sie werden meist verstärkt durch eine Unterlagerung von sehr dunklem Pigment. Gewöhnlich handelt es sich dabei um Interferenzfarben, die durch eine Folge sehr dünner Kutikula-Lamellen zustande kommen, die durch Zwischenräume eines Materials von anderem Brechungsindex (meist Luft) voneinander getrennt werden. Das gilt für die Körperoberfläche z. B. von Schmeißfliegen ebenso wie für die Schuppen schillernder Falter. Beugungsfarben werden z. B. bei den *Serica*-Käfern erzeugt durch periodisch angeordnete Spalten der Kutikula-Oberfläche, die 0,5–1 μm tief sind und einen Abstand von 1–1,5 μm voneinander haben. Das Blau und das Grün der Libellen *Aeschna*, *Agrion* u. a. dagegen entsteht durch Beugung des Lichtes in einem Trübkörper. Dieser wird durch eine gleichmäßige Füllung der Epidermiszellen mit feinsten farblosen Granulis dargestellt. Sie zerstreuen das Licht, reflektieren die blauen Strahlen, während die anderen durch das violettbraune Pigment (Ommatin) von subepidermalen mesoblastischen Zellen „verschluckt" werden. Sind die Epidermisgranula aber gelb oder rot gefärbt, so erscheinen die Libellen grün oder violett. Den Glanz erlangen solche Farben allerdings wie die vieler pigmentierter Käfer durch die emailartige Glätte der Oberfläche ihrer Kutikula.

VIII. Die biologische Bedeutung der Färbung (Tarntracht, Mimikry)

Im innerartlichen Bereich ist die biologische Bedeutung der Färbung fast völlig unbekannt. Sicher ist lediglich, daß manche Tagfaltermännchen die Partnerin aus Abstand an der Farbe erkennen. Mehr wissen wir über die Beziehung zwischen der Färbung der Insekten und dem Verhalten ihrer Feinde. Es ist nachgewiesen, daß zahlreiche Arten optische Signale abgeben, die bei den Insektenfressern, welche ihre Beute mit Hilfe des Gesichtssinnes suchen, keine Beutefang-Handlung auslösen. Dabei kann es sich handeln:

a) um eine Schreckfarbe, die leicht „erlernbar“ ist, wie z. B. die Wespenzeichnung, das Gelbrot der Marienkäfer und *Heliconiidae* usw., also von Insekten, die giftig oder sehr wehrhaft sind, so daß ihre Feinde sie nach der ersten unangenehmen Erfahrung meiden. Experimente wurden angestellt mit *Coccinellidae*, Schmetterlingen und Raupen (Abschnitte Schutz in den Kapiteln 26 u. 29). Eine abschreckende Wirkung haben auch bunte Zeichnungen, vor allem Augenflecke, die dem Feinde zunächst unsichtbar waren und plötzlich durch Aufklappen der Flügel oder eine Imponierhaltung gezeigt werden (Abb. 12.2). Wir finden dieses Verhalten ausgeprägt z. B. bei manchen *Mantodea* und *Lepidoptera* (Imagines und Raupen) (Abschnitte Schutz in den Kapiteln 12 u. 29).

In anderen Fällen wird der Feind durch optische Signale getäuscht:

b) um Mimikry, also eine weitgehende Übereinstimmung der Tracht (Farbe, Zeichnung, Körperform, oft auch des Verhaltens) eines ungiftigen, nicht wehrhaften Insektes mit einer dem Insektenfresser unbekömmlichen Art, die zur gleichen Zeit am selben Ort fliegt. Die Schutzwirkung der Nachahmung konnte nachgewiesen werden bei Schmetterlingen und hymenopterenähnlich gezeichneten Fliegen (Abschnitt Schutz in Kapitel 29 u. 31, Abb. 29.21 bis 29.23).

c) um die Tarntracht, die in Färbung, Zeichnung sowie oft auch Körperform weitgehend mit dem Untergrund übereinstimmt, auf dem sich das Insekt aufhält, sei es der Boden, Borke, ein Blatt oder Ästchen (Abb. 15.6 u. 15.7; 16.1; 17.1 u. 17.2; 22 A.3 u. 22 A.6; 22 B.8; 26.15; 29.32).

Die schützende Wirkung, die durch Regungslosigkeit des Insektes verstärkt wird, konnte in Versuchen bewiesen werden bei den *Caelifera*, Imagines und Raupen der Schmetterlinge (Abschnitt Schutz in den Kapiteln 16 u. 29 sowie Abschnitt Industriemelanismus in Kapitel 29).

IX. Die Oenocyten

Sie sind sehr große, oft geblich gefärbte Zellen, die sich im Abdomen hinter den Stigmen aus dem Ectoblastem bilden. Bei wenigen Formen bleiben sie im Verband der Epidermis. Meist lösen sie sich ab und können dann segmental (viele Hemimetabola) oder unregelmäßig verteilt unter der Basalmembran liegen oder sich einzeln bzw. in Gruppen über den Fettkörper zerstreuen. Bei manchen Hemimetabolen erscheinen nacheinander mehrere Generationen von Oenocyten während der Entwicklung, bei den Holometabolen gewöhnlich nur eine zweite, nach dem Zugrundegehen der larvalen die imaginale. Bei einer Anzahl von Insekten wurde beobachtet, daß die Oenocyten kurz vor der Häutung prall mit Lipiden und Enzymen gefüllt und nach der Kutikulabildung geschrumpft waren. Aus dieser Tatsache und

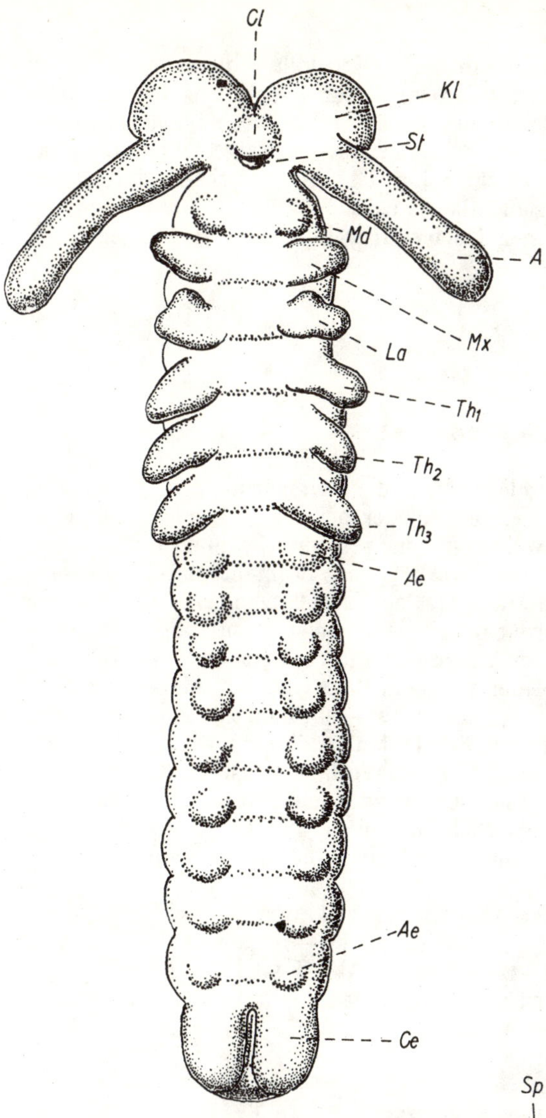

Abb. E2.1. *Japyx spec.* Fast vollständig entwickelte Keimscheibe. Nach SILVESTRI. **A** Antenne; **Ae** Abdominalextremität; **Ce** Cercus; **Cl** Clypeolabrum; **Kl** Kopflappen; **La** Labium; **Md** Mandibelanlage; **Mx** Anlage der Maxille; **St** Stomodaeum; **Th_{1-3}** Thoraxbein 1—3.

Abb. E2.2. *Periplaneta americana* LINNAEUS. Keimstreif, dessen Ränder beginnen, die Flanken des Eies zu umwachsen. Seitenansicht. Nach ROHRSCHNEIDER. **A** Antenne; **Ae 3** 3. Abdominalextremität; **Ce** Cercus; **Cl** Clypeolabrum; **Kl** Kopflappen; **La** Labium; **Md** Mandibelanlage; **Mx** Anlage der Maxille; **Sp** gegen den Rücken wachsende Seitenplatten der Segmente.

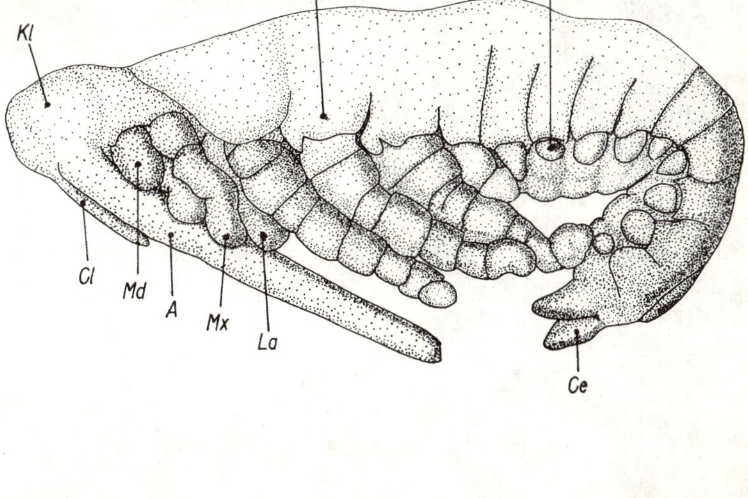

der Übereinstimmung ihrer Inhaltsstoffe mit der Epikutikula schließt man, daß sie das Material für deren Aufbau, insbesondere auch für das Wachs liefern. Dazu kommt, daß man bei Bienenarbeiterinnen eine annähernd lineare Abhängigkeit zwischen dem Wachstum der Oenocyten und der Wachsdrüsen festgestellt hat, so daß sie auch hier wohl als Materiallieferanten tätig sind. Es gibt Anzeichen dafür, daß sie weiterhin Bedeutung für die Bildung des Chorion der Eier haben können und der Hämolymphe Abfallprodukte entnehmen. Doch sind weitere Untersuchungen nötig, um vollständige Klarheit zu gewinnen.

E2. Der Rumpf

I. Die Ontogenie

Der Körper entsteht aus einer Keimlage durch die Vermehrung und Zusammenscharung von Blastodermzellen. Am Hinterrand der bei den einzelnen Ordnungen verschieden langen Anlage liegt gewöhnlich eine präanale Segmentbildungszone, die wie bei allen Articulaten die noch nicht vorhandenen Segmente durch Sprossung erzeugt (Abb. E23.3). Wenn sie ihre transversalen Zellteilungen einstellt, hat der Keimstreifen seine größte Länge erreicht. Er läßt einen Kopflappen erkennen, welcher der Episphäre der Trochophora entspricht, und maximal (z. B. bei *Lepisma*, *Blatella*, *Locusta*) 19 Segmente, von denen jedes ein Paar Ganglienanlagen, ein Paar Cölomsäcke und — mit Ausnahme des 2. Segmentes — ein Paar Gliedmaßenanlagen aufweist (Abb. E2.1, E2.2). Dahinter liegt das Telson (= Pygidium), das den After trägt und kein Segment darstellt. Es befand sich von Anfang an an der Bildungszone, enthält demgemäß auch weder ein Cölomsackpaar noch ein Ganglienpaar. Auf diesem Stadium erscheinen die Segmente völlig homonom, und der Keimstreif gleicht grundsätzlich dem der epimorphen Chilopoden und epimorphen Krebse (2. Teil, Abb. 714, Seite 913).

Die Segmente werden im Laufe der weiteren Entwicklung zu drei Tagmata zusammengeschlossen, zum Kopf (Kopflappen + Segment 1—5), zum Thorax (Segment 6—8) und dem Abdomen (Segment 9—19 + Telson) (Abb. E4.3; Abb. 1.6). Während beim Kopf die Grenzen der Metameren völlig schwinden, bleiben sie im Thorax und Abdomen größtenteils erhalten.

II. Das Abdomen

Es wird durch Streifen von Gelenkhäuten, sogenannten Intersegmentalmembranen, gegliedert, die zwischen die sklerotisierten Rücken- und Bauchplatten eingeschoben sind (Abb. E2.3). Diese Membranen entsprechen aber nicht den Segmentgrenzen. Diese liegen vielmehr in der Tiefe einer Falte, welche die sklerotisierten Platten miteinander bilden, der sogenannten Antecosta (Abb. E2.3). Manchmal werden die Verhältnisse kompliziert, indem auch ein Abschnitt der Skelettplatte, der caudal von der Antecosta liegt, membranisiert wird. An den Antecostae heften sich die Längsmuskeln an, die, aus den Wänden der Cölomsäcke entstanden, wie viele andere Rumpfmuskeln bessere Kriterien für die Abgrenzung der Metameren bieten als das Integument.

Beim Embryo primitiver Insekten (z. B. *Lepisma*, manchen Schaben, der Wanderheuschrecke) werden 11 vollständige Segmente im Abdomen angelegt und ein deutliches Telson (Abb. E2.1, E2.2). Bei entwickelten Insekten aber ist zumindest das Abdomenende reduziert. Eine Ausnahme machen die *Protura* (Abb. 2.2). Sonst ist immer das Telson zu einem sehr schmalen Ring um den After zurückgebildet und vom 11. Segment außer der Extremität, den Cerci, höchstens das Tergit erhalten, während die Bauchplatte häufig noch in Gestalt paariger Afterklappen (Paraprocte) nachweisbar ist (Abb. E2.5, E2.6). Bei den cyclorrhaphen Dipteren sind die 3 letzten Segmente nicht einmal beim Embryo ausgebildet.

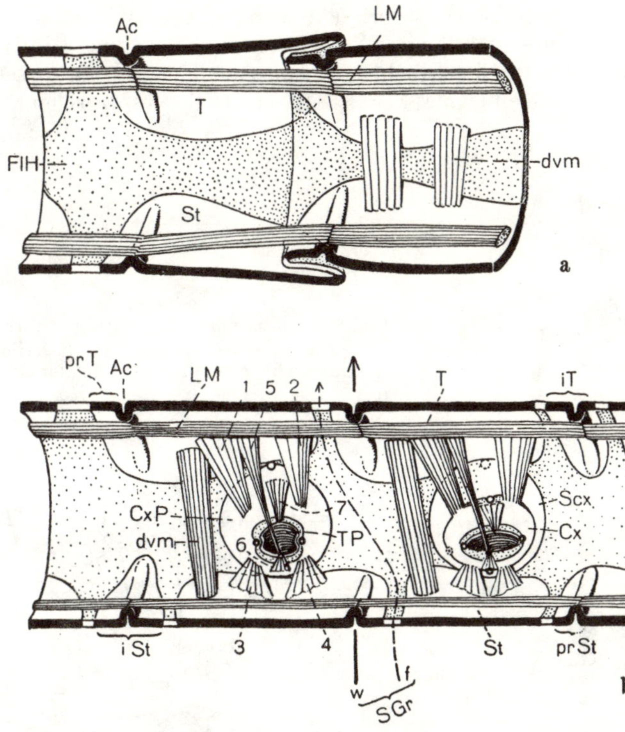

Abb. E2.3. Schema der sekundären Segmentierung von a) gliedmaßenlosen und b) gliedmaßentragenden Segmenten. Nach Weber. **Ac** Antecosta; **Cx** Coxa; **CxP** Coxopodit; **dvm** Dorsoventralmuskel; **FlH** Flankenhaut; **LM** dorsaler Längsmuskel; **iSt, iT** Intersternit, Intertergit; **prSt, prT** Praesternit, Praetergit; **Scx** Subcoxa; **St** Sternum; **T** Tergum; **TP** Telopodit; **w, fSGr** wahre und falsche Segmentgrenze; **1, 2** dorsale, **3, 4** ventrale Pro- und Remotoren des Coxopodits bzw. der Coxa; **5** dorsoventraler Abduktor des Trochanterofemurs bzw. des Telopodits; **6** ventraler Abduktor desselben; **7** Abduktor des Telopodits bzw. des Trochanterofemurs. In a) ist links die zwischen den Skleriten eingeschobene Gelenkmembran gestreckt, rechts, wie meist im Leben, nach vorn eingeschlagen.

A. Die Extremitätenanlagen

Sie sind bei den Imagines der Pterygota höchstens noch durch das letzte Paar, die Cerci, und vielleicht durch Basen von Anhängen der äußeren Geschlechtsorgane vertreten (Abb. E2.5, E2.6). Anders liegen die Verhältnisse z. B. bei den Felsenspringern (*Archaeognatha*). Hier befinden sich auf der Ventralseite der vorderen 9 Abdominalsegmente je ein Paar Platten, die mit einem dünnen Wulst über die Hinterkante des Metamers hinausragen (Abb. E2.4). Sie nehmen die Lage der embryonalen Extremitätenknospen ein und werden deshalb als Coxite oder Coxosternite bezeichnet. Beim Embryo von *Lepisma* wurde direkt beobachtet, wie die Extremitätenanlagen bei der Umwachsung des Eies durch die seitlichen Keimstreifenränder laterad gezogen und derart verflacht werden, daß sie als seitliche Sternitabschnitte erscheinen, die noch längere Zeit durch die Verdickung des Hinterrandes auffallen. Bei der aus dem Ei gekrochenen *Lepisma* bildet sich an diesem Rand im 8. und 9. Segment jederseits eine kleine, mit einer Borste versehene Epidermis-

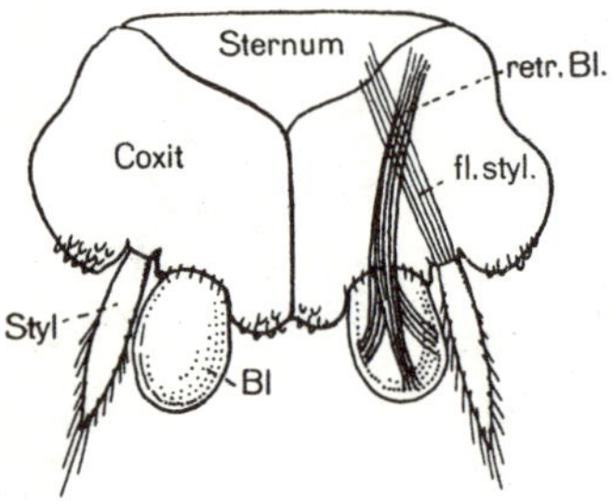

Abb. E2.4. *Machilis* spec. Ventralseite eines Abdominalsegmentes. Nach HANDSCIN, aus WEBER. **Bl** Coxalbläschen; **fl styl** Flexor styli; **retr. Bl** Retraktor der Coxalblase; **Styl** Stylus.

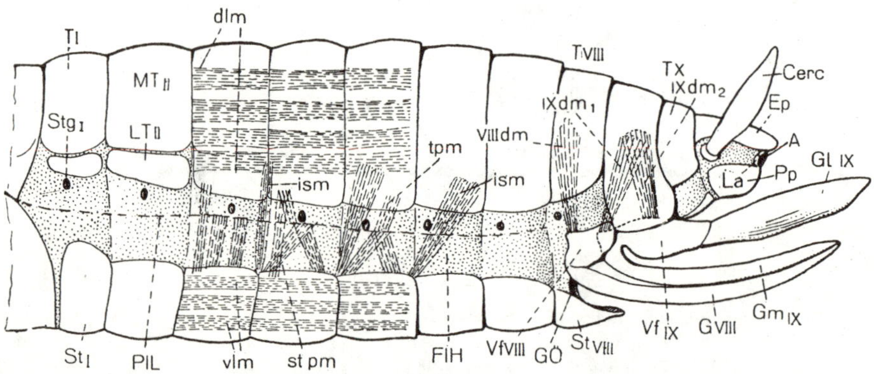

Abb. E2.5. Schematische Ansicht eines weiblichen Abdomens mit orthopteroidem Legeapparat. Im Segment I—IV ist primäre, hinten sekundäre Segmentation angenommen. In I und II sind Laterotergite abgegliedert. Nach WEBER und SNODGRASS. **A** After; **Cerc** Cercus; **Ep** Epiproct, Rudiment des 11. Tergits; **G, Gl, Gm** Valve des 8. und laterale sowie mediale Valve des 9. Segmentes; **Gö** Geschlechtsöffnung; **La** Laminae anales; **LT** Laterotergit; **MT** Mediotergit; **PlL** Pleurallinie, die unter den Stigmen verläuft; **Pp** Paraproct? Rest des 11. Sternits; **St** Sternit; **Stg** Stigma; **T** Tergit; **Vf** Valvifer.
Muskeln: dlm dorsale Längsmuskeln; **dm** dorsale Muskeln, die zu den Valviferen ziehen; **ism** Intersegmentalmuskeln; **stpm, tpm** Sterno- und Tergopleuralmuskeln; **vlm** ventrale Längsmuskeln.

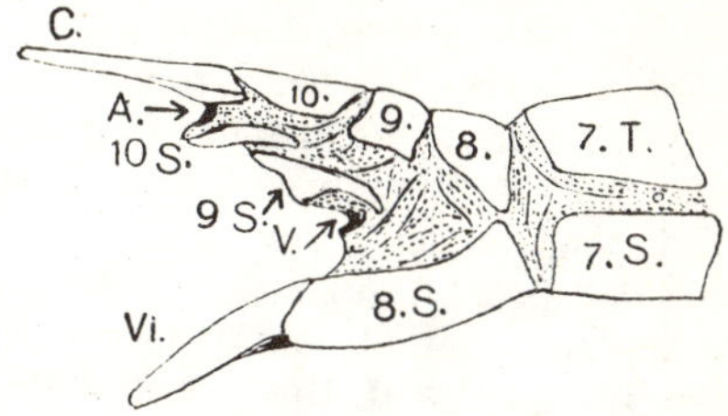

Abb. E2.6. ***Tipula*** **spec. Hinterleibsende des Weibchens. Nach BÖRNER aus HENDEL. A After; C Cercus; S Sternit; T Tergit; V Geschlechtsöffnung; Vl Valve.**

verdickung, neben der nach einigen Häutungen ein griffelförmiger Anhang, ein Stylus, erscheint, der bei den *Machilidae* an fast allen Abdominalsegmenten zu beobachten ist (Abb. E2.4). Medial davon sind bei Dipluren, Archaeognathen und Zygentomen ausstülpbare Ventralsäckchen, auch Coxalbläschen genannt, vorhanden (Abb. E2.4; Abb. 1.7). Während kaum zu bezweifeln ist, daß die Coxite aus dem Material der Abdominalextremitäten bestehen, ist ungeklärt, ob die Styli denjenigen der *Symphyla* (5. Lieferung, S. 1049) entsprechen, ob sie bloß einen Anhang der Coxite darstellen oder, was unwahrscheinlich ist, einen Telopoditrest. Auch die Homologie der Coxalsäckchen, die ebenfalls bei den Symphyla auftreten, ist bei Insekten unsicher.

Das Idealschema eines Segmentes wird in bezug auf das Skelett von den Abdominalmetameren 3—6 dargestellt, die nicht durch den engen Anschluß an den Metathorax oder die Ausbildung von Geschlechtsanhängen modifiziert sind (Abb. E2.5). Sie bestehen aus einem Tergit, einem Sternit und zwei seitlichen Gelenkhäuten, die eine Vergrößerung des Rauminhaltes bei der Nahrungsaufnahme, der Atmung und der Reifung der Eierstöcke ermöglichen. Dabei muß in Rechnung gezogen werden, daß in sehr vielen Fällen das Sternit eine Extremitätenanlage getragen hat, die oft sogar noch bei der Larve ausgebildet war, deren Material also im Sternit erhalten geblieben ist. Die vordersten Segmente des Abdomens, die sich an den Thorax ansetzen, sind nicht selten reduziert, indem das 1. oder auch das 2. Sternit unterdrückt wurde. Bei den Hymenopteren mit gestieltem Hinterleib greifen die Umbildungen auch auf das 1. Tergit über (Abb. E10.8), bei Ameisen manchmal bis auf das 3. Abdominalsegment (Abb. 27C.1).

B. Die Geschlechtssegmente

Die Geschlechtsöffnungen der *Entotropha* haben keine äußeren Anhänge. Um so vielfältiger und komplizierter sind die Terminalia der äußeren Geschlechtsorgane der meisten *Ectotropha*. Ihre Verschiedenheit selbst bei nahe verwandten Arten wird zu deren Diagnostizierung benutzt, wobei vor allem die verwirrend vielen sekundären Differenzierungen eine Rolle spielen, für deren Bezeichnung allein beim männlichen Geschlecht gegen 5400 Termini technici verwendet werden.

Die weiblichen äußeren Geschlechtsorgane

Der Gonoporus liegt am Hinterrande des 8. Sternites (Abb. E2.6, E2.5), doch ist manchmal, z. B. bei den Schmetterlingen (Abb. 29.36), noch eine davon getrennte Begattungsöffnung vorhanden. Anhänge, die der Eiablage dienen können, fehlen z. B. bei den *Ephemeroptera*, *Plecoptera*, *Phthiraptera*, *Coleoptera*, *Planipennia*. Bei vielen Käfern, Schmetterlingen, Mecopteren und cyclorrhaphen Fliegen wird eine Legeröhre dadurch gebildet, daß die hinteren Abdominalsegmente stark verschmälert werden. In Ruhelage ins Abdomen fernrohrartig eingezogen, können sie zur Eiablage weit daraus hervorgeschoben werden (Abb. E2.7). Bei zahlreichen Hemimetabolen und den *Hymenoptera* aber entspringen vor und hinter der Geschlechtsöffnung Valven, zwischen denen das Ei wie in einer Röhre entlanggleiten und dann in Spalten, in Pflanzengewebe usw. versenkt werden kann (Abb. E2.8, E2.5). Meist handelt es sich um den orthopteroiden Legeapparat bzw. dessen Differenzierungen. Schon bei den primär flügellosen *Ectotropha* finden wir ihn ausgeprägt (Abb. E2.8). Hier entspringt medial von jedem Coxit ein langer geringelter Fortsatz, eine Valve (= Gonapophyse). Das jeweilige Paar des 9. und des 8. Segmentes sind bei *Lepisma* der Länge nach miteinander derart verfalzt, daß sie gegeneinander gleiten können. Bei den Orthopteren – besonders gut ausgeprägt bei den Laubheuschrecken – besteht der Ovipositor aus 3 Paar flachen, miteinander verfalzten Valven.

Das vordere Paar sitzt auf einem Skelettstück (Valvifer) des 8. Sternites (Abb. E2.9, E2.5). Dahinter und darüber gehen vom Valvifer des 9. Sternites eine äußere und eine innere Valve aus, die beide mit der darunterliegenden Valve des 8. Segmentes verfalzt und damit in der Längsrichtung gegeneinander verschiebbar sind (Abb. E2.9).

Die Mehrzahl der Entomologen homologisiert die Valviferen mit den Coxiten von *Machilis*, betrachtet sie also als Gliedmaßenreste, ihre Valven als Gliedmaßenanhänge, nicht Telopodite. Diese Ansicht wurde neuerdings durch die Untersuchung der postembryonalen Entwicklung von *Ensifera* bestätigt. Matsuda hingegen behauptet, daß die Valven von *Neomachilis* nicht an den Coxiten, sondern zwischen diesen an ganz schmalen Sterna inserieren, also keine Anhänge von Gliedmaßenresten seien. Die Verhältnisse sind schwer zu klären, zumal auch die Muskulatur der Valven auf verschiedene Art gedeutet werden kann.

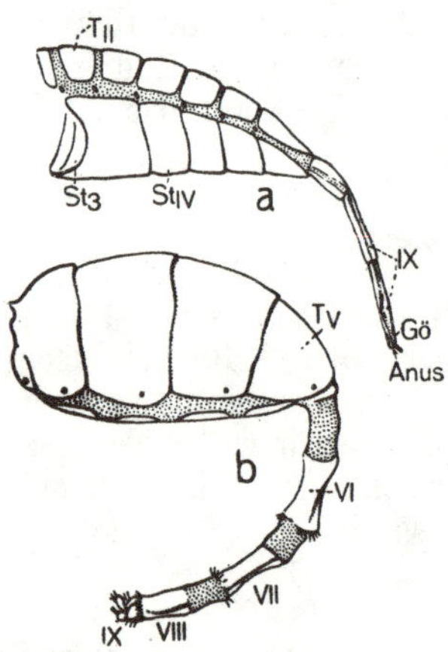

Abb. E2.7

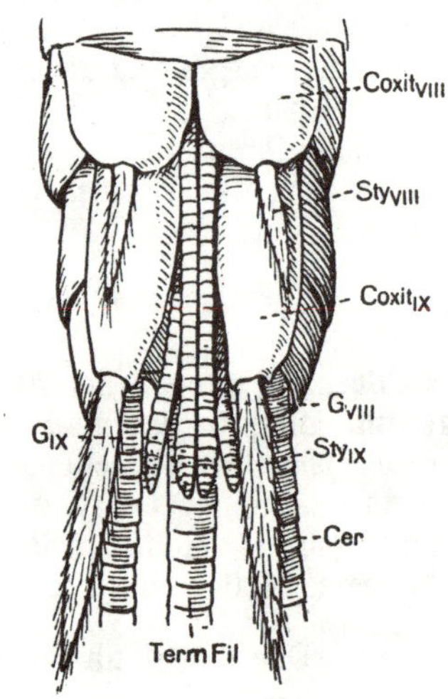

Abb. E2.8

Abb. E2.7. a) Seitenansicht des Abdomens von *Cerambyx cerdo* Linnaeus, mit Legeröhre. Nach Berlese, aus Weber. b) Hinterleib von *Musca domestica* Linnaeus mit ausgestülpter Legeröhre. Nach Hewitt, aus Weber. **T** Tergit. Gelenkhäute punktiert.

Abb. E2.8. *Machilis* spec. ♀. 1 Hinterleibsende von unten. Nach Weber. **Cer** Cercus; **G** Valve; **Sty** Stylus; **Term Fil** Terminalfilm, eine Verlängerung des Telson.

In mehr oder weniger verwandelter Form kommt der orthopteroide Legeapparat auch bei anderen Ordnungen vor, z. B. bei den *Caelifera* (Abb. 17.4), bei vielen *Condylognatha*, unter den *Holometabola* nur bei den Hymenopteren, wo er sich bei den *Aculeata* zum Giftstachel wandelt, der ins Hinterleibsende eingezogen wird (Abb. 27.10 bis 27.17). Seine postembryonale Entwicklung aus Sternitvorsprüngen zeigt Abb. 27.10.

Die äußeren männlichen Geschlechtsorgane

Die Formenfülle der äußeren männlichen Geschlechtsorgane läßt sich am besten überschauen, wenn man von ihrer postembryonalen Entwicklung ausgeht. Man kann sie dann wenigstens auf gemeinsame Grundformen zurückführen. Die an der Ventralseite des 10. Segmentes mündende Geschlechtsöffnung kommt infolge der Kleinheit des Sternites meist dicht hinter die 9. Bauchplatte zu liegen (Abb. E2.11 A). Noch ehe sich ein ectoblastischer Ductus ejaculatorius mit den Enden der mesoblastischen Vasa deferentia verbunden hat, treten ein Paar median gelegene Genital- (= Phallus-) Loben auf, in die sich die blinden Enden der mesoblastischen Vasa deferentia hineinschieben. Bei den *Machilidae* legen sich die Loben zu einem Penisrohr zusammen, dessen Hohlraum sich durch eine ectoblastische Einstülpung mit den paarigen Vasa deferentia verbindet. Bei den *Ephemeroptera* und manchen *Dermaptera* hin-

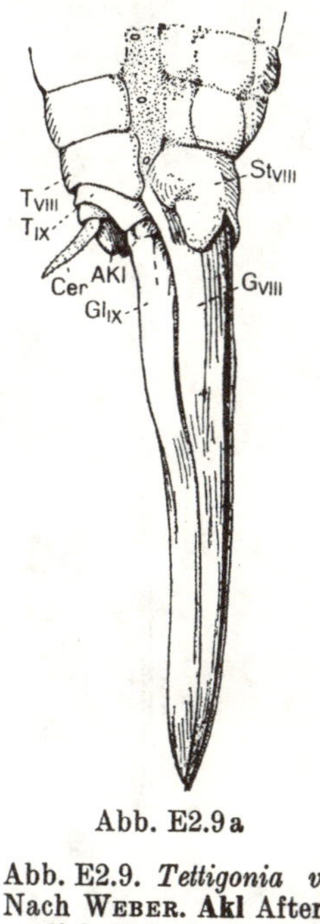

Abb. E2.9a

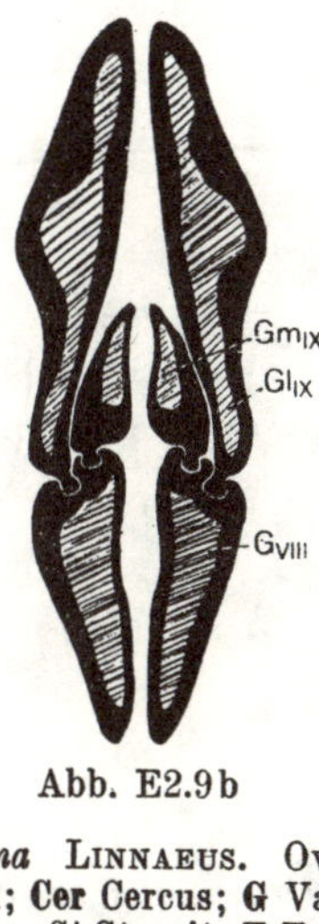

Abb. E2.9b

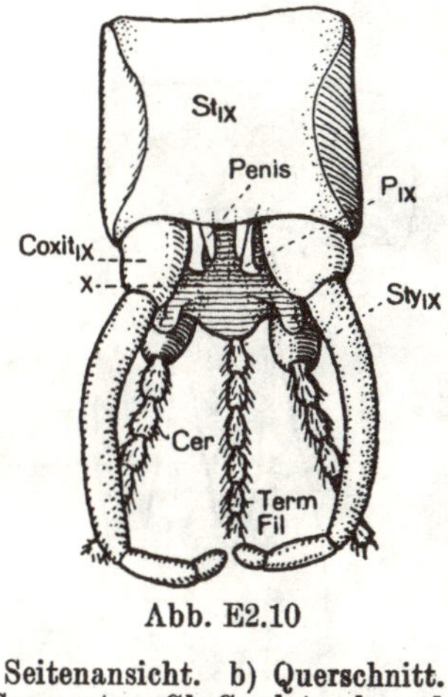

Abb. E2.10

Abb. E2.9. *Tettigonia viridissima* Linnaeus. Ovipositor. a) Seitenansicht. b) Querschnitt. Nach Weber. **Akl** Afterklappen; **Cer** Cercus; **G** Valvula des 8. Segmentes; **Gl, Gm** laterale und mediale Valvula des 9. Segmentes; **St** Sternit; **T** Tergit.

Abb. E2.10. *Ephemera* spec. Hinterende eines Männchens. Ventralseite. Nach Handschin, aus Weber. Die querschraffierte Zone unter und hinter dem paarigen Penis, die mit P_{IX} und X bezeichnet ist, besteht aus den Paraprocten.

gegen bildet sich jeder Phalluslobus zu einem Penis aus (Abb. E2.10). Für die Mehrzahl der Pterygoten kompliziert sich die Entwicklung dadurch, daß sich ihre Phallusloben der Länge nach spalten (Abb. E2.11). Die beiden medialen Spaltäste, Mesomeren genannt, vereinigen sich miteinander zu einem Rohr, dem Aedeagus (Abb. E2.11b). Dessen ectoblastisches Lumen (Endophallus) setzt sich mit dem primären Genitalporus in Verbindung und mündet durch eine sekundäre Geschlechtsöffnung, das Phallotrema, nach außen (Abb. E2.11b, c). In vielenFällen verlängert sich der Ductus ejaculatorius derart, daß sich der Endophallus nach außen umstülpen und den primären Genitalporus an seine Spitze verschieben kann (Abb. E2.11e). Die äußeren Spaltäste des Genitallobus wachsen zu oft sehr langen, manchmal zweigliederigen hakenförmigen Parameren heran. Meist schnüren sie sich basal sehr tief vom Aedeagus ab, können dann noch mit diesem gemeinsam auf der Phallobasis sitzen, oft aber auch weit laterad abrücken (Abb. E2.11c, d). Es ist nicht leicht, in den oft mit zahlreichen Abspaltungen, Anhängen usw. ausgestatteten Terminalia erwachsener Pterygoten diese Grundformen wiederzuerkennen, zumal auch andere Segmente mit Cerci und Styli sich an der Ausbildung von Vorrichtungen zum Anklammern an die weiblichen Genitalien beteiligen (Abb. E2.10).

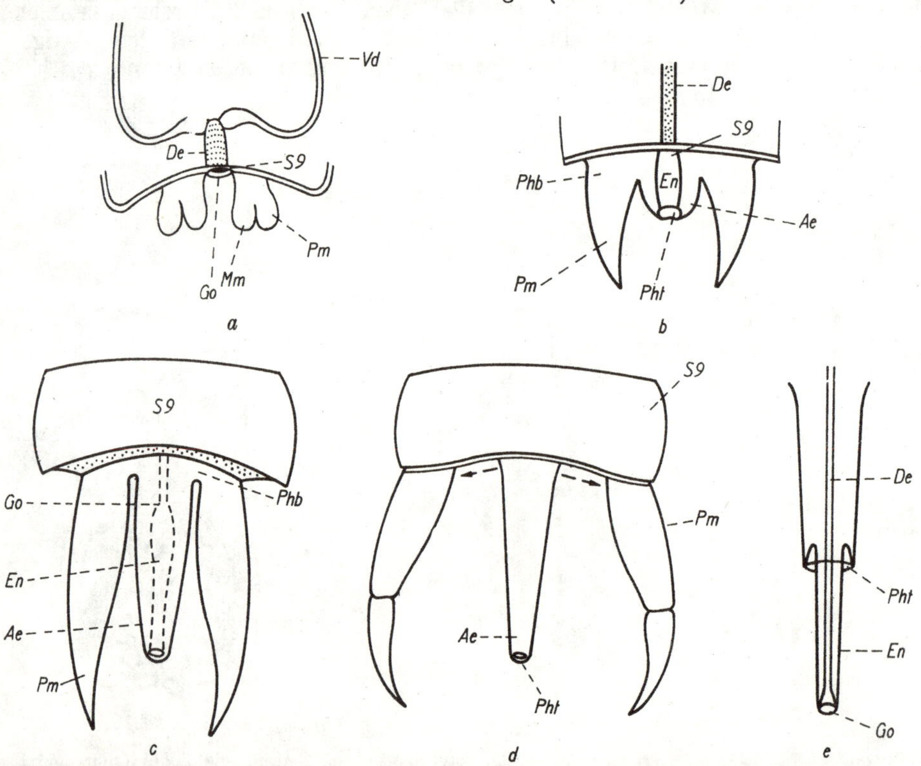

Abb. E2.11. Schemata der Entwicklung der phallischen Organe der Insekten. Nach SNODGRASS. **a)** Die Phallusloben haben sich längsgeteilt; **b)** die Mesomeren sind zum Aedeagusrohr verschmolzen; **c)** Parameren und Aedeagus sitzen auf einer gemeinsamen Phallobasis; **d)** die Parameren sind laterad vom Aedeagus verschoben; **e)** Spitze des Aedeagus mit ausgestülptem Endophallus. **Ae** Aedeagus; **De** Ductus ejaculatorius; **En** Endophallus; **Go** Gonoporus; **Mm** Mesomeren; **Phb** Phallobasis; **Pht** Phallotrema; **Pm** Paramere; **Vd** Vas deferens; **S 9** 9. Sternit.

Lange wurde vermutet, daß die männlichen Genitalanhänge Abkömmlinge von Gliedmaßen seien. Dazu verführte die Tatsache, daß bei niederen Insekten Anhänge von Coxiten in Beziehung zu den Geschlechtsorganen treten in Gestalt von Gonapophysen, z. B. bei den *Machilidae* und *Zygentoma*, wo ein Anhang des 9. Segmentes bei der Befestigung des Spermafadens eine Rolle spielt, und bei den *Ephemeroptera*, wo der Stylus des 9. Segmentes als Haltezange gebraucht wird (Abb. E2.10). Solche Gonapophysen glaubte man mit den Parameren homologisieren zu können. Das ist durch die Ontogenie widerlegt worden.

III. Der Thorax

Der Thorax trägt die Fortbewegungsorgane. Seine 3 Segmente, Pro-, Meso- und Metathorax, gleichen in dieser Hinsicht mehr den Metameren der zweifellos vielbeinigen Tracheaten-Ahnen als die Abdominalsegmente, die bei den Insekten in der Hauptsache Behälter der Eingeweide darstellen. Gleichzeitig ist aber die Brust dadurch, daß der ganze Bewegungsapparat auf sie konzentriert worden ist, hoch differenziert. Ihre 3 Beinpaare haben mehr zu leisten als die von 3 Myriapodensegmenten. Das wirkt sich aus auf die Muskulatur und die Ausbildung von deren Ursprungsflächen, um so mehr, als die meisten Insekten auch noch Flügel haben. Da sowohl die Arbeitsweise der Flügel (am Flug können beide Paare, das vordere oder das hintere allein beteiligt sein) als auch die der Beine (Lauf-, Spring-, Fangbeine) verschieden ist, gilt das selbstverständlich auch für die Anordnung, die Größe und die Zahl sowohl der Leisten, an welchen ihre Muskeln ansetzen, als auch derjenigen, die der Absteifung der Thoraxwände dienen. Die Ursprungsstellen der Muskeln dürfen sich bei deren Kontraktion nicht verbiegen, im krassen Gegensatz dazu müssen andere Skelettplatten, z. B. das Meso- und Metanotum, in bestimmten Richtungen elastisch nachgeben (Kapitel E4). So zeigen die Thoraces der einzelnen Ordnungen viele Varianten der Grundzüge, auf die hier nicht eingegangen werden kann. Die Fülle von Bezeichnungen für Nähte und für die von ihnen umgrenzten Gebiete der Sternite, Tergite, Coxen usw., die für die Durchführung eingehender vergleichend anatomischer oder taxonomischer Untersuchungen nützlich ist, kann nicht berücksichtigt werden, ist aber z. T. aus den Abbildungen zu ersehen. Doch sei ausdrücklich darauf hingewiesen, daß sich Imagines und insbesondere eruciforme Larven sehr scharf in bezug auf den Thoraxbau unterscheiden.

Die Tergite der Thoracomeren werden als Nota bezeichnet. Sie neigen in hohem Maße dazu, laterale Duplikaturen zu bilden, die sogenannten Paranota (Abb. E4.3a). Wahrscheinlich sind die Flügel als membranöse und gelenkig abgegliederte Paranota des Meso- und Metathorax aufzufassen. Die Paranota des Pronotum sind sehr auffällig, wenn dieses Thoracomer groß ist, wie z. B. bei den Schaben, Wanzen und Käfern, wo sie den großen „Halsschild" bilden (Abb. 13.1, 13.2; 22A.1, 22A.6, 22A.17; 26.4, 26.11). Bei den *Orthopteroidea* ist das Paranotum des Prothorax meist ventrad gebogen und bedeckt seine Flanken (Abb. 15.6).

Die Nota der flügeltragenden Segmente (Pterothorax) haben verschiedene Verstärkungsleisten. Regelmäßig grenzt eine nach vorn konvexe sogenannte V-Naht vom Hauptabschnitt des Notum, dem Scutum, das Scutellum ab (Abb. E4.1). Weiterhin ist durch eine Naht oder schmale Membran ein Postnotum abgeteilt. Die Vorder- und Hinterränder der beiden Tergite des Pterothorax, also deren Anteile an den Antecostae, sind so tief eingefaltet, daß sie Phragmen bilden, die weit ins Innere der Brust reichen und den indirekten Flugmuskeln breite Ansatzflächen liefern (Abb. E4.13).

Ungemein verschieden sind die Sklerite der Bauchseite gestaltet, vor allem dadurch, daß sie entweder eine breite Platte zwischen den Hüften bilden können, oder daß an ihrer Stelle nur ein medianer Spalt zu sehen ist wie bei den *Neuropteroidea*, deren Hüften ventromedian zusammenstoßen (Abb. E2.15). Am leichtesten versteht man den Grundplan, wenn man von primitiven Insekten und Tracheaten ausgeht. Bei dem Chilopoden *Cryptops* ist eine breite Sternalplatte vorhanden, an die sich Platten der Flanken des Körpers (Prae- und Metacoxale) seitlich ansetzen. Zwischen dem Metacoxale und dem Sternum senkt sich ein Apodem in den Körper, der sogenannte Furkalast, der zahlreichen Muskeln Ursprungsflächen liefert (Abb. E2.12a). Eine Verbiegung des Sternum wird verhindert durch eine verdickte Leiste, die beide Apodeme miteinander verbindet, die Sternacosta. Geringe Unterschiede findet man bei den primitiven Pterygoten (z. B. *Plecoptera*, Schaben) (Abb. E2.12b). Ihre zu einer medianen Spina verschmälerte Antecosta ist häufig durch eine transversale membranöse Zone von der Sternalplatte getrennt. Ganz ähnlich ist die Thoraxunterseite der Larve der Megaloptere *Sialis*, während bei ihrer Imago wie bei den übrigen *Neuropteroidea* die Hüften zur Mediane verschoben und die Sternalplatte in den Innenraum des Thorax eingefaltet ist (Abb. E2.15). Die basalen Teile der Furkaläste verschmelzen damit.

Auch bei der Betrachtung der Flanken des Thorax gehen wir von den Chilopoda aus. Die schwach ausgebildete Coxa ist hier zwischen kleinen Skleriten eingelenkt und bekommt so Halt. Die Grenze zwischen diesen Pleuriten und dem Sternum wird von der Basis der Furkalapodeme angegeben. Chilopoden, die lange Beine haben und das basale Beingelenk stark beanspruchen, wie z. B. *Scutigera*, haben eine viel längere und stärkere Hüfte, die Anzahl der Pleurite aber ist stark verringert. Wie Abb. E2.12b zeigt, sind auch bei Insekten Pleurite mit dem Sternum verschmolzen, im vorliegenden Falle bilden sie lateral des Furcalapodems ein Laterosternit. Dieses bietet der Ventralwand der Coxa ein Widerlager. Dorsal wird die Coxa umfaßt von einem bei primitiven Arten oft halbringförmigen Pleurit, der Trochantinopleura, die

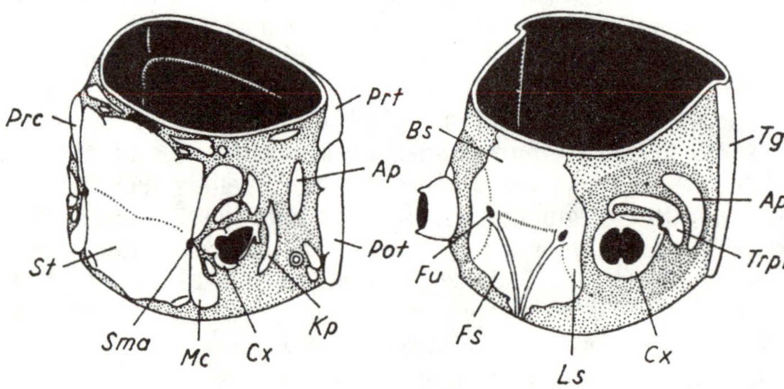

Abb. E2.12. Vergleich der Sternopleuralregion des Chilopoden *Cryptops hortensis* LEACH **(a)** mit der einer Plecoptere **(b)**. Nach FÜLLER. **Ap** Anapleurit; **Apl** Anapleura; **Bs** Basisternit; **Cx** Coxa, **Fs** Furkasternit; **Fu** Furka; **Kp** Katopleurit; **Ls** Laterosternit; **Mc** Metacoxale; **Pot** Posttergit; **Prc** Praecoxale; **Prt** Praetergit; **Sma** Sternometacoxalapophyse, die wohl dem Furcalapodem homolog ist; **St** Sternit; **Tg** Tergit; **Trpl** Trochantinopleura. **Pot** und **Prt** sind sekundäre Teilungen des Tergit. Die dunkel punktierte Fläche von **b)** gilt nach der Subcoxaltheorie als verflachtes und zerspaltenes Areal der vermuteten rudimentär gewordenen Subcoxa.

einen Gelenkkopf bildet, der in die Coxalbasis eingreift. Zwischen ihm und dem Tergit versteift ein weiterer Pleurit die Flankenmembran. Bei den Pterygoten verschmelzen dann diese Sklerite und vergrößern sich derart, daß sie die ganze Seitenwand des Thorax einnehmen und im Pterothorax die Flügelbasis gegen das Coxalgelenk abstützen (E2.14, E4.12, Abb. 7.1). Das geschieht insbesondere durch die vertikal verlaufende Pleuralleiste, die äußerlich als Pleuralnaht erscheint und am ventralen Pol das pleurale Coxalgelenk, am dorsalen den pleuralen Flügelgelenkkopf bildet (Abb. E2.14; E4.10, E4.12, E4.14). Innen verbindet sich die Pleuralleiste durch einen kurzen Muskel mit dem Furkalast, der auf dem gleichen Körperquerschnitt liegt. So werden zwischen Ventral- und Dorsalseite in jedem Segment ein Paar Spanten eingezogen. Der rostral von der Pleuralleiste gelegene Teil des Pleurum wird als Episternum, der caudale als Epimeron bezeichnet. Vom Episternum ist eine Spange, der Trochantinus, abgegliedert, der mit der Coxa durch einen Condylus verbunden ist, so daß diese in einem dikondylen Gelenk bewegt wird. Die durch die Einbettung der Coxa in eine Gelenkhaut geschaffene Lücke zwischen dem Pleurum und dem Sternum wird häufig vor und hinter der Hüfte durch eine Prä- und eine Postcoxalbrücke geschlossen, die Verbindung zwischen Pleurum und Sternum also versteift.

Unsere Betrachtung des Thoraxskelettes geht vom Bau der Chilopoden aus, weil Anatomie und Ontogenie der Insekten zeigen, daß diese aus vielbeinigen Tracheaten hervorgegangen sind. Die große Anzahl von Beinen setzt die Belastung des einzelnen herab und ermöglicht eine weniger stabile und komplizierte Insertion. Ganz gleich,

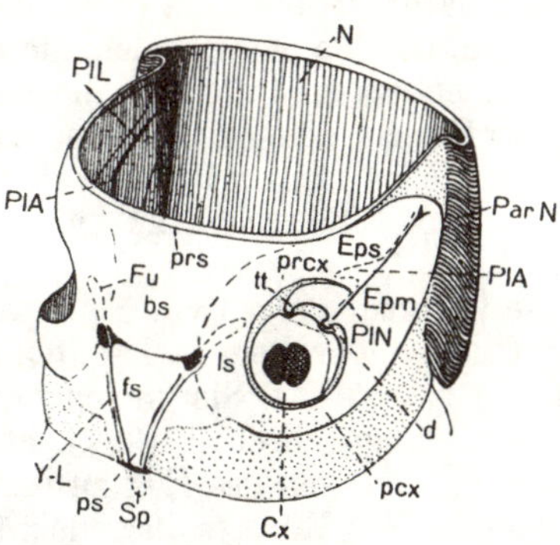

Abb. E2.13

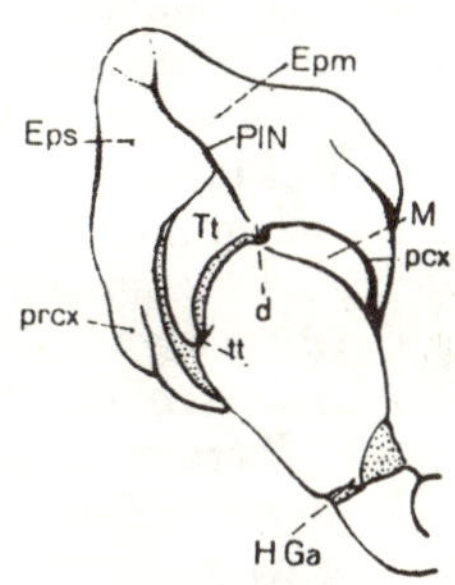

Abb. E2.14

Abb. E2.13. Schema der Sternopleuralregion der Larve einer hochentwickelten Pterygote. Nach Weber. **bs** basaler Teil des Sternits; **Cx** Coxa; **d** dorsales (primäres) Coxalgelenk mit dem Condylus der Pleuralleiste; **Epm, Eps** Epimeron, Episternum; **fs** furkaler Abschnitt des Sternum; **Fu** Furka; **ls** Laterosternit, ein Pleurit; **Par N** Paranotum (Schema eines sich bildenden Flügels); **pcx** Postcoxalbrücke; **PlA** Pleuralarm = Pleuralapodem, durch die Flankenwand schimmernd; **PlL** Pleuralleiste; **PlN** Pleuralnaht; **prcx** Praecoxalbrücke; **prs** Praesternit; **ps** Poststernit; **Sp** Spina; **tt** trochantinaler (sekundärer) Condylus für die Coxa; **Y—L** „Ypsilon"leiste, die der Versteifung des Sternum ebenso dient wie die (unbezeichnete) zwischen dem Ursprung der beiden Furka-Einstülpungen verlaufende Sternocosta. Das nach der Subcoxaltheorie aus dem Material der hypothetischen Subcoxa entstanden gedachte Gebiet ist im sternalen Bereich mit einer gestrichelten, sonst mit einer ununterbrochenen Linie umrandet.

Abb. E2.14. Mesothorax der Larve von *Magicicada septemdecim* Linnaeus. Pleuron und Hüfte. Bez. wie bei Abb. E2.13 **H Ga** Gelenkkopf des Hüft-Trochantergelenkes; **M** Meron. Nach Snodgrass, aus Weber.

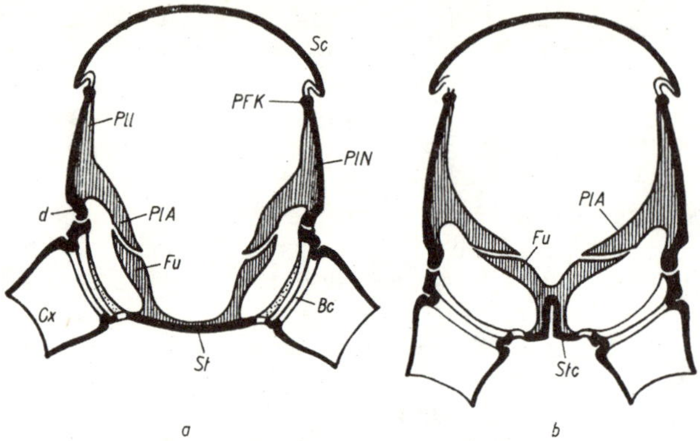

Abb. E2.15. Querschnitt durch einen Pterothorax mit breitem **(a)** und einen mit eingefaltetem Sternum **(b)**. Nach SNODGRASS. **Bc** Basicosta der **Cx** Coxa; **d** dorsales, primäres Gelenk der Coxa am ventralen Pol der Pleuralleiste; **Fu** Furka; **PFK** pleuraler Flügelgelenkkopf; **PlA** Pleuralapodem; **Pll** Pleuralleiste; **PlN** Pleuralnaht; **Sc** Scutum; **St** Sternum; **Stc** Cryptosternum.

wie die verwandtschaftlichen Beziehungen der Chilopoden zu den Insekten zu denken sind: die Myriapoden zeigen primitive Verhältnisse, schon aus rein mechanischen Ursachen. Besonders aufschlußreich sind dabei folgende Tatsachen:

Die in bezug auf die Gliederung und Muskulatur urtümlichen Chilopoden haben ganz kurze, an einer Seite unvollständige Hüften. Bei den Scutigeriden, die sehr lange Beine und eine viel kompliziertere Muskulatur haben, sind dagegen die Hüften viel größer. Die Entwicklung geht also bei größerer Beanspruchung der Beine zur stärkeren Ausbildung des Basalgliedes über. Die zahlreichen kleinen Pleurite aber sind nur zum geringen Teil Insertionsstellen der Muskulatur. Eine erhebliche Anzahl Muskeln heften sich zwischen ihnen an.

Diese Verhältnisse sind erst 1963 durch die Untersuchungen von FÜLLER bekannt geworden. Die bedeutenden Vertreter der Insektenmorphologie kannten sie nicht und haben sich ausschließlich mit Hexapoden beschäftigt. Sie gingen bei der Betrachtung der Thoraxmorphologie von einer ontogenetischen Beobachtung aus. Wenn die Ränder der Keimscheibe beginnen, die Flanken des Eies zu umwachsen, so werden die Extremitätenbasen in der Querachse des Körpers ausgedehnt und abgeflacht. Sie lassen keine Grenzen mehr gegen die praesumptiven Seitenwände des Thorax erkennen. Daraus wurde allgemein geschlossen, daß zumindest die Seitenwände, vielleicht auch Teile des Sternum aus dem Material der Extremitätenbasis bestehen, und zwar aus einem Glied, das proximal der Coxa bei den Ahnen vorhanden gewesen sei: der Subcoxa. Die Existenz dieses Gliedes ist jedoch bisher nie einwandfrei nachgewiesen worden. Da gleichzeitig die vergleichende Betrachtung des Baues der beintragenden Rumpfsegmente vielbeiniger Tracheaten deutlich zeigt, daß in primitiven Gruppen die Coxa sehr schwach ausgebildet ist und sich erst bei höherer Beanspruchung so entwickelt, daß sie derjenigen der meisten Insekten ähnelt, muß sehr bezweifelt werden, daß das Bein vorher noch mit einem weiteren, jetzt verschwundenen Gliede am Thorax angeheftet war. Dazu kommt, daß die Pleurite der primitiven Chilopoden so wenig mit der Muskulatur verbunden sind, daß unwahrscheinlich ist, daß sie einen ehemaligen Gliedmaßenabschnitt repräsentieren.

E3. Die Skelettmuskulatur und das Bindegewebe

Die Muskulatur des Skeletts ist ebenso wie die Eingeweidemuskulatur quergestreift. Das mühsame Studium ihrer zahlreichen Züge gibt nicht nur einen Einblick in die Kinetik der Gliedmaßen und Körperabschnitte, sondern bei Berücksichtigung der Innervierung in vielen Fällen auch die Möglichkeit, die Zugehörigkeit von Gliedmaßenrudimenten, Skleriten usw. zu einem bestimmten Segment zu ermitteln. Neuerdings konnte man auch mit Hilfe der Muskulatur Verwandtschaftsverhältnisse von Ordnungen klären (E28). Die Skelettmuskeln heften sich am Integument an, das durch Ausbildung von Apodemen oft größere Ansatzflächen schafft (Abb. E1.4). Wenn aber, wie oft am Gelenkrand von Gliedmaßen, nur eine sehr kleine Basis zur Verfügung steht, so nimmt das Apodem die Gestalt einer kutikularisierten Sehne an (Abb. E1.4; E7.8). Die Anheftung der Muskelfasern an der Epidermis, die ja auch die Apodeme überzieht, geschieht mittels einer Verzahnung von sehr feinen Fortsätzen sowohl der Epidermiszelle als auch der Muskelfaser. Nicht selten erstrecken sich auch vom Muskel durch die Epidermiszelle hindurch bis in die Kutikula dünne kutikularisierte Fibrillen (Tonofibrillen).

Das Bindegewebe überzieht alle Organe des Insekts. Es geht aus den Cölomsackwänden hervor und bildet eine dünne Schicht, welche die Organe nicht nur umhüllt, sondern auch miteinander verbindet. (Wirkung als Blutschranke: E8, letzter Absatz.) Daran beteiligen sich übrigens auch in reichem Maße die Verzweigungen der Tracheen.

E4. Die Flügel

I. Bau und Ontogenie

Die Flügel bestehen aus ein oder zwei Paaren sehr dünner membranöser Duplikaturen der Pterothorax-Tergite. Die obere und die untere Wand jedes Flügels liegen dicht aufeinander, die Epidermis ist verkümmert oder ganz zurückgebildet. Ein Lumen ist im Flügel nur innerhalb der sogenannten Adern vorhanden. Das sind sklerotisierte, vorgewölbte Röhrenfalten der oberen oder unteren Flügelwand (Abb. 4.2). Ihr Hohlraum steht in direkter Verbindung mit dem Mixocöl des Thorax. In ihm fließt die Hämolymphe (E19), verlaufen Tracheen (E20) und die Axone der Flügelsinneszellen. Dies gilt freilich nur für die Längs-, nicht die Queradern. Während bei primitiven Pterygoten sehr viele Adern vorhanden sind, die manchmal wahre Netze bilden, werden die Flügelmembranen hochentwickelter Ordnungen von wenigen Adern verspannt, wie ein Regenschirm von seinen Stäben (Abb. 4.1). Vielfach ist versucht worden, die Flügeladerung aller Insekten mit einem Grundplan zu homologisieren. Dabei haben sich große Schwierigkeiten ergeben, nimmt die Anordnung dieser Versteifungen doch z. B. auch Rücksicht auf die Faltung der Flügel, die nicht immer nur der Länge, sondern wie z. B. bei Käfern und Dermapteren auch der Quere nach geschieht, wodurch viele Komplikationen entstehen (Abb. 11.5; 26.5). Wie Abb. E4.1 zeigt, wird vom Hauptteil des Flügels durch eine Falte (Plica vannalis) ein Analfeld (Vannus) hinter dem Postcubitus abgeteilt, davon durch die Plica jugalis das Jugum.

Bei den *Exopterygia* (nichtholometabolen Insekten) bilden sich die Flügel, schrittweise an Länge zunehmend, in Gestalt schmaler caudad gerichteter Hauttaschen des

Thoraxrückens (Abb. 6.4, 6.5; 7.3, 7.4), bei den *Endopterygia* hingegen als Imaginalscheiben (Abb. E25.6). Genau ist das bei *Ephestia* untersucht worden. Die Wände der noch kurzen Flügelimaginalscheibe des letzten Raupenstadiums legen sich dicht aufeinander, lassen dabei aber lange, an der Flügelbasis z. T. zusammenfließende Bahnen offen. Das bedeutet eine autonome Aufteilung der Fläche in Blutlakunen und solide Zonen. Wie Versuche bei *Galleria* zeigen, geht von diesen Lakunen ein Wachstumsreiz auf die Tracheen aus, die daraufhin in die Lakunen einwachsen. Jede Trachee hemmt gleichzeitig innerhalb der Lakune andere Tracheen am Einwachsen, so daß immer nur eine die Lakune durchzieht und sich wie der Blutraum auch verzweigt. Dieses System des Puppenflügels wird aber nicht unverändert beibehalten. Nachdem nämlich mit einer großen Mitosenperiode die Flügelanlage außerordentlich vergrößert und schließlich ausgestülpt worden ist, wird das imaginale Verteilungssystem angelegt. Die Puppentracheen verschwinden, einige Lakunen werden geschlossen, andere, vor allem auch querverlaufende und eine Randlakune, neu angelegt. Und in dieses System wächst nun die imaginale Tracheenversorgung ein. Das Lakunensystem bestimmt auch die Orte, wo Schuppen zu Sinnesschuppen determiniert werden. Diese senden ihre Axone in die Lakunen, in denen sie zur Basis des Flügels und zum Zentralnervensystem wachsen. Zunächst ist der Flügel dick, da die Epidermiszellen der Ober- und Unterwand sehr hoch sind. Sie haben sich bei der Gliederung der Lakunen median mit ihren Basalmembranen, die miteinander verschmelzen, zusammengelegt. Dann ziehen sich Kerne und Plasma an die Kutikula zurück. Durch die Streckung des Flügels nach dem Auskriechen aus der Puppe wird der Flügel extrem abgeflacht, seine Membranen legen sich dicht aufeinander, und die Epidermis verkümmert (Abb. E4.2).

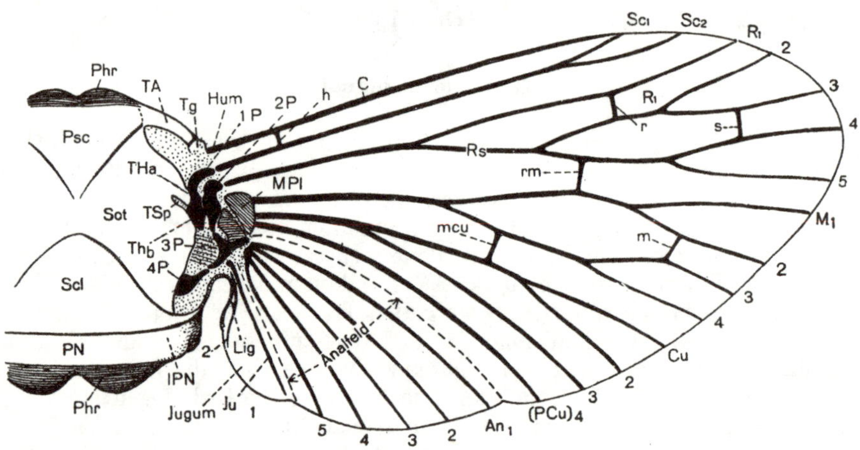

Abb. E4.1. Grundschema des Tergites eines geflügelten Segmentes und des Flügels. Nach WEBER. **Skelettstücke: Hum** Humeralsklerit, von der Costa abgeschnürt; **Lig** Flügelligament; **lPN** laterales Postnotum; **MPl** Mittelplatte; **P** Pterale (1—4); **Phr** Phragma, das senkrecht zur Papierebene verläuft; **PN** Postnotum; **Psc** Praescutum; **Scl** Scutellum; **Sct** Scutum; **TA** vorderer Tergalarm; **Tg** schuppenförmige Tegula; **THa** vorderer Tergalhebel; **Thb** hinterer Tergalhebel; **TSp** Tergalspalt zwischen den beiden Hebeln.
Flügeladern: An Analadern; **C** Costa; **Cu** Cubitus; **Ju** Jugaladern; **M** Media; **m** Medialquerader; **mcu** Mediocubitalader; **P Cu** Postcubitus; **R** Radius; **r** Radialquerader; **rm** Radiomedialader; **Rs** Radialsektor; **Sc** Subcosta; **s** Radialsektor-Querader. Die Ziffern bezeichnen die Äste der großen Längsadern. Für das Flügelgelenk vgl. Abb. E4.11. Jugum = Jugalfeld.

Sehr kompliziert ist das Flügelgelenk. Das primäre Gelenk wird von dem dorsalen Gelenkkopf der Pleuralleiste gebildet (Abb. E2.15, E4.10, E4.12, E4.14). Mit ihm artikuliert das Pterale 2. Weiterhin sind aber noch sekundäre Gelenke vorhanden zwischen kleinen Skleriten. Diese stellen Teile des Scutum (vorderer und hinterer Tergalhebel), des Pleurum (Basalare und Subalare) oder der Flügel (Abb. E4.1, E4.11, E4.12) dar. Die Sklerite, die vom Flügel durch Abtrennung von den Flügeladerbasen entstanden zu denken sind, werden als Axillaria bzw. Pteralia und als Mittelplatten bezeichnet. Ihre Gelenkung zeigen die Abb. E4.1, E4.11. Mit Ausnahme des Pterale 1 bestehen sie aus einer oberen und einer unteren Wand, was ihre pterale Herkunft verrät. Das gilt auch für die Mittelplatten.

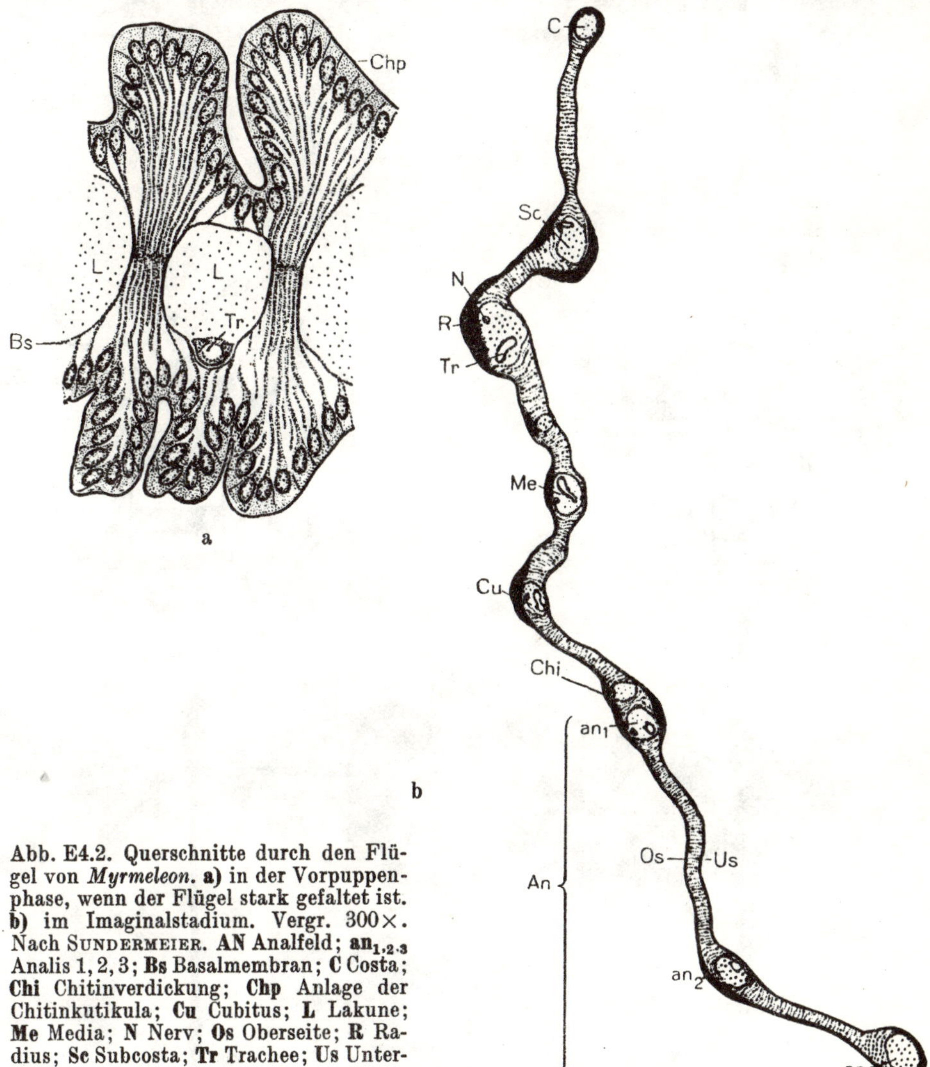

Abb. E4.2. Querschnitte durch den Flügel von *Myrmeleon*. **a)** in der Vorpuppenphase, wenn der Flügel stark gefaltet ist. **b)** im Imaginalstadium. Vergr. 300×. Nach SUNDERMEIER. **AN** Analfeld; $\mathbf{an_{1,2,3}}$ Analis 1, 2, 3; **Bs** Basalmembran; **C** Costa; **Chi** Chitinverdickung; **Chp** Anlage der Chitinkutikula; **Cu** Cubitus; **L** Lakune; **Me** Media; **N** Nerv; **Os** Oberseite; **R** Radius; **Sc** Subcosta; **Tr** Trachee; **Us** Unterseite.

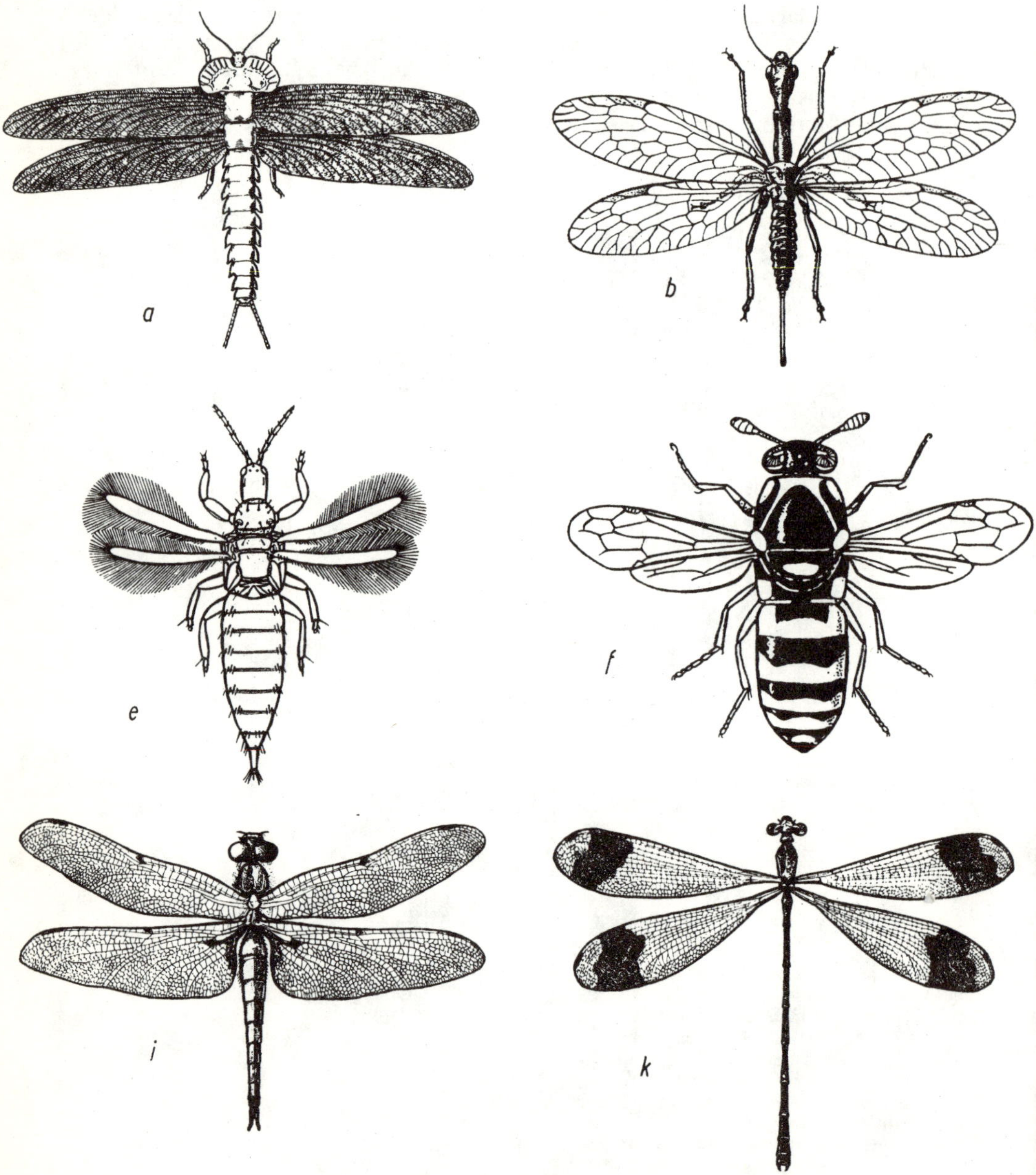

Abb. E4.3a—l

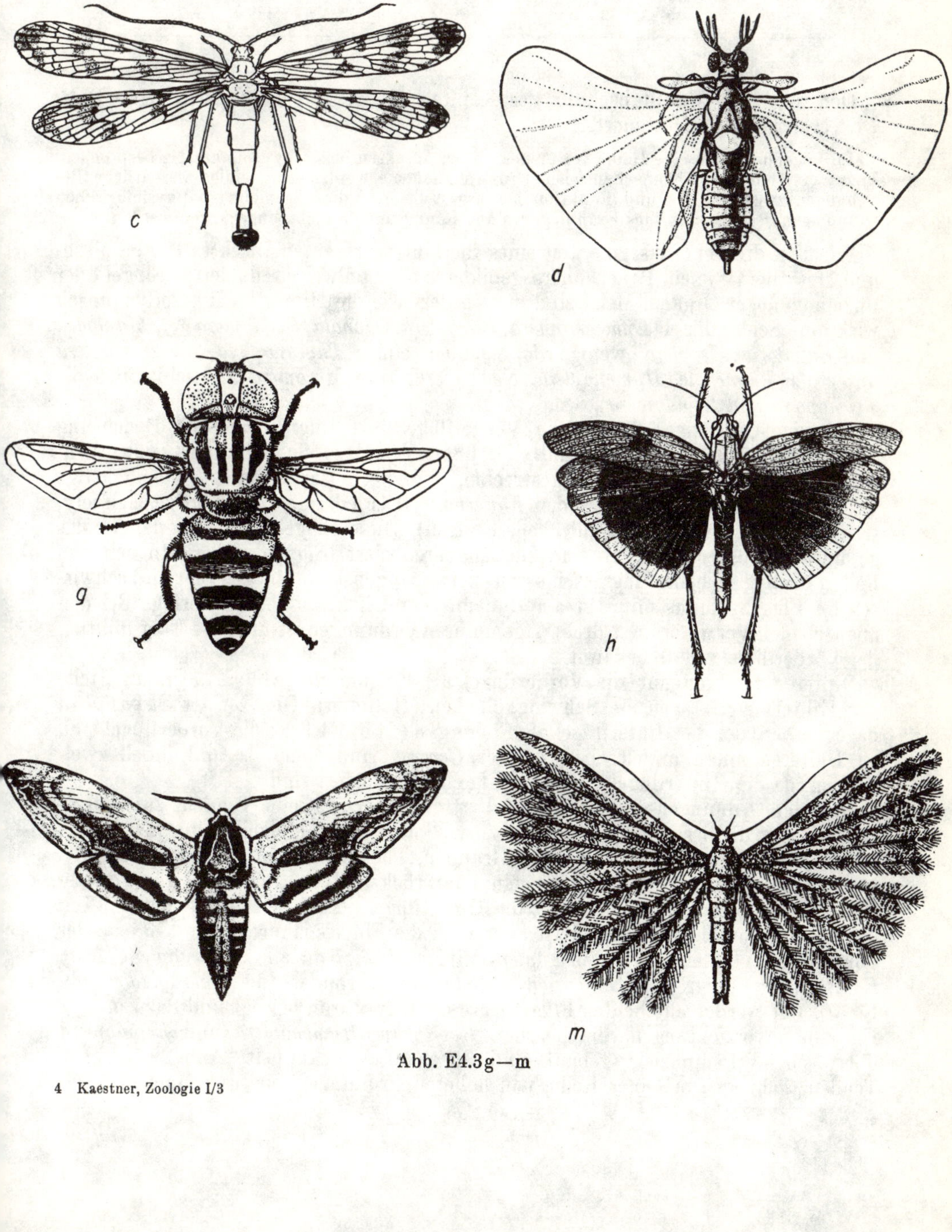

Abb. E4.3g–m

Abb. E4.3. Flügelformen. a) Palaeodictyoptere: *Stilbocrocis heeri*. b) Kamelhalsfliege *Rhaphidia notata* F. ♀. NACH GAUSS. c) Skorpionsfliege *Panorpa communis* ♂. d) Fächerflügler *Eoxenos laboulbenei* ♂. e) Fransenflügler *Liothrips setinodis* REUTER. ♂. Nach GAUSS. f) Faltenwespe *Celonites abbreviatus* ♀. g) Schwebfliege *Lathyrophthalmus quinquelinatus* ♀. h) Feldheuschrecke *Dissosteira carolina*. i) Großlibelle *Libellula quadrimaculata*. k) Wasserjungfer *Megalopropus coerulans*. l) Schwärmer *Sphinx ligustri*. m) Kleinschmetterling *Orneodes cymatodactyla*. Nach verschiedenen Autoren zusammengestellt.

Den folgenden Hauptabschnitt des Kapitels E4 hat auf meine Bitte Herr Prof. Dr. NACHTIGALL beigesteuert.

Im folgenden seien eine Reihe von Aspekten des Insektenflugs schwerpunktartig besprochen. Zum Verständnis der biomechanischen Grundphänomene werden dazu einige wesentliche Beziehungen zwischen Bau und Funktion herausgestellt. Auf die allgemeineren physiologischen Grundlagen des Insektenflugs kann dagegen aus Raumgründen nicht eingegangen werden.

Von den drei Thoraxsegmenten eines flugfähigen rezenten Insektes tragen Meso- und Metathorax je ein Paar wohlausgebildeter oder teilweise reduzierter Flügel oder flügelhomologer Organe. Meist sind die Vorder- wie die Hinterflügel aerodynamisch wirksame Schlagflügel (*Ephemeroptera*, *Plecoptera*, *Odonata*, *Embioptera* ♂♂, *Mantodea* und *Saltatoria*; *Isoptera*, wenige *Copeognatha*, einige *Thysanoptera*, die *Homoptera* unter den *Rhynchota*, *Hymenoptera*, *Neuroptera*, viele *Mecoptera* und schließlich die *Trichoptera* und *Lepidoptera*).

Bei vier Ordnungen haben die Vorderflügel ihre flugmechanische Bedeutung mehr oder minder eingebüßt und sind überwiegend zu Schutzorganen geworden: bei den *Blattodea* (lederartig, langgestreckt), *Dermaptera* (längenreduzierte lederartige Deckstücke), *Heteroptera* unter den *Rhynchota* (teils lederige, teils häutige Hemielytren), Coleoptera (feste Flügeldecken, Elytren). Diese Flügeldecken überlagern das gesamte Abdomen, seltener sind sie längenreduziert (*Staphylinidae*). In seltenen Fällen bleiben sie beim Flug geschlossen (*Cetonia*); meist sind sie geöffnet und schwirren im Flugrhythmus mit. Ihr aerodynamischer Effekt ist jedoch gering. Bei den angegebenen Vertretern der drei erstgenannten Ordnungen ist über die Flugfunktion der Vorderflügel nichts bekannt.

Dipteren besitzen nur die Vorderflügel als Flugorgane (Abb. E4.3g); an Stelle der Hinterflügel tragen sie Schwingkölbchen (Halteren). Die ♂♂ der *Strepsiptera* dagegen besitzen die Hinterflügel als Flugorgan (Abb. E4.3d); die Vorderflügel sind zu Halteren umgewandelt. Die ♂♂ der *Coccina* sind ebenfalls funktionell zweiflügelig, da die Hinterflügel oft sehr weitgehend reduziert sind.

In vielen Ordnungen mit geflügelten Vertretern herrscht eine Tendenz zur Flügelrückbildung, die besonders bei den ♀♀ zu vollkommen ungeflügelten Formen führen kann. Auch ausgezeichnet fliegende Gruppen, bei denen beide Flügelpaare Luftkrafterzeuger sind, tendieren dazu, ein Paar rückzubilden. Bei den Heuschrecken sind die Vorderflügel verschmälert; die Hinterflügel liefern den überwiegenden Teil der Luftkräfte (Abb. E4.3h). Meist aber wird die Flügelspannweite und -fläche der Hinterflügel verkleinert (*Ephemeroptera*, einige *Hemiptera*, alle *Hymenoptera* (Abb. E4.3f), einige *Neuroptera* und viele *Lepidoptera*, besonders die *Sphingidae* (Abb. E4.3l). Oft werden die beiden Flügelpaare dann synchron bewegt und dazu mittels Einschnappvorrichtungen, die bei den *Hemiptera*, *Hymenoptera* und *Lepidoptera* überraschend kompliziert gebaut sind, mechanisch gekuppelt (Abb. 29.35). Die Tendenz geht also bei einer Reihe von höheren Ordnungen zur funktionellen Zweiflügeligkeit. Von den rezenten pterygoten Insektenordnungen haben nur die *Mallophaga*, *Anoplura* und *Siphonaptera* keinerlei geflügelte Formen ausgebildet.

In ordnungscharakteristischer Ausgestaltung bildet die Aderung ein Stützskelett, in dem die Flächenanteile der dünnen Spreite in wechselnder räumlicher Lage verspannt sind. Da das Adernskelett nicht in einer Ebene liegt, sind alle derartig gebauten Insektenflügel räumlich gefeldert, eine Konstruktionsweise, die bei Lepidopteren und Trichopteren gelegentlich durch besonders starke Behaarung und Beschuppung kaschiert wird. An der Basis stehen die Hauptadern mit den Skleriten des Flügelgelenks in Verbindung. Die verschiedenen Gelenkteile werden während einer Schlagperiode meist unterschiedlich angetrieben, und deshalb überträgt sich die Bewegungsdifferenz auch auf die Hauptadern und damit auf die zwischengespannte Spreite. Die geometrische Konfiguration der Flügelquerschnitte kann sich dadurch im Schlagrhythmus ändern und somit auch die Luftkrafterzeugung.

Im Umriß sind die Insektenflügel sehr oft langgestreckt ellipsoid, mit abgerundeten Spitzen und schmaler Basis. Die größte Flügeltiefe liegt meist am Beginn des äußersten Flügeldrittels. Allgemein besitzen gute Flieger, besonders, wenn sie mit hohen Schlagfrequenzen arbeiten, schmale, langgestreckte Flugorgane (Abb. E4.3f, g, l). Vierflügler tendieren zur funktionellen Zweiflügeligkeit, wobei dann das Flügelpaar einer Seite zu einer prinzipiell ähnlichen geometrischen Konfiguration führt wie der Einzelflügel eines morphologischen Zweiflüglers (Abb. E4.3f, b). Die Hinterränder sind bisweilen lang beschuppt. Nachtfalter, die durch Fledermäuse gejagt werden, erzielen damit möglicherweise durch Grenzschichtbeeinflussung einen praktisch lautlosen Flug. Die flugmechanische Bedeutung der gezackten, gebuchteten und bisweilen lang ausgezogenen Ränder der Hinterflügel bei Papilioniden und anderen Faltern ist unbekannt. Abweichend gebaute, aus einzelnen, langgestreckten, stark bewimperten Fächerblättern zusammengesetzte Flügel besitzen manche Lepidopteren (Beispiel: Geißblattwidderchen, *Orneodes* (Abb. E4.3m). Die kleinsten bekannten Insekten — winzige Coleopteren und Hymenopteren (*Mymaridae*) mit Flügellängen zwischen 100 bis 400 μm — zeigen eine überraschend konvergente Reduktion der Spreite zu einem keulenförmigen, ringsherum saumartig lang behaarten Gebilde (Abb. E4.3e), das stark an das Schwimmhaarbein eines Wasserkäfers erinnert. Zur Flugmechanik dieser kleinsten Insekten s. S. 63.

II. Der Flug

A. Flügelstatik

Ein Schlagflügel muß einerseits so starr sein, daß er von den relativ großen, periodisch die Größe und die Richtung wechselnden Luftkräften nicht abgebogen, durchgebeult, geknickt oder zerrissen wird. Andererseits muß er so elastisch sein, daß sich die Hinterkante beim Schlag passiv verwinden kann und daß die Gelenksklerite verschiedene Teile der Flügelfläche gegeneinander verdrehen können (s. S. 68); als Faltflügel schließlich muß er zum Zwecke des Verpackens nach dem Fluge zusammenlegbar sein. Diese statisch einander widersprechenden Forderungen sind durch eine funktionelle Trennung in das Stützskelett des Geäders und die aerodynamisch wirksame Fläche der zwischengespannten Spreite vereinigt worden.

Bei Faltflügeln können die Adern gegeneinandergestellt und arretiert werden; erst durch die Zugkräfte der dazwischen verspannten Spreite wird jedoch der gesamte Flügel stabil ausgesteift, ähnlich wie das Geäder eines Regenschirms erst im Verein mit dem gespannten Tuch eine druckfeste Kugelschale einnimmt. Teile des Geäders und Flügelfelder an der Vorderkante sind oft zu röhren-, stab-, band- und plattenförmigen Hartstrukturen umgestaltet, die gelenkig gegeneinander verdrehbar sind und von der übrigen Spreite in der richtigen gegenseitigen Lage gehalten werden. Geäder plus Spreite bilden so eine statisch selbsttragende komplexe Plattenstruktur.

Faltflügel, deren Ruhelage der zusammengeklappte Zustand darstellt, haben im allgemeinen eine bis mehrere bistabile Stellen: Wird eine solche Stelle, ausgehend von der ersten stabilen Lage (z. B. „Flügel gefaltet“), langsam durchgedrückt, so schnappt sie schließlich rasch in eine zweite stabile Lage um (z. B. „Flügel ausgespannt“) und bleibt dort, so lange nicht starke äußere Kräfte ein Rückschnappen in die erste stabile Lage erzwingen. Der Ohrwurmflügel ist nach diesem Prinzip gebaut (Abb. 11.3 bis 11.5). [Nach demselben Prinzip arbeitet auch das Klicksystem in den Flügelgelenken der Dipteren (s. E4 IIIE), der Knalldeckel der Schuhcremedose, der Kippschalter.] Dieser Flügeltyp ist so konstruiert, daß die elastischen Spannungen größer sind als die größten auftretenden Luftkräfte, so daß während des Flugs ein Zurückspringen in die erste stabile Lage nicht eintreten kann.

Faltflügel von Coleopteren, deren Ruhelage der ausgebreitete Zustand darstellt, benötigen keine derartigen Sicherungen. Die elastischen Kräfte, die den Flügel gespannt halten, sind von vornherein größer als die Luftkräfte, die ihn zu knicken suchen.

Gerade die schnellsten und wendigsten Flieger besitzen keine faltbaren Flugorgane [*Odonata* (Abb. E4.3i, k), *Diptera*, Sphingidentyp der *Lepidoptera*, viele *Hymenoptera*]. Offensichtlich zwingen die oft sehr hohen Schlagfrequenzen, Flügelbeschleunigungen und Fluggeschwindigkeiten zu einer einfach gebauten, fix versteiften Flügelfläche. Ihre statischen Prinzipien sind folgende: Die bei höheren Ordnungen reduzierte, immer aber kräftige Aderung bildet am Vorderrand durch Verdickung, Verschmelzung und enge Zusammenlagerung ein außergewöhnlich starkes Versteifungssystem, während das hintere Flügeldrittel und der Hinterrand nur von einer lappenförmigen, hauchdünnen Spreite gebildet wird. Der Flügel wird — auch beim Aufschlag — stets so bewegt, daß die starre Vorderkante gegen die Strömung gerichtet bleibt (siehe nächster Abschnitt); die weiche Hinterkante kann passiv abgebogen werden.

Die langen Odonatenflügel (Abb. E4.3i, k) gewinnen ihre Biegesteifigkeit dadurch, daß die Fläche vermittels Queradern in viele Einzelfelder aufgeteilt wird, die in Längsreihen angeordnet sind und abwechselnd schräg auf- und abwärts gerichtet aneinanderstoßen (Prinzip einer Faltkonstruktion; vgl. Dächer von Fabrikhallen; auch die fächerartig faltbaren Heuschreckenflügel sind nach dieser Methode versteift). Die großen, freien Spreitenflächen der höheren Ordnungen sind vielfach grob gewellt und zudem oft sehr fein quergefältelt (*Diptera*). So gewinnen sie Steifigkeit nach dem Wellblechprinzip.

B. Kinematik der Flügelbewegung

Die Kinematik, die Lehre von den reinen Bewegungen, umfaßt die Grundgrößen Länge (Winkel) und Zeit und die davon abgeleiteten Größen Geschwindigkeit (Winkelgeschwindigkeit) und Beschleunigung (Winkelbeschleunigung). Die Flügelkinematik behandelt lediglich die Phänomenologie der äußeren Flügelbewegungen.

Sie allein ist nicht in der Lage, Fragen der aerodynamischen Wirkung oder der gelenkmechanischen Flügelsteuerung zu klären. Ihre Grundfrage ist: Welches sind die Zeitfunktionen der Bewegung eines jeden Flügelpunkts, und welches sind die Invariablen dieser Bewegung?

Die Bewegung kann man auf das Insekt selbst („insektenfestes Bezugssystem" mit den drei Koordinaten des Insektenrumpfes) oder auf den durchflogenen Raum beziehen („raumfestes Bezugssystem" mit den drei Raumkoordinaten). Ziel kinematischer Untersuchungen ist es zu klären, wie sich die schwingende Flügelfäche — die man sich aus einer größeren Zahl von punktförmigen Flächenelementen zusammengesetzt denken muß — in sich selbst, relativ zum Insekt und relativ zum durcheilten Raum bewegt. Das ist die Grundfrage für jede aerodynamische Bearbeitung des Flugapparats. Im Detail ist dieser Fragenkomplex noch bei keinem Insekt gelöst worden. Es existieren jedoch erste Analysen bei der Wüstenheuschrecke *Schistocerca gregaria* und der Wanderheuschrecke *Locusta migratoria*, bei der Fliege *Phormia regina* und bei der Honigbiene *Apis mellifica.*

Der Flügel kann prinzipiell vier Bewegungsarten ausführen, vereinfachte Prinzipdarstellung:

1. **Schlagbewegung** (Schlagschwingung, Biegeschwingung). Kenngröße: Bahn der Flügelspitze im insektenfesten System.
2. **Rotationsbewegung** des gesamten Flügels um seine Längsachse (Drehschwingung). Kenngröße: Geometrischer Anstellwinkel α_{geom} der Flügelspreite relativ zur Flügelbahn im insektenfesten System.
3. **Verwindungs- und Faltungsbewegungen** innerhalb des Flügels (Verstellung der Lage einzelner Flügelteile zueinander). Kenngröße: die Winkel der einzelnen Flügelquerschnitte zum basalsten Bezugsquerschnitt, beziehungsweise — etwa bei Z-förmig geknickten Querschnitten — die Winkel der einzelnen geradlinigen Abschnitte zum vordersten Bezugsabschnitt in einem bestimmten Querschnitt.
4. **Translationsbewegung** (Bewegung durch den Raum, Flugbewegung des Rumpfes). Kenngröße: Bahn eines Festpunktes am Insektenrumpf.

Die Punkte 1—3 beschreiben die Flügelbewegung im insektenfesten System. Durch zusätzliche Berücksichtigung des Punktes 4 gelangt man vom insektenfesten in das raumfeste System. Aus der Summe aller Teilbewegungen kann man die wahre Bewegung des Flügels im Raum bestimmen. Kenngrößen: Raumbahn der Flügelspitze, aerodynamische Anstellwinkel α_{ae} jedes Flügelquerschnittes relativ zur Raumbahn des Flügels (Abb. E4.5).

Die komplexen Faltungs- und Verwindungsbewegungen bilden ein schwieriges Meßproblem. Der insgesamt recht steife Vorderflügel von *Schistocerca* zum Beispiel wird beim Abschlag plan gehalten oder nur schwach L-förmig gefaltet, beim Aufschlag jedoch offenbar aktiv Z-förmig gefaltet. Der nur an der Vorderkante versteifte große Hinterflügel dagegen verändert seine Verwindung infolge der dünnen, passiv verbiegbaren Hinterspreite von Moment zu Moment einer Schlagperiode in komplexer Weise. Die kleinen, steifen Flügel von *Phormia*, *Calliphora* und anderen Fliegen sind beim Abschlag weitgehend plan oder höchstens sehr schwach gewölbt; nur beim Aufschlag zeigen sie eine kräftige Verwindung im dünnen basalen Viertel bis Drittel, während man die eigentliche, distale Hauptspreite in erster, grober Näherung als nicht verwunden betrachten kann. Die winzigen *Drosophila*-Flügel schließlich sollen gegen Ende des Abschlags zwar eine leichte Wölbung zeigen, lassen aber in keiner Schlagstellung mehr die Spur einer passiven Verwindung erkennen; nur noch aktive Rotation des gesamten Flügels im Gelenk kommt vor.

Wegen des aerodynamisch bedeutungslosen dünnen Basalteils kann man den Fliegenflügel in erster Näherung als eine starre Platte behandeln. Die Analyse wird dadurch technisch möglich. Man bestimmt Flügelbahn (Punkt 1) und α_{geom} (Punkt 2) im aerodynamisch wichtigsten Flügelgebiet, am Beginn des 3. Flügeldrittels, vernachlässigt die Verwindung (Punkt 3), addiert die Translationsbewegung (Punkt 4) und erhält dadurch schließlich die Raumbahn des Flügels und die aerodynamisch ausschlaggebend wichtigen Winkel α_{ae}. Abbildung E4.5 zeigt die Verhältnisse nach Abwicklung der räumlichen Bewegungen auf die Ebene.

Die Hauptergebnisse für die Flügelkinematik von *Phormia* sind: Im insektenfesten System liegt die mittlere Schlagebene unter 45° zur Medianen geneigt; die Schwingung verläuft zwischen hinten-oben und vorne-unten. Der Flügelabschlag läuft weit frontad, der Aufschlag weit caudad von der mittleren Schlagebene. In der medianen Frontalebene sind die Flügel in den beiden Schlaghälften am weitesten voneinander entfernt. Die Flügelspitze beschreibt eine etwas zusammengedrückte O-Figur.

All das gilt für die physiologischen Verhältnisse des horizontalen, unbeschleunigten Stationärflugs. Bei mangelhaften Versuchsverhältnissen, wenn nämlich keine laminare Anströmung mit einem Windkanal vorgesehen ist, die natürliche Bedingungen schafft, beschreibt die Flügelspitze die in der älteren Literatur vielfach erwähnte langgestreckte 8-Figur. In der Frontalebene fallen die Auf- und Abschlagsbahnen dann zusammen. Kräftekonstruktionen zeigen, daß eine Fliege mit einer solchen unphysiologischen Flügelstellung nicht fliegen könnte (s. Abb. E4.9 u. S. 65). Bei Bienen dagegen scheint das die übliche Flügelbahn zu sein.

Der geometrische Anstellwinkel der Fliege schwankt während der Flügelschläge in immer gleichem Rhythmus. Das heißt, die Drehschwingung ist mit starrer Phasenverschiebung zur Schlagschwingung gekoppelt. Die Art der Koppelung ist beim physiologischen und bei dem genannten unphysiologischen Flugzustand prinzipiell die gleiche. Das weist auf einen starren, automatisierten Bewegungsmechanismus im Flügelgelenk hin. Bei einem bestimmten Schlagwinkel stellt das Gelenksystem auf Grund seiner mechanischen Führung einen ganz bestimmten, und immer wieder den gleichen, Drehwinkel ein.

Die wichtigsten Charakteristiken dieser Koppelung sind folgende: Beim Abschlag nimmt die Spreite einen positiven Anstellwinkel zur insektenfesten Flügelbahn ein; die versteifte Vorderkante läuft voraus, und die morphologische Flügelunterseite weist schräg zur Bewegungsrichtung (Abb. E4.4, E4.5 AU). Am unteren Umkehrpunkt der Schlagschwingung läßt die Drehschwingung den Flügel so um seine Längsachse rotieren, daß er beim darauffolgenden Aufschlag wieder mit der versteiften Vorderkante vorausläuft, nun aber mit der morphologischen Oberseite schräg gegen die neue Bewegungsrichtung weist (Abb. E4.4, E4.5 AO). Am oberen Umkehrpunkt der Schlagschwingung läßt die Drehschwingung die Spreite blitzschnell wieder in die genannte Abschlagsposition zurückrotieren. Weitere, geringfügigere Drehschwankungen liegen innerhalb des Aufschlagbereichs.

Durch die Vorwärtsbewegung des Rumpfes wird die — im insektenfesten System geschlossene — Kurve der Flügelbahn im Raum zu einer Art Wellenbahn auseinandergezogen. Konstruktiv erhält man diese Raumbahn, indem man in jedem Meßpunkt den Vektor der Translationsbewegung, also die zwischen zwei Meßpunkten in Flugrichtung zurückgelegte Strecke, geometrisch addiert. Der geometrische An-

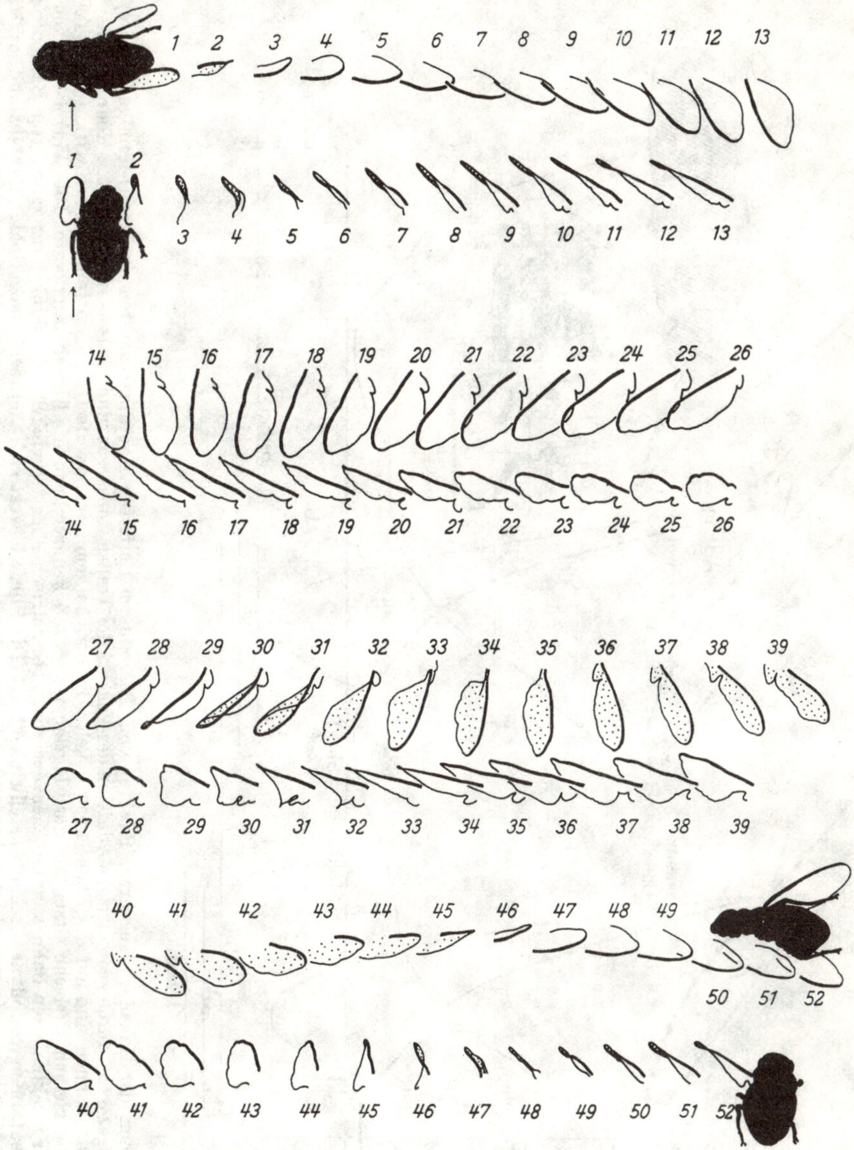

Abb. E4.4. Flügelstellungen von *Phormia* beim freien Flug vor dem Windkanal in der Projektion auf die Hauptschlagebene (obere Reihen), also auf eine Ebene 45° zur Körperlängsachse, und auf die Ebene senkrecht dazu (untere Reihen). Bildabstand $^{1}/_{6000}$ s. Flügelvorderkante verdickt gezeichnet. Flügelunterseite, soweit sichtbar, punktiert, Fluggeschwindigkeit: 2,20 m/s. Die Phasenbilder sind so gezeichnet, daß die „Pfeilstellen“ (Nr. 1!) untereinander liegen. Nach NACHTIGALL.

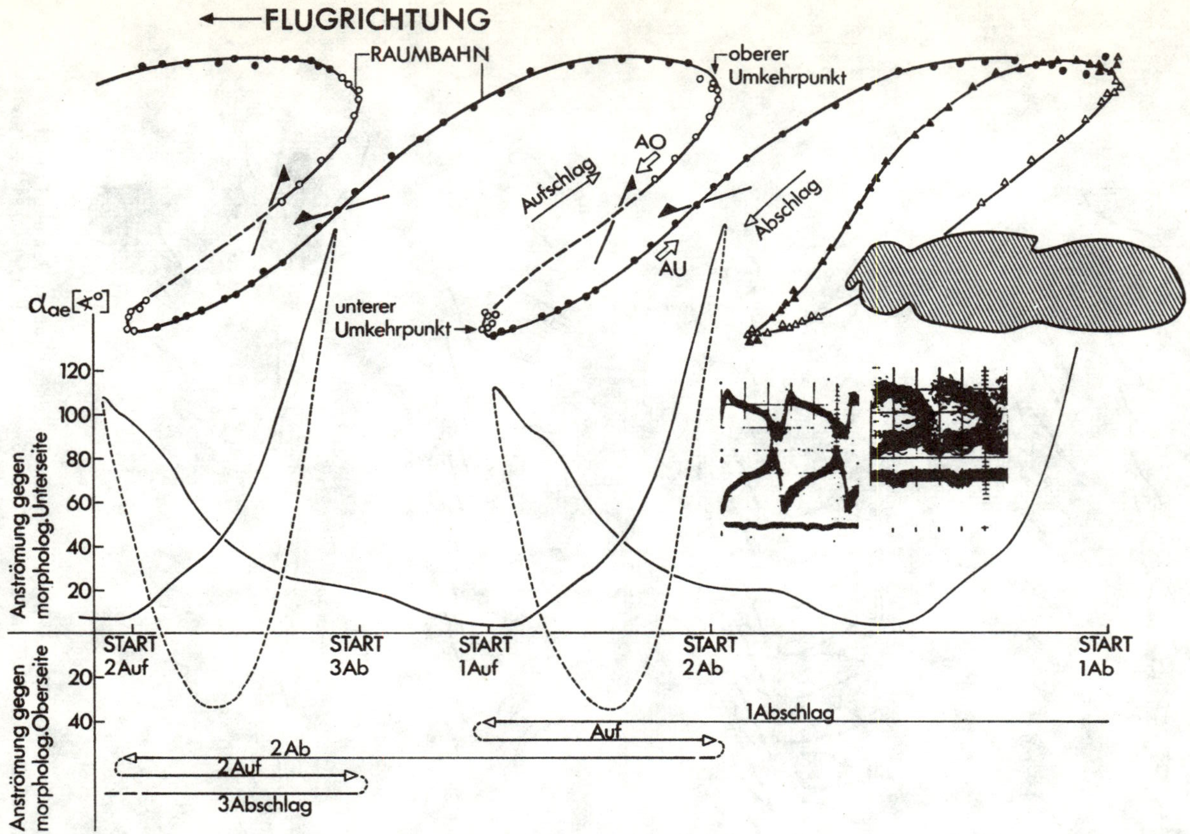

Abb. E4.5. Bahnen der linken Flügelspitze (Punkte) von *Phormia* im tierfesten Koordinatensystem (rechte O-förmige Schleife) und — „auseinandergezogen" durch geometrische Addition des Vektors der Translationsgeschwindigkeit — im raumfesten Koordinatensystem (Wellenbahn). Die Bahnen sind auf die Ebene abgewickelt. Die Striche kennzeichnen die Querschnitte durch den wirksamsten Teil der Flügelspreite. Die kleinen Dreiecke sitzen auf der Flügeloberseite und kennzeichnen die Flügelvorderkante. Die Winkel zwischen den Strichen und der insektenfesten Bahn kennzeichnen den sog. „geometrischen Anstellwinkel", die Winkel zur raumfesten Bahn den flugmechanisch bedeutsamen „aerodynamischen Anstellwinkel" α_{ae}. Die Fliege bewegt sich von rechts nach links. Punktabstand: ca. $^1/_{6000}$ s. Einschaltbilder: Mit Hitzdrahtsonden hinter den beiden Flügeln gemessener Verlauf der Luftgeschwindigkeit. Übereinanderprojektion von vielen Flügelschlägen. Links: geringe Streuung bei physiologischen Flugverhältnissen. Rechts: starke Streuung und vermutlich Strömungsablösung von den Flügeln bei unphysiologischen Flugverhältnissen. Nach Wood.

stellwinkel geht dadurch in den aerodynamischen über (vereinfachte Prinzipbetrachtung). Nach Abbildung E4.5 geht dieser zu Beginn des Abschlags von sehr hohen Werten aus, erreicht in der Abschlagsmitte ein Minimum und vergrößert sich dann wieder. Beim Aufschlag ändert er Größe und Richtung in komplizierterer Weise.

Wichtig ist nun folgendes: Dadurch, daß die Aufschlagbahn im insektenfesten System weit hinter der mittleren Schlagebene liegt, bildet sie im raumfesten System eine rückläufige Schleife. Dies geschieht trotz der gleichzeitigen Vorwärtsbewegung des Tieres, weil die nach schräg-hinten gerichtete Geschwindigkeit des Flügels größer ist als die nach vorn gerichtete des Rumpfes. Die Raumbahn des Flügels entspricht der Anströmungsrichtung. Beim Abschlag wird die Spreite also gegen die morphologische Unterseite, beim Aufschlag gegen die morphologische Oberseite angeströmt. Das wird durch die Koppelung der rückläufigen Bahnschleife (Schlagschwingung) mit der Drehschwingung bewerkstelligt, und zwar ist diese Drehschwingung in Amplitude und Phasenlage so auf die Schlagschwingung abgestellt, daß sie den Flügel bei jeder einzelnen Schlagstellung in die jeweils günstigsten aerodynamischen Anstellwinkel dreht. Das sind solche Winkel, bei denen die erzeugte Luftkraft möglichst stark in hebende und vorwärts treibende und möglichst wenig in abwärtsdrückende und bremsende Komponenten zerlegt wird. Die Abschnitte II c und III c dieses Kapitels geben nähere Erläuterungen.

Beim Abschlag ist demnach eine günstige Kraftzerlegung selbstredend gegeben; beim Aufschlag dagegen träte normalerweise die entgegengesetzte, ungünstige Kraftzerlegung auf. Die Bahnlage der Schlagschwingung und die darauf abgestimmte Lage der Drehschwingung ermöglichen es nun aber, daß auch beim Großteil des Aufschlags hebende und vorwärts treibende Kräfte erzeugt werden. Dadurch wird der Aufschlag von einem notwendigen Übel zu einer flugmechanisch bedeutsamen aktiven Schlagphase; die eingesetzte Muskelkraft wird nutzbringend verwertet.

Bei der Biene scheint das nicht der Fall zu sein. Ihr Rumpf soll beim Flug auch starke, schlagsynchrone Schwankungsbewegungen ausführen. Bei der Fliege treten infolge des weniger intermittierend arbeitenden Antriebs höchstens sehr feine Schwankungen auf.

Bei diesem relativ konstant laufenden Fliegenmotor können also die unterschiedlichen Ab- und Aufschlagsbahnen nur wirksam sein im Verein mit einer gekoppelten Drehschwingung. Dieser gesamte, verkoppelte Bewegungsmechanismus wird vom Flügelgelenk aus gesteuert. Er wiederum kann nur dann funktionieren, wenn die Spreite so gebaut ist, daß sie bei der Anströmung von der einen wie von der anderen Seite als guter Luftkrafterzeuger wirkt. Dazu darf sie nicht profiliert oder starr gewölbt, sondern muß eben sein oder zum mindesten eine mögliche Wölbung variieren können (*Drosophila*). Weiter arbeitet so ein Mechanismus nur dann, wenn eine statisch stabile Flügelkante vorhanden ist (s. E4/I), und diese wiederum muß immer vorauslaufen, das heißt bei Änderung der Schlagrichtung durch eine Drehmechanik vorgekippt werden. Alle diese Forderungen sind erfüllt. Somit bildet der schwingende Dipterenflügel ein System, bei dem die morphologischen und kinematischen Parameter aufs feinste aufeinander abgestimmt sind.

Die Schlagflügel-Kinematik der anderen Insekten scheint im Prinzip ähnlich zu sein, auch bei Vierflüglern. Die beiden Flügelpaare der Wüstenheuschrecke sollen mit konstanter Phasenverschiebung schlagen. Das hintere liefe demnach dem vorderen stets um 10% der Periodenlänge voraus. Ähnliche Verschiebungen findet man zwischen den schwingenden Elytren und den häutigen Flügeln der Käfer. In beiden

Fällen sind die Hinterflügel die Hauptluftkrafterzeuger. Möglicherweise wirken die schwingenden Vorderflügel als variables Leitschaufelsystem, durch dessen Interferenz die Anströmverhältnisse für die Hinterflügel verbessert werden. Messungen stehen aus.

Die Honigbiene kann die Flügel beim Flug, beim Sterzeln und beim Fächeln in verschiedener Weise bewegen. Die Unterschiede beziehen sich neben der Schlagfrequenz im wesentlichen auf die Form der Schlagbahn und die Größen der Anstellwinkel, die ja beide entweder aktiv durch Verstellung der Gelenksklerite oder passiv durch einwirkende Luftkräfte verändert werden können.

Die Skala der Schlagfrequenzen reicht von weniger als 8 Hz bei großen Tagfaltern bis über 1000 Hz bei den kleinsten Mücken. Die Frequenz f (s^{-1}) ist eine Funktion der Flügellänge l (mm); die meisten Insekten, Kolibris und Vögel gehorchen der Gleichung $f = 3540 \cdot l^{-1,15}$. Die kleinsten Ceratopogoniden der Gattung *Forcipomyia* sollen sogar kurzfristig Thoraxschwingungen von maximal 2218 Hz erzeugen können, wenn man die Flügel nahe der Basis abschneidet und das Versuchstier auf 37 °C erwärmt (Mikrophonregistrierungen, Werte zweifelhaft!). Die erstaunlich hohen Frequenzen setzen speziell gebaute Flugmuskeln und Thoraxstrukturen (s. E4 IIIc) voraus.

Einige Aspekte, die die zentrale Bedeutung kinematischer Untersuchungen für die zukünftige Erforschung der Mechanik des Insektenflugs kennzeichnen sollen, seien noch angeführt (s. Abb. E4.6).

Das bei der Translation und Rotation entstehende, instationäre (d. h. vom Ort $\mathfrak{r}$ und der Zeit t abhängige) Strömungsfeld $\mathfrak{v}(\mathfrak{r}, t)$ der den Flügel umströmenden Luft ist wirbelbehaftet: rot $\mathfrak{v} \neq v$. Das Wirbelfeld wird nicht nur wie beim passiven Gleit- oder Segelflug von Form, Oberflächenstruktur und Lage des Flügels, sondern auch ganz wesentlich von der Rotation des Flügels bestimmt. Die Größen rot $\mathfrak{v}$ und div $\mathfrak{v}$ (das Feld ist quellfrei: div $\mathfrak{v} = 0$) legen zusammen mit den Randbedingungen (die Geschwindigkeiten an den Grenzflächen, z. B. Oberfläche von Flügel und Rumpf) das Strömungsfeld $\mathfrak{v}$ fest, das man mittels der Navier-Stokesschen Gleichungen berechnen kann. Aus dem bekannten Strömungsfeld lassen sich die auf den Flügel wirkenden Kräfte bestimmen.

Die Flügelrotation ist also von großer Wichtigkeit. Bei hinreichend starren Flügeln (Beispiel: Vorderflügel von *Locusta*) lassen sie sich durch e i n e Größe, den Vektor der Winkelgeschwindigkeit $\vec{\omega}$, zahlenmäßig festlegen. Ein beliebig gewählter Flügelpunkt, dessen Ortsvektor $\mathfrak{r}$ infolge der Drehung zeitabhängig ist, hat gegenüber der ruhenden Luft die Relativgeschwindigkeit $\mathfrak{v}_{rel}(\mathfrak{r}, t) = \mathfrak{v}_0 + \vec{\omega}(t) \cdot \mathfrak{r}(t)$ ($\mathfrak{v}_0$ = Translationsgeschwindigkeit des Tieres).

Der Einheitsvektor des Vektors der Winkelgeschwindigkeit heißt Darbouxscher Drehvektor ϑ. Er gibt die momentane Lage der Drehachse an, um die sich der starre Flügel dreht. Die Drehachse hat im allgemeinen weder in einem tierfesten Koordinatensystem noch in einem flügelfesten eine feste Lage: die Drehachse ist zeitabhängig. Daher läßt sich die Flügeldrehung nur dann festlegen, wenn man den Darbouxschen Drehvektor sowohl auf ein tierfestes Koordinatensystem — dabei erhält man den sog. *Spurkegel* — als auch auf ein flügelfestes bezieht — dabei erhält man den sog. *Polkegel*. Die Flügeldrehung läßt sich nun beschreiben als das Abrollen des Polkegels auf dem Spurkegel mit der Drehgeschwindigkeit ω (ZAKNACK 1970). Bei der Berechnung der kinetischen Energie, des Drehimpulses und des Drehmomentes, die der Flügelbewegung innewohnen, ist ebenfalls die Zeitabhängigkeit der Drehachsenrichtung zu berücksichtigen. Insbesondere kann bei diesen Rechnungen die Flügelmassenverteilung nicht durch *eine* Größe (*das* Trägheitsmoment), sondern nur durch den Trägheitstensor in Rechnung gestellt werden, dessen Komponenten im allgemeinen zeitabhängig sind. Bei nicht starren Flügeln (Beispiel: Hinterflügel von *Locusta*) ist die Festlegung der Flügeldrehung durch *eine* Größe nicht möglich. Dieser Problemkreis ist noch nicht in Angriff genommen worden.

C. Aerodynamik der Trag- und Schlagflügel

Die Aerodynamik ist die Lehre von den Luftkräften, die bei der Umströmung von Körpern und Flächen auftreten. Schwingende Flügel erzeugen Luftkräfte. Die Kinematik des Schlagflügelsystems bei einem Insekt muß so beschaffen sein, daß sich die Luftkraftresultierenden in nützliche Komponenten zerlegen lassen, das heißt in Auftriebskräfte, die das Tiergewicht kompensieren (d. h. das Tier „in der Luft halten"), und in Vortriebs- oder Schubkräfte, die den Rumpf in Flugrichtung bewegen (vgl. Abb. E4.9 u. E4.7). Die Luftkraftresultierende besitzt bei jeder Flügelstellung eine andere Größe und Richtung. Diese Größen- und Richtungsschwankungen zeigen beim Durchlaufen einer Schlagperiode einen bestimmten Gang, und dieser Gang wiederholt sich von Periode zu Periode in immer gleicher Weise, so lange sich die Flügelkinematik nicht verstellt. Die Größen und Richtungen der Luftkraftresultierenden hängen im wesentlichen von 3 Parametern des Schlagflügels ab:

1. von seiner geometrischen Form,
2. von seiner Geschwindigkeit zur umgebenden Luft, während er die Raumbahn bestreicht („Raumbahngeschwindigkeit"),
3. von seinem aerodynamischen Anstellwinkel zur Raumbahn.

Im Gegensatz zum rotierenden Flugzeugpropeller ändern sich beim schwingenden Schlagflügelsystem während einer Periode alle drei Punkte von Moment zu Moment:

1. Wölbung, Knickung, Durchbiegung, Verwindung und Faltung des Flügels können bei verschiedenen Schlagstellungen unterschiedlich sein.
2. Zwischen zwei Umkehrpunkten ändert sich die Schlaggeschwindigkeit von Null über mindestens ein Maximum zu Null; außerdem ist die Abschlagsgeschwindigkeit insgesamt meist kleiner als die Aufschlagsgeschwindigkeit. Deshalb kann die „Raumbahngeschwindigkeit" des Flügels während eines Ab- und Aufschlags zum mindesten im Verhältnis 2:1, und zudem noch unstet, schwanken.
3. Die aerodynamischen Anstellwinkel werden durch die gekoppelte Drehschwingung der Flügelrotation in recht komplexer Weise verstellt (s. E4 II B).

Infolge dieser komplizierten kinematischen Verhältnisse ist die aerodynamische Wirkungsweise eines Insekten-Flugmotors außerordentlich schwierig zu durchschauen, und man ist bisher nicht über erste Ansätze hinausgekommen. Exakte phasische Luftkraftmessungen an schwingenden Originalen von Insektenflügeln sind noch nicht gelungen. Dagegen sind eine Reihe von aerodynamischen Kenngrößen an stationär umströmten, stillstehenden Flugorganen von Heuschrecken, Käfern, Schmetterlingen und kleinen Dipteren gemessen worden. Einige prinzipiell wichtige Ergebnisse seien zunächst geschildert, bevor über die Luftkrafterzeugung des schwingenden Flügels gesprochen wird.

Wenn eine positiv schräg angestellte Fläche ($\alpha_{ae} > 0$) horizontal durch die Luft bewegt oder vom Windkanal angeströmt wird, entwickelt sie eine Luftkraftresultierende L, die sich in Auftrieb A und Widerstand W zerlegt. Mißt man experimentell

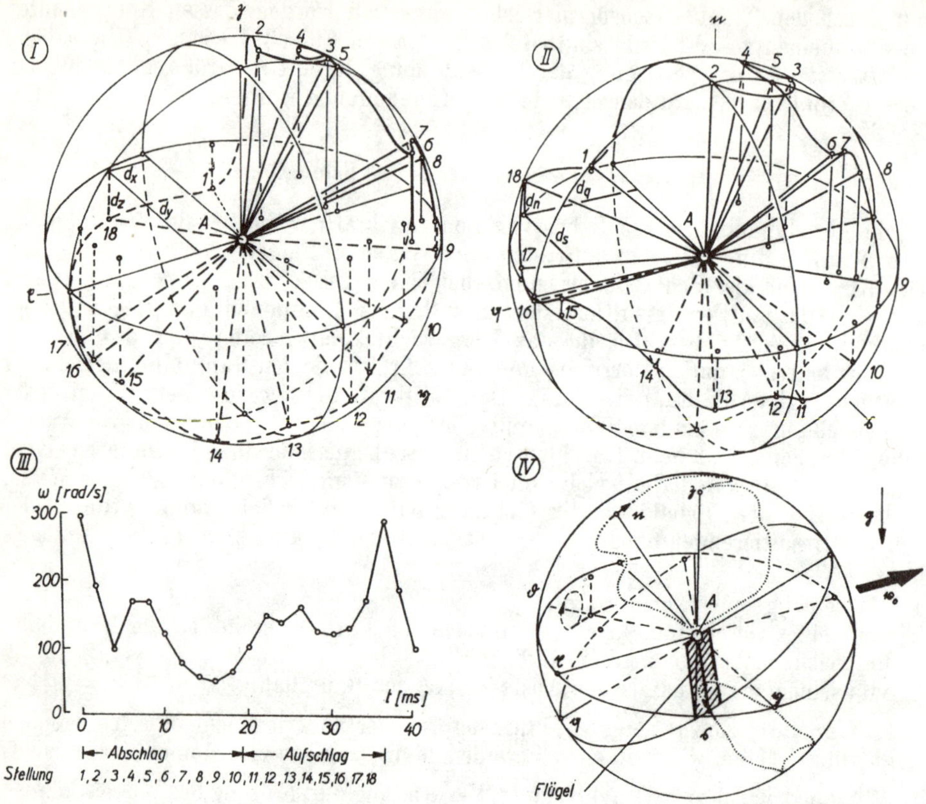

Abb. E4.6. Beispiel für die Drehung eines starren Flügels: Drehung des rechten Vorderflügels einer im Dauerflug fliegenden Wanderheuschrecke (*Locusta migratoria* L.) während einer Flügelschlagsperiode. Die Flügelschlagsperiode ist in 18 Stellungen zerlegt; der Abschlag beginnt mit Stellung 1. I. Spurkegeldarstellung: Lage der Drehachse während einer Schlagperiode im tierfesten Koordinatensystem. II. Polkegeldarstellung: Lage der Drehachse während einer Schlagperiode im flügelfesten Koordinatensystem. III. Zeitabhängige Darstellung des Betrags der Winkelgeschwindigkeit ω. IV. Kugelwege der Vektoren $\mathfrak{s}$ und $\mathfrak{n}$ auf der Einheitskugel. Die Stellung „18" ist gesondert angegeben. Deutsche Buchstaben bedeuten Vektoren.

Der Flügel sei im Punkt A drehbar am Thorax befestigt (IV). Es seien $\mathfrak{x}$, $\mathfrak{y}$ und $\mathfrak{z}$ die Achsen eines tierfesten rechtwinkligen Koordinatensystems mit dem Ursprung A und $\mathfrak{q}$, $\mathfrak{s}$ und $\mathfrak{n}$ die Achsen eines flügelfesten Koordinatensystems mit demselben Ursprung. Die Translationsgeschwindigkeit sei $\mathfrak{v}_0$, die Erdbeschleunigung sei $\mathfrak{g}$.

Bei einem periodischen Flügelschlag erzeugen der Vektor $\mathfrak{s}$ (er fällt in die Flügellängsachse) und der Vektor $\mathfrak{n}$ (er gibt die Richtung der Flügelflächennormalen an) auf der Einheitskugel um A geschlossene Kugelwege: punktierte Linien in (IV). Die Pfeile geben an, in welcher Richtung die Kurven durchlaufen werden. Die Drehachsen haben die durch $\mathfrak{d}$ gegebene momentane Lage. Bezogen auf das tierfeste Koordinatensystem habe $\mathfrak{d}$ die Komponenten (d_x, d_y, d_z), und bezogen auf das flügelfeste Koordinatensystem die Komponenten (d_q, d_s, d_n). Das Lot von $\mathfrak{d}$ auf die xy-Ebene ist d_z, das Lot auf die qs-Ebene d_n; vgl. auch die Teilbilder (I) und (II) in der Stellung 18. Der Drehsinn von $\mathfrak{d}$ ist in (IV) durch das gestrichelte Kreischen mit Pfeil angegeben. Das gepfeilte Kurvenstück bezeichnet die Lagenänderung der Drehachse in der Umgebung der gezeichneten Stellung (18).

Bei Abschlagsbeginn dreht sich der Flügel mit hoher Geschwindigkeit um seine Längsachse ($\mathfrak{s}$), die momentan ungefähr die Richtung von $\mathfrak{y}$ hat. 2 ms später dreht sich der Flügel um seine Hochachse ($\mathfrak{n}$), die nun ungefähr die Lage von $\mathfrak{z}$ hat, und so weiter.

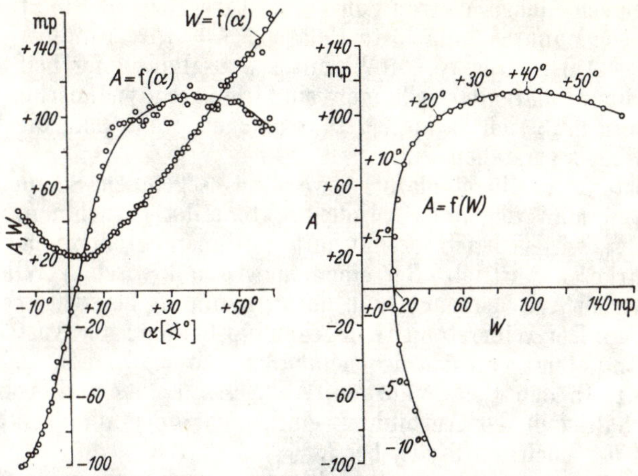

Abb. E4.7. Rotes Ordensband (*Catocala* spec.), einzelner linker Vorderflügel. Flügel unverändert. A Auftrieb, W Widerstand, α aerodynamischer Anstellwinkel. Geschwindigkeit 2,30 m/s. Links aufgelöste Polaren, rechts Polare. Die Zahlen bei den Polaren bezeichnen die zum Meßpunkt gehörenden aerodynamischen Anstellwinkel α; Punktabstand 2,5°. Nach NACHTIGALL.

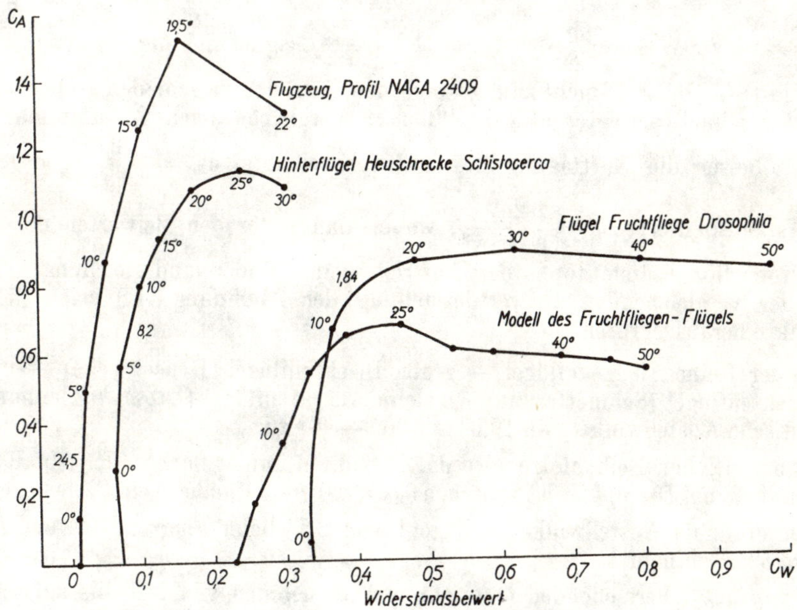

Abb. E4.8. Polaren in Beiwertdarstellung verschiedener technischer und biologischer Flügel. Erklärung im Text. Das geometrisch ähnliche Modell des *Drosophila*-Flügels, dem die Haare und Borsten des Originals fehlen, erreicht geringere c_A-Werte und zeigt wegen des „Buckels“ bei $\alpha = 25°$ Erscheinungen der Strömungsablösung. Umzeichnungen nach VOGEL.

A und W bei verschiedenen Werten von α_{ae} und trägt sie als Funktion von α_{ae} auf, so erhält man sogenannte „aufgelöste Polaren“ $A = f(\alpha_{ae})$ und $W = f(\alpha_{ae})$ (Abb. E4.7, links). Die Auftragung $A = f(W)$ mit α_{ae} als Parameter heißt „die Polare“, Abb. E4.7, rechts. Polarendarstellungen sind die aerodynamischen Visitenkarten von Flügeln. Man muß sich damit vertraut machen, wenn man die Wirkungsweise eines Insektenflügels verstehen will.

Den aufgelösten Tragflügelpolaren etwa eines segelnden Schmetterlings (Abb. E4.7 links) kann man folgende Grundcharakteristika entnehmen: Mit negativen Anstellwinkeln α_{ae} wird Abtrieb erzeugt, mit zunehmend größeren positiven Winkeln zunehmend stärkerer Auftrieb. Bei einem gewissen kritischen Winkel α_{krit} wird maximaler Auftrieb A_{max} erzeugt; von da an nimmt A bei weiterer Vergrößerung von α_{ae} wieder ab. Der Widerstand W dagegen hat bei flachster Anstellung ($\alpha_{ae} \approx 0$) ein Minimum und steigt von da an gleichmäßig weiter an, auch im Bereich, wo A wieder abnimmt. In den Polarenkurven (Abb. E4.7 rechts und Abb. E4.8) äußert sich dieses Verhalten in der Ausbildung eines mehr oder minder steil abfallenden Maximums; an der höchsten Stelle, bei A_{max}, liegt wieder α_{krit}. An der Stelle, wo ein Polstrahl (Gerade durch den Nullpunkt) die Polare tangiert, liegt der optimale Anstellwinkel α_{opt}, bei dem der Quotient A/W ein Maximum hat. Dort ist also der Auftrieb im Verhältnis zum Widerstand am größten; die Luftkraft wird zum bestmöglichen Prozentsatz in Auftrieb umgewandelt. Es gibt noch eine Reihe weiterer Kriterien, die hier nicht diskutiert werden. Da die Luftkraftkomponenten A und W – abgesehen von den kleinsten Insekten – proportional dem Quadrat der Fluggeschwindigkeit v, dem Luftdruck ϱ und der Flügelfläche F sind ($A \sim F \cdot \frac{\varrho}{2} \cdot v^2 = c_A \cdot F \cdot \frac{\varrho}{2} \cdot v^2$; $W \sim F \cdot \frac{\varrho}{2} \cdot v^2 = c_W \cdot F \cdot \frac{\varrho}{2} \cdot v^2$), eignet sich die Polarenauftragung der Kräfte (Abb. E4.7) nicht zum graphischen Vergleich verschieden großer und verschieden schnell bewegter Flügel. Will man Vergleiche machen, wählt man stattdessen besser die Auftragung des Auftriebsbeiwertes $c_A = \frac{2A}{F \cdot \varrho \cdot v^2}$ gegen den Widerstandsbeiwert $c_W = \frac{2W}{F \cdot \varrho \cdot v^2}$, wobei man unter den Beiwerten der Kräfte die Proportionalitätsfaktoren der Auftriebs- und Widerstandsgleichung versteht. Aus der vergleichenden Beiwertdarstellung der Abbildung E4.8 seien hier nur 6 Punkte herausgegriffen.

1. In der Reihe Flugzeugflügel – große Insektenflügel (Heuschrecke) – mittlere Insektenflügel (Schmetterling) – kleine Insektenflügel (*Drosophila*) nimmt der kritische Anstellwinkel von 19,5° auf 30° ÷ 40° zu.
2. In der gleichen Reihenfolge wird das Maximum immer flacher, der Abfall immer geringer; bei *Drosophila* ist zwischen $\alpha_{ae} = 20° \div 50°$ nahezu ein Plateau gebildet.
3. Der optimale Anstellwinkel α_{opt} geht von 2,5° beim Flugzeug bis auf 15° bei *Drosophila* hinauf.
4. Die bei α_{opt} herrschenden Quotienten A/W nehmen von 24,5 bis auf 1,84 ab.
5. Die $c_{A\,max}$-Werte nehmen von 1,5 bis auf 0,85 ab.
6. Die $c_{W\,min}$-Werte (Abszissenschnittpunkte der Kurven) nehmen von 0,01 bis auf 0,33 zu.

Daraus folgt: Während Flugzeuge nur mit kleinen Anstellwinkeln fliegen können und beim Überschreiten von α_{krit} infolge der steil abfallenden Tragflügelpolare durchsacken (überzogener Flugzustand, Abtrudeln), können selbst große Insekten sehr hohe Anstellwinkel benutzen und kommen wegen des flachen Polarenmaximums nicht in den überzogenen Flugzustand. Das Extrem findet sich bei *Drosophila*, bei der ab etwa $\alpha_{ae} = 20°$ der Auftrieb konstant bleibt und nicht mehr vom Anstellwinkel abhängt. Günstigerweise finden die Insekten auch ihr bestes Auftriebs-Widerstands-Verhältnis bei den oft benutzten (s. E4 II B) höheren Anstellwinkeln. Je kleiner die Tiere sind, zu desto höheren α_{ae}-Werten ist es verschoben. Allerdings erkaufen kleine Insekten diesen Vorteil damit, daß der Absolutwert von A/W wesentlich kleiner wird. Das heißt, die Widerstandskomponente beansprucht einen zunehmend größeren Teil der eingesetzten Kraft. Allgemein nimmt die Anpassung an die Hochauftriebserzeugung ($c_{A\,max}$) ab und der unvermeidbare Widerstand zu (Rechtsverschiebung der Polare, meßbar an $c_{W\,min}$).

Bei den kleinsten bekannten Insekten haben sich die Verhältnisse so weit verschoben, daß die Widerstandskräfte immer viel größer sind als die Auftriebskräfte. Während also die großen Insekten wie die Flugzeuge nach dem „Auftriebsprinzip" fliegen ($A > W$), bewegen sich die kleinsten Insekten nach dem „Widerstandsprinzip" ($W > A$). Die erstgenannte Gruppe erzeugt die überwiegend benutzte aerodynamische Kraftkomponente A durch lange, glatte, oft leicht gewölbte Flügel, die eine hohe Seitkraft senkrecht zur Bewegungsrichtung ermöglichen (s. Abb. E4.3i). Die letztgenannte Gruppe erzeugt die überwiegend benutzte Komponente W durch kurze, zerlappte, gefiederte Flügel (Abb. E4.3e), die eine hohe Widerstandskraft in Bewegungsrichtung zur Folge haben. Die kleinen *Drosophila*-Arten stehen etwa in der Mitte. Es finden sich also zwei grundsätzlich verschiedene aerodynamische Mechanismen in der Insektenwelt. Der interessierte Leser findet die physikalischen Erscheinungen (z. B. Reynoldsches Ähnlichkeitsgesetz, Grenzschichtströmung Ablösungsvorgänge) am besten in der verständlich geschriebenen Einführung von Dubs (1954) geschildert. Beschuppung (Schmetterling) sowie Behaarung und Beborstung (*Drosophila*) (Abb. E4.8) verbessern die aerodynamischen Kenngrößen der Flügel.

Bisher wurden die Luftkräfte „punktweise", das heißt bei verschiedenen Flügelstellungen stationär betrachtet. Diese Betrachtungsweise ist berechtigt bei den gleitfliegenden Insekten: einigen Schmetterlingen, Libellen und Heuschrecken. Ihre Flügel werden als Tragflügel betrachtet. Meist aber befinden sich die Flügel in rascher Schwingung. Sie sind Schlagflügel. Da die Geschwindigkeiten und Anstellwinkel dabei schwanken, schwankt auch die Größe der Luftkraftresultierenden des gesamten Flugmotors im Schlagrhythmus. Da sich die Flügel im Dreidimensionalen bewegen, ändert sich die Lage der Luftkraftresultierenden: zur Größenänderung kommt noch die Richtungsänderung. Da die verschiedenen Flügelabschnitte mit unterschiedlicher Geschwindigkeit (infolge der Winkelbewegung!) und unterschiedlichen Anstellwinkeln (infolge der Winkelbewegung, Flügelverschränkung, Faltung und Verwindung!) angeströmt werden, sind die momentanen Größen und Richtungen der Luftkraftresultierenden nur in einfachen Sonderfällen einigermaßen präzise zu bestimmen. Bei Vierflüglern komplizieren die unterschiedlichen Einzelkomponenten und die Möglichkeit einer Interferenz zwischen den beiden schwingenden Flügelpaaren das Bild noch wesentlich. Für eine erste grobe Näherung reicht die Kenntnis zweier Komponenten der Luftkraftresultierenden, nämlich der Größen Auftrieb A und Vortrieb V in den wichtigsten Schlagstellungen des Flügels. Es seien hier nur die beiden wesentlichsten Positionen des schwingenden Dipterenflügels diskutiert.

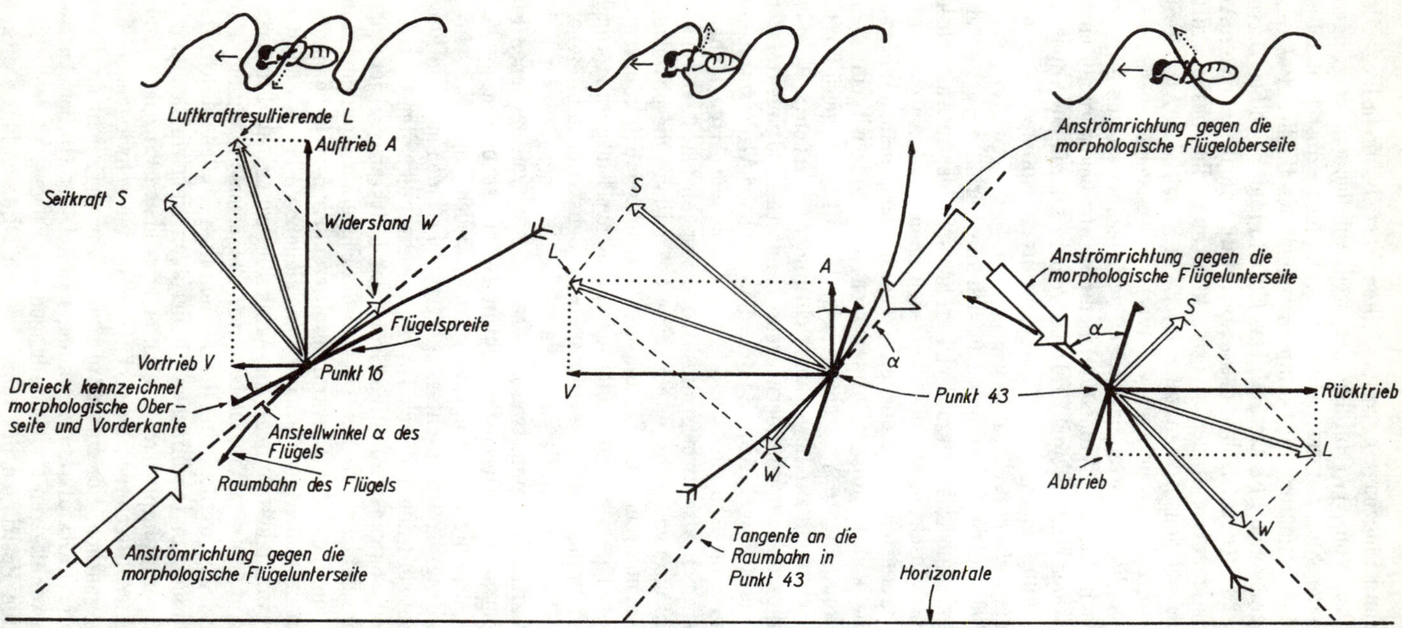

Abb. E4.9. Schemazeichnungen zur Erläuterung des Zustandekommens der Luftkraftkomponenten bei einem Insektenschlagflügel. Links: Mitte des Abschlags, entsprechend Punkt 16 von Abbildung E4.4. Mitte: Erste Hälfte des Aufschlags, entsprechend Punkt 43. Rechts: Ebenfalls Punkt 43, aber unter der hypothetischen Annahme, daß die Flügel in der Orientierung der mittleren Zeichnung auf einer sinusförmigen Bahn bewegt werden. Die Flügeloberseite und Flügelvorderkante ist wie in Abbildung E4.5 durch ein kleines Dreieck markiert. Über jeder Zeichnung zeigt eine Handskizze die jeweilige Stellung des Flügels in der Schlagbahn; die ausgezogenen kleinen Pfeile bedeuten die Flugrichtung des Tieres, die punktierten längeren Pfeile die Bewegungsrichtung des Flügels. Die Skizzen sind im Text näher erläutert. Nach NACHTIGALL.

a) *Mitte des Abschlags, Abb. E4.9 links.* Der unter α_{ae} angeströmte Flügel erfährt eine bremsende Kraft in Bahnrichtung, den Widerstand W, und erzeugt eine dazu senkrecht stehende Seitkraftkomponente S. Die relativen Größen von W und S hängen von der Flügelform, dem Anstellwinkel und der Geschwindigkeit ab. Bei günstigen Verhältnissen ist S einige Male größer als W. Unter der Annahme, daß $S = 2{,}25 \cdot W$, ist Abb. E4.9 gezeichnet. S und W setzen sich zur Luftkraftresultierenden L zusammen, die in Flugrichtung schräg nach oben weist. Man kann sie deshalb in eine hebende Komponente, den Auftrieb A, und eine vorwärtstreibende, den Vortrieb V, zerlegen; $A > V$.

b) *Erstes Drittel des Aufschlags, Abb. E4.9 Mitte.* Der nun gegen die Oberseite angeströmte Flügel läuft jetzt unter α_{ae} auf der rückläufigen Schleife der Aufwärtsbahn. Seine Luftkraftresultierende ist wieder nach vorne-oben geneigt und zerlegt sich deshalb günstigerweise wiederum in Auftrieb und Vortrieb!

c) Zur Prüfung, welchen Einfluß die seltsam rückläufig-gekrümmte Schleife der Aufschlagsbahn hat, sei folgender Fall gewählt: *Wie (b), aber unter der Annahme, daß der Aufschlag ohne rückwärts gerichtete Schleife gleich schräg nach vorne-oben führt (Abb. E4.9 rechts).* Bei geringem Auftrieb wird sehr starker Rücktrieb an Stelle des Vortriebs erzeugt: aerodynamische Bremsung, unbrauchbar für den Flug.

d) Zur Prüfung, welchen Einfluß der Anstellwinkel hat, sei folgender Fall gewählt: *Wie Abb. E4.9, rechts, aber unter der Annahme, daß* $\alpha_{ae} = 0$. Der Flügel wird also ohne Anstellwinkel in Bahnrichtung gezogen. Die Seitkraft wird dann gleich Null; nur der Widerstand W tritt auf: im Dauerzustand unbrauchbar für den Flug.

Daraus folgt: Die Raumbahnlage und die gekoppelte Drehschwingung (s. Abschnitt Kinematik) arbeiten so zusammen, daß Abschlag *und* Aufschlag günstig ausgenutzt werden. Bliebe die Drehschwingung erhalten, liefe aber die Aufschlags-Raumbahn anders, so würden schädliche Kraftkomponenten erzeugt; das Tier könnte nicht fliegen. Bei ungünstigen Raumbahnen könnte höchstens α_{ae} gleich Null gestellt werden, so daß Seitkraftkomponenten verschwinden. Dadurch kostet die Flügelbewegung zwar noch Kraft, nämlich die Komponente W, erzeugt nun aber wenigstens keine aerodynamisch schädlichen Komponenten mehr. Die Bewegung des Bienenflügels scheint in der zweiten Aufschlagshälfte nach dem letzten Punkt abzulaufen.

Diese Überlegungen gelten für stationäre Flügelumströmung. Ob instationäre Effekte (s. DUBS 1954) auf die Aerodynamik des Flugapparats von Insekten einen wesentlichen Einfluß haben, ist heute noch nicht mit Sicherheit zu entscheiden, wenngleich alles dafür spricht.

III. Beziehungen zwischen dem Bau des Thorax, der Flügel, der Thoraxmuskulatur und ihren Funktionen beim Flug

A. Thoraxkonstruktion

Der Thorax beherbergt den massigen, rasch und kräftig oszillierenden Flugmotor. Er muß zum mindesten drei Forderungen genügen: dem Motor ein festes Lager bieten, seine rhythmischen Schwingungen ermöglichen und hohe Stabilität unter geringem Gewichtsaufwand erzielen. Bei den ursprünglicheren Insektenordnungen, zum Beispiel den Schaben, Libellen und Heuschrecken, bilden die Thoraxwände im wesentlichen ein Stützskelett für den Motor, das dem technischen System der membranbespannten Rahmen-Leichtbauweise entspricht. Bei den höheren Ordnungen, zum Beispiel den Hautflüglern und Fliegen, bilden sie mehr eine Kapsel aus verschmolzenen aber gegeneinander verbiegbaren, manchmal auch gelenkig verbundenen Festplatten. Der seitliche Thorax lagert hier nicht nur den Muskelmotor, sondern spielt darüber hinaus eine essentielle Rolle für die Übertragung seiner Schwingungen auf die Flügel.

Als Beispiel sei hier an Hand der Abbildung E4.10 lediglich die Konstruktionsweise des Thorax bei der anisopteren Libelle *Aeschna cyanea* erläutert. Ausgehend von der kräftigen Basalplatte der Furca erheben sich vier nach außen durchgebogene Schwingenpfeiler, die mit leitersprossenartigen Querläufern gegen je einen geraden Innenträger abgestützt sind. Dorsal sind sie mit geraden, ventral mit gebogenen Längsträgern verbunden. Die letzteren entsenden dorsad noch je einen kurzen, gebogenen Stützast für die Membran. Am oberen Ende teilt sich jeder Schwingenpfeiler hammerartig und bildet so die beiden Gelenkköpfe für je einen Flügel. Die anatomischen Bezeichnungen der hier funktionell benannten Teile sind der Abbildung zu entnehmen. An diesem statisch hochstabilen Leichtbau-Rahmenskelett sitzen innen die kräftigen Flügelmuskeln an. Bespannt ist es außen mit einer sehr dünnen, chitinösen Membran, die die Thoraxhöhle abschließt, aber keine statische, das heißt tragende Funktion besitzt. In seiner funktionellen Zweiteilung entspricht der Libellenthorax ganz genau den leinwandverkleideten Stahlrohrrümpfen der älteren Flugzeuge, etwa vom Typ „Fieseler Storch".

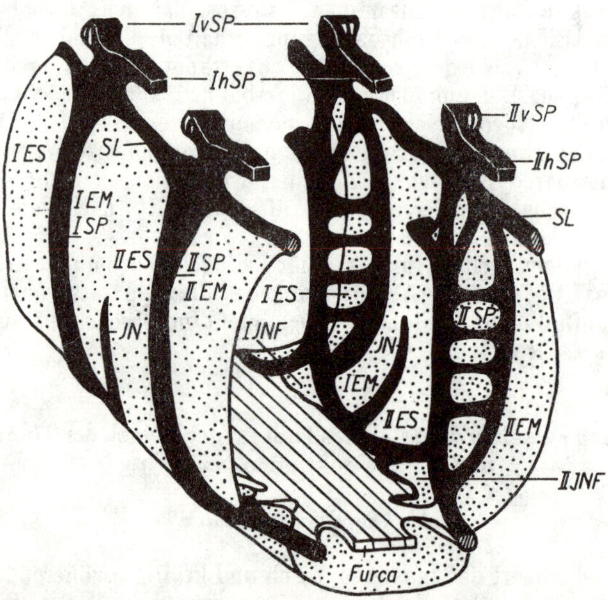

Abb. E4.10. Thoraxskelett der Libellengattung *Aeschna*. **EM** = Epimeron; **ES** = Episternum; **h** = hinten; **IN** = Intersegmentalnaht; **INF** = Infraepisternum; **SL** = Subalarleiste; **SP** = Schwingenpfeiler = Pleuralleiste; **v** = vorn. Vgl. den Text. **I** Meso-, **II** Metathorax. Nach Russenberger u. Russenberger.

B. Baumaterialien

Das Baumaterial ist fast ausschließlich Chitin. Die stark unterschiedlichen Dicken und Farbtöne des Chitins an Thorax-Querschnitten zeigen, daß die mechanischen und Elastizitätseigenschaften an verschiedenen Stellen unterschiedlich sein werden. Das außergewöhnlichste Baumaterial des Insektenreichs findet sich als Kutikularstruktur vor allem bei Heuschrecken. Es wurde „Resilin" genannt und ist ein gummiartig vernetztes höchstelastisches Protein. Zusammen mit den Muskeln und der „normalen" Kutikula der Thoraxwände bildet es ein energiespeicherndes System. Dieses System speichert bis 85% der mechanischen Energie, die beim Aufschlag entwickelt worden ist, als elastische Verformungsarbeit und teilt sie dem darauffolgenden Abschlag wieder mit. Damit verkleinert es sehr merklich die gesamte, für die rhythmische Beschleunigung und Verzögerung der Flügelmassen einzusetzende mechanische Energie. Der elastische Wirkungsgrad des Resilin ist mit 96% extrem hoch, höher als der eines jeden synthetischen Gummis.

Resilinligamente bilden Teile des Heuschrecken-Flügelgelenks selbst. Strukturell bestehen diese Ligamente aus höchstens 0,2 nm dicken Chitinlamellen, die mittels 1—3 nm dicker Resilin-Zwischenschichten getrennt und verklebt sind. Die Ablagerung innerhalb der Schichten erfolgt in Form von Zuwachsstreifen im Tagesrhythmus. Ultrastrukturell bildet das Resilin ein räumliches Gitter von Polypeptidketten, die in nahezu perfekt regelmäßigen Abständen durch konvalente Querverbindungen vernetzt sind. Seine funktionelle Feinstruktur entspricht damit vulkanisiertem Kautschuk (Autoreifen!), und sie ist die Ursache der hohen Elastizität.

C. Flugsteuerung und Flügelgelenk

Alle Flügelgelenke haben eine Doppelfunktion. Sie müssen die Bewegungen der Flügelantriebsmuskeln so auf die Flügel übertragen, daß diese in schnelle Schwingungen kommen: Flug. Zusätzlich müssen sie die Aktivität der Flügelsteuermuskeln (s. Abschnitt D: Flügelmuskeln) so auf die Flügel übertragen, daß diesen schnell schwingenden Luftkrafterzeugern Veränderungen im Schlagmodus aufgeprägt werden: Flugsteuerung. Die Schwingungsform eines jeden Flügels muß für sich verändert werden können. Diese Veränderungen können phasisch sein: Bei jedem Schlag kann zum Beispiel der linke Vorderflügel einer Heuschrecke in einer bestimmten Schlagposition von der entsprechenden Stellung des rechten Vorderflügels ein wenig abweichen. Somit wird die Spiegelbildsymmetrie des Schlags gestört; aus dem Geradeausflug wird ein Kurvenflug, die Flugrichtung kann gesteuert werden. Phasische Steuerungen sind nur möglich bei den langsamen Schlagfrequenzen (um 20 Hz) großer Insekten. Bei Heuschrecken sind bestimmte, direkte Muskelgruppen vorhanden, die die Flügel sowohl antreiben als ihnen auch über die Gelenke eine bestimmte Anstellung zur Schlagbahn aufprägen. Sind diese Muskeln links und rechts unterschiedlich aktiv, so verändern sich Größe und Richtung der linken und der rechten Luftkraftresultierenden in unterschiedlicher Weise: Kurvenflug. Bei kleinen Insekten mit fibrillärem Flugmotor, zum Beispiel bei Dipteren, sind die Veränderungen stets tonisch: Während jeder Flügel sehr rasch schlägt, wird er von einem zusätzlichen System kleiner, langsam sich kontrahierender Stellmuskeln in seinen kinematischen Parametern verändert. Die Veränderungen können bei den hohen

Schlagfrequenzen (*Calliphora* bis um 200 Hz) aber nicht mehr aktiv bei einer bestimmten Position eines jeden Schlags (phasisch) vorgenommen werden. Sie laufen vielmehr („tonisch") stets über viele Schläge ab. Ändern können sich die Schlagamplitude, die mittlere Schlagbahnneigung usw. Es kann auch der Getriebemechanismus des Gelenks so verstellt werden, daß sich als Folge davon das phasische Zusammenspiel der Schlag- und Drehschwingung (S. 53) ändert. Beispielsweise kann ein bestimmter Bahnanstellwinkel bei den nächsten 20 Flügelschlägen zu einem etwas kleineren Schlagwinkel hin verschoben sein als bei den vorhergehenden 20 Flügelschlägen. Ein technisches Analogon ist das Pendelgelenk beim Hubschrauberrotor. In allen Fällen werden Luftkraftdifferenzen erzeugt, mit denen die Flugrichtung verändert, das heißt der Flug gesteuert werden kann. Abbiegungen der Beine und des Abdomens dienen teils der Schwerpunktsverlagerung, teils durch direkte aerodynamische Ruderbewegung ebenfalls der Flugsteuerung.

Zu den genannten Doppelfunktionen – Aufrechterhaltung der Schlagbewegung und Steuerung der Schlagbewegung – können die Flügelgelenke noch zwei weitere Funktionen übernehmen. Zum einen haben sie die Aufgabe, die Flügel bei Nichtgebrauch falten (Faltenwespen) oder irgendwie dem Körper anlegen zu lassen (viele Fliegen). Zum anderen können sie als bistabile Kippmechanismen gebaut sein (Fliegen), die den hochspezialisierten fibrillären Flügelantriebsmuskeln erst das Arbeiten ermöglichen (s. E4 III c).

Die Flügelgelenke der Insekten (Abb. E4.11) sind die kompliziertesten Bewegungsmechanismen des Tierreichs. Funktionell bestehen sie aus Teilen, die fest oder gelenkig mit dem Thorax verbunden sind (unter anderem der vordere und der hintere

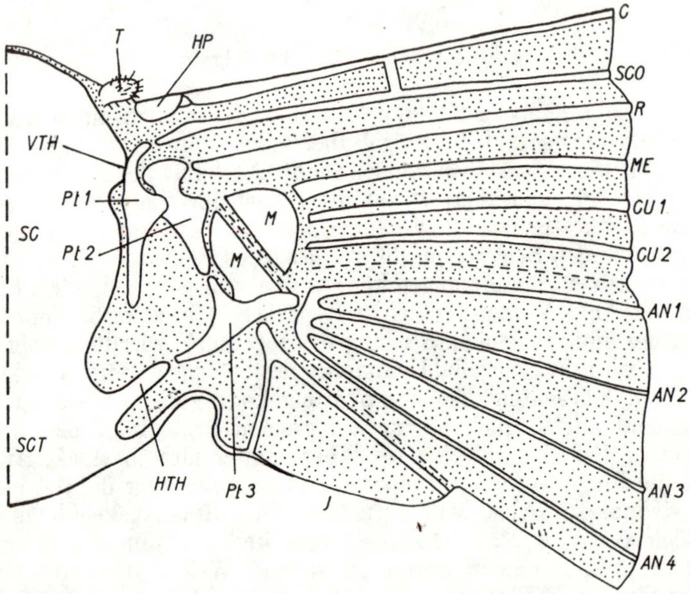

Abb. E4.11. Abstraktionsschema eines Flügelgelenks mit typischer Anordnung der Gelenksklerite. **AN** = Analis; **C** = Costa; **CU** = Cubitus; **HTH** = hinterer Tergalhebel; **HP** = Humeralplatte; **J** = Jungum; **M** = Medianplatte; **ME** = Media; **Pt** = Pterale; **R** = Radius; **SC** = Scutum; **SCO** = Subcosta; **SCT** = Scutellum; **T** = Tegula; **VTH** = vorderer Tergalhebel. Nach PRINGLE.

Tergalhebel, die „Alaria", der pleurale Flügelgelenkkopf), aus verdickten Endteilen der Hauptflügeladern (zum Beispiel „Köpfe" der Costa, des Radius, der Analis) und zwischengeschalteten, sehr beweglichen axillaren „Skleriten" oder Pteralia.

Alle diese Teile bilden insgesamt eine kinematische Kette. Das Pterale 1 artikuliert mit dem vorderen Tergalhebel (Abb. E4.11, E4.12) und bei einigen Ordnungen (*Hymenoptera*, *Diptera*) mittels seines hinteren Arms auch mit dem hinteren Tergalhebel. Seitlich führt das Pterale 1 zum Kopf der Subcosta und formt außerdem auf komplizierte Weise ein Gelenk zum Pterale 2. Dieses führt üblicherweise seitlich zum Kopf des Radius; nach unten bildet es das Gelenk zum pleuralen Flügelgelenkkopf. Außerdem kann es in Vermittlungsstücke zu den medianen, cubitalen und analen Adern einlenken, in die sogenannten Medianplatten. Das Pterale 3 erstreckt einen basalen Arm zum hinteren Tergalhebel, einen weiteren zum hinteren Fortsatz des Pterale 2 und einen dritten zu den Analadern. Es ist der wesentliche Sklerit für den Mechanismus der Flügelfaltung. Schließlich ist bei zwei Ordnungen (*Orthoptera* und *Hymenoptera*) noch ein Pterale 4 als freier Sklerit ausgebildet. Es liegt zwischen dem Pterale 3 und dem hinteren Tergalhebel.

Während der Flügelschwingung bewegen sich die Flügelsklerite in gesetzmäßiger, komplexer Weise. Durch die Art ihres Zusammenspiels bewerkstelligen sie die Schlagschwingung und gleichzeitig auch — durch automatische Zwangsführung — die überlagerte Drehschwingung des Flügels (s. S. 53). Nahezu an jedem der Gelenkteilchen greifen direkte Stellmuskeln an. Diese treiben die Flügel meist nicht an, sondern können die relative Lage der einzelnen Teilchen zueinander tonisch ändern.

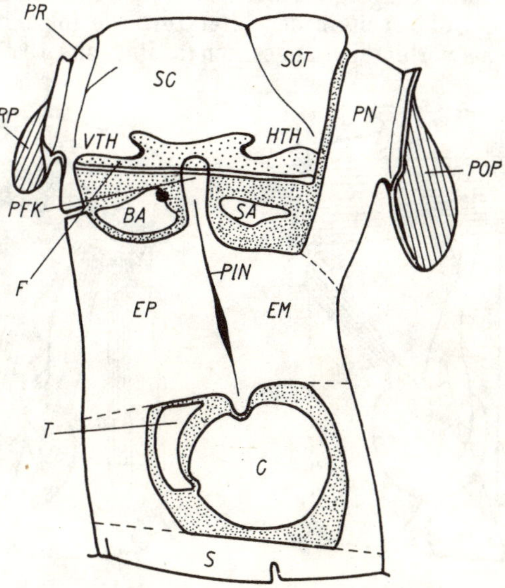

Abb. E4.12. Schematische Seitenansicht eines typischen flügeltragenden Segments. **BA** = Basalare, **C** = Coxa, **EM** = Epimeron, **EP** = Episternum, **F** = Flügelschnitt, **HTH** = hinterer Tergalhebel, **PFK** = pleuraler Flügelgelenkkopf, **PlN** = pleurale Naht, **PN** = Postnotum, **POP** = Postphragma, **PR** = Praescutum, **PRP** = Praephragma, **S** = Sternum, **SA** = Subalare, **SC** = Scutum, **SCT** = Scutellum, **T** = Trochantin, **VTH** = vorderer Tergalhebel. Nach SNODGRASS.

Die Art des Zusammenspiels der Teilchen ändert sich daraufhin, und als Folge davon ändert sich auch die komplexe Schwingungsform des Flügels, zum Beispiel die oben angeführte Koordination von Schlag- und Drehschwingung. Es ändern sich folglich wiederum die Größen und Richtungen der Luftkraftresultierenden und damit die Flugrichtung. Die Stellmuskeln dienen also der Flugsteuerung. Eine genaue Analyse dieses komplizierten Zusammenspiels ist noch bei keinem Insekt vollständig gelungen.

D. Prinzipbau des Skelettes und der Muskulatur bei einem flügeltragenden Segment

Es wird angenommen, daß die Vielzahl der heute so außerordentlich unterschiedlichen Flugapparate der Insekten auf einen gemeinsamen Urtyp zurückgeht, daß das Flugvermögen also nur einmal in der Stammesgeschichte der Insekten entstanden ist, nämlich im Devon oder im unteren Karbon. Das geflügelte Thoraxsegment hat sich aus dem Grundbauplan des ungeflügelten Segments entwickelt. Die hochspezialisierten Chitinteile (s. voriger Abschnitt III C) und Muskeln eines jeden Flugapparats müssen sich daher auf dieses Grundschema zurückführen lassen. Zusätzliche Hartteile können durch verstärkte Chitinablagerung an jeder Stelle der Epidermis gebildet werden. Muskeln können durch unterschiedliches relatives Wachstum, durch Verschiebung der Insertionsstelle auf neugebildete Hartteile, durch Veränderung des zytologischen Feinbaus (s. Fibrillärmuskeln) im Laufe der Stammesgeschichte ihre Funktion verändern und damit von reinen Thoraxmuskeln zu Bewegern der neugebildeten Flugorgane werden. Über viele solche Homologisierungsfragen herrscht noch Unklarheit in der Literatur. Die folgenden Beziehungen dagegen werden heute als verbindlich angesehen (s. PRINGLE 1957, 1965).

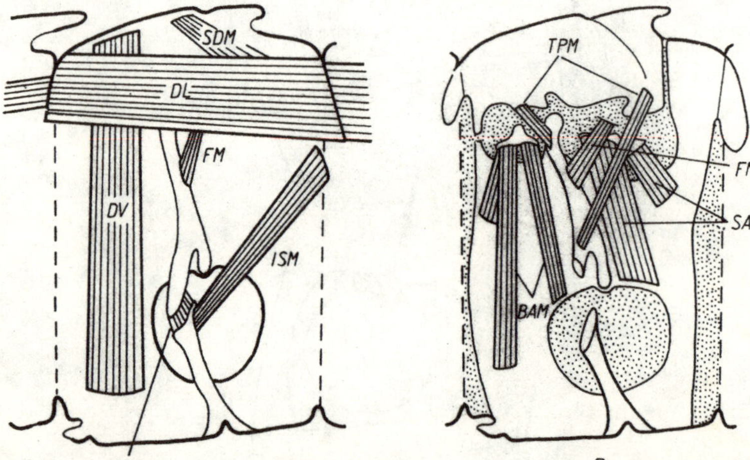

Abb. E4.13. Schematisierte Seitenansicht der Muskeln eines flügeltragenden Segments, von innen gesehen. Links: indirekte (zentrale) und einige laterale Muskeln. Rechts: laterale Muskeln. **BAM** = Basalarmuskeln; **DL** = dorsale Längsmuskeln; **DV** = Dorsoventralmuskeln; **FM** = Flexormuskel; **ISM** = Intersegmentalmuskel, **PSM** = Pleurosternalmuskel; **SAM** = Subalarmuskeln; **SDM** = schiefe, dorsale Muskeln; **TPM** = Tergopleuralmuskeln. Nach PRINGLE.

In der Mitte des Pleurum verläuft ein starkes, durch Einfaltung der Epidermis entstandenes vertikales Apodem, die Pleuralleiste. Ihr dorsales Ende läuft in den kräftigen Flügelgelenkkopf aus (Abb. E4.12). Dieser bildet zusammen mit den beiden Tergalhebeln, die vom Seitenrand des Scutum vorspringen, in den meisten Fällen die drei Haupt-Lagerungspunkte für den Flügel (Abb. E4.11). Nach innen verbreitert sich die Pleuralleiste zu einem kräftigen Apodem für den Ansatz des pleurosternalen Muskels (Abb. E4.13, E4.14; E2.15). Vom Vorder- und Hinterrande des Tergum sind Phragmen tief in den Thorax eingestülpt, zwischen denen die starken dorsalen Längsmuskeln ausgespannt sind (Abb. E4.13).

Die Region über dem Episternum trägt die Bezeichnung „Basalare“, diejenige über dem Epimeron die Bezeichnung „Subalare“. Beide Regionen können sich als Sklerite von der Umgebung abtrennen. An ihnen inserieren Muskeln, die von den Seitenwänden ausgehen, die Basalarmuskeln und die Subalarmuskeln (Abb. E4.12, E4.13). Da Basalare und Subalare ligamentös mit der Flügelwurzel verbunden sind, können die letztgenannten Muskeln die Flügel direkt bewegen. Einen direkten Einfluß nehmen auch alle Muskeln, die an den axillaren Skleriten ansetzen. Man nennt deshalb alle diese Muskeln auch die „direkten“ Muskeln. Sie mögen bei den ersten flugfähigen Insekten die Kraft für den Auf- und Abschlag geliefert haben. Was die rezenten Insektenordnungen anlangt, so dominieren sie noch bei den *Blattodea* und sind weiterhin wesentlich bei den *Orthopteroidea*, *Coleoptera* und *Odonata*, also überwiegend bei ursprünglichen Ordnungen. Bei den höher entwickelten Ordnungen, insbesondere bei den *Diptera* und *Hymenoptera*, liefern dagegen die indirekten Muskeln die Kraft für Auf- und Abschlag; die direkten Muskeln werden zu reinen Steuermuskeln.

Die indirekten Muskeln sind in zwei funktionelle Gruppen gegliedert. Die dorsalen longitudinalen Muskeln sind, wie erwähnt, überwiegend zwischen den beiden Phragmata ausgespannt. Wenn sie sich kontrahieren, verspannen sie das Tergum so, daß die beiden Tergalhebel relativ zum pleuralen Flügelgelenkkopf gehoben werden: Der Flügel schlägt abwärts. Die gleiche Funktion haben bei einigen Ordnungen die dorsalen schrägen Muskeln.

Die dorsoventralen Muskeln sind unter Winkeln zwischen 45° und 90° zu der Hauptzugsrichtung der Längsmuskeln zwischen Tergum und Sternum verspannt. Wenn sie sich kontrahieren, verspannen sie den Thorax anders, so daß der vordere Tergalhebel relativ zum pleuralen Flügelgelenkskopf nach unten gezogen wird: der Flügel schlägt aufwärts. Die schrägverlaufenden Intersegmentalmuskeln haben bei den verschiedenen Ordnungen unterschiedliche Aufgaben (Metathorax der *Odonata*: Flügelsenker).

Die direkten Flügelmuskeln sind, wie angeführt, bei den höheren Ordnungen reine Steuermuskeln geworden. Es ist jedoch noch keineswegs geklärt, welche Rolle jeder Muskel bei jeder Ordnung wirklich spielt. Lediglich der Flexormuskel, der von den Pleuren zur Mitte des 3. Pteralsklerits läuft, faltet die Flügel ausnahmslos bei jeder Ordnung, die zur Flügelfaltung befähigt ist.

Zusätzlich zu den indirekten Muskeln (Antriebsmuskeln) und den direkten Muskeln (Steuermuskeln) gibt es einige akzessorische Muskeln, die den Flug beeinflussen können. Der oben erwähnte pleurosternale Muskel (Abb. E4.13, E4.14) zieht bei den Fliegen die Pleuren nach innen und versteift damit die Thoraxseiten, eine notwendige Voraussetzung für die Wirkung des „Klick-Mechanismus“ im Flügelgelenk (s. nächsten Abschnitt, IIIE). Der Intersegmentalmuskel im Bienenthorax bewegt ein Hebelsystem, das die indirekten fibrillären Antriebsmuskeln vorspannt und so ihren

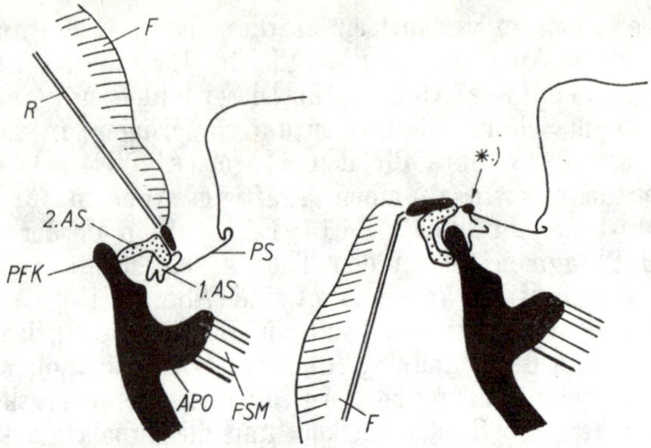

Abb. E4.14. Prinzipskizze des Klickmechanismus im Flügelgelenk einer Diptere. Thoraxquerschnitt: rechtes Gelenk von vorne gesehen. Bezeichnungen wie in Abbildung E4.11 bis E4.13, weiterhin: **APO** = pleurale Apophyse, **PS** = vorderes Parascutum, *) Punkt, an dem der vordere Tergalhebel, der erste axillare Sklerit, die Basis des Radius und der zweite axillare Sklerit zusammentreffen. Links: Gelenk nach unten durchgesprungen; Flügel weist nach oben. Rechts: Gelenk nach oben durchgesprungen; Flügel weist nach unten. 1. axillarer Sklerit weiß belassen, 2. axillarer Sklerit punktiert. Umzeichnung nach E. Boettiger und E. Furshpan.

Arbeitspunkt einstellt. Der Tergotrochantermuskel, ein modifizierter Beinmuskel, hilft möglicherweise bei einigen Fliegen den fibrillären Flugmotor zu starten.

E. Mechanik des Flügelantriebs bei den Dipteren

Diese gedrängte Einführung in die Flugmechanik der Insekten wurde vor allem unter dem Aspekt der funktionellen Morphologie zusammengestellt. Die Grundfragen lauten: Wie sind Strukturen auf ihre Funktionen eingespielt, und wie spielen unterschiedliche Strukturen zum Erreichen einer übergeordneten Funktion (hier: Luftkrafterzeugung für den Flug) zusammen? Abschließend sollen unter diesen Gesichtspunkten die Prinzipien des Flügelantriebs bei den Dipteren kurz besprochen werden.

Muskeln, Thoraxteile, Flügel und die auf die Flügel unmittelbar einwirkende Luftmasse (Grenzschicht) bilden wohl ein Resonanzsystem, das bei großen Fliegen (*Calliphora*, *Sarcophaga*) mit einer Resonanzfrequenz etwas unter 200 Hz schwingt. Die Resonanzfrequenz ist abhängig von den Trägheitskomponenten und den elastischen Komponenten des Systems und verändert sich nicht, solange diese Komponenten konstant bleiben. Die indirekten, fibrillären Flügelantriebsmuskeln kontrahieren sich nahezu rein isometrisch (Verkürzung nur etwas über 1% der Länge); die großen Schlagamplituden – bis nahezu 180° – werden durch ein sehr großes Hebelverhältnis im Gelenk hervorgerufen.

Infolge ihrer submikroskopischen Konstitution (s. Pringle 1967) kontrahieren sich diese hochspezialisierten Muskeln nicht auf Grund eines motorischen Nervenimpulses, sondern als Antwort auf eine schlagartige mechanische Dehnung. Vor dem Abschlag müssen die dorsalen Längsmuskeln, vor dem Aufschlag die Dorsoventralmuskeln ruckartig mechanisch gedehnt werden. Dies geschieht durch die sogenannte „Klick-Mechanik" des Flügelgelenks (Abb. E4.14). Pterale 2 und Parascutum (der beweglich eingelenkte vordere Tergalhebel) bilden ein bistabiles System, das wie eine Knallfeder oder ein Mikroschalter arbeitet. Beim Flügelaufschlag springt es schlagartig nach unten, beim Flügelabschlag nach oben durch und induziert so die ruckartige mechanische Stimulation der Muskelantagonisten. Bevor dieses Klicksystem in eine andere stabile Lage durchspringen kann, muß sein „Innengelenk" zwischen Pterale 2 und dem Parascutum etwas über oder etwas unter die Verbindungslinie zwischen den beiden „Außengelenken" pleuraler Flügelgelenkkopf — Pterale 2 und Parascutum — Scutum gehoben oder gesenkt werden (Abb. E4.14). Das geschieht durch die Bewegung des mit dem Pterale 1 verbundenen, stangenartig ausgebildeten hinteren Tergalhebels, der über die schwingende Thoraxkapsel von den Muskelantagonisten gehoben und gesenkt wird. Gleichzeitig wird durch die Art des Zusammenspiels der Gelenkteile die beträchtliche Pronation und Supination und ebenso die Vor- und Rückbewegung des Flügels beim Ab- und Aufschlag zwangsläufig eingestellt.

Dieses Klicksystem arbeitet nur, wenn es unter Spannung steht; der pleurosternale Muskel zieht dazu die pleuralen Thoraxteile nach innen bis in die „Arbeitsstellung". Als Folge ändern sich gleichzeitig die elastischen Eigenschaften des Resonanzsystems, so daß die Flügelschlagfrequenz steigt, wenn der Muskel die Pleuren stärker nach innen zieht. Damit erhöht sich auch die erzeugbare Luftkraft; das Tier kann steigen oder rascher fliegen. Durch besonders starke Kontraktion des akzessorischen pleurosternalen Muskels können also dem fibrillären, indirekten Flugmotor (in dem dann gleichzeitig auch eine höhere Frequenz der Muskelaktionspotentiale zu messen ist) größere Leistungen entzogen werden.

Hochspezielle physiologische Eigenschaften der indirekten Muskeln, hochspezielle mechanische Eigenschaften des Flügelgelenks und die Hilfe „normaler" akzessorischer Muskeln müssen also zusammenspielen, damit der Thoraxmechanismus als Resonanzsystem arbeiten und so hohe Schlagfrequenzen erreichen kann, wie sie bei den Dipteren auftreten.

E5. Die Extremitäten

I. Die Extremitäten des Thorax

Sie sind gewöhnlich in 3 Paaren vorhanden und fehlen nur den innerhalb eines Mediums (Schlamm, Pflanzen- oder Tiergewebe) lebenden Larven, sehr selten auch manchen weiblichen Imagines. Bei den Collembolen sind sie nur in Coxa, Trochanterofemur, Tibiotarsus und Praetarsus gegliedert, manchmal gilt das auch für frühe Stadien der Heterometabolenlarven. Normalerweise sind 6 Beinglieder vorhanden (Abb. E5.1, E5.2). Sie werden miteinander durch Gelenkmembranen verbunden, die gewöhnlich auf einer Seite lang, auf der entgegengesetzten kurz sind, wodurch die Bewegungsrichtung der beiden Glieder gegeneinander festgelegt ist. Meist wird die Gelenkachse recht genau fixiert, indem Gelenkköpfe des proximalen Gliedes in Ausbuchtungen des folgenden eingreifen (Abb. E2.14). Da die Achsen der Gelenke nicht alle in der gleichen Richtung liegen, kann das Bein nicht nur in einer Ebene gebeugt, sondern auch vor- und zurückgeschwenkt werden. Die meisten Condyli sind so angeordnet, daß die benachbarten Glieder sich um eine waagerechte Achse drehen, wodurch die Projektion des Beines auf die Laufebene verkürzt wird (Abb. E5.1)

(Gelenk zwischen: Coxa und Trochanter, Femur und Tibia, Tibia und Tarsus, den einzelnen Tarsengliedern, wo allerdings niemals Condyli vorhanden sind, und zwischen Tarsus und Praetarsus). Vertikal steht das Trochanter-Femurgelenk, das eine sehr schmale Gelenkhaut hat. Schräg ist die Achse des Thorax-Coxagelenkes (Abb. E2.13, E2.14). In ihr kann das ganze Bein von posteriomedial nach anterolaterad geschwenkt werden. Entsprechend der Lebensweise haben die Glieder bei den einzelnen Arten ganz verschiedene relative und absolute Länge und Dicke (Abb. E5.1; E4.3e–g; 12.1; 20.3).

Die Coxa hat distad ihres Gelenkrandes eine Versteifungsleiste (Abb. E2.15). Vor dem dorsalen Condylus verläuft sie (Basicosta) etwa parallel zum Rand, hinter ihm aber biegt sie distad aus (Merocosta) und umgrenzt mit einer Schlinge ein Feld der Coxa, das Meron (Abb. E2.14). Bei den *Blattodea*, *Mecopteroidea* u. a. ist das Meron so lang, daß es die ganze oder fast die ganze Hinterwand der Hüfte bildet. Man spricht dann von Spalthüften.

Der Praetarsus ist ein sehr kurzes Glied. Er trägt bei Collembolen und Proturen, aber auch bei den Raupen der Schmetterlinge und Blattwespen, vielen Käferlarven usw. nur eine Kralle, sonst immer ein Paar (Abb. E5.2, E5.3). Dieses kann zusammen mit dem Praetarsus gegen den Tarsus gebeugt werden. Die Sehne des Praetarsusbeugers ist bis in die Tibia und das Femur zu verfolgen, wo die Beugungsmuskeln

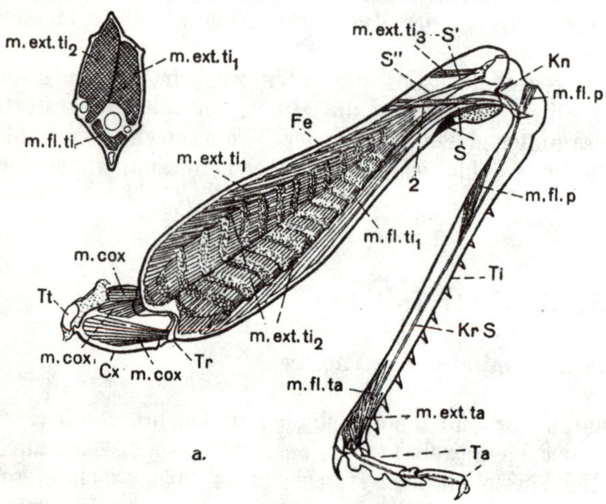

Abb. E5.1

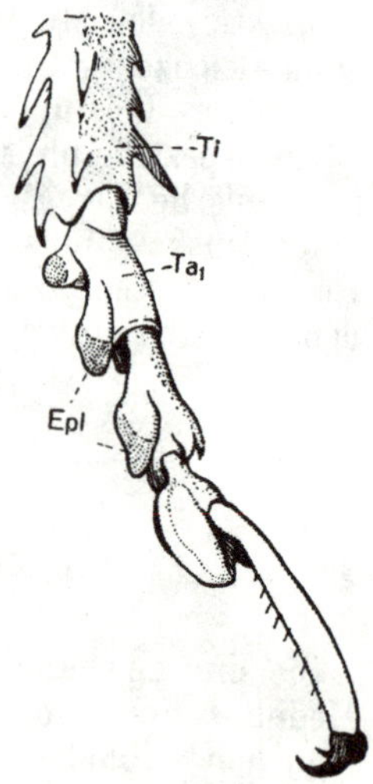

Abb. E5.2

Abb. E5.1. *Dissosteira carolina* Linnaeus. Hinterbein mit den Muskeln, links darüber Querschnitt durch das Femur. Nach Snodgrass, aus Weber. **Cx** Coxa; **Fe** Femur; **Kn** Kniegelenk-condylus; **KrS** Krallensehne; **m. cox** Muskeln innerhalb der Coxa; **m. ext. ta** Tarsus-Strecker; **m. ext. ti_1** starker fischgrätenförmig an seine Sehne (S') mit vielen Fasern angehefteter Tibienstrecker, zusammen mit **m. ext. ti_2** den Sprung bewirkend; **m. fl. ti_1** Beuger der Tibia; **m. fl. p** Krallenbeuger; **m. fl. ta** Tarsusbeuger; **S** Sehne des Tibienbeugers, **S', S''** Sehne der Tibienstrecker; **Ta** Tarsus; **Ti** Tibia; **Tr** Trochanter; **Tt** Trochantinus.

Abb. E5.2. *Tettigonia*. Ende des Hinterbeines mit paarigen, weichhäutigen Euplantulae (**Epl**), seitlichen Verbreiterungen der Tarsenglieder. Mit vielen unechten Haaren besetzt, vergrößern sie die Haftfähigkeit an der Unterlage, im vorliegenden Fall an Blättern. Nach Weber. **Ta_1** 1. Tarsalglied; **Ti** Tibia.

liegen (Abb. E5.1). Die ventrale Platte des Praetarsus setzt sich oft in ein steifes oder lappenförmiges Empodium fort. Dieses dient der Anheftung an den Untergrund wie auch in anderen Fällen ein zwischen den Krallen entspringendes unpaariges Arolium oder paarige Pulvillen (Abb. E5.3).

Exakte Untersuchungen über den Mechanismus, mit dessen Hilfe die Pulvillen bzw. Arolien an einer Unterlage haften, liegen nicht vor. Ein gültiger Nachweis von Drüsen, die ein Haftsekret absondern sollen, ist nicht erbracht worden. Deshalb habe ich im Anschluß an Versuche von HOMANN über die Ursache des Haftens der Skopulae von Spinnen*) eine Anzahl Experimente mit *Calliphora erythrocephala* angestellt. Dabei ergab sich, daß die Fliege nicht rückenabwärts an einer Glasscheibe sitzen konnte, von der die äußerst dünne Wasserhaut, die alle festen Körper überzieht, entfernt war. Sie fiel sofort herunter. Die mit vielen unechten Härchen besetzten Pulvillen haften also durch Adhäsion.

Auf dem Rücken liegende *Calliphora*, die heftig strampelten, hielten sich sogleich an einer Glasscheibe fest, die man parallel zur Unterlage ihnen näherte. Auch bei heftigem Schütteln und kopfabwärts hängend, verloren sie daran nicht ihren Halt. Hatte man aber von einer Glasscheibe die äußerst dünne Wasserhaut mit Hilfe von Silikonöl entfernt**), so hafteten die Pulvilli der Fliegen nicht mehr an ihr. Setzte man sie auf eine solche Scheibe und kehrte diese langsam um, so fiel die *Calliphora* sofort herunter. Trieb man sie gegen die vertikal gehaltene Scheibe, so bestieg sie diese mit wenigen Schritten, blieb dann stehen, zog eines oder das andere Bein an und konnte auf ihr sichtlich nicht weiterlaufen.

II. Die Extremitäten des Abdomens

Sie entstehen beim Embryo in der gleichen Weise wie die des Thorax, bleiben aber auf dem eingliedrigen Zustand stehen. Bei primitiven Ordnungen können sie an allen 11 Abdominalsegmenten auftreten, z. B. bei *Japyx*, *Campodea*, *Lepisma*, *Forficula*, manchen *Caelifera* (Abb. E2.1,2; Abb. 1.5). Die Keimscheiben gleichen

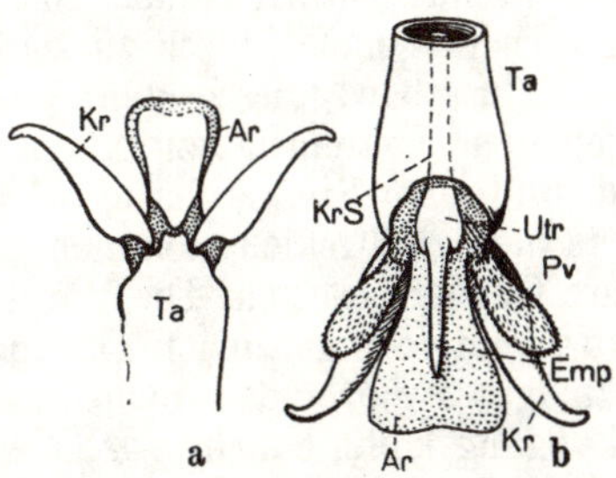

Abb. E5.3

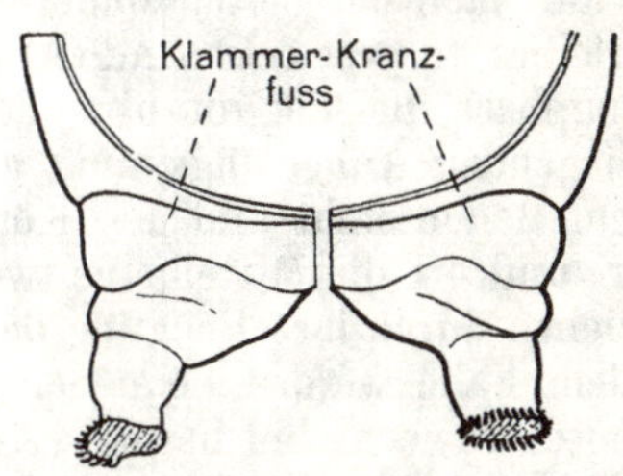

Abb. E5.4

Abb. E5.3. Schema des Praetarsus a) von oben, b) von unten gesehen. In der Natur kommt die Kombination aller 3 Anhänge freilich nicht vor. Nach WEBER. **Ar** Arolium; **Emp** Empodium; **Kr** Kralle; **KrS** Beugesehne des Praetarsus; **Pv** Pulville; **Ta** letztes Tarsalglied; **Utr** Unguitractor, eine ventrale Platte des Praetarsus, an der die Krallensehne angreift.

Abb. E5.4. Die beiden Haupttypen der Abdominalbeine der Schmetterlingsraupen, von vorn gesehen. Nach WEBER.

*) HOMANN (1957), Naturwiss. 44.
**) Meinem Freund Herrn Dr. HOMANN danke ich für seine detaillierten Angaben.

dann in hohem Maße denen von Chilopoden. Auch bei Holometabolen sind Abdominalextremitäten beobachtet worden, wenn auch in begrenzter Zahl und nicht bei allen untersuchten Arten der betreffenden Ordnungen. So wurden z. B. je ein Paar auf den ersten neun Abdominalsegmenten von *Hydrophilus*, der Blattwespe *Pontania* und dem Schwärmer *Choerocampa* festgestellt. Bei der Mehrzahl der Insekten sind sie beim Auskriechen der Junglarve verschwunden.

Erhalten bleiben sie bei den *Archaeognatha* und *Zygentoma* bis in die Imaginalperiode in Gestalt der Coxite (Abb. E2.4), in einigen Segmenten der Proturen als kurze Stummel (Abb. 2.2), bei Pterygoten-Imagines als Valviferen des orthopteroiden Legeapparates (E2.5) und häufig im 11. Segment als Cerci. Diese sind griffel-, zangen- oder fadenförmige Anhänge, deren Basis wegen der Reduktion des 11. Sternits nach vorn verschoben ist (Abb. E2.5; Abb. 1.8; 4.7; 5.2; 6.5; 11.3).

Die Larven behalten in manchen Ordnungen eine größere Anzahl abdominaler Extremitätenreste bei in Form von Kiemen oder ihrer Basis bei *Ephemeroptera* und *Sialidae* (Abb. 6.5; 23.2) oder kurzen, eingliedrigen Stummelfüßen bei Blattwespen, Schmetterlingen und *Mecoptera* (Abb. E5.4; Abb. 27A.3; 29.33; 30.6). Bei einigen Schmetterlingen ist der Übergang der Abdominalbeinanlagen des Embryo in die Stummelbeine lückenlos verfolgt worden. Es erscheint deshalb nicht zweifelhaft, daß die sogenannten „Afterfüße" Extremitäten sind. Die Tatsache, daß ihre Muskulatur sich von derjenigen des Thorax stark unterscheidet, läßt sich leicht auf ihre Rudimentierung und Anpassung an eine veränderte Funktionsweise zurückführen.

III. Die Fortbewegung

A. Fortbewegung auf einem festen Substrat

1. Schreiten mit den Thoracopoden

Die Imago steht auf einem ziemlich weitausgreifenden Stativ, indem ihre Beine nicht nur nach der Seite, sondern auch nach vorn und nach hinten zu seiten des Hinterleibes ausgestreckt sind (Abb. E4.3). Die Schreitbewegung besteht aus einer Schwingphase, bei der die über den Boden gehobene Extremität zu einem weiter vorn liegenden Anheftungspunkt geführt wird, und einer Stemmphase, bei der sie auf dem Boden steht und den Körper vorwärts bewegt. Freilich stemmen nur die Hinter- und oft die Mittelbeine, wobei sich ihre Glieder strecken. Die Vorderbeine aber ziehen durch ihre Beugung den Körper zu ihrem vorn gelegenen „Fußpunkt". In jedem Falle werden beim Schreiten der Imagines die beiden Beine desselben Segmentes abwechselnd bewegt (Abb. E5.5). Paßgang kommt nicht vor. Weiterhin hebt das Insekt das Vorderbein nicht vom Boden, ehe nicht das Mittelbein der glei-

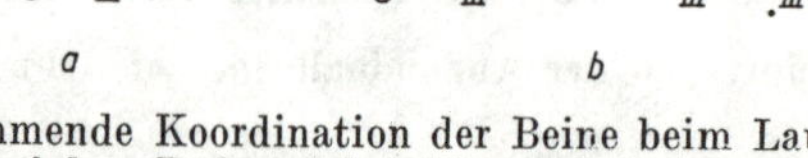

Abb. E5.5. Häufig vorkommende Koordination der Beine beim Laufen. Die Linien zeigen an, welche Beine gleichzeitig auf dem Boden stehen (Stemmbeine). Die arabischen Ziffern bedeuten Schwingbeine. In **a)** brauchte nur ein Schritt dargestellt zu werden, beim nächsten liegen die Verhältnisse genau umgekehrt. In **b)** sind 2 aufeinanderfolgende Schritte abgebildet.

chen Körperseite aufgesetzt ist. Dasselbe Verhältnis besteht zwischen dem Schwingen des Mittel- und Hinterbeines. Wie Abb. E5.5 zeigt, stehen bei jedem Schritt mindestens 2 Beine der einen und ein Bein der anderen Körperhälfte auf dem Boden, bei der Koordination b sogar jeweils 2 Beine auf beiden Seiten.

Die Folge der Beinbewegungen ist nicht nur bei den Arten, sondern auch je nach der Geschwindigkeit beim gleichen Tier verschieden. Während nämlich die Schwingphase sich kaum ändert, nimmt bei Beschleunigung der Schritte die Dauer der Stemmphase ab. Läuft *Carausius morosus* langsam, so ist das Verhältnis der Schwing- zur Stemmphase 1:15, läuft die Stabschrecke schnell, dann ändert es sich auf 1:2.

Die Aufeinanderfolge der Schwingbeine bei laufenden *Carausius morosus*

Geschwindigkeit	
unter 0,5–1 cm/s	l3–l2–l1–r3–r2–r1
ungefähr 1 cm/s	l3+r1–l2–r3+l1–r2
1–7 cm/s	l3–r1–l2–r3–l1–r2
ungefähr 7 cm/s	l3+r2+l1–r3+l2+r1

Die gleichzeitig schwingenden Beine sind durch + verbunden. l = linkes, r = rechtes Bein.

Beginn, Schnelligkeit und Dauer der Beinbewegungen sind von den Kopfganglien, ihre Koordination hingegen allein von den Neuromeren des Thorax abhängig, wie Exstirpationen beweisen. Larven, die ihr langes Abdomen frei tragen oder auf dem Boden schleifen, laufen in gleicher Weise. Eine Änderung erfolgt, wenn das Abdomenende zusätzlich wie ein Stelzfuß benutzt wird. Eine von hinten nach vorn ziehende Kontraktionswelle der abdominalen Längsmuskeln zieht es nach vorn. Dort wird es aufgesetzt, worauf eine Streckung des Hinterleibes das Vorderende vorwärtsschiebt. Eingehende Beobachtungen an Larven von *Cantharus fusca* und *Tenebrio molitor* haben gezeigt, daß bei dieser Fortbewegungsweise die Laufbeine im Paßgang schreiten, wobei das 3. Paar beginnt, die anderen folgen. Das ist aber nur möglich, solange die Frequenz der Beinbewegung mit der Abdomenbewegung

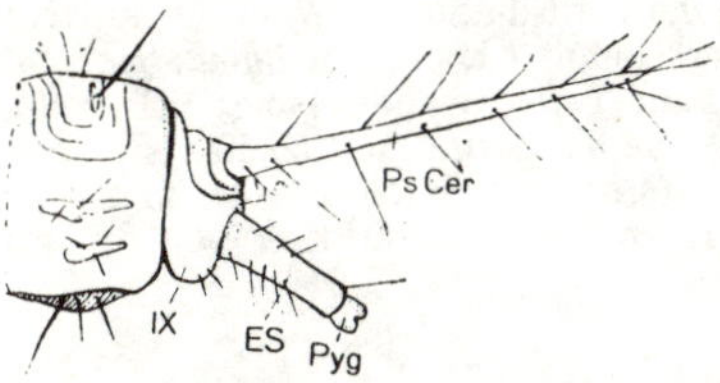

Abb. E5.6

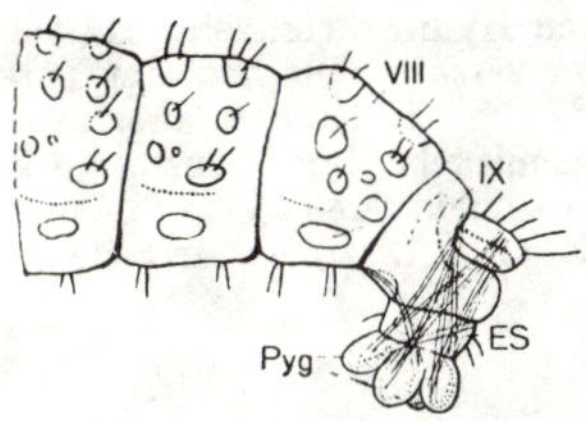

Abb. E5.7

Abb. E5.8

Abb. E5.6. bis E5.8. Abdominale Organe, die das Schreiten unterstützen.

Abb. E5.6. Pseudocercus der Laufkäferlarve *Nebria* spec. Die P. werden in Erdgängen bei kontrahiertem Abdomen in die Gangwand eingestemmt, so daß bei der Streckung des Hinterbeines die Larve vorwärtsgeschoben wird. Nach Brass.

Abb. E5.7. Hinterende der Chrysomelidenlarve *Galerucella* spec. mit ausgestülpter gelappter Perianalmembran. Nach Brass.

Abb. E5.8. Seitenansicht einer schreitenden Chrysomelidenlarve *Agelastica alni* Linnaeus. Nach Brass.

Es Hinterleibsende, wohl eine Verschmelzung des 10. und 11. Segmentes mit dem Telson; **PsCer** Pseudocercus = Urogomphus; **Pyg** Pygopodium, die ausgestülpte Perianalmembran, bei Abb. 7 sind die Retraktoren eingezeichnet, die das durch Blutdruck ausgestülpte Organ zurückziehen.

übereinstimmt. Arbeitet das Abdomen schneller als die Beine, so schieben diese zwischen den Paßgang einige alternierende Schritte ein. Über andere Arten, die das Abdomen beim Laufen zu Hilfe nehmen (Larven von *Carabidae*, *Staphylinidae*, *Chrysomelidae* usw.), fehlen genaue Untersuchungen.

Die Anheftung des Abdomenendes an den Untergrund geschieht bei den genannten Species mit Hilfe der perianalen Membran, die wie eine Röhre, in deren Grund der After liegt, vorgestülpt werden kann. Gleichzeitig ist das Abdomenende ventrad gebogen, die Membran oft mit Haken oder zerteilten Lappen zur besseren Anheftung versehen (Abb. E5.7, E5.8).

2. Fortbewegung mit Hilfe der Peristaltik des Abdomens

Eine derartige Fortbewegungsart, bei der die Beine nur zum Festhalten dienen, zeigen die vielbeinigen Raupen. Sie schieben, am Hinterende des Abdomens beginnend, nacheinander jedes Segment eine Strecke vorwärts und befestigen es mit dem Stummelbein am Untergrund. Ist der Schub am Thorax angekommen, so wird dieser, nach Loslassen der Thoraxbeine, als Ganzes samt dem Kopf vorwärtsgestemmt (Abb. E5.9a).

Der komplizierte Vorgang läßt 4 Bewegungsphasen erkennen, die jedes Segment durchläuft. Wenn das letzte die 2. Phase durchführt, beginnt das vorletzte mit der ersten, das davorliegende aber mit der letzten (Abb. E5.9a):

1. Phase. Die dorsalen Längsmuskeln werden kontrahiert, der Rücken des Segments verkürzt sich, sein Hinterrand wird nach vorn gezogen.

2. Phase. Dorsoventralmuskeln und Beinheber ziehen sich zusammen, das Beinpaar läßt die Unterlage los. Gleichzeitig streckt sich die Rückenseite. Ihr Vorderrand wird nach vorn geschoben, was möglich ist, weil das davorliegende Segment gerade die 1. Phase durchläuft.

3. Phase. Die ventrale Längsmuskulatur kontrahiert sich und zieht das Beinpaar samt dem ventralen Segmentabschnitt vorwärts.

4. Phase. Die ventrale Segmenthälfte streckt sich und schiebt nun ihren Vorderrand samt dem Beinpaar vorwärts, worauf sich die Beine festkrallen.

Diese Fortbewegungsweise ist möglich, weil die Kutikula der Raupen biegsam ist. Der Körper erhält seine Festigkeit durch Hydrostatik: seine Hämolymphe wird durch die Wandmuskulatur in einen bestimmten Turgor versetzt. Die Zahl der Turgormuskeln ist hoch. Bei *Lymantria* sind im 2. Abdominalsegment 37 Paar vorhanden, aber nur 16 Paar Tetanus- (Bewegungs-) Muskeln, dorsale und ventrale Längsmuskeln, Dorsoventralmuskeln. Die Turgormuskeln ziehen sich nur zusammen, wenn in ihrem Segmentbereich eine Spannungsdifferenz auftritt. Schneidet man eine narkotisierte *Lymantria*-Raupe auf, so verkürzt sie sich unter ihrer Kontraktion von 5,7 auf 3,5 cm Länge.

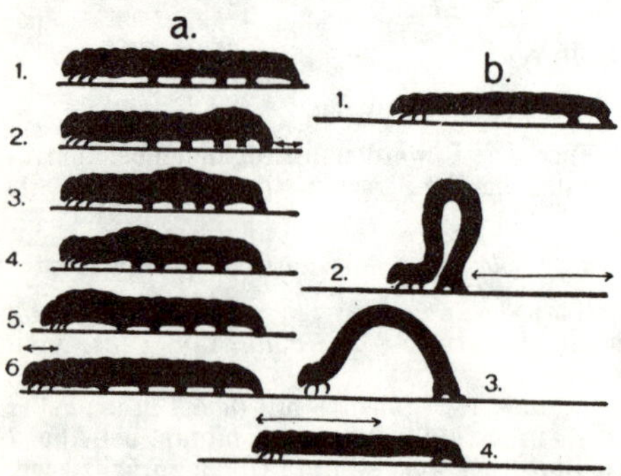

Abb. E5.9. **a)** Die einzelnen Phasen einer kriechenden vielbeinigen Schmetterlingsraupe. **b)** die Fortbewegung der Spannerraupen. Nach Weber.

Spannerraupen, die wie z. B. der Frostspanner nur 2 Paar Abdominalbeine am Hinterende haben, bewegen ihren Körper folgendermaßen. Sie halten sich mit den Thorakalbeinen fest und kontrahieren dann die Ventralseite so stark, daß der Körper einen steilen Bogen macht und sich die Hinterleibsbeine direkt hinter dem Thorax anklammern können (Abb. E5.9b). Dann strecken sie den Körper aus und gewinnen mit den Brustextremitäten sehr weit vorn wieder einen Halt.

3. Springen

Springen erfolgt gewöhnlich durch synchrones Strecken vorher gebeugter Beinpaare, wobei das hintere, immer besonders lange, eine Hauptrolle spielt. Nach der Lage des Gelenkes, dessen Streckung dem Körper die wesentlichste Beschleunigung erteilt, können wir zwei Sprungtypen unterscheiden:

a) Bei den *Ensifera* und *Caelifera* liegt das Sprunggelenk zwischen Femur und Tibia (E5.10). Die Muskulatur ist in dem verdickten Femur untergebracht. Der Extensor der Tibia inseriert mit vielen schräggerichteten kurzen Fasern an der Sehne (Abb. E5.1). Der ausgedehnte Querschnitt dieses fiederförmigen Muskels erklärt die auffallend großen Kräfte, die beim Heuschreckensprung gemessen worden sind (vgl. Kapitel 16, Abschnitt Bewegung).

b) Springende *Auchenorrhyncha*, *Psyllina*, *Siphonaptera* und *Boreidae* haben keine verdickten Hinterschenkel: die Sprungmuskulatur liegt im Thorax und greift an der Trochantersehne an. Trochanter und Femur werden als mechanische Einheit bewegt. Sie sind, wie Abb. E5.11 zeigt, bei den Zikaden vor dem Sprung nach vorn gedreht und an die Seitenwand des Thorax angelegt. Wenn sie ruckartig zurückgeschwenkt werden, stoßen sie den Körper nach vorn oben vom Boden ab. Die Flöhe richten Femur und Trochanter vertikal aufwärts und biegen beide dann blitzschnell nach hinten. Auf eine sehr komplizierte Weise, die im Speziellen Teil, Kapitel 32,

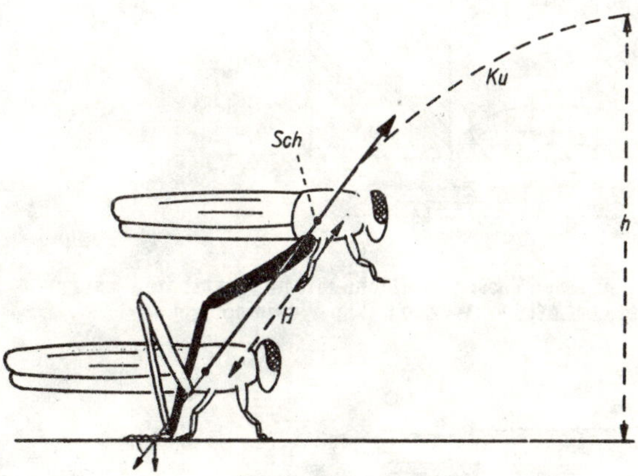

Abb. E5.10

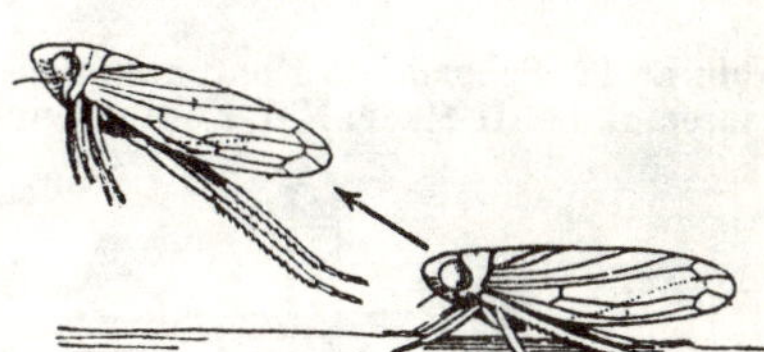

Abb. E5.11

Abb. E5.10. Der Absprung der Wanderheuschrecke *Locusta migratoria* LINNAEUS. Nach HUGHES, aus ROCKSTEIN. Das gebeugte Hinterbein ist weiß, das gestreckte schwarz angelegt. **H** Strecke, um die der Schwerpunkt bei der Streckung gehoben worden ist; **Ku** Kurve, welche der Schwerpunkt beim Sprung beschreibt; **Sch** Schwerpunkt.

Abb. E5.11. Der Sprung einer Zikade (der Jasside *Athysanus* BURMEISTER). Nach WEBER.

nachzulesen ist, erfolgt dann der Sprung (Abb. 32.7, 32.8). Die Collembolen aber springen mit einem gabelartigen, nach vorn gedrehten ventralen Anhang des 4. Abdominalsegmentes (Abb. 3.1).

B. Fortbewegung auf der Oberfläche des Wassers

Ohne einzusinken auf dem Wasser laufen können vor allem die Wasserläufer (*Gerroidea*), viele Collembolen, manche Käfer, z. B. *Staphylinidae*, und Imagines von verschiedenen Fliegengruppen. Die Tarsen dieser Insekten sind mit wasserabstoßenden Haaren besetzt. Diese durchdringen das Oberflächenhäutchen nicht, sondern dellen es durch das auf ihnen lastende Gewicht des Körpers nur konkav ein (Abb. E5.13). Ob die Hydrophobie der Härchen allein auf der Wachsschicht ihrer Epikutikula beruht (Abb. E1.7) oder ob bei Wasserläufern z. B. auch beim Putzen verteile Sekrete eine Rolle spielen, ist noch unbekannt. Wie Abb. E5.12 zeigt, bildet das Oberflächenhäutchen des Süß- und Meerwassers mit der unbenetzbaren Oberfläche der Tarsalhaare einen Kontaktwinkel von mehr als 90°, biegt sich also unter die Haarspitze und dringt nicht zwischen die Haare ein. Je größer das Gewicht des Tieres ist, auf eine um so größere Auflagefläche muß dieses sich verteilen, um nicht den Wasserspiegel zu durchbrechen (vgl. Kapitel 22 A). Verringert man die Oberflächenspannung des Wassers durch Detergentien, so sinken die Insekten sofort in das Wasser hinein.

Sehr merkwürdig ist die Fortbewegung auf dem Wasserspiegel mit Hilfe von Sekreten, die sich sofort in einer ganz dünnen Schicht auf dem Wasser ausbreiten und dabei das Tier mit großer Geschwindigkeit vor sich herschieben (*Velia*, Kap. 22 A, *Stenus*, Kap. 26).

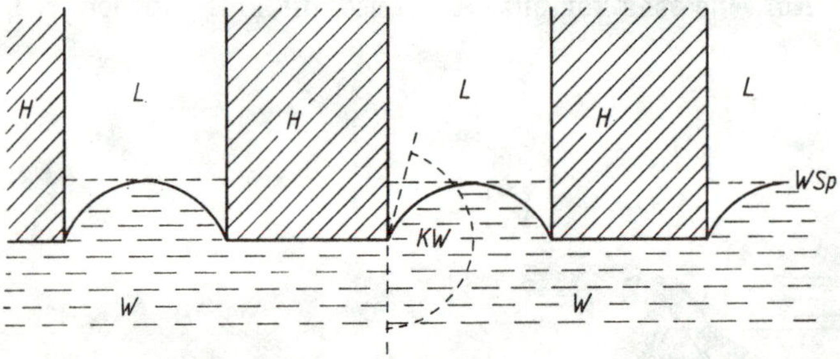

Abb. E5.12. Schema des Kontaktwinkels, den eine Wasseroberfläche mit unbenetzbaren Tarsenhaaren bildet. **H** Haar; **KW** Kontaktwinkel; **L** Luft; **W** Wasser; **WSp** Wasserspiegel.

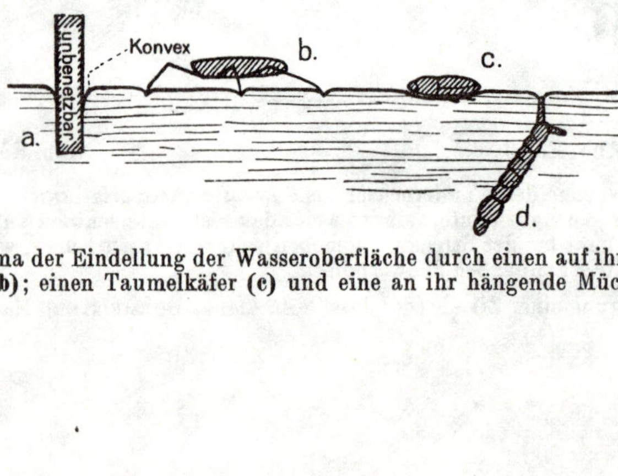

Abb. E5.13. Schema der Eindellung der Wasseroberfläche durch einen auf ihr laufenden Wasserläufer (*Gerridae*) **(b)**; einen Taumelkäfer **(c)** und eine an ihr hängende Mückenlarve **(d)**. Nach Weber.

C. Fortbewegung innerhalb eines Mediums

1. Im Wasser

Fortbewegung durch Rudern mit den Beinen ist vor allem für die Wasserwanzen und die Imagines der Wasserkäfer typisch. Zumindest ihre Hinterbeine werden durch Haarreihen, die sich beim Druck gegen das Wasser aufrichten, mit einer breiten Ruderfläche ausgestattet, die sich beim Vorbringen der Beine durch Umlegen der Haare verkleinert (Abb. 26.10). Im einfachsten Falle, z. B. von *Hydrous* und Larven von *Dytiscus*, werden die Beine beim Schwimmen im Laufrhythmus paddelnd bewegt. Größer ist die Vorschubwirkung, wenn die Beine jedes Paares synchron bewegt werden, und zwar nur das 2. und 3. Paar oder die Hinterbeine allein, wie es bei vielen Wasserwanzen und *Dytiscidae* der Fall ist. Bei den Wasserkäfern wurde experimentell festgestellt, daß die hydromechanische Güte des Körpers von *Acilius* der eines Rennwagenrumpfes entspricht und daß der Energieaufwand beim Schwimmen erstaunlich gering ist (Kap. 26, Abb. 26.9 bis 26.12).

Mit den Flügeln rudern nur die Weibchen einiger Schlupfwespen, die ihre Eier in Jugendstadien von Wasserinsekten ablegen sowie die kurzflügeligen Weibchen des Schmetterlings *Acentropus*.

Mit Hilfe von Rumpfbewegungen können viele Insektenlarven streckenweise schwimmen. Geringe Geschwindigkeiten erreichen dabei Nematoceren, die sich schlängeln. Viel schneller kommen Larven vorwärts, die den Körper zusammenkrümmen und dann blitzschnell strecken, wobei eine Ruderfläche des Hinterendes kräftig gegen das Wasser schlägt. Bei den Eintagsfliegenlarven wird diese von den Cerci, bei den zygopteren Libellen von den sehr großen Para- und Epiprocten gebildet (Abb. 6.4 u. 5; 7.3). Die größten Geschwindigkeiten sind von den Larven und vor allem Puppen der Stechmücken bekannt geworden, die ebenfalls abdominale Ruder haben (vgl. Kap. 31, Abb. 31.38, 31.54).

Raketenartigen Vortrieb erzeugen die Larven vieler anisopterer Libellen und mancher Eintagsfliegen durch Austreiben von Wasser aus dem After. *Chloeon* erreicht einige Sekundenbruchteile lang eine Beschleunigung von 100 cm/s. *Aeschna* legt manchmal unter dauerndem Wasserausstoßen 20—30 m zurück (vgl. Kap. 6 u. 7).

Schweber, echte Plankter, sind nur Chaoboridae (Abb. 31.39).

2. In zähen oder festen Medien

Hierzu gehören pflanzliche oder tierische Gewebe, abgestorbenes Holz, Kot, Erde, Mulm u. ä., in denen vor allem Larven leben. Imagines dringen im allgemeinen nur flach in loseres Material zur Übernachtung, Überwinterung usw. ein. Ausnahmen sind z. B. die Borkenkäfer, die Maulwurfsgrillen und *Cylindrachetidae*, die dauernd im Medium hausen. Während die Borkenkäfer mit den Mandibeln vorwärtsdringen, benutzen die genannten *Saltatoria* ihre kurzen, zu Schaufeln verbreiterten Vorder-

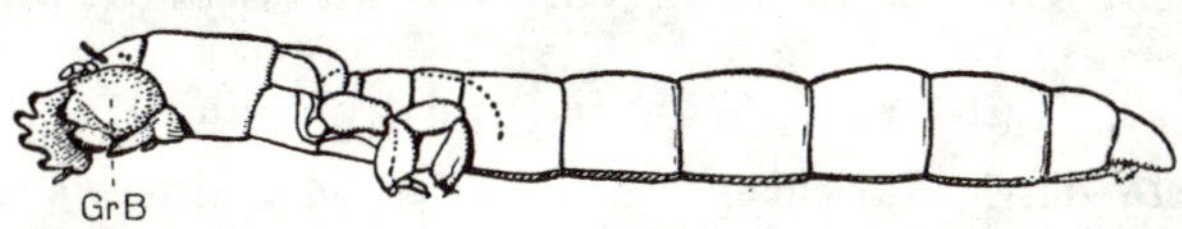

Abb. E5.14. Eine grabende Caelifere: *Cylindracheta* KIRBY. Nach TINDALE, aus WEBER. Länge etwa 5 cm.

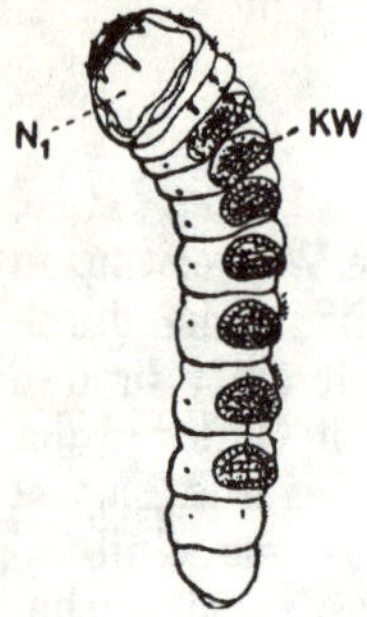

Abb. E5.15. Larve von *Cerambyx cerdo* LINNAEUS mit dorsalen Kriechwülsten **(KW)**. Nach VON LENGERKEN. Länge 7 cm. **N 1** vergrößertes 1. Thoraxsegment.

beine dazu (Abb. E5.14; Abb. 15.8). Wie bei den Wasserkäfern, so ist auch bei ihnen und fast allen grabenden bzw. bohrenden Insekten der Körper gestreckt, und seine Tagmata gehen ohne Vorsprünge oder tiefe Einschnitte gerundet ineinander über. Auch die *Scarabaeidae*, die sich zur Nahrungsaufnahme und zur Brutpflege eingraben, benutzen dazu die Vorderbeine mit den schaufelförmigen Tibien (Abb. 26.21).

Die Larven kommen im Medium durch peristaltische Bewegungen des Abdomens vorwärts. Die weitaus größte Zahl ist beinlos (Abb. E5.15). Gewöhnlich laufen über ihren Hinterleib von hinten nach vorn peristaltische Wellen, die aber nur dann einen Vorschub gewährleisten, wenn die nicht bewegten Segmente am Vorder- oder Hinterende im Bohrgang festgelegt werden können. Das geschieht durch segmental angeordnete, durch Blutdruck herauspreßbare Wülste, Dorn-, Haar- und Warzenkränze (Abb. E5.15). Bei festgestemmtem Vorderkörper werden die Längsmuskeln von hinten nach vorn zusammengezogen, wodurch das Hinterende vorwärts rutscht. Anschließend folgt eine Kontraktionswelle der Dorsoventralmuskeln, die den Körper verengt und verlängert, wenn das Hinterende fixiert ist, also sein Vorderende vorwärts treibt.

Seltener kriechen Larven (z. B. *Tipulidae*, *Bibionidae*) wie die Regenwürmer. Während ihr Hinterkörper erweitert wird und sich im Gang auf diese Weise verankert, setzt am Vorderende eine Kontraktionswelle ein, die den Körper verdünnt und somit verlängert, so daß er sich ins Substrat bohrt. Hat diese Welle schließlich den Hinterkörper erreicht, so verkürzt und verdickt sich das Kopfende, erweitert dadurch den gebohrten Gang und klemmt sich auch fest. Die nach hinten fortschreitende Verkürzungswelle zerrt dann den Körper vorwärts. Ganz abweichend ist die Fortbewegung der Engerlinge, deren Körper nicht gestreckt, sondern dauernd ventrad gekrümmt ist und sich in einer Folge von ovalen Kurven durch das Erdreich bewegt (Abb. 26.31). Einzigartig ist auch die Ramme, die in Gestalt einer vom Blutdruck ausgetriebenen Kopfblase den schizophoren Fliegen den Weg durch das Erdreich bahnt (Abb. 31.55).

E6. Die Erzeugung von Vibrationssignalen

(Substrat-, Wasser- und Luftschall)

Klopfsignale durch Aufschlagen des Kopfes oder Hinterleibsendes auf den Untergrund sind seit langem von der Bücherlaus (*Trogium pulsatorium*) und manchen *Anobiidae* (Totenuhr) bekannt. Auch Steinfliegen klopfen in artweise verschiedenem

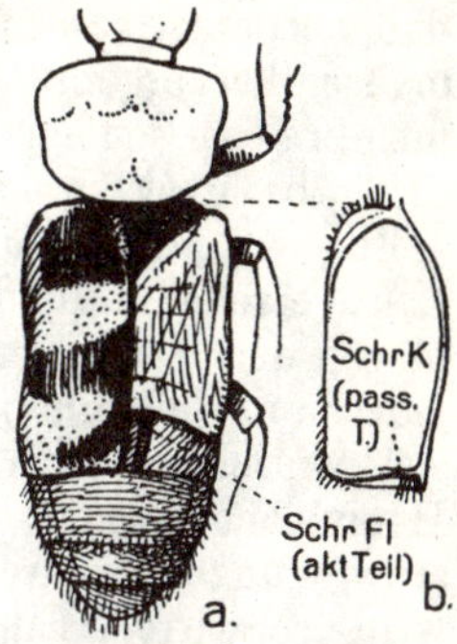

Abb. E6.1. *Necrophorus vespillo* LINNAEUS (Totengräber). a) Rückenansicht, rechte Elytre entfernt und umgedreht daneben gelegt (b). Nach VON LENGERKEN, aus WEBER. **SchrFl** Schrillfläche, die durch Bewegungen des Hinterleibes gegen die Schrillkante (**SchrK**) gerieben wird, die unbewegt bleibt. Länge 15 mm.

Rhythmus auf Pflanzen und finden das alternierend antwortende Weibchen auf. Die Klopfsignale der Termite *Zootermopsis* hingegen, die von Stockgenossen sofort weitergegeben werden, lösen die Flucht in tiefe Nestpartien aus, bedeuten also Gefahrenalarm.

Wesentlich komplizierter sind in vielen Fällen die weit verbreiteten Stridulationssignale. Sie werden erzeugt, indem eine scharfe Kante (Schrillkante, Plektrum) über eine feilenartig geriefte Fläche der Kutikula (Schrillfläche, pars stridens) geschleift wird. Kante und Schrillfläche können auf den verschiedensten Teilen des Körpers, aller Extremitäten und der Flügel liegen. Es herrscht eine ungeheure Vielfalt.

Sie werden aneinandergerieben:

indem z. B. das Abdomen gestreckt und verkürzt wird, wobei seine Schrillfläche gegen eine Elytrenkante kratzt (Abb. E6.1);

indem das Pronotum oder das Abdomen auf und ab bewegt werden, wobei eine Kante am Hinterrande eines Tagma über die Schrillfläche des folgenden gerieben wird;

indem Extremitäten gegeneinander oder über die Elytren, den Kopf, den Prothorax oder das Abdomen gestrichen werden (Abb. E5.1; Abb. 15.1 bis 15.3; 16.2). Über die biologische Bedeutung der Stridulationslaute wissen wir nur bei wenigen Arten Bescheid, vor allem solchen, wo sie der Anlockung oder Erregung der Weibchen dienen, wie z. B. bei den Laub- und Feldheuschrecken (Kap. 15 u. 16), manchen Wasserwanzen (*Corixidae*, Kap. 22 A), einigen *Pentatomidae* (Kap. 22 A), die alle fast mehrere verschiedene Strophen (Lock- und Werbegesänge, Kopulationslaute) erzeugen. Der Abwehr dient der Rivalengesang, die Stridulation, die *Mantidae* während der Imponierhaltung ausführen (Abb. 12.2) und das Zirpen kämpfender Bockkäfer und *Dynastidae* (Kap. 26). *Atta* vermag, wenn sie verschüttet ist, durch Zirpen Artgenossen zur Hilfe „herbeizulocken" (Kap. 27 C). Außer bei den *Saltatoria* wird lediglich die Erschütterung des Untergrundes oder des Wassers wahrgenommen.

In wenigen Ordnungen der Insekten werden Vibrationssignale durch Membranbewegungen erzeugt. Ausschließlich der Lautaussendung dienende Schall-(= Trommel-) Membranen finden wir nur bei zahlreichen Zikaden und in einigen Familien der Schmetterlinge, hauptsächlich der Bären (*Arctiidae*). Bei den Singzikaden und *Arctiidae* sind sie paarig und liegen an den Flanken der Abdomenbasis bzw. des Metathorax (Abb. 22 B.6; 29.24). Bei Kleinzikaden sind sie unpaarig und in die Tergitmediane des 1. Segmentes eingefügt. Ihre Schwingung kommt dadurch zustande, daß sie von einem Muskel nach innen gezogen werden und dann in die Ausgangslage zurückschnappen, also ähnlich als wenn man den gewölbten Deckel einer Blechbüchse eindellt und zurückschnellen läßt. Bei den Zikaden dienen die artverschiedenen Signale dem Zusammentreffen der Geschlechter, was bei *Arctiidae* bisher nur bei einer Art sicher festgestellt wurde. Hingegen bewiesen Experimente, daß nordamerikanische *Arctiidae*, wenn Ultraschall ausgesendet oder von Fledermäusen hervorgebracht wird, anfangen, ebenfalls Ultraschallsignale mit ihrer Schallmembran zu senden. Sie wurden dann von Fledermäusen verschont, sei es, daß sie diese abschreckten oder die Ortung gestört hatten.

Fliegen und Bienen können mit Hilfe der Flugmuskulatur und der Thoraxtergite Laute erzeugen, die der Kommunikation innerhalb der Art dienen. Die Fliegen vermögen den Energiegehalt der Obertöne des Fluggeräusches stark zu verändern, wie jedermann bekannt ist, der eine Schmeißfliege an beiden Flügeln festhält, worauf sie „winselt". Die Änderung hat oft Signalcharakter bei der Balz (Kap. 31). Die Honigbiene erzeugt durch kurze Kontraktionsstöße ihrer Flugmuskulatur Körperschwingungen, während sie ihre Flügel nicht in Flugstellung bringt, so daß sie nur wenig schwirren. Eine frisch geschlüpfte Königin läuft etwa zweimal/s laut tütend auf den Waben herum, wobei sie ihren Thorax auf die Unterlage preßt. Die Substratschwingungen werden von schlüpfreifen Schwestern wahrgenommen, die in gleicher Weise antworten, was für den Menschen als Quaken vernehmbar ist, als Luftschall aber für die Bienen sicher keine Rolle spielt. Weiterhin erzeugt eine Suchbiene, die den Schwänzeltanz ausführt, auf ähnliche Weise 30 Pulse je Sekunde von je 15 ms Dauer während der geraden Wegstrecke des Schwänzeltanzes, die dadurch stark betont wird (Abb. 27E.8).

Tonerzeugung durch Einsaugen und Ausstoßen von Luft ins Cibarium und den Vorderdarm ist nur vom Totenkopfschmetterling bekannt geworden. Die biologische Bedeutung dieses Lautes ist unklar.

E7. Der Kopf

I. Die Kopfkapsel

Der vorderste Abschnitt des Keimstreifens, der später den Kopf bildet, läßt hinter dem Kopflappen 4 Paar Gliedmaßenanlagen unterscheiden: die Antennen (die dem 1. Antennenpaar der Krebse entsprechen) und die Mundextremitäten: die Mandibeln samt 2 Paaren von Maxillen, deren letztes median zum unpaarigen Labium verschmilzt (Abb. E2.1, E2.2). Behalten die Mundgliedmaßen ihre ursprüngliche, ventrad gerichtete Stellung bei, so entsteht ein orthognather Kopf (Abb. E7.1, E7.2). Sind sie am entwickelten Kopf parallel zur Körperlängsachse nach vorn gerichtet, so bezeichnet man den Kopf als prognath, sind sie anad gedreht, als hypognath. Prognathie: Abb. 24.1; 25.3 u. 25.8; 26.8 u. 26.16; Hypognathie: Abb. 21.3; 22.8).

Der orthognathe Kopf der Pterygoten

macht eine viel kompliziertere Entwicklung seiner Form durch als die Rumpfsegmente. Während sich deren Form und Gliederung leicht auf die Segmentierung des Keimstreifens zurückführen lassen, dessen Metameren — abgesehen vom Hinterende — wenig verändert in die Ventralwand des entwickelten Insektes übergehen, ist das beim Kopf nicht der Fall. Auf seiner Ventralseite sind nur ein Teil der beim Keimstreifen angelegten Abschnitte vertreten, und zwar die 3 Kiefersegmente (Gnathocephalon) (Abb. E7.2, E2.2, E7.11). Der vor ihnen liegende Keimstreifenabschnitt (Kopflappen, Clypeolabrum, Antennensegment und Interkalarsegment

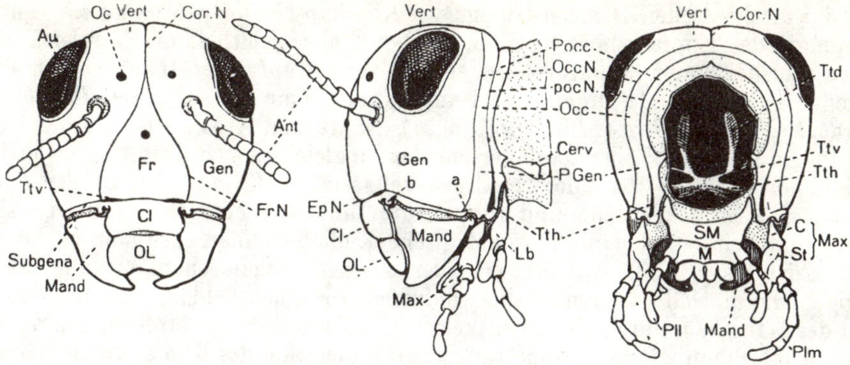

Abb. E7.1. u. E7.2. Grundtyp des Kopfskelettes. Nach SNODGRASS, aus WEBER. E7.1 Vorder-, E7.2 Seiten- und Rückansicht. **a** hinteres Mandibelgelenk; **Ant** Antenne; **Au** Komplexauge; **b** vorderes Mandibelgelenk; **C** Cardo; **Cerv** Cervikalsklerit; **Cl** Clypeus; **CorN** Coronalnaht; **EpN** Epistomalnaht; **Fr** Frons; **FrN** Frontalnaht; **Gen** Gena; **Lb** Labium; **M** Mentum; **Mand** Mandibel; **Max** Maxille; **Oc** Ocellus; **Occ** Occiput; **OccN** Occipitalnaht; **OL** Labrum; **PGen** Postgena; **Pll**, **Plm** Palpus labialis und maxillaris; **Pocc** Postocciput; **pocN** Postoccipitalnaht; **SM** Submentum; **St** Stipes; **Tth**, **Ttv** hinterer und vorderer Tentoriumarm; **Vert** Vertex.

wird dorsad abgeknickt (Abb. E7.2, E7.6). Er bildet die senkrecht auf der Keimstreifenebene stehende präsumptive Vorder- und Rückenwand des Kopfes, auf unserem Schema das Gebiet des Clypeus, der Frons, des Vertex samt der Umgebung der Augen und Fühler (Abb. E7.2). Diese Areale stoßen nun an Segmente, mit denen sie am Keimstreif nicht benachbart waren. Ihre Grenznähte entsprechen demgemäß fast alle keineswegs Metamerengrenzen, ebensowenig wie die Areale selbst als Metameren anzusehen sind. Die Namen, mit denen man sie belegt hat, bezeichnen nur anschaulich ihre Lage analog zu den Regionen des Säugerkopfes. Sie wachsen bei den verschiedenen Ordnungen, ja Familien allometrisch zu ganz verschiedener Größe und Form aus. Am leichtesten erkennt man das an der so verschiedenen Lage der Antennen, die doch beim Embryo in jedem Falle die gleiche Lage neben oder ein wenig hinter der Einstülpung des Stomodaeum hatten. Man vergleiche die Abb. E7.1; Abb. 20.1, 20.3; 26.7; 29.28; 31.2).

Die meisten Nähte sind die äußeren Spuren einer Einfaltung der Epidermis, die zur Bildung einer mehr oder weniger tief ins Kopfinnere hineinragenden Leiste geführt hat*). Sie versteifen Abschnitte der Kopfkapsel, die mechanisch stark beansprucht werden, also Zug oder Druck bei der Kontraktion von Muskeln der Mandibeln, der übrigen Mundwerkzeuge des Cibarium und Pharynx, der Kopfbeweger aushalten müssen. Während manche solche Nähte bei fast allen Insekten vorkommen, sind andere nur in wenigen Ordnungen vorhanden, je nachdem, ob starke Beißmandibeln oder statt dessen Stechborsten, kräftige Cibariumdilatatoren oder schwache ausgebildet sind, usw. Andere Suturen haben dadurch Bedeutung, daß ihre Innenleiste Flächen für den Ursprung von Muskeln bietet. Wie sehr alle diese Nähte

*) Eine ganz andere Bedeutung hat die Häutungsnaht, eine präformierte, linienförmige Bruchstelle, längs deren die Kutikula so verdünnt ist, daß sie bei der Häutung leicht zerreißt. Gewöhnlich besteht sie aus einer medianen, auf dem Prothoraxrücken beginnenden Naht, die sich auch über das Kopfdach erstreckt und vorn in 2 Äste teilt, von denen jeder vor oder hinter einer Antennenbasis verläuft (Coronalnaht).

von der mechanischen Beanspruchung der Kopfkapsel und wie wenig sie von der Metamerie des Kopfes abhängig sind, zeigt mit aller Klarheit der Vergleich einer Larve mit beißenden Mundwerkzeugen mit dem Kopf ihrer Imago, wenn diese leckende oder saugende Organe der Nahrungsaufnahme hat, z. B. bei *Trichoptera*, *Lepidoptera* und *Diptera* (Abb. 29.13, 29.28). Nähte und Areale sind bei der Larve und Imago in diesen Fällen ganz verschieden, obgleich es sich doch um das gleiche Individuum handelt. Besonders eindrucksvoll zeigt die Metamorphose der *Planipennia*, daß die Skeletteile und ihre Nähte funktionsbedingte Strukturen sind, nicht ohne weiteres aber als morphologische Einheiten angesehen werden können (Abb. E25.9 bis E25.13). Entsprechend der starken mechanischen Wirkung der gewaltigen Mandibeladduktoren ist die Kopfwandkapsel parallel zum äußeren Gelenkrand der Mandibeln durch ein Innenskelett, das Tentorium, verstrebt (Abb. E7.3)*). Es handelt sich um 2 Paar balkenförmige, den Innenraum des Kopfes durchquerende Apodeme. Das vordere Paar senkt sich über dem vorderen Mandibelgelenk ein, das hintere über und etwas hinter der 1. Maxille (Abb. E7.1, E7.2, E7.3, E7.6). Beide Paare verschmelzen nahe dem hinteren Kopfrand zu einem waagerecht über dem Unterschlundganglion verlaufenden Querbalken, dem Corpotentorium. Die Einstülpungsgruben der beiden Balken (Tentorina) sind die einzigen einwandfreien Segment-Grenzmarken, die vom Keimstreifen auf den entwickelten Kopf übergehen. Die Praetentorina entstehen auf der vorderen Grenze des Mandibelsegmentes, die

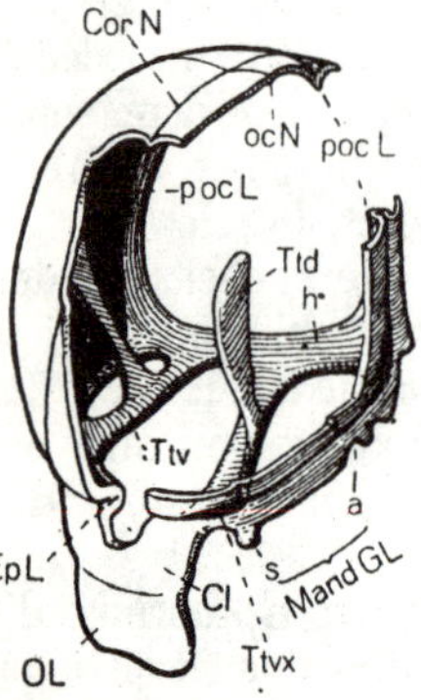

Abb. E7.3

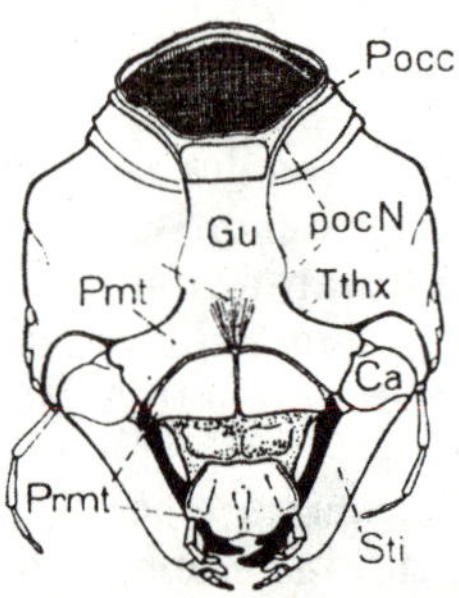

Abb. E7.4

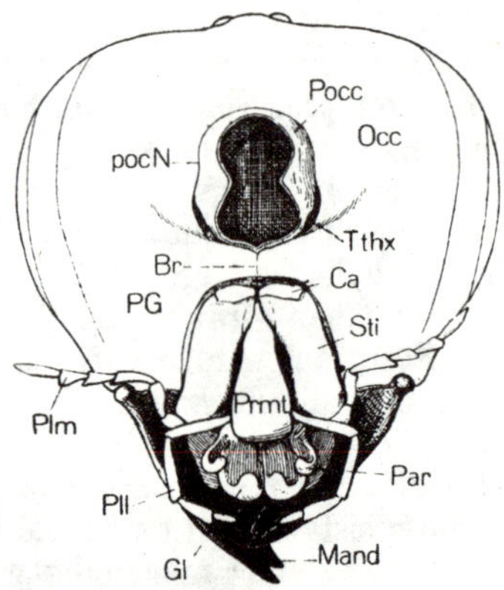

Abb. E7.5

Abb. E7.3. Schema der aufgebrochenen Kopfkapsel mit dem Tentorium. Schrägansicht von vorn links. Nach Weber. Bez. wie bei Abb. E7.2. **EpL** Epistomalleiste; **h** hinterer Tentoriumast; **pocL** Postoccipitalleiste; **s** sekundäres (= vorderes) Mandibelgelenk; **Ttd, Ttv** dorsaler und vorderer Ast des Tentorium; **Ttvx** Praetentorium.

Abb. E7.4. Geschlossenes Hinterhaupt der Larve von *Corydalus* spec. mit einer Gula. Nach Snodgrass, aus Weber.

Abb. E7.5. Geschlossenes Hinterhaupt von *Vespa* sp. mit Postgenalbrücke. Nach Weber. **Br** Postgenalbrücke; **Ca** Cardo; **Gl** Glossa; **Gu** Gula; **Mand** Mandibel; **Occ** Occiput; **Par** Paraglossa; **PG** Postgena; **Pll, Plm** Palpus des Labium und der Maxille; **Pmt** Postmentum; **Pocc** Postocciput; **pocN** Postoccipitalnaht; **Prmt** Praementum; **Sti** Stipes; **Tthx** Posttentorium.

---

*) Interessante Einblicke in die stammesgeschichtliche Entstehung des Tentorium geben die Archaeognatha (Abb. 4.6).

Posttentorina an der Grenze zwischen Maxille und Labium. Wahrscheinlich kann die von den Posttentorina ausgehende Postoccipitalnaht zumindest eine Strecke lang als Grenze zwischen den Maxillen und dem Labiummetamer betrachtet werden (Abb. E7.2, E7.6). Desgleichen ist wahrscheinlich die Frontogenalnaht zumindest nahe dem Praetentorina mit der vorderen Grenze des Mandibelsegmentes identisch (Abb. E7.1, E7.6).

Am vorderen Tentoriumarm entspringt die Muskulatur der Antennen neben Muskeln für die Mandibeln. Vom hinteren Tentorium gehen Muskeln zu den Maxillen, dem Labium, dem Hypopharynx, dem Pharynx und dem Prothorax aus.

Die vertikale Hinterwand des Kopfes ist bei primitiven Pterygoten (z. B. *Blattodea*, *Saltatoria*) weit offen. Ihre Ränder gehen in die Halshaut über. Der ventrale Rand wird durch das Submentum verschlossen (Abb. E7.2; Abb. 27.1). Bei den *Aculeata* (*Hymenoptera*) aber schiebt sich jederseits von der Postgena her ein Fortsatz unter das Foramen occipitale und verschmilzt zu einer Brücke (Abb. E7.5). Im Gegensatz dazu wird der ventrale Verschluß des Foramen z. B. bei Larven von *Corydalus* und den Käfern durch die Bildung einer Gula bewirkt (Abb. E7.4). Indem bei den prognathen Käfern das Postmentum distad rückt, zieht es einen Teil der Halshaut nach sich, der später sklerotisiert und so zur Gula wird. Ganz ähnlich bildet sich die Gula von manchen Dermapteren (*Anisolabis*) und Phasmiden.

Durch das Foramen magnum ziehen die Konnektive des Zentralnervensystems und die Kopfaorta (Abb. E8.7). Zwischen dem Hinterrand der Kopfkapsel und dem Pronotum ist die Halshaut (Cervicalmembran) ausgespannt, die sehr verschieden lang ist (Abb. E7.2, E7.6). Teile von ihr können sklerotisiert sein (Cervicalia). In der Cervicalmembran verlaufen auch die Muskeln, welche den Kopf bewegen. Sie stammen z. B. bei *Carausius*, wie embryologische Untersuchungen zeigen, z. T. aus Material der Cölomsäcke des Labialsegmentes und z. T. aus solchen des Pronotum. Auch die Innervation teils vom Labial-, teils vom Pronotumganglion weist darauf hin, daß sich in ihr die beiden genannten Segmente verschachteln. Nach entwicklungsphysiologischen Untersuchungen soll aber bei der Heuschrecke *Tachycines* die gesamte Halsregion vom Labialsegment aufgebaut werden (Abb. E7.6).

II. Die Entwicklung des Kopfes

A. Die Metamerie

Im Kopfgebiet der Keimscheibe sind hinter der Einsenkung des Stomodaeum 4 Segmente durch je eine Cölomhöhle und eine Ganglienanlage vertreten:
das Interkalarsegment, das keine Gliedmaßen ausbildet, aber dem Segment der 2. Antenne der Krebse entspricht, was sich nicht nur aus seiner Lage zwischen dem Antennen- und dem Mandibelsegment, sondern auch aus der Weiterentwicklung seines Neuromers ergibt;
die 3 Segmente der Mundgliedmaßen (Abb. E2.1, E2.2).

Nach vorn schließt sich ihnen serial das Antennensegment an. Davor liegt der Kopflappen, der häufig als Akron aufgefaßt wird. Bei den Anneliden tritt in diesem Bereich kein Mesoderm auf, höchstens, daß sich wie bei manchen Polychaeten aus dem 1. Rumpfsegment Ausläufer des Cöloms rings um das Stomodaeum schieben (vgl. Teil 1, S. 869). Bei den Arthropoden hingegen wird auch dieser praeantennale

Teil des Keimstreifens mit Mesoderm versorgt, das ein Paar Höhlen bildet, ins Clypeolabrum eindringt, die Cibarial-, Oberlippen- und Vorderdarmmuskulatur und aus abgespaltenen Zellen die Kopfaorta bildet. Im Gegensatz zu den Anneliden ist bei den Arthropoden kein ectoblastisches Mesenchym vorhanden, das diese Organe entwickeln könnte. Das Eindringen des Cöloms ist deshalb ohne weiteres verständlich.

Bei Insekten wandert das Cölom von den postantennalen Segmenten aus ein, bei manchen Krebsen entwickelt es sich aus wenigen Zellen, die jederseits aus einem ganz kleinen Areal des Kopflappen-Ectoblastem einwuchern (vgl. Teil 2, S. 915).

Es bestehen 2 Möglichkeiten, diese Verhältnisse zu deuten:

a) Die Mesoblastemeinwanderung wird als eine sozusagen unumgängliche organogenetische Notwendigkeit betrachtet, die sekundäre Bedeutung hat und den grundsätzlichen Charakter des praeantennalen oder gar praestomodealen Kopfgebietes als Akron nicht berührt.

b) Die praeantennale Cölomhöhle wird als Kennzeichen eines echten Segmentes betrachtet. Diese Auffassung wird gestützt durch die Möglichkeit, das mediale Paar der Loben, aus denen sich das Gehirn bildet, als Neuromer dieses Segmentes (Prosocerebrum) aufzufassen. Es enthält ja Strukturen, wie z. B. einen Zentralkörper und eine Brücke, die den Anneliden fehlen und eine Neuerwerbung der Arthropoden darstellen. Weiterhin kann man diesem Metamer auch das Clypeolabrum zuteilen. Die Lage dieses praeantennalen Segmentes frontad des Stomodaeum, das primär

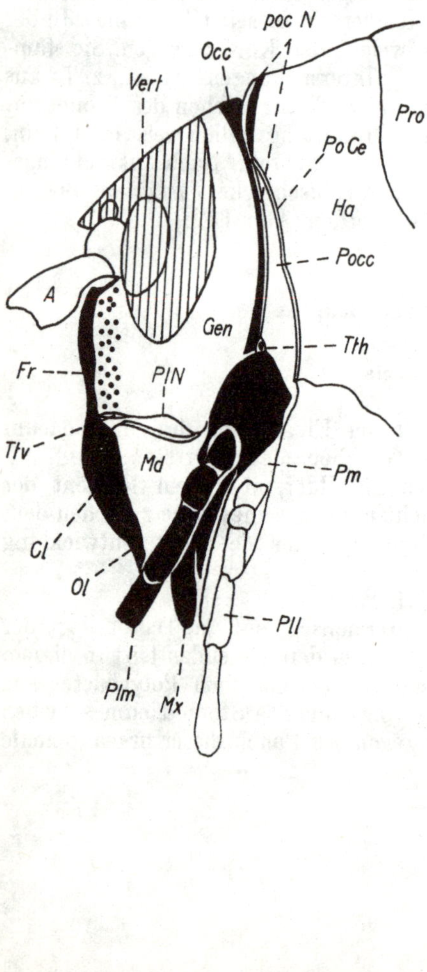

Abb. E7.6. *Tachycines asynamorus* ADEL. Seitenansicht des Kopfes eines schlüpfreifen Embryos mit der Eintragung der morphogenetischen Einheiten. Das sind Gruppen von Kopfbestandteilen, die immer zusammen ausfallen, wenn man Teile der Keimscheibe durch Strahlenstich abtötet oder exstirpiert. Nach WADA, leicht verändert. Weiß angelegt sind die Antennareinheit, die Mandibulareinheit und die Labialeinheit, zu der auch der Hals gehört. Schwarz angelegt sind die Clypeolabraleinheit und die Maxillareinheit. Punktiert ist die Praemandibulareinheit. Senkrecht schraffiert wurde die Ocularεinheit. Diese umfaßt die Komplexaugen, die Ocellen, das Protocerebrum mit den optischen Ganglien, den Ocellennerven, den Corpora pedunculata und dem Zentralkörper. (Das Prosocerebrum erwies sich bei diesen Experimenten nicht als Glied einer besonderen Einheit oder der Clypeolabraleinheit.) **A** Antenne; **Cl** Clypeus; **Fr** Frons; **Gen** Gena; **Ha** Halshaut; **Md** Mandibel; **Mx** Maxille; **Ol** Oberlippe; **Pll, Plm** Palpus labialis und maxillaris; **PlN** Pleurostomalnaht; **Pm** Postmentum; **Pocc** Postocciput; **pocN** Postoccipitalnaht; **PoCe** Postoccipito-Cervicalnaht; **Pro** Prothorax; **Tth, Ttv** Post- und Praetentorinum.

die Grenze zwischen Akron und dem segmentierten Körperabschnitt gebildet hat, ist nur durch die Materialverschiebungen im vorderen Teil des Keimstreifens zu erklären, die z. T. nach vorn, z. T. caudad gerichtet sind. Am wahrscheinlichsten ist es, daß sich im Laufe der Stammesgeschichte die lateralen Teile des Praeantennen- und auch des Antennensegmentes jederseits am Stomodaeum vorbei frontad verschoben haben samt ihren Cölomsäcken und Neuromeren. Daß derartige Segmentverbiegungen vorkommen, ist uns ja von den Peristomialzirren und ihren Ganglien bei den Polychaeten bekannt, wo allerdings niemals die Neuromeren sich ans Protocerebrum anschließen (vgl. Teil 1, S. 485f). Zur Zeit befriedigt diese Auslegung der Kopfsegmentierung am meisten.

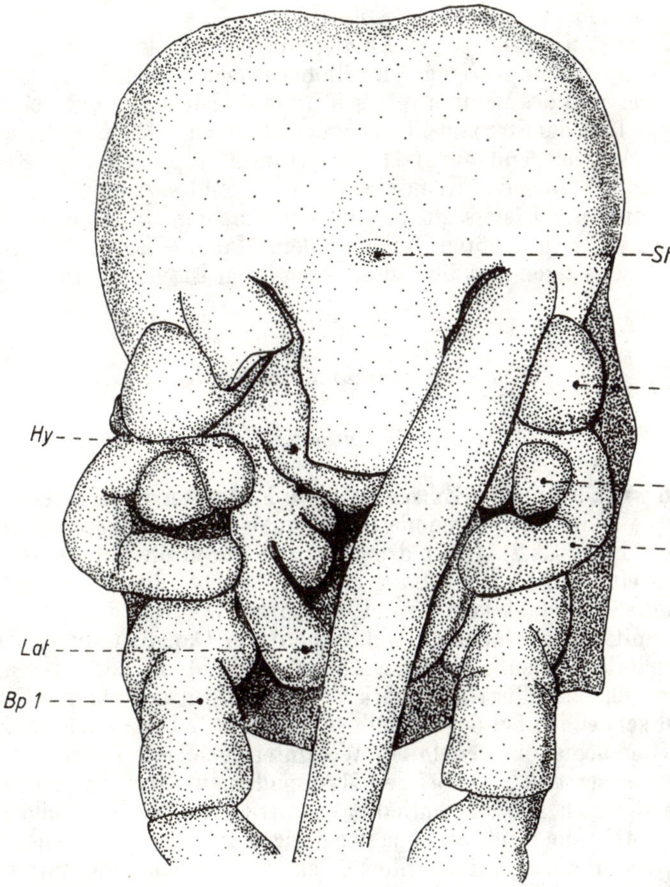

Abb. E7.7. Ventralansicht des Kopfabschnittes eines Keimstreifens von *Periplaneta americana* Linnaeus. Stadium, in dem die Seitenplatten beginnen, an der Eiflanke hochzuwachsen. Nach Rohrschneider. **Bp 1** 1. Laufbein; **Ga** Galea; **Hy** Hypopharynx; **Lat** Labialtaster; **Md** Mandibel; **Mxt** Maxillartaster; **St** Stomadaeumeinstülpung, durch das Clypeolabrum durchscheinend, das sie überwachsen und bereits den Hypopharynx erreicht hat.

B. Die Umbildung des flächigen Keimstreifens zur Kopfkapsel

Hierbei spielen folgende Materialbewegungen eine Hauptrolle:

Der vor dem Stomodaeum liegende Abschnitt biegt sich dorsad. Er bildet somit die Vorderwand und den größten Teil der dorsalen Wand der Kopfkapsel nebst der Augenumgebung (Abb. E7.6, senkrecht schraffiertes Gebiet und A).

Das Clypeolabrum wächst bereits, wenn das Kopfgebiet noch eine Ebene bildet, caudad über die Stomodealöffnung hinweg und reicht schließlich bis über die Mandibeln nach hinten (Abb. E7.7). Hinter dem Stomodaeum verschmelzen seine Seitenränder mit dem Sternum des Intercalarsegmentes. Dann schiebt es sich wie ein Band über das Mandibelsternit. So entsteht der Clypeus und apikal das Labrum. Später werden Clypeus und Labrum ebenfalls in die Vertikale gekippt und setzen die Stirnwand der Kopfkapsel nach unten fort (Abb. E7.1, E7.6).

Der Hypopharynx nimmt seinen Anfang von einem Paar Höcker auf dem Mandibelsternit, die zu einer unpaarigen Aufwölbung verschmelzen. Wenn sich die Segmente der Maxillen und des Labium später frontad schieben, wulstet sich der Hypopharynx vor, und Teile der Sterna beider Segmente können sich ihm hinten angliedern.

Da die ganze Augengegend und fast das gesamte Kopfdach vom Kopflappengebiet bei der Aufwölbung des Keimscheibenvorderrandes gebildet werden, bleibt für die Seitenplatten der Kiefersegmente nur ein schmaler Raum auf der Kopfoberseite übrig. Er wird zum größten Teil von dem Mandibelsegment eingenommen. Hier nehmen die gewaltigen Mandibeladduktoren ihren Ursprung (Abb. 19.1).

III. Die Extremitäten des Kopfes

A. Die Antennen

Sie entstehen wie alle anderen Extremitäten in Fortsetzung von deren Längsreihe neben und etwas hinter der Stomodealöffnung als einfache kuppelförmige Ausstülpungen (Abb. E2.1, E2.2). In sie dringt, genau wie in die übrigen Gliedmaßenknospen, Cölom ein, und an ihrer Basis entsteht wie bei diesen ein Ganglienpaar (Deutocerebrum). So besteht kein Grund, daran zu zweifeln, daß es sich um ein typisches Extremitätenpaar handelt, wenn auch sein Ganglion später frontal der Stomodealöffnung liegt, ebenso wie seine Kommissur (Abb. E7.13).

Die Gestalt weicht allerdings sehr stark von derjenigen der übrigen Gliedmaßen ab, aber dies ist schließlich bei den Mandibeln und dem Labium auch der Fall, ohne daß an deren Homologie zu zweifeln ist. Wir unterscheiden 2 Typen von Fühlern: Die Gliederantenne setzt sich wie bei den Myriapoden aus einer Folge von Gliedern zusammen, die sämtlich Muskeln enthalten. Sie tritt nur bei den Collembola und Diplura auf. Ihr steht die Geißelantenne der übrigen Insekten gegenüber, bei denen nur das 1. (Scapus) und das 2. (Pedicellus) Glied mit Muskeln ausgestattet sind, der Pedicellus außerdem mit dem Johnstonschen Organ (Abb. E10.10, E10.12). Als Sitz sehr vieler mechanischer und chemischer Sensillen spielen die Antennen eine große Rolle im Sinnesleben.

Die Mundgliedmaßen der kauenden Insekten zeichnen sich dadurch aus, daß ihre basalen Teile viel stärker als der Telopodit ausgebildet sind. Dieser ist immer dünn und kurz und dient in der Hauptsache als Taster (Palpus) der mechanischen und chemischen Prüfung der Nahrung, wenn er auch Nahrungsstücke festhalten und den Mandibeln zuführen kann.

B. Die Mandibeln

Die Mandibeln sind ungegliedert*). Bei den *Entotropha* und *Archaeognatha* haben sie nur einen einzigen Gelenkkopf, während alle übrigen Insekten, die *Dicondylia*, einen zweiten ausbilden, der weiter vorn neben dem Clypeus gelegen ist. Dieser Vorgang, der auch bei Unterklassen der Krebse auftritt, beschränkt die Bewegung der Mandibel auf die Drehung um eine einzige Achse, die der Unterkante der Kopfkapsel parallel läuft (Monocondylia: Abb. 4.2, 4.4; Dicondylia: Abb. E7.2). An der dreikantigen Basis der dikondylen Mandibeln setzt sich ein gewaltiger Adduktor an, der sie wie die Backen einer Zange gegeneinander bewegt, und ein schwächerer Abduktor (Abb. E7.8). Je nach der Ernährungsweise sind die einander zugekehrten Kanten der Mandibeln höchst verschiedenartig ausgestattet, teils als spitze Zangen (Abb. 25.3), teils wie Scheren (Abb. 20.1), teils enden sie in scharfen Spitzen oder Schneiden, haben aber eine basale Mahlfläche aus Zahnreihen oder tiefen, beim Zusammenklappen ineinandergreifenden Furchen wie bei vielen Blattfressern (Abb. E7.8, E7.14; Abb. 19.1, 20.1).

Morphologisch wird die Mandibel als eine Extremität aufgefaßt, die keinen Telopoditen ausbildet, wie wir das auch bei Unterklassen der Krebse finden. Im Gegensatz zu dieser Ansicht vertritt Manton die Meinung, daß dieser bei den Insekten vorhanden sei und den distalen Teil der Kaulade bilde, deren Spitze also dem Tarsus bzw. Prätarsus homolog sei. Die Mandibeln der Insekten sollen aus diesem Grunde völlig von denen der Krebse verschieden sein. Diese Ansicht ist falsch. Sie berücksichtigt nicht, daß die Telopoditen niemals eine Fortsetzung der Enditen bilden, sondern stets lateral von diesen stehen. Bei allen Arthropoden sind ausschließlich basale Enditen transversal zur Körpermediane hin gerichtet, niemals ein Telopodit.

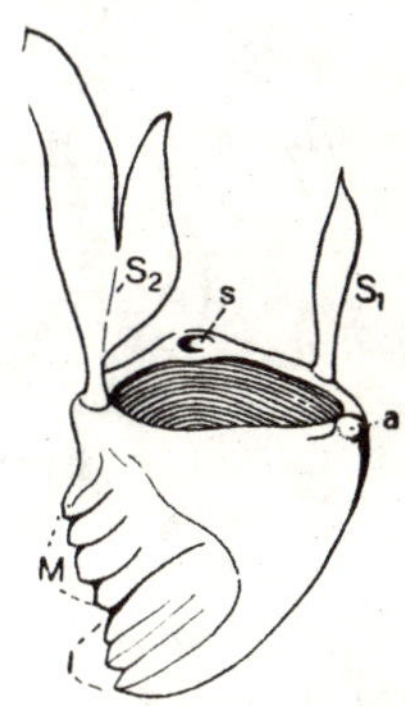

Abb. E7.8. Schema einer Kaumandibel, von hinten gesehen. Nach Weber. Die Kante s—a liegt unter der Gena und entspricht der Verbindungsrtrecke b—a auf Abb. E7.2. **a** hinterer (primärer) Gelenkkopf; s vorderer (sekundärer) Gelenkkopf; **S 1** Abduktorsehne; **S 2** gegabelte starke Adduktorsehne (Adduktor abgebildet auf Abb. 19.1).

*) Bei manchen Dipterenlarven ist sekundär der distale Abschnitt der Mandibel durch eine Membran abgegliedert, aber niemals mit einer Muskulatur ausgestattet (Abb. 31.30). Die sogenannten Praemandibeln der Dipterenlarven aber sind Sklerite des Labropalatum.

Anschaulich läßt sich das an der postembryonalen Entwicklung der *Penaeidae* (Familie der dekapoden Krebse) zeigen. Deren Nauplien haben neben dem Enditen einen Endo- und einen Exopodit. Bei der Häutung zur Protozoea verschwinden diese beiden mehrgliedrigen Extremitätenanhänge. Die Mandibel besteht jetzt lediglich aus einem Grundglied und der mediad davon herausragenden Kaukante. Daß diese aber keineswegs der Spitze des Telopoditen entspricht, zeigt die Häutung zu den Mysis-Stadien. Bei diesen tritt nämlich wieder — und zwar lateral von der Kaulade — ein Endopodit, also ein Telopodit, auf, der zweigliedrig wird, ohne daß sich im übrigen das Grundglied gegenüber dem der Protozoea verändert (HEEGARD 1953, Publication of the Institute of Marine Science **3**). Wie aus dem Material eines einfachen Gliedes während der Vorbereitung zu einer Häutung Telopodit und beide Enditen ausgebildet werden, ist genau bei *Osmylus* analysiert worden (Abb. E25.9 bis E25.13).

C. Die Maxille

Die Maxille hat 2 Grundglieder, die Cardo und den Stipes, die nicht mit Sicherheit mit den Abschnitten anderer Extremitäten zu homologisieren sind. Der Stipes trägt 2 Endite (Laden), die laterale Galea und die mediale Lacinia (Abb. E7.9). Seitlich davon inseriert der Telopodit in Gestalt eines Tasters, manchmal auf einem Sockel, dem Palpifer, der aus einer Verschmelzung seines basalen Gliedes mit einem kurzen, vom Stipes abgegrenzten Areal entsteht. Beide Grundglieder sind nicht ringsum geschlossen, sondern haben medial wie die Beinhüften eine weite Öffnung, deren Ränder mit Gelenkmembranen an der Kopfkapsel festgewachsen sind (Abb. E7.9, E7.11).

Durch diese treten Muskeln aus dem Kopfinneren in ihr Lumen, heften sich an ihre Wände und ziehen auch zu den Tastern und den beweglichen Enditen. Die Cardo gelenkt kurz vor dem Posttentorinum an der Postgena. In der Ruhelage ist

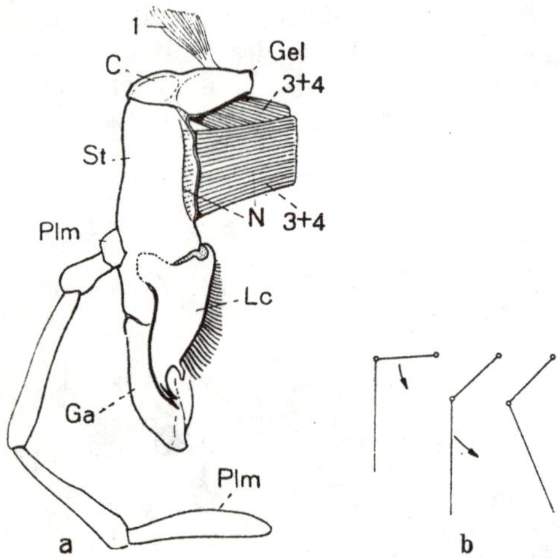

Abb. E7.9

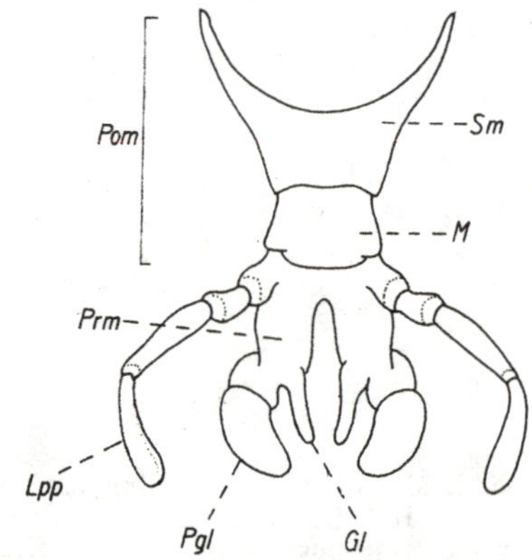

Abb. E7.10

Abb. E7.9. Maxille von *Periplaneta* spec., von hinten gesehen. Nach WEBER. **C** Cardo mit Gelenk **Gel**; **Ga** Galea; **Lc** Lacinia; **N** Naht im Stipes; **Plm** Palpus maxillaris; **St** Stipes; **3 + 4** Adduktoren; **b)** Schema der Bewegung von Cardo und Stipes.

Abb. E7.10. Labium eines kauenden Insektes. Schema. Nach HENNIG. **Gl** Glossa; **Lpp** Labialpalpus; **M** Mentum; **Pgl** Paraglossa; **Pom** Postmentum; **Prm** Praementum; **Sm** Submentum.

sie quer zur Längsachse des Kopfes ausgestreckt (Abb. E7.9). Wenn sie sich um ihr Gelenk schräg ventrad dreht, schiebt sie den Stipes samt seinen Enditen aus dem Mundvorraum heraus. Werden anschließend beide Stipites adduziert, so können ihre Laden, vor allem die Laciniae, ein Nahrungsstück zwischen sich einklemmen. Schwenkt sich dann die Cardo wieder in die horizontale Lage, so hebt sie den Stipes samt seinen Enditen und dem Bissen in den Mundvorraum hinein. Gewöhnlich sind die beiden Enditen ungleich ausgebildet (Abb. E7.9, E7.14). Je nach der Nahrung der Arten können sie Haare, Borstenpinsel, Dornen oder Kauzähne tragen.

D. Das Labium

Das Labium ist der 2. Maxille der Krebse homolog und entsteht beim Embryo in gleicher Weise wie die 1. Maxille (Abb. E2.1). Im Laufe der Embryonalentwicklung verwachsen aber die Grundglieder des Paares median miteinander. Sie bilden dann ein unpaariges, in ganzer Breite gegen das Kopfinnere geöffnetes Postmentum, das den Kopf hinten abschließt, und ein frei vorragendes Praementum (Abb. E7.10, E7.13, E7.14). Das Postmentum kann sich in ein basales Submentum und ein distales Mentum gliedern. An seiner Basis mündet in der Vorderwand der Ausführung der Speicheldrüse (Abb. E7.13, E7.11). Das Praementum ist eine ventrad vorstehende doppelwandige Platte, die den Mundvorraum nach hinten abschließt und verhindert, daß Speise aus ihm herausrutscht (Abb. E7.13, E7.14). Meist ist es an seiner freien Kante eingebuchtet und trägt zu seiten dieses Einschnittes 2 Paar kurze Laden, die

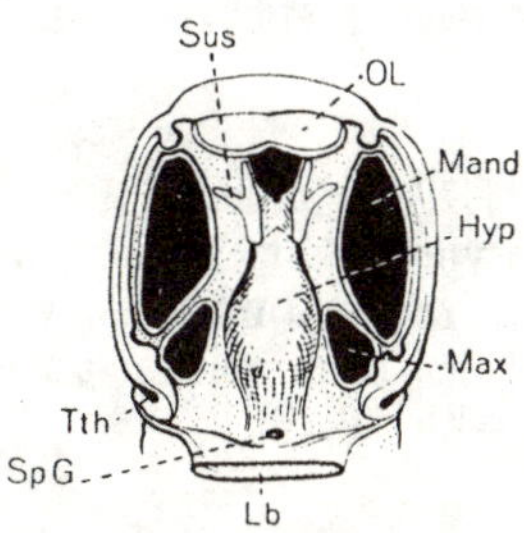

Abb. E7.11

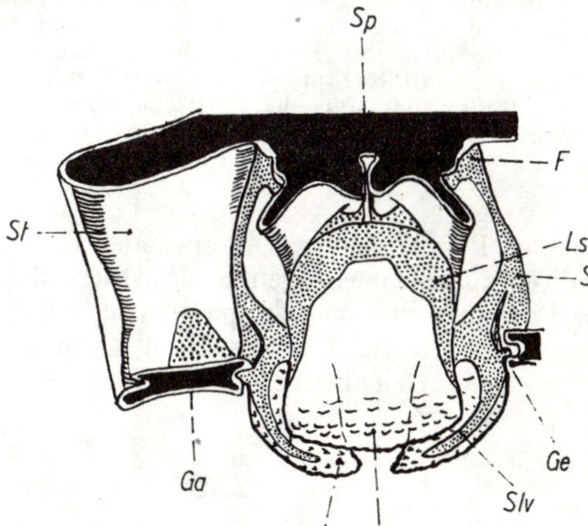

Abb. E7.12

Abb. E7.11. Schematische Aufsicht auf die Kopfunterseite (Mundfeld) nach Entfernung der Mandibel und Maxille und dem Abschneiden des Labium nahe seiner Basis. Nach Weber. **Hyp** Hypopharynx; **Lb** Labium; **Mand, Max** Öffnungen, an deren Rändern die Gelenkhaut der Mandibel und der Maxille befestigt gewesen waren; **Ol** Oberlippe; **SpG** Mündung des Ausführganges der Speicheldrüse in der Tiefe des Salivarium; **Sus** Suspensorium; **Tth** Posttentorinum.

Abb. E7.12. Hypopharynx von *Campodea chardardi* Condé. Nach Francois, leicht verändert. Ansicht von vorn. **F** Fultura; **Ga** Galea; **Ge** Gelenkige Verbindung zwischen Galea und Superlingua; **Li** Lingua, medianer Teil des Hypopharynx; **Ls** Lingualsklerit; **Sl** Superlingua; **Sls** Superlingualsklerit; **Slv** dessen ventraler Ast; **Sp** Speicheldrüsenausführgang; **St** Stipes.

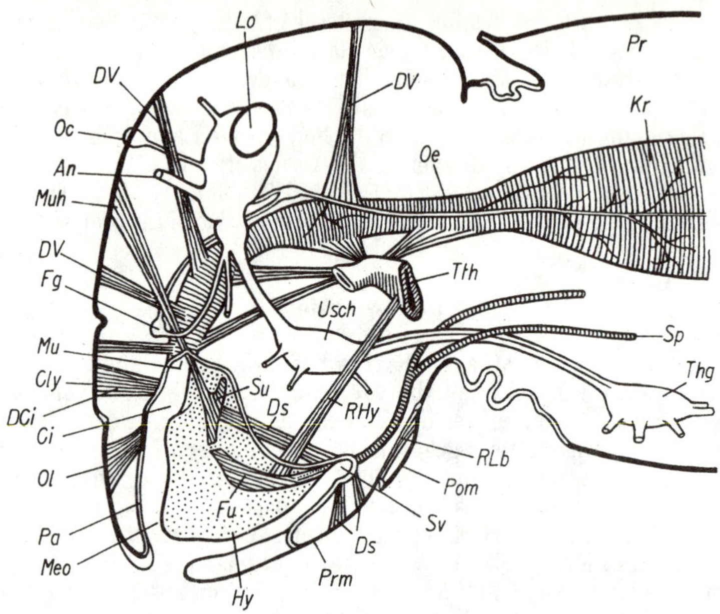

Abb. E7.13. Schematischer Längsschnitt durch den Kopf und den Prothorax eines Insekts mit kauenden Mundwerkzeugen. Nach SNODGRASS. **An** Antennennerv; **Ci** Cibarium; **Cly** Clypeus; **DCi** Dilatator cibarii; **Ds** Dilatator salivarii; **DV** Dilatatoren des Vorderdarmes; **Fg** Frontalganglion; **Fu** Fultura; **Hy** Hypopharynx; **Kr** Kropf; **Lo** Lobus opticus; **Meo** Meatus oris; **Mu** Mund; **Muh** Mundheber, Heber des Mundes und der vorderen Hypopharynxwand; **Oc** Ocellus; **Oe** Oesophagus; **Ol** Oberlippe; **Pa** Palatum; **Pom** Postmentum; **Pr** Prothorax; **Prm** Praementum; **RHy** Retraktor des Hypopharynx; **RLb** Retraktor des Labium; **Sp** Speicheldrüsengang; **Su** Suspensorium; **Sv** Salivarium mit der Mündung des Speicheldrüsenganges; **Thg** Thoraxganglion; **Tth** hinterer Tentoriumast; **Usch** Unterschlundganglion.

lateralen Paraglossae und die medialen Glossae (Abb. E7.10). Manchmal sind diese Enditen zu einem einzigen Skelettstück, der Ligula, verschmolzen. Lateral trägt das Praementum einen Telopoditen, den Palpus. Das Praementum kann vor- und zurückgeklappt und häufig auch etwas in das Lumen des Postmentum unter Einfaltung seiner Gelenkhaut zurückgezogen werden (vgl. Abb. 26.17).

IV. Die unpaarigen Mundteile

Der Mundvorraum, in dem die Kiefer arbeiten, wird vorn von dem senkrecht herabhängenden Clypeus und seiner Fortsetzung, dem Labrum, abgeschlossen (Abb. E7.1, E7.13, E7.14). Die Grenze des Clypeus gegen die Kopfkapsel, und zwar die Frons, wird außen markiert durch die Praetentoria und die Epistomalnaht, innen durch das Frontalganglion (Abb. E7.1, E7.13). Im Gegensatz zur Außenfläche ist die nach innen gekehrte Wand des Clypeolabrum membranös. Sie wird sehr unglücklich als Epipharynx bezeichnet, in diesem Buche wird statt dessen der Name Palatum verwendet. Das Labrum ist gewöhnlich vom Clypeus durch eine biegsame Gelenkmembran getrennt. Muskeln, die an der Grenze von der Frons und dem Clypeus

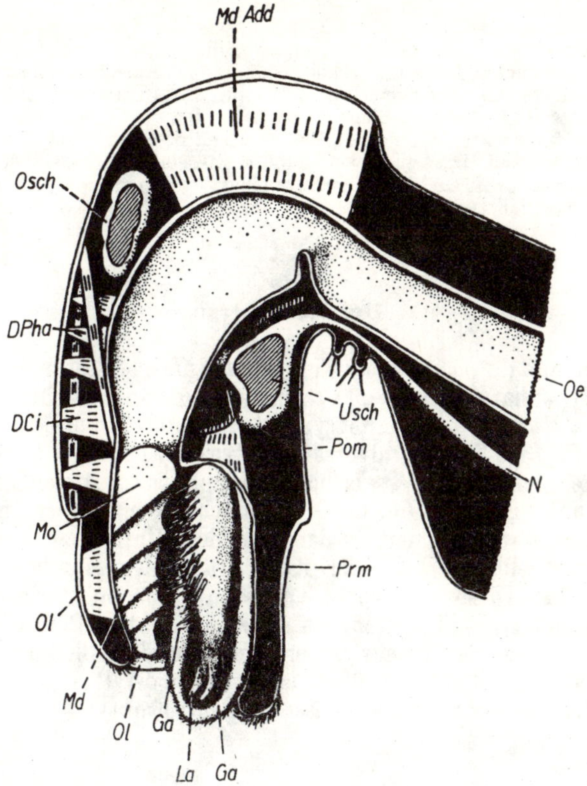

Abb. E7.14. *Periplaneta americana* LINNAEUS. Parasagittaler Längsschnitt lateral des Hypopharynx durch den Kopf. Nach POPHAM. Bez. wie bei Abb. E7.13. **DPha** Dilatator des Pharynx; **Ga** Galea, deren Medialseite konkav ist, so daß sich die **La** Lacinia in sie hineinschmiegen kann; **Md** Mandibel; **Md Add** ihr Adduktor; **Mo** Mola der Mandibel; **N** ventraler Nervenstrang, der zum Thoraxganglion zieht.

entspringen, können es vor- und zurückklappen oder heben. Einige dieser Muskeln sitzen an einem lateralen Skleritpaar des Labropalatum, den Tormae, an.

Während sich beim Keimstreifen zwischen den Mundwerkzeugen eine ebene Sternalfläche ausdehnt, hängt beim entwickelten Kopf an deren Stelle zwischen Oberlippe und Labium ein zungenförmiges Gebilde, der Hypopharynx, herab und schmiegt sich zwischen die Mandibeln und Maxillen (Abb. E7.11, E7.13). Seine vordere Fläche verläuft mehr oder weniger parallel zum Palatum und geht proximal in die Hinterwand des Pharynx über (Abb. E7.13). Seine Hinterwand vereinigt sich an ihrer Basis mit der Vorderwand des Labium. Sie begrenzt mit dieser zusammen das Salivarium (Speicheltasche, in deren Grund der Ausführgang der Speicheldrüse mündet). Die Muskulatur dringt nicht in den Binnenraum des weichhäutigen Hypopharynx ein, sondern setzt sich an seiner Basis an, die z. T. durch Sklerite verstärkt ist. Im mundnahen Abschnitt ist die Hypopharynxwand zu Suspensorien verdickt, deren oraler Arm jederseits bis an den Eingang zum Pharynx reicht (Abb. E7.13). An die Suspensorien reihen sich häufig an beiden Seiten der Hypopharynxbasis stabförmige Sklerite (Fultura, Fulcra) an, die bis zum Labium reichen.

Bei den *Collembola* und *Archaeognatha* und den Larven der *Ephemeroptera* trägt die Vorderseite des Hypopharynx ein Paar seitliche Anhänge, die Superlinguae (Abb. E7.10). Diese entstehen beim Embryo der Collembolen verhältnismäßig spät in Gestalt von einem Paar Knospen zwischen den Mandibeln, also auf dem Mandibelsternit. Ihr Binnenraum steht in offener Verbindung mit dem des Hypopharynx. Einige Autoren deuten die Superlinguae als Extremitäten eines im übrigen unterdrückten Segmentes, das zwischen dem Mandibel- und dem Interkalarsegment gelegen haben soll. Dies wird von der überwiegenden Mehrzahl der Anatomen und Embryologen abgelehnt. Es ist auch nicht die Spur eines Neuromers zwischen dem Tritocerebrum und dem Mandibelganglion aufzufinden, und das Fehlen jeder Muskulatur weist die Organe als bloße Hypopharynxderivate aus.

V. Der Mundvorraum

Die unpaarigen und die paarigen Mundwerkzeuge umschließen zusammen 2 Räume: zwischen dem Hypopharynx und dem Praementum die Speichelhöhle (Salivarium), zwischen dem Palatum, dem Hypopharynx, den Mandibeln und Maxillen den Mundvorraum (Abb. E7.13). Der Mundvorraum (Praeoralhöhle, Cavum oris) hat zwei Stockwerke, den unteren, zwischen Oberlippe und Hypopharynx gelegenen Meatus oris, und das Cibarium, das sich zwischen dem Clypeus und dem Hypopharynx ausdehnt. Zwischen der Vorder- und der Hinterwand des Clypeolabrum verlaufen Quermuskeln, die bei ihrer Kontraktion den Mundvorraum erweitern (Abb. E7.13, E7.14). Diese sind vor allem beim Cibarium stark ausgebildet, besonders bei den saugenden Insekten, wo sie eine mächtige Pumpe bilden können. An der dorsalen Grenze des Clypeus, unter dem Frontalganglion, geht das Cibarium in die echte primäre Mundöffnung über, mit welcher der Pharynx beginnt (E7.13). Sie entspricht beinahe der Stomodealeinsenkung des Embryo.

VI. Die Funktion der Mundwerkzeuge

Beim Freßakt werden niemals die Maxillen ausgestreckt und ihre Laden zusammengeklappt, wenn die Mandibelzangen zubeißen. Ferner wird, damit die Mandibeln außerhalb des Mundvorraumes arbeiten können, die Oberlippe nach vorn geklappt oder dorsad gezogen. Bei *Periplaneta* verläuft die Nahrungsaufnahme so, daß Mandibeln und Maxillen sich abwechselnd bewegen. Sind die Mandibeln geschlossen, so werden die Maxillen vorgestreckt und die Laden zangenartig geschlossen, wobei die Laciniazähne sich in das Nahrungsstück bohren. Dann ziehen die Maxillen den von den Laden gepackten Teil der Nahrung in den Mundvorraum auf die Vorderfläche des Hypopharynx und damit direkt hinter die geöffneten Mandibeln. Auf dem Hypopharynx, den Mandibeln, dem Palatum und den Glossen stehen zum Pharynxeingang gerichtete Borsten, an denen die Nahrung hängenbleibt, während der Hypopharynx nach vorn-oben geschwenkt wird und sie zwischen die Mandibeln schiebt. Diese beißen nunmehr zu, nachdem sich die Laden der Maxille geöffnet haben. Die zerschnittenen Nahrungsteile werden durch die bogenförmig verlaufende, nicht nur mediad, sondern auch dorsad gerichtete Bewegung der Mandibeln, Bewegungen des Hypopharynx und den Sog, den die Erweiterung des Cibarium und die Peristaltik des Pharynx hervorrufen; geschluckt.

VII. Die Abwandlungen des Grundplans

Die Abänderungen des Grundplans der Mundwerkzeuge sind besonders auffällig, wenn es sich um ihre Verlängerung handelt. Diese ist schon bei vielen *Collembola* zu beobachten, deren Mandibeln und Maxillen als lange Stäbe innerhalb der Gnathalfalte verlaufen (Abb. 1.4). Selten betrifft die Streckung nur eine Extremität, wie z. B. das hervorschnellbare Labium der Libellenlarven und des Käfers *Stenus* oder die zu einem Saugrohr zusammenlegbaren Galeae der Schmetterlinge (Abb. 7.6; 26.16; 29.13). Meist sind mehrere Mundteile an der Bildung eines Rüssels beteiligt, vor allem bei den stechend-saugenden Formen, die Pflanzensaft oder Blut aufnehmen. So sind z. B. bei den Hemipteren die Mandibeln und die Maxillen zu langen Nadeln ausgezogen, die in der Rinne einer ebenso langen Unterlippe geborgen werden (Abb. 22.1, 22.2). Bei den Stechmücken und Bremsen kommen noch eine lange Oberlippe und ein kanülenförmiger Hypopharynx hinzu, die bis zur Rüsselspitze reichen (Abb. 31.7, 31.9, 31.12). Durch Funktionswechsel kann bei blutsaugenden Fliegen, z. B. der Tsetse und dem Wadenstecher, die Unterlippe ein steifes Stechorgan werden, worauf Mandibeln und Maxillen unterdrückt werden (Abb. 31.16). Rückbildung beider Kieferpaare in verschieden starkem Maße beobachten wir auch bei blumenbesuchenden und anderen leckend-saugenden Fliegen (Abb. 31.14, 31.15). Blütensaft leckende Hymenopteren verlängern ihre Glossae; extrem geschieht das bei den *Apoidea*, wo sie unpaar geworden sind und in einem Saugrohr stecken, das von den aneinandergeschmiegten Galeae und Labialtastern gebildet wird (Abb. E7.15).

Der luftdichte Anschluß des Saugrohres an die Cibarialpumpe ist am einfachsten, wenn die Oberlippe einen Teil des Saugrohres bildet, geht doch ihre Hinterwand direkt in die des Cibarium über. Solche Verhältnisse finden wir bei den Dipteren. Das von den aneinandergelegten Maxillen umschlossene Saugrohr der Hemipteren hingegen wird ebenso wie das der Flöhe in sehr eigenartiger Weise unter Einfügung des Hypopharynx luftdicht ins Cibarium übergeführt (Abb. 22.5, 22.6; 32.5, 32.6).

Die Umgestaltung der Mundgliedmaßen bei der Metamorphose zeigen die Abb. E25.9 bis E25.13.

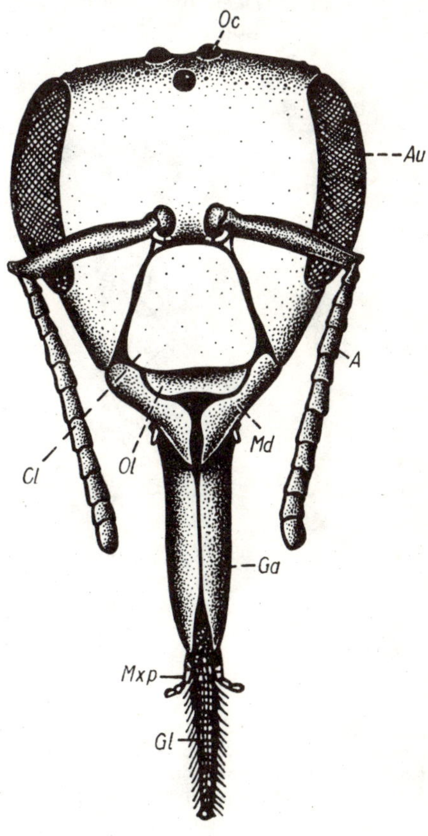

Abb. E7.15. *Apis mellifica* LINNAEUS. Kopf einer Arbeiterin von vorn gesehen. Nach SNODGRASS. **A** Antenne; **Au** Komplexauge; **Cl** Clypeus; **Ga** Galea; **Gl** Glossa; **Md** Mandibel; **Mxp** Maxillarpalpus; **Oc** Ocellus; **Ol** Oberlippe.

E8. Die Koordinationssysteme

Sie verbinden nicht nur die Organe, die Reize aus der Außenwelt aufnehmen, mit den Erfolgsorganen, sondern koordinieren sämtliche Funktionen des tierischen Organismus einschließlich derjenigen der postembryonalen Entwicklung. Die weit überwiegende Hauptrolle spielt dabei das Nervensystem sowohl durch die Übertragung von Erregungen an Synapsen als auch durch die Sekretion von Neurohormonen. Morphologisch von ihm völlig unabhängige Hormonproduzenten, die großen Einfluß ausüben, scheinen bei den Insekten allein die Prothorax-Drüsen zu sein.

I. Das Nervensystem

A. Die Ontogenie

Das Nervensystem entsteht in Gestalt von paarigen Wucherungen des Ectoblastem, von denen in jedem Segment ein Paar, im Kopflappen aber 4 Paare auftreten (Abb. E8.6; E23.5 bis E23.9). Freilich entwickelt sich nur bei primitiven Insekten auch in dem winzigen 11. abdominalen Metamer ein Ganglienpaar (*Lepisma*, *Periplaneta*, *Locusta* usw.), sonst geschieht das lediglich in den vorderen 10, bei Dipteren in 8 abdominalen Segmenten. Die entstandenen Nervenzellen sprossen

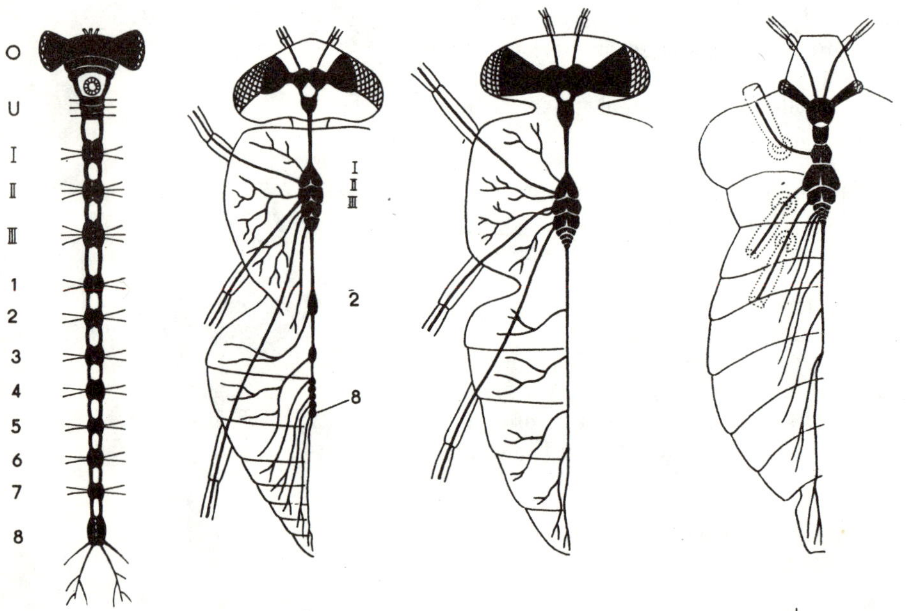

Abb. E8.1. Verschiedene Stufen der Konzentration des Zentralnervensystems. Nach EIDMANN aus ERDMANN. a) hypothetischer Ausgangszustand; b) *Tabanus bovinus*; c) *Sarcophaga*; d) Pentatomide. I–III Thorakalganglien; 1–8 Abdominalganglien. In c) sendet jedes der mit den Thorakalganglien verschmolzenen Neurone des Abdomens seinen Nerv durch einen gemeinsamen Strang in das zugehörige Segment.

nach dem Inneren des Embryo hin Axone, so daß jedes Ganglion schließlich aus einem ventralen und lateralen Mantel aus Nervenzellen und einem darüber und darinnen liegenden Neuropilem besteht. In allen Fällen rücken die Ganglien des Interkalarsegmentes nach vorn und verschmelzen mit denen des Antennensegmentes und des Kopflappens zum Oberschlundganglion, das über (morphologisch vor) dem Vorderdarm liegt (Abb. E7.13). Weiterhin bilden stets die 3 Paar Ganglien der Segmente der Mundgliedmaßen ein Verbundganglion, das unter (morphologisch hinter) dem Vorderdarm liegt: das Unterschlund- (= Suboesophageal-) Ganglion (Abb. E7.13). Nie bleiben die Ganglien des Abdomens alle im Bildungssegment liegen, zumindest die hinter dem 8. Segment liegenden rücken nach vorn und schließen sich zu einem Verbundganglion zusammen (Abb. E8.1, E15.2, E15.4). Bei den höheren Insekten aber verlassen mehrere oder gar alle Nervenknoten den Hinterleib und reihen sich an

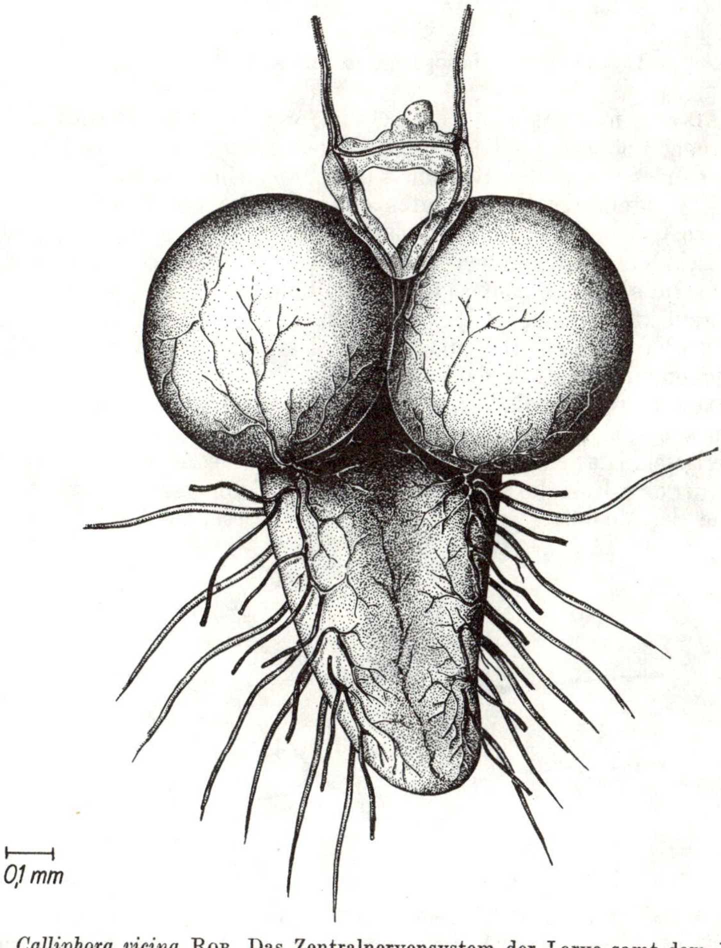

Abb. E8.2. *Calliphora vicina* Rob. Das Zentralnervensystem der Larve samt dem Weismannschen Ring, der die endokrinen Drüsen enthält. Nach Gersch. Das Oberschlundganglion ist gegenüber den somatischen Neuromeren sehr stark entwickelt.

das Metathoraxganglion an, so daß ein mehr oder weniger ausgedehntes Verbundganglion entsteht, dessen Abschnitte noch durch kurze Zwischenräume getrennt sind oder äußerlich völlig ohne Grenzen ineinander übergehen. In diesen Komplex können auch die beiden vorderen Thorax-Neuromeren einbezogen werden, manchmal, z. B. bei den Larven der Maikäfer, vieler *Schizophora*, bei Blatt- und Schildläusen auch noch das Unterschlundganglion (Abb. E8.1, E8.2). Immer aber behalten die von den verschobenen Ganglien ausgesandten Axone ihr ursprüngliches Innervationsgebiet.

Im allgemeinen verbleiben bei den Larven der Holometabola mehr Ganglien an ihrem Entstehungsort im Hinterleibe als bei den Imagines, bei der Bienenlarve z. B. die vorderen 6 Abdominalneuromeren, bei der Biene nur das 3.–6. Paar (beide haben außerdem noch ein Terminalganglion). Bei den Maden der *Cyclorrhapha* ist das jedoch genau umgekehrt. Hier trennen sich von dem großen alle Neuromeren umfassenden Verbundganglion zumindest die der Kiefersegmente, bei manchen Familien auch einige Neuromeren des Abdomens (vgl. Abb. E8.2 u. E8.1).

B. Das Oberschlundganglion und seine Funktionen

Das Oberschlundganglion wird sichtbar, wenn man die Stirnwand der Kopfkapsel abtrennt und eventuell noch Luftsäcke entfernt. Von dorsal nach ventral folgen aufeinander das Protocerebrum, das Deutocerebrum und das Tritocerebrum (Abb. E8.7). Während die Kommissuren der beiden oberen Abschnitte über (morphologisch vor) dem Oesophagus verlaufen, liegen die des Tritocerebrum unter (morphologisch hinter) demselben und erinneren daran, daß dieses Ganglion als Neuromer des Interkalarsegmentes hinter dem Stomodaeum entstanden und sekundär nach vorn gerückt ist (Abb. E8.7). Vom Tritocerebrum zieht jederseits ein starkes Konnektiv (Schlundkonnektiv) zum Mandibelganglion und verbindet das Oberschlundganglion mit der Kette der Neuromeren.

Das Protocerebrum enthält, abgesehen von den afferenten Axonen, die aus den Sehganglien einstrahlen, ausschließlich Interneurone, die das Zentralnervensystem nirgends verlassen. Die Sehganglien, der Lobus opticus, setzen sich aus 3 Abschnitten zusammen: der dem Komplexauge angeschmiegten Lamina ganglionaris, der Medulla externa und der Medulla interna. Ein Teil der Fasern, die von der Lamina zur

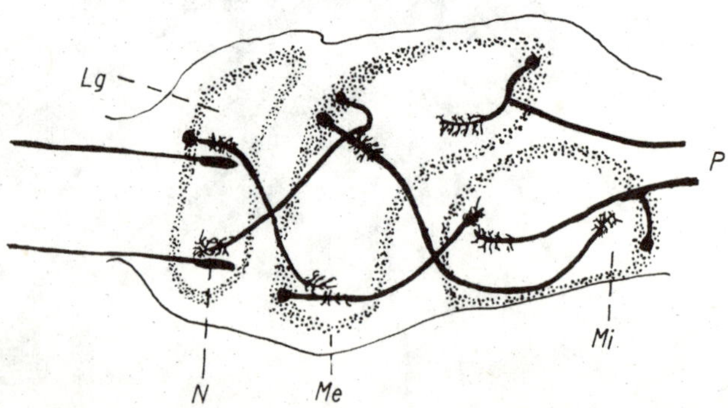

Abb. E8.3. Schematischer Schnitt durch einen Lobus opticus. Die Ganglienzellrinde der einzelnen Abschnitte ist punktiert gezeichnet, das Neuropilem weiß gelassen. Einige Neurone wurden — übertrieben dick — eingetragen, um die Überkreuzungen zu zeigen. **Lg** Lamina ganglionaris; **Me, Mi** Medulla externa und Medulla interna; **N** Neurommatidium; **P** Protocerebrum.

Medulla externa und von dieser zur Medulla interna ziehen, verläuft gekreuzt (Abb. E8.3). Eine lange Kommissur verbindet quer durch das Protocerebrum die beiden Lobi optici. 3 Assoziationsorgane sind im Protocerebrum vorhanden. Das umfangreichste wird durch die paarigen Corpora pedunculata (pilzhutförmige Körper) dargestellt, deren Ganglienzellen jederseits der tiefen medianen Einsenkung des Gehirns (Pars intercerebralis) außen als eine kuppelförmige Vorwölbung (Globulus) erscheinen (Abb. E8.4). Sie senden ihre Dendriten und Neuriten in ein sehr dichtes Neuropilem, den sogenannten Stiel, dem der Globulus wie ein Pilzhut aufsitzt

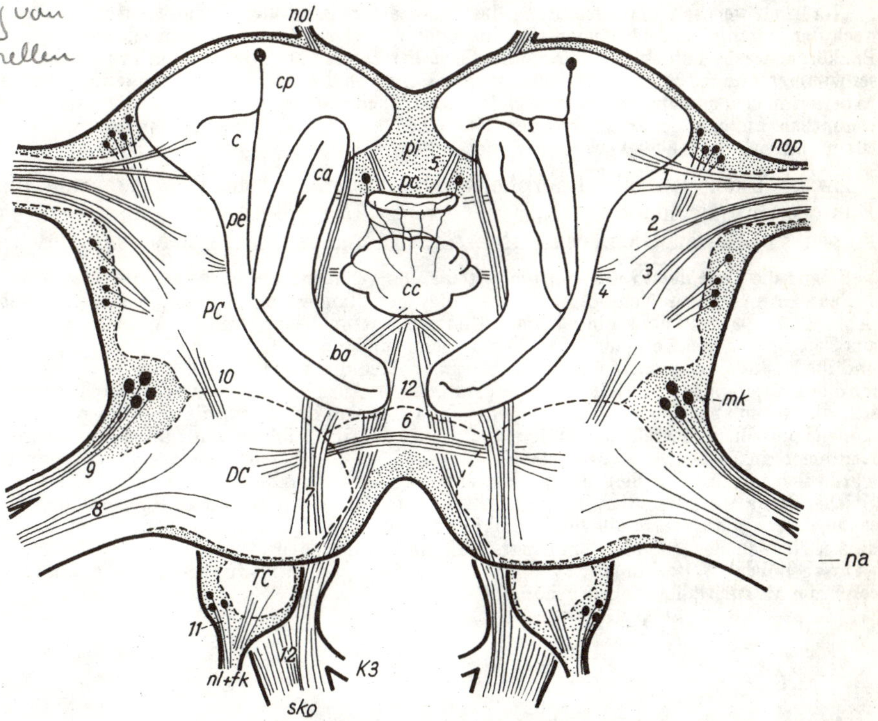

Abb. E8.4. *Gryllus campestris* LINNAEUS. Schematisierter Frontalschnitt durch das Oberschlundganglion. Ganglienzellrinde punktiert. Neuropilem weiß gehalten. Assoziationsorgane des Protocerebrum umrandet, Neuropilemareale sind nur mit unterbrochenen Linien umgrenzt. Nach HUBER. Z. vgl. Physiol. **44**, 1960. Breite 0,6 mm. **ba** Balken (medial gerichteter Fortsatz des Stieles des Corpus peduculatum **c**); **ca** Cauliculus (= rückläufiger Stielfortsatz); **cc** Zentralkörper; **cp** Corpus pedunculatum; **DC** Deutocerebrum; **K 3** Kommissur des Tritocerebrum, die hinter dem Vorderdarm verläuft; **mk** motorische Neurone des Deutocerebrum; **na** Antennennerv; **nl + fk** Clypeolabralnerv und Frontalkonnektiv; **nol** Nerv des Ocellus; **nop** Lobus opticus; **PC** Protocerebrum; **pc** Protocerebrale Brücke; **pe** Pedunculus (Stiel); **pi** Pars intercerebralis; **Tc** Tritocerebrum.
Bahnen: **1—3** optische Trakte; **4** optische Kommissur, unterbrochen gezeichnet, da sie teilweise von den Assoziationsorganen verdeckt wird; **5** Bahn des Ocellentraktus; **6** Kommissur des Deutocerebrum, vor dem Oesophagus verlaufend; **7** Tractus olfactorio-globularis; **8** afferente Nerven, die von den Sinnesorganen der Antenne einstrahlen; **9** efferente Axone, die zu den Antennenmuskeln ziehen; **10** Verbindungsstränge zwischen Proto- und Deutocerebrum, deren Zellen im Deutocerebrum liegen; **11** motorische Axone, die zur Oberlippe ziehen; **12** Bahnen, die aus dem Suboesophagealganglion aufsteigen oder zu ihm hinabsteigen.

(Abb. E8.4). Dieser Stiel spaltet sich in den median gekrümmten Balken und einen rückläufigen, wieder zur Frontseite des Protocerebrum ziehenden Zweig, den Cauliculus. Ein zweites Assoziationsorgan ist der unpaarige Zentralkörper, das dritte die ebenfalls unpaarige Brücke. In jedem liegen Glomeruli, gebildet aus den Dendriten der Axone, die aus den verschiedensten Gehirnteilen und aus den segmentalen Ganglien über die Schlundkonnektive kommen.

Auch an jeden Ocellus schmiegt sich ein Sehzentrum an. Es sendet seine Fasern nahe der Mittellinie ins Protocerebrum. Diese verbinden sich mit Dendriten des pilzhutförmigen Körpers und der Medulla interna.

Natürlich wechselt die Ausbildung des Protocerebrum bei den Ordnungen und Familien. Je nach der Organisation der Augen sind die Lobi optici verschieden groß. Auch das Volumen der Pilzkörper wechsel stark. Bei der Stubenfliege beträgt es 5,9% des Gesamthirns, beim Rückenschwimmer nur 0,9%, bei der Ameisenarbeiterin von *Formica* 40,4%. Außerdem ist bei den Arbeiterinnen der sozial lebenden Ameisen und Bienen stets der pilzhutförmige Körper relativ wesentlich umfangreicher als bei den Männchen und bei anderen Hymenoptern, die einzeln leben und viel einfachere Verhaltensweisen haben.

Zwischen den ventralen (morphologisch hinteren) Teil des Protocerebrum und das Deutocerebrum schiebt sich, als sehr leichte Ausbuchtung erkennbar, der Ventrallappen ein, dessen Glomeruli durch eine Kommissur miteinander verbunden sind.

So eng die Teile des Protocerebrum miteinander verflochten sind, es entwickelt sich doch aus 4 Paar Gruppen von Neuroblasten, die längs des Randes des Kopflappens angeordnet sind (Abb. E8.5). Das als Lobus 1 bezeichnete Bildungszentrum liegt unter dem Areal des Ectoblastem, aus dem später die Komplexaugen hervorgehen, und wandelt sich in die Lamina ganglionaris und die Medulla externa. Der 2. Lobus bringt die Medulla interna hervor, der 3., der am Vorderrand des Kopflappens liegt, die Corpora pedunculata. Aus dem medialen 4. Lobenpaar entwickeln sich die Nebenlappen, der Zentralkörper und die Brücke. Da diese Teile dem Protocerebrum der Anneliden fehlen, besteht die Möglichkeit, das paarige Bildungszentrum als ein besonderes Neuromer anzusehen, das Prosocerebrum, das dem Protocerebrum eingeschmolzen wird. Es würde sich um das Ganglion des Praeantennensegmentes handeln, dessen Mesoblastem sich an gleicher Stelle ausdehnt. Schwierigkeiten stellen sich dieser Anschauung entgegen durch die Tatsache, daß bei *Periplaneta* die vom 4. Lobus abgetrennten Epidermisteile den Stirnocellus bilden, dessen Nerv in den 4. Lobus eindringt. Daß ein Arthropodensegment Augen ausbildet, ist unwahrscheinlich. Weiterhin erwies sich bei teratologischen Experimenten das gesamte Protocerebrum als zur Okulareinheit gehörend.

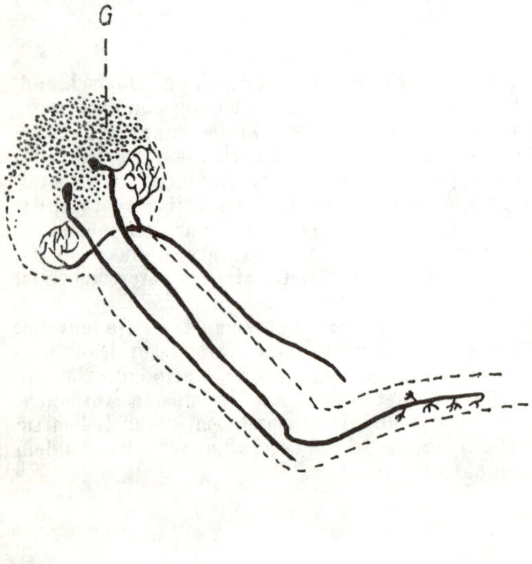

Abb. E8.5. Schema eines Corpus pedunculatum. Die Ganglienzellen des Globulus (G) sind durch Punkte angedeutet, der Stiel ist durch gestrichelte Linien umgrenzt. Es sind 2 Neurone des Globulus eingezeichnet und ein in den Stiel eindringendes interneuronales Neuron.

Das Deutocerebrum, als Neuromer des Antennensegmentes entstanden, sendet motorische Axone zu den Antennenmuskeln und empfängt die Axone der Sinnesorgane der Antennen, deren Dendriten Glomeruli bilden (Abb. 8.7). Weiterhin bilden seine Ganglienzellen interneuronale Fasern aus, von denen ein mächtiger Tractus zu den pilzhutförmigen Körpern zieht (7 auf Abb. 8.4). Im hinteren Bereich aber strahlen z. B. bei Grillen und Heuschrecken Fasern von den Strömungssinnesorganen der Stirn und von den Tastorganen der Stirn und Genae ein.

Das Tritocerebrum ist das Neuromer des Interkalarsegmentes, das dem Metamer der 2. Antenne der Krebse homolog ist, aber keine Gliedmaßen trägt. Dementsprechend entsendet das Tritocerebrum nur den Clypeolabralnerv zu den Muskeln des Cibarium und der Oberlippe, sowie die Frontalkonnektive. Es empfängt afferente Axone der Oberlippen- und Cibarium-Sensillen und enthält nur einen unbedeutenden Glomerulus; doch wird es von den Interneuronen durchlaufen, die vom Gehirn zu den Suboesophagealganglien in der Schlundkommissur ziehen, und hat enge Beziehungen zum sympathischen System.

Die Funktion des Gehirnes (Proto- + Deutocerebrum) wurde besonders bei Grillen und Heuschrecken studiert, indem man eine dünne Elektrode ins Hirn einstach und damit ein punktförmiges Hirnareal erregte. Mit Hilfe eines stärkeren Stromstoßes konnte man die betreffende Stelle koagulieren und so für eine nachträgliche histologische Kontrolle des Einstichs markieren. Zunächst entdeckte man dabei Orte im Neuropilem des Pilzkörpers, welche die Lokomotion, Kopfbewegungen, die Stridulation usw. hemmen. Koagulierte man das Areal, so sangen z. B. die Tiere bis zur Erschöpfung. Zum anderen lösten Erregungen bestimmter Neuropilemstellen komplexe, zeitlich und räumlich gegliederte Handlungsfolgen aus, wie z. B. Laufen, Fliegen, Bewegung der Fühler, Orientierungsbewegungen des Kopfes oder einen bestimmten Gesangstyp (Lock- oder Kampfgesang). Mit einer solchen Stelle entschieden normalerweise die von den Sinnesorganen des Kopfes, der Cerci usw. kommenden Signale in ihrer Verschaltung, ob und in welcher Richtung das Tier sich fortbewegt, ob durch Fliegen oder Laufen, welche Gesangsform angestimmt wird usw. Nicht aber werden die einzelnen Akte der dazu nötigen Bewegungen vom Gehirn selbst koordiniert, sondern von nachgeordneten Stellen, in den genannten Fällen von den Thorakalganglien.

Reizung einer bestimmten Stelle des Neuropilems der Pilzkörper löst auch bei Änderung der Frequenz und der Intensität des elektrischen Impulses immer die Ausführung desselben Gesangstypus aus. Das betreffende punktförmige Areal muß also eine endogene hohe Spezifität haben, wenn es unabhängig von der Art der ihm zugeleiteten Erregung das gleich spezifische Kommando gibt. Es übermittelt der Population motorischer Neurone in den Thoraxganglien eine Information über die zeitliche Gliederung der Erregung. Die Motoneuronen steuern dann im Takt dieser Information die Tätigkeit der Stridulationsmuskeln. Grillen können übrigens auch bei Isolation vom Kopf auf Reizung der Flügelsinnesorgane hin die 28 beim Stridulieren tätigen Muskeln so koordinieren, daß sie einige Bewegungen ausführen, die eine Grundform des Gesanges hervorrufen.

Die elektrische Reizung des Zentralkörpers löst abnorme Lautmuster aus. Dieses Assoziationsorgan scheint also das endgültige Erregungsmuster für die Bewegungen zusammenzustellen.

Von der Leistung der Verknüpfungen der nervösen Signale durch das Oberschlundganglion geben ein anschauliches Bild die Fähigkeit der Sandwespen und Bienen, sich eine oder gar mehrere Niststätten samt dem dahin führenden Weg zu merken (Abb. 27.2), die Verwendung spinnender Larven zum Nestbau (Abb. 27C.8), die Auswertung der Signale von Suchbienen (Abb. 27E.9), die Anlage von Pilzgärten durch Termiten (Abb. 14.11) und Ameisen (Kap. 27E), die Senkung zu hoher Nesttemperaturen (Kap. 27E), aber auch schon die Orientierungsleistungen (Kap. E13), die Geomenotaxis (Abb. E10.9) usw. Vergleiche auch Lernfähigkeit der Schaben (Kap. 13), Stigmergie der Termiten (Kap. 14), Ameisen (Kap. 27C) und Bienen (Kap. 27E).

C. Die somatischen Ganglien und ihre Funktionen

Die 3 Neuromerenpaare des Unterschlundganglions senden motorische Axone zu den Mundgliedmaßen und dem Hypopharynx und enthalten viele Interneurone, die vom Oberschlundganglion zu den Rumpfganglien führen.

Die thorakalen und abdominalen Rumpfganglien sind kompliziert gebaut. Ihre efferenten Neurone senden Axone zu den Muskeln des Rumpfes, der Gliedmaßen, der Stigmen, der Flügel, die abdominalen auch zum Herzen und den äußeren Geschlechtsorganen. Sie empfangen afferente Neurone von den Sinnesorganen der Beine, der Flügel, der Cerci, der Streckrezeptoren usw. Außerdem enthalten sie interneurale Neurone, und bei Schaben, Heuschrecken und Libellenlarven sind Riesenfasern nachgewiesen. Diese leiten Erregungen der Sinneshaare der Cerci bzw. Afterklappen so schnell weiter, daß bei Schaben und Heuschrecken blitzartig eine Abwehrbewegung erfolgt, und zwar bei Schaben und Heuschrecken das Schleudern der Hinterbeine afterwärts, bei *Aeschna*-Larven die Kontraktion des Enddarmes und damit ein Wasserausstoß, der das Tier raketenartig davonschießen läßt.

Dem komplizierten Bau entspricht die Leistung. So steuern die Thorakalganglien, unabhängig vom Gehirn, die Koordination der Beinbewegung. Von den motorischen Nerven der isolierten Thoraxganglien der Wüstenschrecke *Schistocerca* konnte man das motorische Grundmuster der Flugbewegung elektrophysiologisch ableiten. Bei *Aeschna*-Larven reguliert das Prothorax-Ganglion das Einsaugen und Ausstoßen des Atemwassers. Die Bewegungen der männlichen Begattungsorgane der Mücke *Aedes aegypti* werden allein vom Terminalganglion gesteuert. Dieses reagiert, sobald der Kontakt mit dem weiblichen Hinterleibsende hergestellt ist, auf die aufeinander-

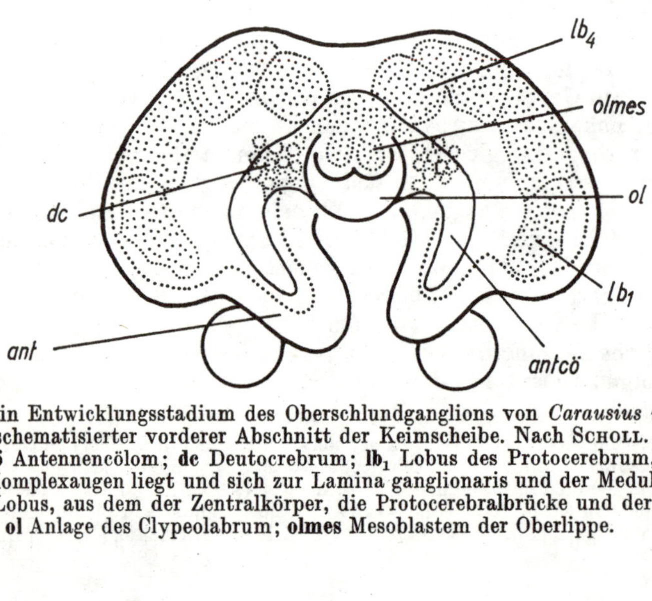

Abb. E8.6. Ein Entwicklungsstadium des Oberschlundganglions von *Carausius morosus* BRUNNER. Leicht schematisierter vorderer Abschnitt der Keimscheibe. Nach SCHOLL. **ant** Antennenanlage; **antcö** Antennencölom; **dc** Deutocrebrum; **lb_1** Lobus des Protocerebrum, der unter der Anlage der Komplexaugen liegt und sich zur Lamina ganglionaris und der Medulla externa entwickelt; **lb_4** Lobus, aus dem der Zentralkörper, die Protocerebralbrücke und der Ventrallappen hervorgehen; **ol** Anlage des Clypeolabrum; **olmes** Mesoblastem der Oberlippe.

folgenden Reizungen durch die weibliche Genitalstruktur. So vollziehen nach bloßem Kontakt der Hinterenden isolierte männliche und weibliche Abdomina die Kopula normal, so lange das männliche Terminalganglion unverletzt ist. Bei Schaben und bei *Mantis* laufen die efferenten Impulse für die Kopulationsbewegungen sogar weiter, wenn alle Afferenzen ausgeschaltet sind. Das erhellt die Fälle, bei denen das Weibchen während der Kopula das Männchen auffrißt, ohne daß die Begattung gestört wird (*Mantidae* Kap. 12, 31). Sogar einer Assoziation sind Thoraxganglien fähig, wie an enthaupteten Schaben und Heuschrecken festgestellt wurde. Klemmt man ein solches Insekt derart fest, daß eines der Beine bei einer bestimmten Stelle in eine Elektrolytlösung tritt und damit einen Stromkreis schließt, so lernt es binnen einer halben Stunde, diesen Schock durch Heben des Beines zu vermeiden.

Die peripheren Nerven verlaufen im allgemeinen stets zu Organen, die dem Segment des Ganglions zugehören, aus dem sie entspringen. Doch gibt es davon auch Ausnahmen. So kann z. B. ein Muskel, der sich nur über ein Segment erstreckt, von 2 benachbarten Ganglien motorische Fasern erhalten.

D. Die Innervierung des Darmes

Das stomatogastrische Nervensystem läßt sich mit dem sympathischen Nervensystem der Wirbeltiere insofern vergleichen, als seine Nerven aus Ganglien entspringen, die nicht dem Zentralnervensystem angehören und unabhängig von diesem entstehen. Bei den Insekten entwickeln sie sich aus dem Ectoblastem der Dorsal- und Lateralregion des Stomodaeums (Abb. 31.35). Im einzelnen ist das System bei den verschiedenen Ordnungen keineswegs gleich gebaut, doch haben alle ein auf dem Pharynx liegendes Frontalganglion, das durch ein paariges, starkes Konnektiv mit dem Tritocerebrum und einen schwachen Nerv mit dem Proto- oder Deutocerebrum verbunden ist (Abb. E8.7). Das Frontalganglion entsendet viele Nerven zu den Muskeln des Cibarium, der Oberlippe sowie des Pharynx, enthält aber auch sensorische Neurone. Von ihm zieht ein unpaariger Nervus recurrens auf dem Pharynx anad durch die Gehirnpassage, um sich hinter dem Gehirn mit dem Hypocerebralganglion zu verbinden. Dieses steht mit dem nicht bei allen Ordnungen vorhandenen paarigen oder unpaarigen Ventricularganglion am Vorderdarmende in Verbindung. Von hier aus können Nerven den ganzen Mitteldarm begleiten.

Der hintere Darmabschnitt wird vom Terminalganglion aus versorgt. Bei Insekten, die eine lange Kette von Abdominalganglien haben, z. B. *Locusta*, *Aeschna*-Larven, Raupen, verläuft zwischen den Konnektiven ein zarter unpaariger Nerv, der Seitenäste zu den Stigmen abgibt. In ihm können auch Axone der neurosekretorischen Zellen der Abdominalganglien mit Anschwellungen enden.

Während die Bindegewebshülle der Axone wohl eine Ionenbarriere darstellt — wenn man sie entfernt, spricht das Axon auf Na-Ionen-Entzug der äußeren Umgebung durch Erregungsblock an —, gilt das nicht für die Ganglien. Diese sind nicht nur von der Membran, sondern auch von bindegewebigen Zellen, dem Perineurium, umgeben, die viel Glykogen enthalten. Die Ganglien werden ja nicht von Blutgefäßen durchzogen, sondern lediglich von extrazellulären Lückenräumen. Man muß annehmen, daß durch diese die Vorräte der Perineurium-Zellen den Ganglienzellen zugeführt werden, zumal nachgewiesen ist, daß markierte Zucker sowie Na^+- und K^+-Ionen am Insektengehirn relativ schnell mit der Hämolymphe ausgetauscht werden.

II. Das endokrine System

Das Nervensystem wirkt nicht nur durch die Übertragung von Erregungen an Synapsen auf Erfolgsorgane, sondern auch durch die Abscheidung von Neurohormonen. Diese sind im Gegensatz zu den neurohumoralen Sekretionen an den Synapsen (z. B. Acetylcholin, Adrenalin) durch Färbungen nachweisbar. Häufig fließen die Neurosekrete in ein Neurohämalorgan, oder sie aktivieren eine andere endokrine Drüse, deren Hormon schließlich auf den Organismus einwirkt. Dieses

Ineinandergreifen sowie die Tatsache, daß keineswegs Beobachtungen an einer Insektenordnung bei Untersuchungen an anderen immer bestätigt werden, erschweren die Analyse außerordentlich.

Wir können ja nur durch die Untersuchung von Ausfallserscheinungen nach der Exstirpation einzelner Hormonquellen bzw. durch den Versuch, diese zu beheben mit Hilfe von Implantationen, Injektionen von Organextrakten, selten auch einem Hormon, Einblicke bekommen. So steht unser Wissen noch im Anfang, vor allem ist unklar, ob eine bestimmte endokrine Drüse mehrere verschiedene Hormone abscheidet und ob Neurohormonalorgane auch eigene Hormone erzeugen bzw. welche Bedeutung diese haben.

Einblicke in die Wirkungsweise der Hormone hat man besonders an dem Häutungshormon Ecdyson gewonnen, das synthetisch hergestellt und mit Isotopen markiert werden kann. Es wird wie alle Hormone im Körper verhältnismäßig rasch abgebaut. An verschiedenen Stellen des gleichen Gewebes – im Experiment der Epidermis – kann es zur gleichen Zeit verschiedene, kausal voneinander völlig unabhängige Reaktionsketten auslösen. Die Gewebezellen sind also ungleich determiniert in bezug auf ihre Reaktionsbereitschaft. Aber auch in demselben Bereich der Epidermis werden bei längerer Dauer der Ecdysonausschüttung in einer regelmäßig eingehaltenen Reihenfolge bestimmte unterschiedliche Reaktionen hervorgerufen. Das läßt sich kaum anders erklären als durch die Annahme, daß das Ecdyson nicht primär in den Chemismus der Zelle eingreift, sondern Erbfaktoren aktiviert. Tatsächlich wurde auch bei Dipterenlarven die Anhäufung von radioaktivem Ecdyson im Zellkern und der Anstieg an messenger-RNS sowie Enzymen in der Zelle nachgewiesen. Darüber hinaus hat man festgestellt, daß bei längerer Dauer der Ecdyson-Einwirkung nacheinander verschiedene Erbfaktoren aktiviert wurden, die unterschiedliche Reaktionen bewirkten. Diese Forschungsergebnisse lassen es begreiflich erscheinen, daß

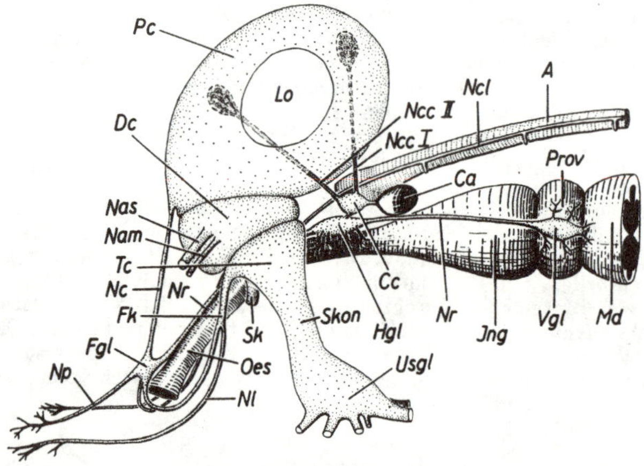

Abb. E8.7. Schematische Seitenansicht des Ober- und Unterschlundganglions samt dem stomatogastrischen System. Nach SEIFERT. **A** Aorta; **Ca** Corpus allatum; **Cc** Corpus cardiacum; **Dc** Deutocerebrum; **Fgl** Frontalganglion; **Fk** Frontalkonnektiv; **Hgl** Hypocerebralganglion; **Ing** Kropf; **Lo** Lobus opticus, quer durchgeschnitten; **Md** Mitteldarm; **Nam, Nas** motorischer und sensorischer Ast des Antennennervs; **Nc** Nervus connectivus; **NccI, II** Nervus corporis cardiaci I u. II; **Ncl** lateraler Herznerv; **Nl** Labralnerv; **Np** Nervus procurrens; **Nr** Nervus recurrens; **Oes** Oesophagus; **Pc** Protocerebrum; **Prov** Proventriculus; **Sk** Tritocerebralkommissur, unter dem Vorderdarm verlaufend; **Skon** Schlundkonnektiv; **Tc** Tritocerebrum; **Usgl** Unterschlundganglion; **Vgl** Ventricularganglion.

bei der Entstehung der Kasten der Termiten die Reihenfolge eine große Rolle spielt, in der Neurohormone des Protocerebrum, das gonadotrope Hormon, das Juvenilhormon und das Ecdyson ausgeschüttet werden. Die Wirkung des Ecdysons wird modifiziert, wenn gleichzeitig Juvenilhormon auftritt (vgl. Metamorphose Kap. E25). Alle diese bei der vertieften Untersuchung der Wirkung des Ecdysons hervortretenden Eigenarten machen es sehr wahrscheinlich, daß auch reine Umweltwirkungen wie z. B. Lang- und Kurztag die Hormonwirkungen modifizieren, der Polymorphismus also ebenso wie die Modifikationen von diesen abhängig ist.

Neurosekretorische Zellen kommen in allen Teilen des Zentralnervensystems vor. Phylogenetisch gesehen, sind sie wohl die primären endokrinen Organe der Wirbellosen. Im Protocerebrum befindet sich eine Gruppe in der Pars intercerebralis, deren sekretführende Axone zu den Corpora cardiaca ziehen (Abb. E8.7). Sie stellt eine übergeordnete Zentrale des endokrinen Systems der Insekten dar. Einzelne Beobachtungen zeigen, daß ihre Aktivität ausgelöst werden kann durch nervöse Reize, z. B. Impulse, die in Proprioceptoren bei der Dehnung des Abdomens nach reichlicher Nahrungsaufnahme auftreten, durch lang andauernde Lichtreize (Langtag), durch Stoffe, die in der Diät vorhanden sind, wie z. B. bei *Schistocerca*. Ihr Sekret steuert: die am Häutungsvorgang beteiligten endokrinen Drüsen (S. 237), die Protein- und Dottersynthese bei *Calliphora* z. B. durch Förderung der Proteinase-Ausschüttung im Darm, bei *Schistocerca* die Entwicklung der Oocyten unter Einfluß des männlichen Pheromons, die Ablage der Eier bei der Wanze *Iphita*, die Diapause, den Wasserhaushalt, unter Einfluß der Photoperioden die Erzeugung ovi- oder virginoparer Nachkommen der Blattläuse (Kap. 22CL), unter Beteiligung anderer neurosekretorischer Zellen des Oberschlundganglions den periodischen Farbwechsel bei *Carausius* (Kap. 15L), usw.

Eine zweite Gruppe neurosekretorischer Zellen des Protocerebrum liegt lateral. Auch sie ist mit den Corpora cardiaca verbunden.

Über die Neurosekrete des Unterschlundganglions ist wenig bekannt. Es fällt auf, daß bei mehreren Insekten ihre Sekretionsrhythmen in Beziehung zu den Häutungsperioden stehen. Bei *Periplaneta* steuern sie die Aktivitätsperiode und hemmen die Penismuskeln, die dementsprechend nach Enthauptung den Penis entfalten. Bei *Carausius* schüttet das Unterschlundganglion zusammen mit den übrigen Rumpfganglien am Tage Hormone aus, die den Farbwechsel bewirken (Kap. 15). Die Rumpfganglien-Neurosekrete beeinflussen bei *Corethra* und *Periplaneta* die Herzfrequenz (wie auch Neurosekrete und Hormone anderer Ganglien und Hormondrüsen). Das ist bewiesen worden sowohl durch Reizung einzelner Ganglien mit heißen Präpariernadeln als auch durch Einlegen von Mitteldarm und Herz in Ringersche Lösung, der Extrakte aus den abdominalen Ganglien zugefügt wurden. Sonst ist kaum etwas über die Wirkung der Neurosekrete dieser Ganglien bekannt.

Neurohämalorgane nehmen die meist stark angeschwollenen Enden sekretführender Axone auf, speichern das Sekret und geben es später an die Hämolymphe ab. Bei den Insekten sind sie vertreten in Gestalt der paarigen Corpora cardiaca, die durch Nerven mit den beiden Gruppen neurosekretorischer Zellen des Protocerebrum, den Corpora allata und dem Hypocerebralganglion, in Verbindung stehen. Ihrer Entstehung durch Abschnürung vom Hypocerebralganglion gemäß (Abb. E8.7) setzen sie sich aus Nervenzellen zusammen. Sie enthalten aber auch sehr viele angeschwollene Enden von Axonen, die von den neurosekretorischen Zellen des Protocerebrums zu ihnen ziehen, empfangen also deren Sekrete. Sie beeinflussen u. a.: das Wachstum der Corpora allata (*Schistocerca*), die Steigerung des Glukose- und Trehalose-Spiegels in der Hämolymphe, die Abnahme von Glykogen und Fett im Fettkörper und den Nerven (*Periplaneta*), die Steigerung des Herzschlages und der Enddarmperistaltik (*Periplaneta*), die Hemmung der Tätigkeit der Penismuskeln (*Periplaneta*), den Wasserhaushalt, die Ausbreitung der Melanophoren auf den Tracheenblasen der Larve von *Chaoborus*, die Verfärbung der Raupe von *Dicranura*, die Brechung der Diapause von Schmetterlingspuppen im Verein mit Hirn-Neurosekret usw.

Neuroendokrine Drüsen sind die paarigen Corpora allata, die aus Wucherungen des Ectoblastem zwischen der Anlage der Mandibeln und Maxillen hervorgehen. Sie verlagern sich dann auf die Dorsalseite des Vorderdarmes und schmiegen sich oft dicht an die Kopfaorta (Abb. E8.7). Erst sekundär werden sie also während der Ontogenese an das neurosekretorische Gebiet des Nervensystems angeschlossen und deshalb den neuroendokrinen Hormondrüsen zugezählt. Sie sind nur mit den Corpora cardiaca durch einen Nerv verbunden, der ihnen Neurosekrete zuführt, die zum größten Teil aus dem Protocerebrum stammen. Wird dieser Strang zerschnitten, so ist die Sekretbildung und Ausschüttung der Corpora allata gehemmt. Sie erlischt, wenn die Zellen der Pars intercerebralis zerstört werden (bei *Locusta*, *Schistocerca*,

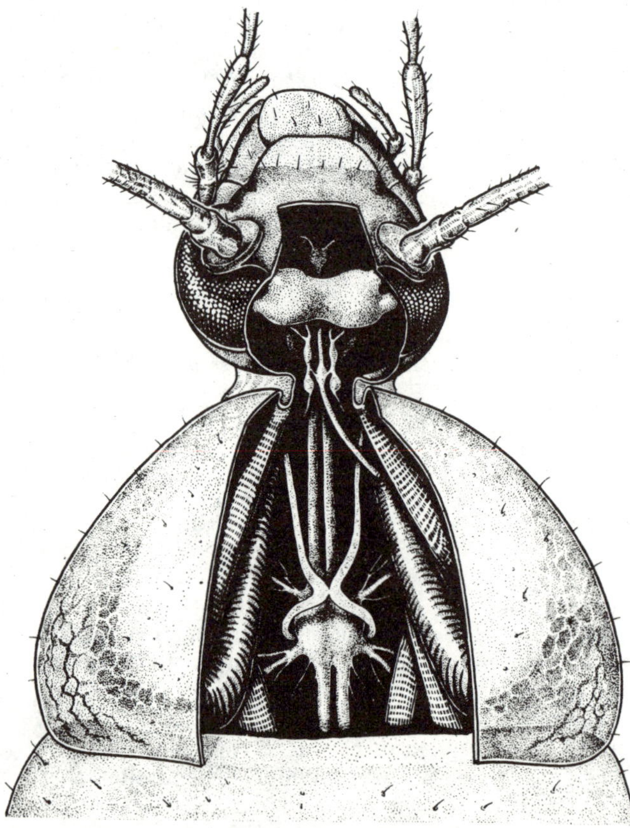

Abb. E8.8. Kopf und Prothorax von *Periplaneta americana* LINNAEUS, dorsal geöffnet. Nach GERSCH. Länge 5 mm. Ganz vorn im Kopf ist das Frontalganglion sichtbar, nach hinten folgen das Oberschlundganglion und der Nervus recurrens der flankiert wird von den Corpora cardiaca und Corpora allata. Im Prothorax liegt über dem Ganglion die paarige Prothoraxdrüse.

Tenebrio). Die C. a. enthalten aber auch zahlreiche Drüsenzellen und erzeugen eigene Sekrete, ein gonadotropes Hormon und das Juvenilhormon (Neotenin), dessen Struktur jetzt geklärt ist. Dem Neotenin sind Farnesol und Öle der Balsamfichte beinahe wirkungsgleich. Die Aktivität der Corpora allata wird beeinflußt z. B. durch starke Nahrungsaufnahme, bei jungen *Locusta* durch die Pheromone älterer Artgenossen, die Anwesenheit einer Spermatophore in der Bursa copulatrix der Schaben, die über eine sensorische Erregung, die in der Kette der Abdominalnerven verläuft, im Protocerebrum eine Hemmung aufheben usw.

Die Hormone der Corpora allata greifen in die verschiedensten Vorgänge des Stoffwechsels und der Entwicklung ein, wahrscheinlich sind sie mit fast allen verflochten. Sie beeinflussen: den Kohlenhydrat- und Fettstoffwechsel, die Proteinsynthese zumindest in Beziehung auf die Bildung von Dotter und seine Einlagerung in die Oocyten, die postembryonale Entwicklung (vgl. Kap. E25), das Wachstum der Futter- und Wachsdrüsen der Bienenarbeiterinnen, die Pheromonproduktion und den Phasenwechsel bei *Schistocerca* sowie *Locusta*, das Verhalten der weiblichen Schaben bei der Kopula, die Abscheidung des Sexualgeruchs usw. usw.

Endokrine Drüsen, die morphologisch unabhängig vom Zentralnervensystem sind.

Ventral-(= Prothorax-)Drüsen. Sie gehen aus Wucherungen des Ectoblastem des Labialsegmentes hervor. Bei den Thysanuren, *Ephemeroptera*, *Odonata*, *Dermaptera*, *Phasmida* und *Caelifera* bleiben sie im ventralen Kopfabschnitt liegen. Dagegen verschieben sie sich bei den *Blattodea*, *Coleoptera*, *Hymenoptera* und *Lepidoptera* in den Prothorax, wo sie verästelte Stränge bilden (Abb. E8.2). Wahrscheinlich handelt es sich um Homologa, jedenfalls ist auch die Funktion die gleiche. Die Drüse enthält keine nervösen Elemente, ist aber in manchen Gruppen innerviert vom Unterschlundganglion und dem 1. und 2. Thoraxganglion, bei den *Blattodea* z. B. auch von den Corpora allata. Während sie bei den Imagines gewöhnlich zugrunde geht (Ausnahmen z. B. bei Arbeitern und Soldaten der Termiten), spielt sie während der Häutungen eine sehr wichtige Rolle. Das von ihr ausgeschiedene Häutungshormon, das Ecdyson, löst die Häutung aus, sein Mengenverhältnis zum Neotenin bestimmt deren Charakter (vgl. Kap. E25). Außerdem beeinflußt es die Metamorphose. Ferner wirkt es auf den Härtungsprozeß der Kutikula, die Ausfärbung der Epidermis von Raupen (Kap. 29) usw.

Bisher wurden niemals Geschlechtshormone bei den Insekten gefunden. Neuerdings stellte man eine vermännlichende Wirkung des apikalen Abschnittes des mesodermalen Hodenfollikels bei *Lampyris* fest. Implantierte man Hoden des 3. und 4. Larvenstadiums in ebenso alte weibliche Larven, so wandelten sich diese in Abhängigkeit von den Corpora allata und cardiaca in Männchen um.

Die endokrinen Drüsen der Dipteren, die in direkter Beziehung zur postembryonalen Entwicklung stehen, haben eine Neigung, miteinander zu verschmelzen, die bei den Cyclorrhaphen zur Bildung des sogenannten Weismannschen Ringes führt (Abb. E8.2). Dieser umschlingt die Aorta. Sein dorsaler Abschnitt besteht aus den miteinander verschmolzenen Corpora allata, sein ventraler aus den C. cardiaca, seine seitlichen Abschnitte aus den Ventraldrüsen. Der Beweis für die Identität der Seitenteile mit den Ventraldrüsen wurde an Maden des letzten Stadiums von *Calliphora* erbracht. Wenn man diese vor der kritischen Periode in der Mitte durchschnürt, so verpuppt sich ihr Hinterende nicht. Das geschieht aber, wenn man ihnen ein Protocerebrum und außerdem Extrakt aus den Schenkelteilen des Weismannschen Ringes injiziert.

E9. Die Sinne und ihre Organe

Zwischen den Außenreizen, die ein Insekt wahrnehmen kann, und den Signalen, auf die es bei einer gegebenen Situation reagiert, besteht keineswegs immer eine Übereinstimmung. So reagieren Tagfalter bei der Nahrungssuche nicht auf grüne Objekte. Sie scheinen grünblind zu sein. Zur Zeit der Eiablage aber fliegt dasselbe Weibchen zielgerecht grüne Gegenstände an. Die Männchen des Samtfalters *Hipparchia semele* verhalten sich beim Anflug auf die Weibchen, als seien sie farbenblind, was keineswegs tatsächlich der Fall ist. Die Umwelt des Tieres (vgl. Kap. E26) hängt also nicht nur von den Leistungsgrenzen der Sinnesorgane ab, sondern sie wechselt je nach dem Instinkt, der gerade die Vorherrschaft hat. In einer bestimmten Situation lassen die angeborenen auslösenden Mechanismen wie ein Filter nur bestimmte Signalreize auf das Tier wirken. Dies hat auch der Experimentator bei der Auswertung seiner Versuche kritisch in Rechnung zu ziehen.

I. Die Streckungsrezeptoren

In Gestalt multipolarer Sinneszellen verteilen die Streckungsrezeptoren ihre sensiblen Dendriten unter dünnen Arealen der Kutikula, besonders Gelenkhäuten und in der Matrix eines Bindegewebsstranges. Bei Trichopteren und Schmetterlingen schmiegt sich dieser einem vom Hauptmuskel isolierten Muskelbündel mit eigener motorischer Innervierung an. Das Axon strebt einem afferenten Nerven zu.

Diese Sinneszellen reagieren phasisch-tonisch. Der Spitzenwert der Impulsfrequenz hängt ab von der Anstiegsgeschwindigkeit des Reizes und dem Betrag der Dehnung. Das stationäre Niveau der Dauerentladung wird vom Betrag der Dehnung bestimmt.

Bei den meisten Hemimetabolen und den Käfern z. B. sind im Abdomen dorsal in jedem Segment 2 Paar Streckrezeptoren vorhanden, eines in der Längsrichtung des Körpers vom Tergit anad bis zur nächsten Intersegmentalmembran, eines vertikal vom Tergit ventrad ziehend. Biegt sich der Hinterleib ventrad, so wird das longitudinale Paar gedehnt usw. Auch auf die Atembewegungen, Drehungen des Hinterleibes bei der Kopulation u. dgl. sprechen die Organe an. An jeder Flügelbasis findet sich ein Streckrezeptor, meist vergesellschaftet mit einem Scoloparium, zum Thorax verlaufend.

II. Die Sensillen

Sie sind einfache mechanorezeptorische oder chemorezeptorische Sinnesorgane, die durch differentielle Teilungen aus einer Stammzelle der Epidermis hervorgehen. Demgemäß bestehen sie nicht nur aus einer oder mehreren Sinneszellen, sondern zumindest außerdem aus einer tormo- und einer trichogenen Zelle sowie — ausgenommen die Scolopidien — einer kutikularen Hilfsvorrichtung (Abb. E10.1). Jede einzelne Sinneszelle stellt einen Rezeptor dar, der allerdings mit der gleichen Hilfsvorrichtung der Kutikula verbunden sein kann wie sein Nachbar. Alle Sinneszellen der Sensillen zeigen den gleichen Bau. Sie entsenden gegen die Kutikula hin einen (sensiblen) Dendriten, proximal aber ein Axon zum Zentralnervensystem (Abb. E10.1). Die bisher allerdings nur sehr wenigen elektronenoptischen Untersuchungen ließen in jedem Falle den gleichen Feinbau erkennen. Der basale Abschnitt des Dendriten enthält viele Mitochondrien und 2 Basalkörper mit mehr oder weniger langen Wurzelfibrillen. Aus dem Basalkörper entspringen distad 9 Paar periphere

Fibrillen, die zumindest dem mittleren Teil des Dendriten die Struktur einer Cilie aufprägen, wobei das zentrale Fibrillenpaar bisher freilich nur bei Geruchssinneszellen von *Necrophorus* gefunden wurde (Abb. E10.2). Diese Struktur ist wohl spezifisch für die Rezeptorfunktion per se. Der ciliare Abschnitt liegt innerhalb eines extrazellularen Raumes, der von der trichogenen Zelle umschlungen wird. Die Dendritenspitze ist, der Reizmodalität entsprechend, verschieden ausgebildet und mit dem Ciliarabschnitt durch cytoplasmatische Mikrotubuli verbunden (Abb. E10.2). Die Funktion der einzelnen, oft dicht nebeneinanderstehenden Sensillen kann nur elektrophysiologisch geklärt werden. Die Zahl der sehr schwierigen Untersuchungen ist noch gering.

Man führt die Elektrode (Wolframdrahtspitze, Glaskapillare mit der Lösung eines Elektrolyten gefüllt) in die Kutikula des Sensillum ein, also nicht in die Sinneszelle selbst. So erhält man keine Auskunft über das Rezeptorpotential, sondern leitet extrazellulär die Impulse des Axon ab*). Wenn in einem Sensillum 2–6 verschiedene Sinneszellen zusammengefaßt sind, ist jede davon eine rezeptorische Einheit. Da gewöhnlich die Impulse (= Amplituden) der Zellen verschieden groß sind, kann man am Oscillogramm die Tätigkeit dieser einzelnen Zellen verfolgen.

Die Sinneszellen eines Sensillum haben meist die gleiche Reizmodalität, doch kommt es vor allem bei Fliegen vor, daß sich neben einigen chemorezeptorischen Zellen eine mechanorezeptorische findet (Abb. E10.1). Untersuchungen der Thermorezeptoren machen wahrscheinlich, daß auch manche chemorezeptorischen Zellen bimodal sind, also auf chemische und auch thermische Reize antworten (vgl. Thermorezeptoren).

E10. Die mechanorezeptorischen Sensillen

Sie lassen sich in 2 Gruppen scheiden, eine, bei welcher der äußere Reiz durch einen äußeren mechanischen Hilfsapparat der Kutikula auf den Dendriten übertragen wird, und solche, denen derartige Strukturen fehlen (Scolopidien).

α) Mechanorezeptorische Haarsensillen haben als Hilfsvorrichtung ein freistehendes, gewöhnliches oder zu einem Dorn bzw. einer Schuppe differenziertes Haar (Sensilla trichodea, chaetica, sqamiformia) und nur eine Sinneszelle.

Die Spitze des Dendriten enthält in elektronendichter Substanz 50–100 parallel gelagerte cytoplasmatische Tubuli vom Durchmesser der Fibrillen des Cilium-Abschnittes. Diese Tubuli sind eine Strecke proximad zu verfolgen, ihr Anschluß an die Cilium-Fibrillen aber ist noch ungeklärt. Der ganze Tubularkörper ist in eine kutikuläre Membran eingeschlossen und liegt in einer schwammig fibrösen Kappe der Kutikula, die an die Gelenkhaut des Haares grenzt (Abb. E10.2). Wird das Haar ausgelenkt, so überträgt sich die Faltung der Gelenkhaut auf diese Kappe,

---

*) Der adaequate Reiz löst im Dendriten der Sinneszelle ein Rezeptor- (= Generator-) Potential aus. Es wird das Ruhepotential der Sinneszelle (die Innenseite der Membran ist gegenüber dem Zelläußeren mit etwa 60–120 mVolt negativ aufgeladen) entsprechend der Reizintensität herabgesetzt. Diese Depolarisation setzt sich über den Zellkörper bis zum Anfang des Axon fort und kann als langsame Spannungsschwankung mit der Elektrode abgegriffen werden. Überschreitet sie einen bestimmten Schwellenwert, so bricht das Ruhepotential des Axon zusammen, und es entsteht ein Impuls, der aktiv über das Axon zu den Nervenzentren fortgeleitet wird. Im Gegensatz zum Generatorpotential ändert sich seine Größe nicht entsprechend der Intensität des Reizes, sie bleibt mit wenigen Ausnahmen gleich. Die Reizgröße wird vielmehr in die Frequenz der Impulse (= Aktionspotential) transformiert, die von einigen wenigen Impulsen je Sekunde bis auf mehrere hundert, maximal 1000/s steigen kann.

Die Erregung ist ein selbständiger Zustand der Sinneszelle, deren Verlauf vom Reiz gesteuert wird. So gibt es Sinneszellen, die spontan Frequenzen erzeugen, also eine Daueraktivität haben.

wodurch die Dendritenspitze transversal etwas zusammengepreßt wird. Dies ist der adaequante Reiz, wie durch Ableitung der Impuls-Aktivität festgestellt wurde. Zug am Haar parallel zur Längsachse des Dendriten blieb ohne Reaktion. Diese eingehende Analyse liegt bisher aber nur für Haare des Hals-Sinnesborstenfeldes der Biene vor.

Wenn der Gelenkring wie auf Abb. E10.2 auf einer Seite viel höher als auf der anderen aufgewulstet ist, kann das Haar nur nach einer Richtung bewegt werden. Das Sensillum hat dann eine ausgesprochene Richtungscharakteristik. Weiterhin stehen manche Haare, die sogenannten Trichobothrien, innerhalb einer becherartigen Kutikulabildung mit einer besonders zarten Gelenkhaut. Diese sehr dünnen Haare reagieren auf schwache Luftströmungen.

Sensilla campaniformia haben als Hilfsvorrichtung zur mechanischen Übertragung des Reizes auf den Tubularkörper eine kuppelförmige Membran (Abb. E10.3). Diese geht nach innen kontinuierlich über in die Kappe, die den in einer Kutikularhülle steckenden Tubularkörper umscheidet. Wie der Vergleich der Abb. E10.3 und E10.2 zeigt, kann man das Sensillum campaniforme von einer Haarsensille ableiten, indem man annimmt, daß vom Haar nur die Gelenkhaut erhalten geblieben ist. Die im Grundriß ovale Kuppel wird bei einer Verzerrung der umgebenden Kutikula verbogen, und die Pressung wirkt sich auf den die Membran berührenden Tubularkörper aus. Die Sinneszelle reagiert bei dem genau untersuchten Organ an der Antenne von *Calliphora* phasisch-tonisch. Die kuppelförmigen Sinnesorgane kommen haupt-

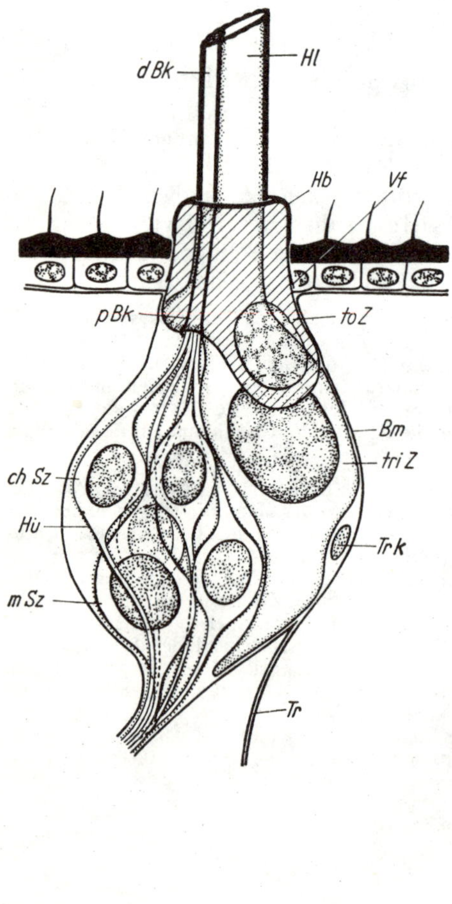

Abb. E10.1. *Calliphora vicina* Rob. Schematischer Längsschnitt durch ein chemosensorisches Haar-Sensillum am Rande des Labellum. Nach Peters. Z. Morph. Ökol. 55, 1965. Das Haar ist dicht über dem Integument abgeschnitten. **Bm** Basalmembran; **chSz** chemosensorische Sinneszelle; **dBk** distaler Teil des Haar-Binnenkanals, in dem die Dendriten verlaufen; **Hb** Haarbalg; **Hl** Haarlumen; **Hü** Hülle der Sinneszelle; **mSz** mechanorezeptorische Sinneszelle; **pBk** proximaler Teil des Haar-Binnenkanals; **to Z** tormogene Zelle; **tri Z** trichogene Zelle; **Tr** Trachee; **Trk** Tracheolenkern; **Vf** Verankerungsfasern.

sächlich in der Nähe von Gelenken vor, an den verschiedensten Extremitäten, am Stachel der Bienen usw. Sie sind Propriorezeptoren, die Gelenkstellungen signalisieren.

β) Die Scolopidien sind mechanorezeptorische Sensillen, denen ein kutikularer Hilfsapparat fehlt. Die kutikulare Kappe (Stift = Scolops), in der die Dendritenspitze

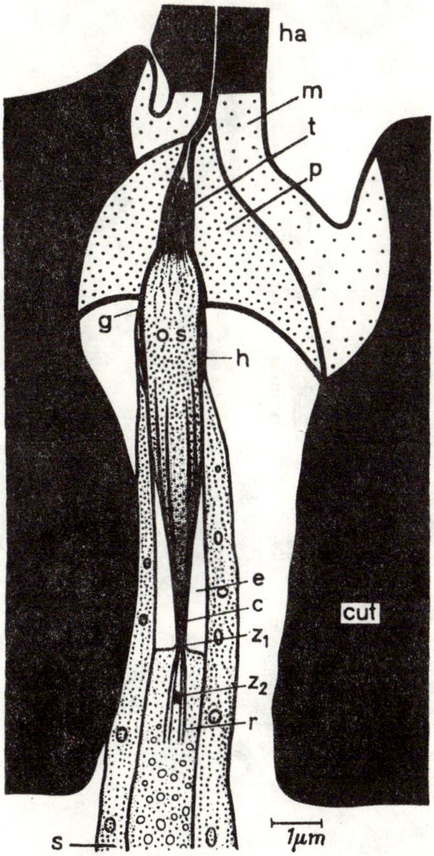

Abb. E10.2

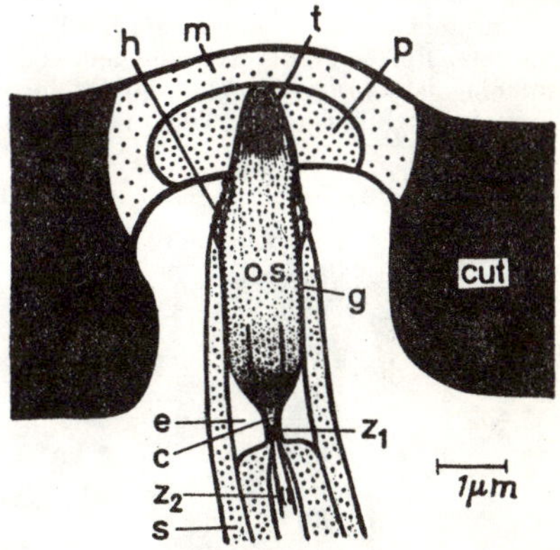

Abb. E10.3

E10.2 u. E10.3. Schematisierte Schnitte durch mechanorezeptorische Sinnesorgane. Nach THURM. Die punktierten, in die Kutikula eingelassenen Abschnitte (m u. p) können mit Pepsin verdaut werden und haben die färberischen Eigenschaften des Resilin. Die den Kutikula-Kanal ausfüllende tormogene Zelle sowie die accessorischen Zellen sind weggelassen worden.

Abb. E10.2. Schematischer Schnitt durch ein Sinneshaar der Honigbiene. Nach THURM.

Abb. E10.3. Schematischer Schnitt durch ein Sensillum campaniforme der Honigbiene. Nach THURM. **c** Cilium-Basis; **cut** Kutikula; **e** extracellulärer, röhrenförmiger Raum, der von der trichogenen Zelle umschlossen wird; **g** Granula unbekannter Natur; **h** Resilinscheide des Tubularkörpers, die beim Sinneshaar in einen bis zur Gelenkhaut reichenden Fortsatz ausläuft; **ha** Sinneshaar; **m** Gelenkmembran des Haares bzw. Kuppel des Sensillum campaniforme; **os** Dendritenabschnitt, der zwischen den Tubular- und den Ciliarteil eingeschaltet ist; **p** Resilinkappe; **r** Wurzelfaser; **s** Hüll- (wahrscheinlich trichogene) Zelle; **t** Tubularkörper; **z 1**, **z 2** Basalkörper.

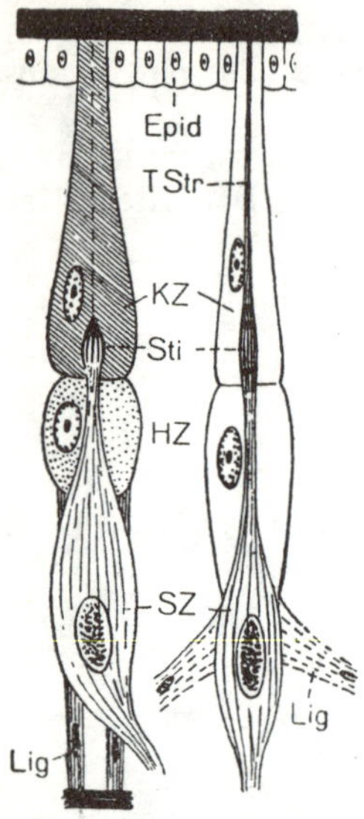

Abb. E10.4. Schema eines mononematischen (links) und eines amphinematischen (rechts) Scolopidiums. Nach WEBER. **Epid** Epidermis; **HZ** Hüllzelle, die wohl der tormogenen Zelle entspricht; **KZ** Kappenzelle, die wohl der trichogenen Zelle homolog ist; **Lig** Ligament; **Sti** Skolops (Stift); **SZ** Sinneszelle; **TStr** Terminalstrang.

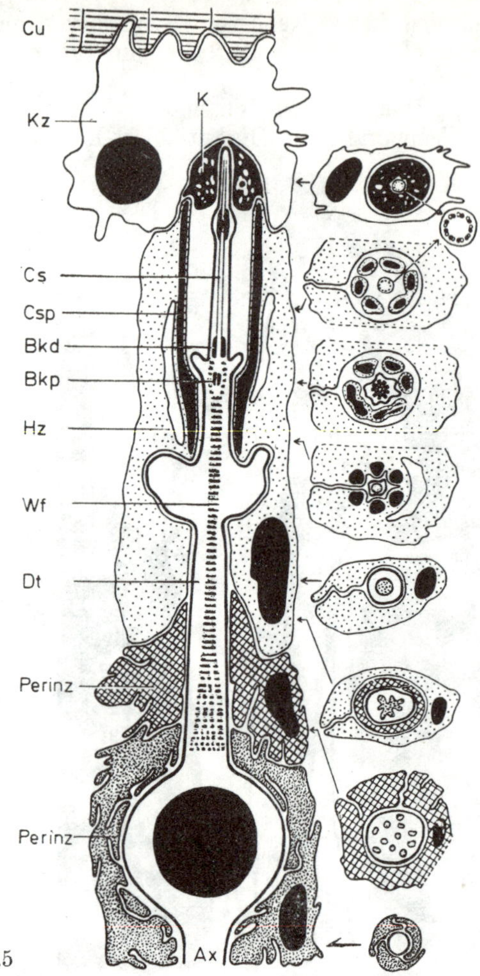

Abb. E10.5

Abb. E10.6

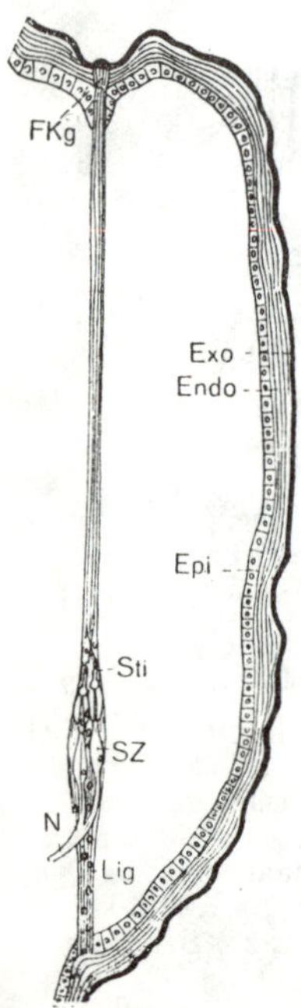

Abb. E10.5. Ein Skolopalorgan aus dem Tympanalorgan der Wanderheuschrecke *Locusta migratoria* LINNAEUS. Nach GRAY. **Ax** Axon der Sinneszelle; **Bkd, Bkp** distaler und proximaler Basalkörper; **Cs** Ciliarstruktur im Außenabschnitt des Dendriten; **Csp** verfestigte Spange in der Wand des Hohlraumes, der den Dendriten umgibt; **Cu** Kutikula der Tympanaleinfaltung, an dem das Skolopalorgan inseriert; **Dt** Innenabschnitt des Dendriten der Sinneszelle; **Hz** Hüllzelle; **K** Kappe; **Kz** Kappenzelle; **Perinz** perineurale Zellen; **Wf** Wurzelfilament.

Abb. E10.6. Horizontalabschnitt durch ein Abdomensegment der Larve des Bockkäfers *Ergates* im Niveau eines darin ausgespannten Skolopalorgans. Nach HESS, aus WEBER. **Endo** Endokutikula; **Epi** Epidermis; **Exo** Exokutikula; **Fkg** Insertion der Fibrillen der Kappenzelle; **Lig** Ligament; **N** Axone der Sinneszellen; **Sti** Scolops; **SZ** Sinneszelle.

endigt, wird vielmehr entweder mit einem mehr oder weniger langen Endfaden an der Kutikula aufgehängt (amphinematisches Scolopidium) oder liegt innerhalb einer Hüllzelle, die wohl der tormogenen Zelle der Sinneshaare entspricht (mononematisches Sc.) (Abb. E10.4, E10.5). Dieser Scolops wird in 2 Schichten nacheinander von der trichogenen und der tormogenen Zelle abgeschieden. Neben Scolopidien mit nur einer Sinneszelle gibt es solche, bei denen 2 oder 3 Sinneszellen ihren Dendriten in den Scolops senden. Weiterhin können die 9 Fibrillenpaare des Ciliarabschnittes bis zur Dendritenspitze ziehen oder vorher enden und durch etwa 50 cytoplasmatische Mikrotubuli ersetzt werden. Der Körper der Sinneszellen wird durch zusätzliche Hüllzellen mit fingerförmigen Fortsätzen an der Epidermis der Körper- oder Extremitätenwand verfalzt. Nicht selten strecken sich aber diese Hüllzellen sehr in die Länge aus und bilden Fibrillen, die durch die Epidermiszellen bis zur Kutikula zu verfolgen sind. Gewöhnlich sind die Scolopidien zwischen einer Gelenkhaut und einem steifen Kutikularabschnitt steif ausgespannt. In diesen Fällen kann der adaequate Reiz nur in der Richtung der Längsachse des Sensillum angreifen.

Dann sind häufig die vom proximalen Basalkörper ausgehenden Wurzelfäden so lang, daß sie beinahe bis zur Basis der Sinneszelle, also proximad vom Kern, reichen, und die Wand des extrazellulären zylindrischen Hohlraumes, der den Ciliarteil des Dendriten umgibt, ist durch Längsrippen elektronendichten Materials versteift (Abb. E10.5).

Gewöhnlich sind die Scolopidien zu mehreren in einem Scoloparium vereinigt. Arbeiten sie als Propriorezeptoren, die auf Dehnung hin reagieren, so sind sie in Extremitäten oder Rumpfsegmenten zwischen einer Gelenkhaut und einem steifen Kutikulaabschnitt ausgespannt (Abb. E10.6). Weiterhin können sie als hochempfindliche Erschütterungsorgane arbeiten (vgl. Vibrationssinn, Strömungssinn, Wahrnehmung von Luft- und Wasserwellen-Bewegungen). Im 2. Fühlerglied sind sie sehr häufig etwa trichterförmig angeordnet zwischen der Basis und der Gelenkhaut der Geißel und bilden so das Johnstonsche Organ (Abb. E10.10, E10.12). Sie signalisieren dann die Auslenkung der Geißel.

I. Der Tastsinn

mechanische Reizung von Sinnesorganen durch die Außenwelt, ausgenommen die Schwerkraft).

Der Reiz besteht in der Auslenkung des Tasthaares*). Je länger dieses ist, um so größer ist auch bei geringer Reizstärke die Wirkung auf den Rezeptor, dessen Spitze sozusagen am kurzen Hebelarm des Haares, bei seiner Basis, sitzt. Wenn auch der Reiz immer nur eine Haarauslenkung darstellt, also einförmig ist, sind doch die Aktionspotentiale von der Geschwindigkeit und dem Grad der Abbiegung abhängig, und oft ist auch eine Richtungscharakteristik vorhanden. Meist werden auch mehrere Sensillen gleichzeitig gereizt, deren Sinneszellen nicht alle phasisch-tonisch, sondern z. T. auch phasisch reagieren, so daß sich Reizmuster ergeben. Weiterhin ist Summation festgestellt worden, und die Nervenbahnen verlaufen ja segmental zu einem bestimmten Neuromer, so daß auch die Körperstelle, an der die Erregung aufgetreten ist, registriert wird. Die große Anzahl der über den ganzen Körper und die

*) Auch freie Nervenendigungen, die unter membranösen Stellen der Kutikula liegen, können Tastreize aufnehmen.

Gliedmaßen verstreuten Tastsensillen ermöglicht dem Insekt, ohne anzustoßen durch dunkle Gänge zu kriechen, das Ankleben von Schmutzteilen und die Berührung durch einen Feind zu spüren usw. Aktiv kann es durch Bewegung der Antennen, Taster, Beine, Ovipositoren usw. die Umgebung sowie Objekte prüfen, männliche Kopulationsorgane finden mit ihnen ihre Anheftungsflächen usf. In manchen Fällen enthalten auch Geschmackshaare eine mechanorezeptorische Zelle.

II. Die Propriorezeption

Es handelt sich um die Information über die Stellungen sowie die Bewegungen von Muskeln, Körperteilen, Gliedern der Extremitäten, Flügeln, Geschlechtsanhängen usw. Viele der daran beteiligten Sensillen werden aber manchmal auch durch Reize der Außenwelt erregt, z. B. von der Schwerkraft oder von Erschütterungen. Als Sinneselemente wirken Streckungsrezeptoren, Scoloparien, Sensilla campaniformia und vor allem Sinnesborstenfelder zwischen den Gelenken von Extremitäten und Körperteilen. Sie bestehen aus Gruppen von Sensilla trichodea und chaetica, die mit je einer phasisch-tonisch reagierenden Sinneszelle verbunden sind und häufig auch eine Richtungscharakteristik haben. Die Zahl der zu einem Feld gehörenden Sensillen schwankt z. B. bei *Formica* zwischen 5 und 100. Ein einfaches Beispiel für die Regelung der Körperhaltung auf Grund der Signale von Propriorezeptoren bietet *Carausius* (Abb. E10.7). Auf der Dorsalseite seiner Coxa und seines Trochanter stehen kleine Borstenfelder. Gibt das Trochantergelenk unter Einwirkung der Schwerkraft nach, so stoßen sie an die Rumpfwand und an die Coxa, werden abgebogen und lösen durch ihre Signale einen Regelkreis aus, der zur Streckung des Coxa-Trochanter-Femur-Gelenkes führt. Rasiert man die Borstenfelder an allen Beinen ab, so sinkt der Körper bis auf den Boden und wird beim Laufen geschleift. Auch das von der Femurwand zur Tibia-Gelenkhaut ziehende Scoloparorgan kann eine, wenn auch nicht wesentliche Rolle dabei spielen. Die Bedeutung der zwischen Kopf und Prothorax liegenden Sinnesborstenfelder für die Propriorezeption sei wenigstens an 2 Beispielen gezeigt.

Die Wüstenschrecke *Schistocerca gregaria* richtet wie viele andere Insekten manchmal ihren Körper nach der Sonne aus. Sie dreht zunächst den Kopf so weit, bis die Beleuchtungsstärke in den dorsalen Ommatidien ihr Maximum erreicht. Dann bewegt sie den Rumpf, bis seine Längsachse mit der des Kopfes zusammenfällt. Hat man aber die Sinnesborstenfelder ihres Halsgelenkes entfernt, so kann das Insekt nicht mehr eine konstante Winkelverbindung zwischen Kopf und Rumpf herstellen.

Fangschrecken, z. B. *Stagmomantis*, die eine Fliege fixieren, drehen ihren Kopf so lange, bis seine Mittellinie der Beute zugewandt ist. Dann schlägt das Tier mit den beiden Fangbeinen des Prothorax blitzschnell zu, so schnell, daß es diese Bewegung nicht durch die Augen in ihrem Verlaufe steuern kann. Die Signale der asymmetrisch gereizten Sinnesborstenfelder des Halsgelenkes haben komplizierte, nicht in allen Einzelheiten geklärte Regelkreise ausgelöst, die den Fangbeinen eine Information über die relative Stellung des Körpers zur Beute und damit für die Richtung des Schlages zugeleitet haben. In 87% der Fälle wird die Fliege gefangen, eine be-

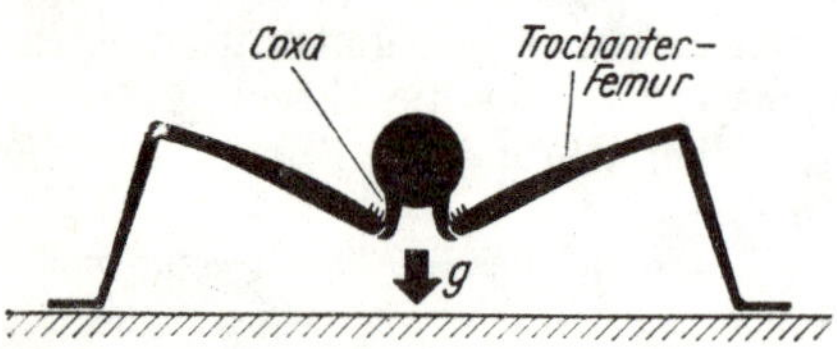

Abb. E10.7. *Carausius morosus* BRUNNER. Schematischer Schnitt durch ein beintragendes Segment. g Richtung, in der die Schwerkraft angreift. Nach WENDLER.

deutende Leistung, braucht doch die Fliege zum Abflug einschließlich der Zeit zur Erkennung der Bewegung der Fangbeine nur 30—50 ms. Durchtrennt man die von den Sinneshaarfeldern ausgehenden Nerven, so sinkt die Zahl der erfolgreichen Fangschläge auf 20—30 % herab.

III. Der Schweresinn

Die Schwerkraft wird im Gegensatz zu anderen Tierklassen nicht mit Hilfe von Statocysten rezipiert, sondern dadurch, daß sie bei der Einwirkung auf Extremitäten und bewegliche Körperteile Propriorezeptoren reizt*). Unter den Wasserinsekten gibt es freilich Ausnahmen. So erhalten manche Wasserwanzen eine Information über die Statik, indem Luftblasen durch ihren Auftrieb mehr oder weniger differenzierte Sinneshaare reizen (Kap. 22A).

Eine sehr große Anzahl von Landinsekten nimmt die Richtung der Schwerkraft allein oder überwiegend durch das auf den Beinen lastende Körpergewicht wahr (*Dermaptera*, *Blattodea*, *Phasmatodea*, *Saltatoria*, *Hemiptera*, *Megaloptera*, *Coleoptera*, *Mecoptera*). Dabei spielen die Borstenfelder eine wichtige Rolle, wahrscheinlich auch in den Beinen vorhandene Skoloparorgane. Wesentlich komplizierter sind die Verhältnisse bei Hymenopteren, wo eine große Anzahl von Borstenfeldern zwischen den Körperteilen die Hauptbedeutung für die Erkennung der Richtung der Schwerkraft haben (Abb. E10.8).

Ein Versuch mit der Honigbiene macht die Wirkungsweise dieser Sinnesborsten anschaulich. Der Kopf ist wie ein Pendellot aufgehängt, indem der ventral vom Gelenk liegende Abschnitt schwerer ist als der dorsale. Demgemäß legt sich seine Hinterseite an bestimmte Bezirke der Borstenfelder des Prothorax. Dem entspricht eine spezifische Reizkombination. Beschwert man

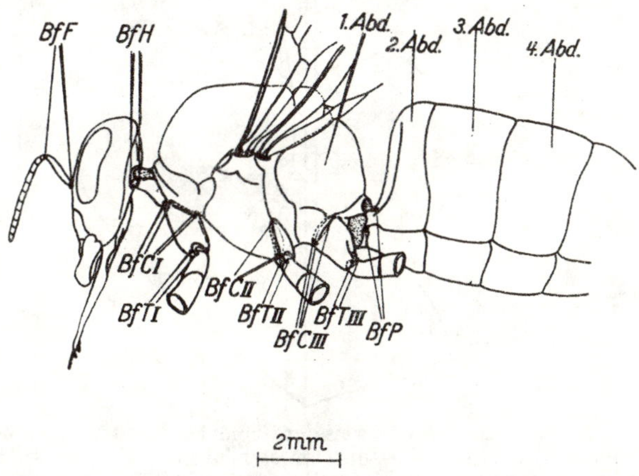

Abb. E10.8. *Apis mellifica* LINNAEUS. Arbeiterin mit den in Gestalt von Insertionspunkten eingezeichneten Sinnesborstenfeldern. Nach MARKL. Z. vgl. Physiol. **45**, 1962. **1.—4. Abd** Tergite des 1.—4. Abdominalsegmentes; **Bf** Borstenfeld; **BfC** der Coxa; **BfF** des Fühlers; **BfH** des Halsgelenkes; **BfP** des Gelenkes zwischen 1. und 2. Abdominalsegment; **BfT** des Trochanter. Die meisten Bf sind paarig. Die größte Borstenzahl haben die beiden Felder des Pronotum, an die sich das Hinterhaupt anlehnt (150 bzw. 60—75) und die am Sockel des Scapus (90—120) an jeder Körperseite.

*) Ob die blasenförmigen Integumenteinstülpungen der Limnobiidae-Larven wie Statocysten fungieren, ist fraglich (Kap. 31BL).

nun den Oberkopf mit Metall, so daß er nach hinten kippt, so werden andere Areale der Sinnesborstenfelder gereizt. Die Wirkung zeigt sich, wenn man die Biene im Dunklen (wie im Stock auf einer Wabe) an eine senkrechte Wand setzt. Während sie normalerweise negativ geotaktisch die Wand hinaufläuft, strebt sie nach der Beschwerung des Scheitels in umgekehrter Richtung, also nach unten. Klebt man den Kopf fest an den Thorax oder zerschneidet die von den Prothorax-Sinnesborstenfeldern ausgehenden Nerven, so ist sie statisch völlig desorientiert.

Einzelne Sinnesborstenfelder können aber auch durch andere äußere Einwirkungen (z. B. Laufen in einem engen, gewundenen Gang, Trägheitskräfte nach sehr raschen Bewegungen) manchmal derart abgebogen werden, daß eine Reizkombination entsteht, die bei ganz anderer Körperlage von der Schwerkraft hervorgerufen wird. Trotzdem wird sie nicht mit Schwerkrafteinwirkungen verwechselt, weil ein Vergleich mit den Signalen der anderen Borstenfelder ermöglicht, die an allen Gelenken mit gleicher Intensität und in gleicher Richtung angreifende Schwerkraft von Einwirkungen zu unterscheiden, die mit anderer Intensität und Richtung an ein oder 2 Gelenken wirksam werden.

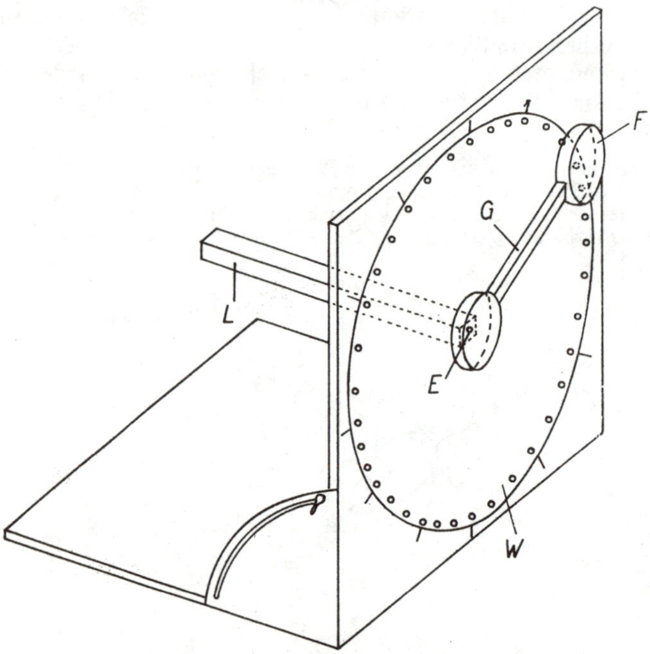

Abb. E10.9. Versuchsanordnung zum Nachweis der Geomenotaxis der Honigbiene. Nach MARKL, verändert. Z. vgl. Physiol. **53**, 1966. Kreisdurchmesser 30 cm. Die Biene tritt durch den Laufgang **L** auf die Vorderseite der nur durch Rotlicht beleuchteten Wand **W**, die für sie also im Dunklen liegt. Sie gelangt so in die niedrige Dose **E** von 11 cm Durchmesser. Eine undressierte Biene würde nun senkrecht aufwärts laufen. Die auf eine Neigung von 60° dressierte Biene aber dreht in der Kapsel sogleich ihre Längsachse in die Richtung des andressierten Winkels. Wenn sie nun losläuft, gelangt sie durch eine Öffnung in den engen Gang (**G**), der wieder an einer Kapsel (**F**) von 11 cm Durchmesser endigt. Sie läuft in dieser Dose in der bisherigen Richtung weiter und gelangt so an eine Wanddurchbohrung, die in ein hinter der Wand liegendes Futtergefäß führt. Bei der Dressur wird das Futtergefäß zunächst nur 5 cm vom Eingang auf der senkrechten Wand angebracht und außerdem direkt mit der Eintrittsöffnung durch einen Gang verbunden. Dann wird die Strecke samt dem Gang schrittweise verlängert. Zuletzt werden die Dosen eingesetzt, welche die direkte Führung zum Futterraum unterbrechen.

Sogar eine echte Schwere-Kompaßorientierung wird den sozialen Hymenopteren durch die reiche Ausstattung mit Borstenfeldern ermöglicht. So können dressierte Honigbienen oder *Formica polyctena*-Arbeiterinnen einen im Dunklen an einer Vertikalen zu einer Futterquelle führenden (geruchfrei gemachten) Weg regelmäßig wieder auffinden. Sie behalten den Winkel, in dem er gegenüber der Vertikalen verläuft, im Gedächtnis und verwechseln ihn mit keinem anderen, auch nicht mit demjenigen, der zur Vertikalen symmetrisch ist (Abb. E10.9). Die Unterschiedsempfindlichkeit des Schweresinnes untersuchte man mit Hilfe von schiefen Ebenen. Der Käfer *Dyschirius* fand bei einer Neigung von 3° gegen die Horizontale noch die nach oben führende Richtung, die entsprechenden Werte für *Formica polyctena* sind 3,5°, für die Honigbiene 5°.

Die Leistungen des Schweresinnes spielen sicher eine viel größere Rolle im Leben der Insekten, als äußerlich erkennbar wird. Seine hohe Komplikation bei Hymenopteren ist für das Leben in dunklen Bauten von großer Bedeutung. In diesen Bauten müssen im Dunklen nicht nur die manchmal sehr komplizierten Wege zu den Eiern, Larven, Puppen und der Königin, sondern auch nach außen gefunden werden, wobei die Schwerekompaßorientierung eine wesentliche Hilfe sein kann. Die Bienen aber halten beim Bau der Zellen einen bestimmten Winkel gegenüber der stets senkrechten Wabe ein und transponieren beim wegweisenden Tanz den Winkel zwischen der Richtung vom Stock zum Futterplatz und der Sonne auf die vertikale Wabe (Abb. E13.1).

IV. Der Strömungssinn

Sehr schwache Luftströme erregen die Trichobothrien der Cerci von Schaben und Heuschrecken. Sinneshaare, von denen je 5 Paar Gruppen auf der Stirn und dem Scheitel der Wanderheuschrecke stehen, werden von der Luftströmung erregt, die bei der Eigenbewegung des Insektes im Flug entsteht. Sie sind richtungsempfindlich und ermöglichen eine Information über die Richtung und Schnelligkeit des Fluges. Daran können sich Sinnesborsten der Flügel und weniger empfindliche des Rumpfes beteiligen. Ihre Signale ermöglichen auch bei Störungen, z. B. bei Seitenwind, schnellen Drehungen usw. eine rasche Stabilisierung des Fluges durch Veränderungen des Flügelschlages. Mit dem Strömungssinn kann verbunden sein eine ausgesprochene Anemotaxis bzw. Rheotaxis. Insekten, die auf festem Untergrund stehen und von Wasser oder Luft laminar angeströmt werden, zeigen z. T. eine ausgesprochene Orientierung gegen die Strömung. Larven der *Perlidae* und *Trichoptera* sind positiv rheotaktisch. Der Wüstentenebrionide (*Pimelia*) sowie Roßkäfer (*Geotrupes*) laufen in einer gegen das Tageslicht abgeschirmten großen Arena anemomenotaktisch, das heißt in einem bestimmten Winkel zu einem künstlich erzeugten Wind. Ändert man dessen Richtung, so dreht auch der Käfer seine Laufrichtung. An die Versuchssituation gewöhnte Käfer laufen praktisch nur noch in die windzugewandte Hälfte der Arena. Wahrscheinlich ermöglicht das Einhalten eines bestimmten Winkels zum Winde einem laufenden Käfer, der Nahrung „sucht", je Zeiteinheit einen größeren Windquerschnitt „abzuriechen", als wenn er direkt gegen den Wind oder ziellos umherliefe. Die untere Grenze der Windstärke, bei der noch eine menotaktische Einstellung erfolgt, liegt bei *Geotrupes* um 15 cm/s, bei *Pimelia* um 40 cm/s. Die Perzeption des Windes geschieht bei der Auslenkung der Fühlergeißel gegen den Pedicellus.

V. Der Vibrationssinn

Mechanorezeptoren, die auf Reize ansprechen, die aus mehr als 10 Bewegungen in der Sekunde bestehen, werden nicht den Tast-, sondern den Vibrationsrezeptoren zugerechnet. Die Bewegungen können in Erschütterungen des festen Untergrundes bestehen, auf dem das Tier steht, oder in Erschütterungen der Luft und des Wassers.

A. Die Perzeption der Erschütterung des festen Untergrundes

Sie wurde elektrophysiologisch nachgewiesen, indem man ein quer durch den Femur abgeschnittenes Bein mit der Tarsusunterseite auf der Membran eines permanent dynamischen Lautsprechers befestigte. Am Femurquerschnitt konnte man dann die Aktionspotentiale vom Beinnerven ableiten. Diese traten auf bei Frequenzen zwischen 50 und 10000 Hz. Die optimale Empfindlichkeit für Schwingungen sehr geringer Amplituden liegen bei den einzelnen Arten bei verschiedenen Frequenzen. Die niedrigste Schwellenamplitude wurde bei *Periplaneta americana* gefunden: 0,004 nm = 0,04 Å. Das entspricht der Schwellenamplitude des menschlichen Trommelfells. Der Durchmesser des Wasserstoffatoms 1 Å ist beträchtlich größer.

Optimale Schwellenwerte der Amplitude der Untergrund-Schwingungen.

Art	Optimalfrequenz kHz	Amplitude in nm
1. Gruppe, Schwingungen über 1 kHz sind optimal		
Periplaneta americana	1,4	0,004
Decticus verrucivorus	2	0,0366
Gryllus campestris	1,5	0,1
Melolontha melolontha	1,8	0,1
Vanessa io	2	0,68
Apis mellifica	2,5	13
Forficula auricularia	1,2	19
Silpha obscura	1	40,5
2. Gruppe, Schwingungen unter 1 kHz sind optimal		
Reduvius personatus	0,25	1000
Eristalis spec.	0,2	6590
Calliphora vicina Rob.	0,3	17400

Wie vom Tarsus gegen den Femur fortschreitende Amputationen der Beinglieder zeigen, werden die Schwingungen von Scoloparien rezipiert, die in der Tibia liegen. Bei Käfern und Fliegen inserieren diese Scoloparien distal am Tibia-Tarsusgelenk. Hingegen befinden sie sich bei den übrigen oben angeführten Insekten im proximalen Bereich der Tibia ausgespannt und nicht an Gelenken befestigt (Abb. 16.10). Dieses sogenannte Subgenualorgan wird durch Gleichdrucke erregt, die durch Wirbel der schwingenden Hämolymphe des Beines erzeugt werden. Es findet eine physikalische Transposition des Reizes statt. Daraus erklärt sich wohl seine sehr hohe Empfindlichkeit, ist doch anzunehmen, daß sogar kräftiger Luftschall wahrgenommen wird, wenn er das Bein vibrieren läßt. Bei wenig erschütterungsempfindlichen Insekten sind Sinneshaare der Tarsen und kleine Scoloparien der Beine die Rezeptoren.

Die biologische Bedeutung der Wahrnehmung der Erschütterung des Untergrundes liegt zum ersten darin, daß nahende Feinde rechtzeitig gemeldet werden.

So unterbricht eine *Tettigonia* die Stridulation, wenn man sich ihr nachts mit leisen Schritten bis auf etwa 15 m Abstand nähert. Weiterhin dienen durch Klopfen hervorgerufene Erschütterungen der Kommunikation, z. B. dem Alarm bei Termiten, der Beziehung der Geschlechter bei den *Plecoptera* (Kap. 8), manchen *Ensifera* (Kap. 16), *Psocodea* (Kap. 19) und *Anobiidae* (Kap. 26). Durch Stridulation erschüttern verschüttete Blattschneider-Ameisen den Untergrund (Kap. 27).

B. Die Perzeption der Luft- oder Wasserwellen

Die Bewegungen der Moleküle des Wassers oder der Luft sind im Grunde genommen Schallwellen. Sie reizen Bewegungsempfänger, soweit sie biologisch bedeutsam sind, bei Landinsekten vor allem Scoloparien, die mit einer komplizierten Vorrichtung zum Auffangen der Bewegung verbunden sind. Die Insekten erhalten auf diese Weise vor allem Informationen über Schall, den ihre Artgenossen oder Feinde aussenden, und über ihre Eigengeschwindigkeit beim Flug. Auf der Wasseroberfläche lebende Insekten, wie z. B. der Taumelkäfer *Gyrinus* und die Wasserläufer (*Heteroptera*), werden alarmiert von Wellen, die ins Wasser gefallene Insekten erregen, und finden so ihre Beute (Abb. 26.35 und Kap. 22 A).

1. Die Messung der Eigengeschwindigkeit beim Flug

im Verhältnis zur Luft geschieht bei Bienen und Fliegen mit Hilfe der im 2. Antennenglied liegenden Johnstonschen Organe. Der mechanische Apparat wird dargestellt durch die Antennengeißel. Die Funktion wurde am genauesten bei *Calliphora* untersucht. Wie Abb. E10.11 zeigt, besteht hier die Fühlergeißel aus dem langen Funiculus mit der seitwärts ansitzenden Arista. Beim Fliegen wird die Antenne im Scapus-Pedicellus-Gelenk so gehoben, daß Pedicellus und Funiculus senkrecht stehen. Ihre Gelenkachse hat dieselbe Lage. Die Arista ragt dann waagerecht in den Raum. Der Flugwind greift an ihrer vertikal stehenden zweizeiligen Beborstung an und dreht die Arista samt dem Funiculus laterad, also rückwärts. Der zwischen Funiculus und Pedicellus liegende Gelenkrand, an dem die Scolopidien des Johnstonschen Organs inserieren, hat eine spitzovale Form (Abb. E10.10). Bei der Drehung nach außen werden die an der medialen Seite angehefteten hunderte von Scolopidien gespannt, die an der lateralen Seite inserierenden hingegen entlastet. So entsteht bei der Dauerauslenkung ein Erregungsmuster im Johnstonschen Organ.

Gleichzeitig werden durch den Flügelschlag (Schallschnelle des Flugtons) Antennenschwingungen angeregt, deren Frequenz mit derjenigen des Flügelschlages übereinstimmt. Sie sind die adaequaten Reize für die phasisch reagierenden Sinneszellen des Johnstonschen Organs, die mit synchronen Entladungen auf sie reagieren, am empfindlichsten auf Reizfrequenzen im Bereich der Flügelschlagfrequenz (180 bis 200 Hz). (Die mechanische Resonanzfrequenz der Antenne liegt deutlich höher.) Verhaltensversuche zeigen, daß nicht die Breite der Schwingungen des Funiculus, sondern seine Dauerauslenkung, also der Ort, an dem die Schwingungen stattfinden, die entscheidende Information für die Wahrnehmung der Flug-Eigengeschwindigkeit liefert. Wesentlich für das Reiz- und Erregungsmuster ist also, w e l c h e Scolopidien, nicht aber wie stark sie durch die Schwingungsbreite gereizt worden sind.

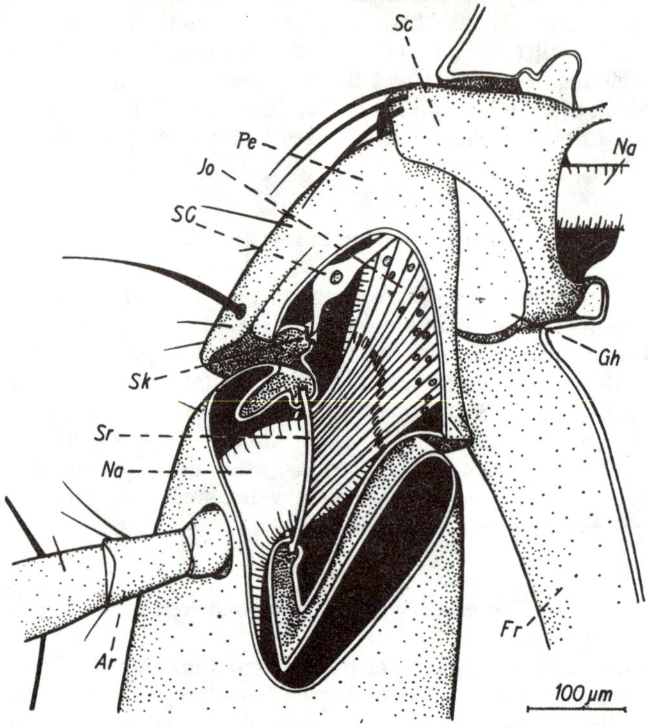

Abb. E10.10. Die Grundglieder und die Basis der Arista der Antenne von *Calliphora vicina* Rob., seitlich geöffnet. Nach Gewecke. **Ar** Arista (Fühlergeißel); **Fr** Frons; **Gh** Gelenkhaut; **Jo** Johnstonsches Organ; **Na** Antennennerv; **Pe** Pediculus; **Sc** Scapus; **SC** Sensillum campaniforme; **Sk** seine Kuppel; **Sr** Skleritspange.

Die Signale der Johnstonschen Organe lösen auf der betreffenden Körperseite einen Regelkreis aus, der die Amplitude des Flügelschlags so steuert, daß eine bestimmte Sollgeschwindigkeit erreicht oder eingehalten wird.

a) Fixiert man die Antennen mit Klebstoff in einer Auslenkung, die bei starker Anströmung erfolgt, und läßt die Fliege dann frei fliegen, so bewegt sie sich auffallend langsam. Die Falschmeldung der Antennenorgane wirkt also viel stärker auf die Flugregulierung ein als die optische Flugkontrolle. (Diese ist nicht ohne Bedeutung. Sie mißt die Grundgeschwindigkeit des Tieres, die sich von der Eigengeschwindigkeit im Verhältnis zur Luft dadurch unterscheidet, daß sie auch die Komponente von Rücken-, Seiten- und Gegenwinden enthält.)

b) Bläst man eine vor dem Windtunnel befestigt fliegende *Calliphora* plötzlich mit einer größeren Luftgeschwindigkeit an, so verringert sie die Amplitude ihres Flügelschlages. Flöge das Tier frei, so verminderte sich dadurch seine Geschwindigkeit. Die Fliege verhält sich also gegenüber der vorgetäuschten größeren Eigengeschwindigkeit sinnvoll. Schneidet man vor dem Experiment die Arista ab, so unterbleibt die Reaktion.

c) Führt man den Versuch (b) mit einer *Calliphora* aus, der man auf einer Seite die Arista abgeschnitten hat, so wird nur auf der unversehrten Körperseite die Flügelschlag-Amplitude verringert. Das Johnstonsche Organ löst vor allem auf seiner Körperhälfte den Regelkreis aus. Beim freien Flug kann dadurch ungleicher Vortrieb auf einer Körperhälfte, die einen defekten Flügel hat, verhindert werden.

d) Wie empfindlich die Antenne infolge der geringen physikalischen Trägheit des mechanischen Apparates und des hohen Auflösungsvermögens des Johnstonschen Apparates reagiert, zeigte sich, als man die vor dem Windkanal dorsal aufgehängte *Calliphora* in Richtung ihrer Körperlängsachse so leicht anblies, daß sich ihr Funiculus nur um eine Bogenminute laterad drehte mit einer Winkelgeschwindigkeit von 2 Bogenminuten je Sekunde. Schon das löste ein Aktionspotential aus, obgleich diese Drehung nur einer plötzlichen Änderung der Luft- bzw. Fluggeschwindigkeit um 1 cm/s entspricht.

e) Daß der Luftschall und nicht die über den Kopf zu den Antennen fortgeleitete mechanische Thoraxschwingung den Funiculus in Schwingungen versetzt, konnte durch verschiedene Experimente bewiesen werden. So vermag man beispielsweise u. a. die Antennen eines ruhenden Tieres durch den Luftschall eines Lautsprechers oder den Flugton einer zweiten schwirrenden Schmeißfliege anzuregen. Führt man das aktive Tier von vorn sehr nahe an das ruhende, so beginnen dessen Aristen mit der gleichen Frequenz und fast derselben Schwingungsbreite zu vibrieren.

Der vollautomatische Regelkreis läßt die Fliege mit völlig gleicher Geschwindigkeit fliegen. Will sie die Geschwindigkeit steigern, so biegt sie beide Fühler mediad und verringert auf diese Weise die Angriffsfläche der Aristaborsten für den „Fahrtwind". Die Folge ist, daß sich trotz der größeren Geschwindigkeit die Auslenkung des Funiculus kaum ändert. Der Sollwert der Auslenkung ist sozusagen auf eine andere Stufe verstellt worden. Diese Bewegung im Scapus-Gelenk-Pedicellus-Gelenk wird von einem Sensillum campaniforme kontrolliert, das in der Gelenkhaut zwischen Pedicellus und Funiculus liegt und eine tonische bzw. tonisch-phasische Sinneszelle hat (Abb. E10.10). Diese reagiert so träge, daß sie von den Funiculus-Schwingungen nicht beeinflußt wird. Wenn ihre Signale mit denen des Johnstonschen Organs zentral „verrechnet" werden, ist die Information über die Eigengeschwindigkeit gegenüber der Luft eindeutig.

Die Bienen kontrollieren die Einstellung des günstigsten Bereiches für die Perzeption der Luftströmung und Schallwellen mit Hilfe der Sinnesborstenfelder des Scapus-Pedicellusgelenks.

Auch *Locusta* erhält durch die Sinnesorgane des Pedicellus wesentliche Informationen über ihre Flug-Eigengeschwindigkeit.

Wird sie, am Rücken befestigt, vor dem Windtunnel frontal angeströmt, so bringt sie ihre Fühler in eine bestimmte Stellung. Die Amplitude des Schlages ihrer Vorderflügel verringerte sich um 48 %, wenn der Luftstrom von 0 auf 4 m/s Geschwindigkeit gesteigert wurde. Verklebte man das Gelenk zwischen Pedicellus und Fühlgereißel, so fiel die Einstellung der Antenne aus, und die Amplitude des Tegminaschlages verringerte sich nur um 29 %. Daraus ist zu schließen, daß die Pedicellus-Sinnesorgane, vor allem das Johnstonsche, eine wichtige Rolle bei der Perzeption der Flug-Eigengeschwindigkeit spielen. Die Differenz in der Flügelschlag-Amplitude erklärt sich wohl daraus, daß auch die durch Luftströmung erregbaren Borsten des Kopfes an der Wahrnehmung des Flugwindes beteiligt sind.

2. Der Gehörsinn

Zum „Hören"
und Orten nahe vorbeifliegender Weibchen wird bei den männlichen *Culicidae* das Mitschwingen der Antennen in der Frequenz des Flügelschlages ausgenützt. Bei ihnen bedingen die Masse und die Aufhängung der stark beborsteten Antennengeißel eine Resonanzfrequenz, die bei den einzelnen Arten jeweils der Grundfrequenz des weiblichen Fluggeräusches entspricht. Demgemäß bewirkt diese die stärkste Auslenkung der Geißel und höchste Erregung des Johnstonschen Organs, während die höhere Flügelschlagfrequenz des Männchens selbst praktisch kaum auf das Hörorgan wirkt. Auch bei einigen Fliegen ist die Wahrnehmung von Flugfrequenzen des Artgenossen beim Zusammentreffen von Männchen und Weibchen nachgewiesen (Kap. 31).

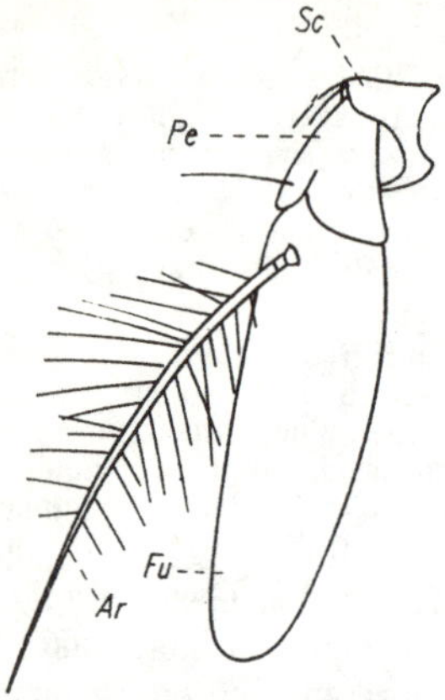

Abb. E10.11. *Calliphora vicina* Rob., Seitenansicht der linken Antenne. Nach Gewecke. Länge des Funiculus 1 mm.

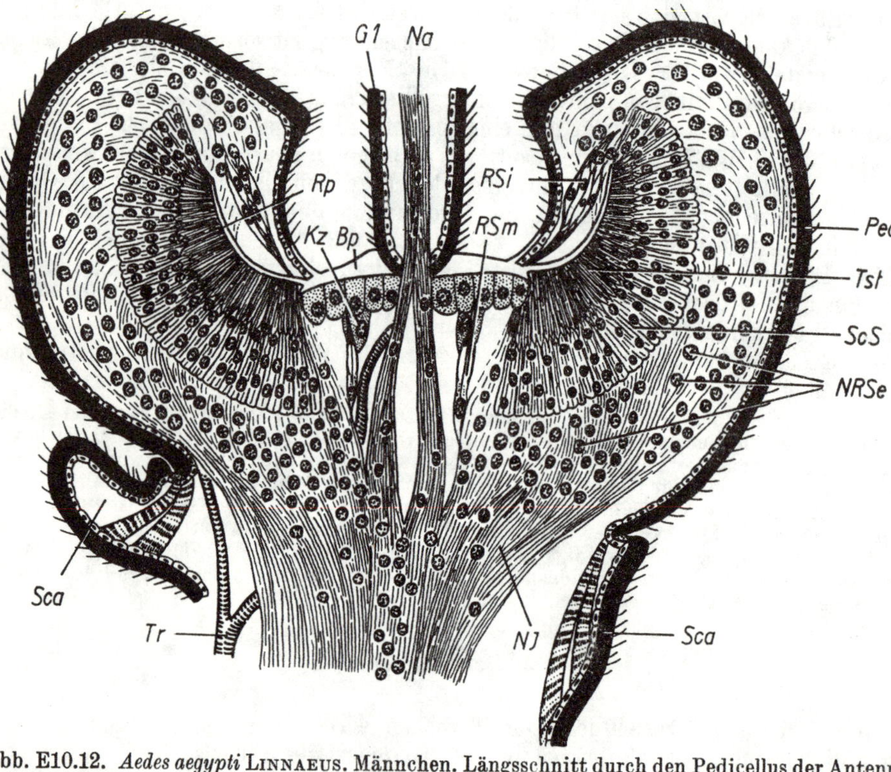

Abb. E10.12. *Aedes aegypti* Linnaeus. Männchen. Längsschnitt durch den Pedicellus der Antenne mit dem Johnstonschen Organ. Nach Risler, verändert aus Seifert, Entomologisches Praktikum. Durchmesser etwa 0,2 mm. **Bp** Basalplatte des Gelenkes, mit dem die Geißel inseriert; **G 1** 1. Geißelglied; **Kz** Kappenzelle eines Scolopidium des mittleren Ringes; **Na** Antennennerv; **NJ** Nerv des Johnstonschen Organs; **NRSe** Kerne der Sinneszellen des äußeren Ringes, der aus sehr vielen, radiär angeordneten Scolopidien besteht; **Ped** Pedicellus; **Rp** eine der radiär von der Basalplatte ausgehenden Rippen, an der sich der Kranz der äußeren Scolopidien anheftet; **RSi** innerer Scolopidienring; **RSm** Ring aus mittleren Einzelscolopidien; **Sca** Scapus; **ScS** Scolopidien-Schicht des äußeren Scolopidienringes mit Kernen der Hüllzellen usw.; **Tr** Trachee; **Tst** Terminalstränge der ScS.

Das Johnstonsche Organ der *Aedes*-♂ besteht aus etwa 30000 Scolopidien, deren Fasern sich an der Gelenkhaut anheften, die zwischen dem 2. Antennenglied (Pedicellus) und dem Grundglied der Antennengeißel ausgespannt ist. Diese ringförmige Gelenkhaut wird nicht unregelmäßig gefaltet, sondern durch eingelagerte Spangen in einer schalenförmigen Form gehalten (Abb. E10.12). An jeder Spange heften sich in ganzer Länge die Fasern von Scolopidien an, die radiär zur Wand des Pedicellus ziehen. Ein zweiter Ring von Scolopidien aber sitzt am Distalrande des Pedicellus und sendet seine Fasern parallel zu dessen Längsachse zur Gelenkmembran, wo sie zur Insertionsplatte der Geißel umbiegt. Die Zahl dieser Sensillen ist viel geringer. Das Johnstonsche Organ des Weibchens ist wesentlich einfacher gebaut.

Organe, die nur der Schallwahrnehmung dienen

sind die polyphyletisch in mehreren Insektenordnungen entstandenen Tympanalorgane. Sie treten in einem Paar auf bei Insekten, deren Geschlechter sich durch Schallerzeugung erregen oder auffinden, sowie bei vielen Schmetterlingen, die auf die Ultraschall-Ortungslaute ihrer Feinde, der Fledermäuse, reagieren. Die Tympana liegen entweder am Thorax oder an der Basis des Hinterleibes, nur bei den *Ensifera* in den Vorderbein-Tibien (Abb. 16.9; Abb. E10.13). Außer bei den Heuschrecken und Grillen finden wir Tympanalorgane noch bei manchen Wasserwanzen (Abb. 22A.15), den *Cicadidae* (Abb. 22B.12) und Schmetterlingen (Abb. 29.25). Das Tympanum (Trommelfell) wird von einem rundlichen, membranartig dünnen Feld der Körperwand gebildet, an dessen Innenwand sich ein Luftsack fest anschmiegt (Abb. E10.14). Es ist schallweich und wird senkrecht zu seiner Fläche durch die Molekularbewegungen des Mediums (Schallwellen, meist solche der Luft) bewegt [Bewegungs- (= Druckgradienten-) Empfänger]. Es wird erschüttert von Einzellauten oder strophenartigen Folgen artverschieden langer, rhythmisch gegliederter Laute. Die mit dem Tympanum verbundenen phasischen und tonischen Sinneszellen perzipieren die Amplitudenmodulation (Steilheit des Reizanstieges), die Dauer des anschließenden Tones und die zeitliche Verteilung dieser Vorgänge, also die Rhythmik sowie Periodik der „Gesänge". Weder bei Verhaltensversuchen noch bei Ableitungen vom Hörnerven war eine Analyse der Frequenzspektren des Schalls festzustellen, wohl aber bei Ableitungen vom Protocerebrum der *Locusta migratoria.* Die Frequenzen, auf welche die Tympanalorgane optimal reagieren, liegen im Bereich der Gesänge der einzelnen Arten, bei den Schmetterlingen in dem der Ortungslaute der Fledermäuse.

Familie	Frequenzbereiche, in denen Potentiale im Hörnerv auftreten, in kHz			Intensitätsschwelle db, bezogen auf 0,0002 μbar
	unterer	optimaler	oberer	
Acridiidae	0,3–0,6	4–12	30–50	50–54
Tettigoniidae	0,6–2	10–20	65–100	30–40
Gryllidae	0,1–0,2	1–5	8–20	60–70
Cicadidae	0,2–0,45	1,3–5	15–20	55–62
Lepidoptera	1–3	15–60	85–240	30–45

Diese elektrophysiologischen Werte stimmen insbesondere an den Grenzen häufig nicht mit denen überein, die man bei der Untersuchung des Verhaltens erhält.

Wie die Tabelle zeigt, liegt die Hörschwelle der Tympanalorgane höher als die des Menschen, deren Wert bei 1000 Hz 2×10^{-4} μbar ist.

Bau und Funktion des Tympanalorgans sind am genauesten bei der Wanderheuschrecke *Locusta migratoria* untersucht. Hier liegt das Tympanum an der Seitenwand des 1. Abdominalsegmentes, etwas versenkt in einen dicken Kutikularahmen (Abb. E10.13). An seiner Innenseite erheben sich 4 kleine Einbuchtungen oder Verdickungen des Tympanum, an deren Epidermis sich die mononematischen Scolopidien anheften (Abb. E10.14). Sie sind in 4 Gruppen angeordnet, 3 davon in Richtungen, die etwa senkrecht aufeinanderstehen (a, c, d auf Abb. E10.14). Das Epithel des angeschmiegten Tracheensackes umschließt die etwa 70 Scolopidien, deren Axone sich zum Hörnerv vereinigen. Dieser zieht zum Verbundganglion, das im Metathorax liegt und neben dessen Neuromeren die des 1.—3. Abdominalsegmentes enthält. Interneurone verbinden die Hörnerv-Axone mit dem Gehirn.

Die adaequaten Reize sind bei *Locusta*:
das Mandibelknirschen, das die Schrecke erzeugen kann, indem sie die Kauflächen bei der Adduktion aneinanderreibt. Der Laut setzt sich zusammen aus Ultraschallfrequenzen von etwa 10 bis 30 kHz und dauert häufig weniger als 0,5 ms;

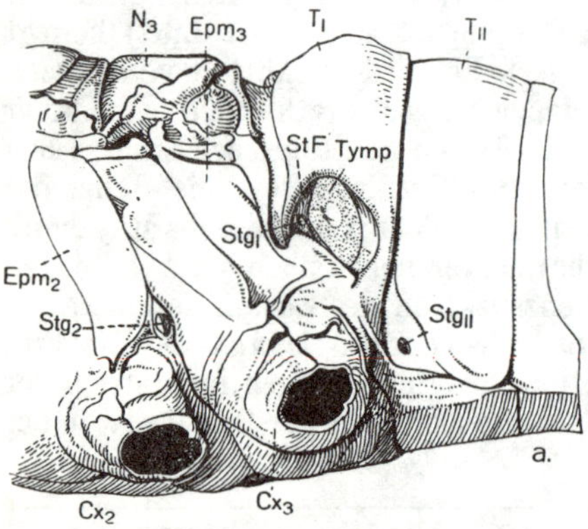

Abb. E10.13

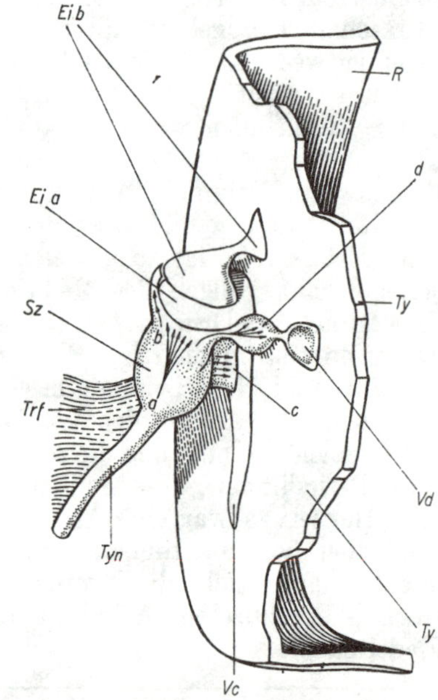

Abb. E10.14

Abb. E10.13. *Mecosthetus grossus* LINNAEUS. Seitenansicht des Pterothorax und der vorderen Abdomensegmente. Nach SCHWABE, aus WEBER. **Cx** Coxa; **Epm** Epimerum; **N** Notum; **Stg** Stigma; **StF** Stigmenfalte; **T** Tergit, **Tymp** Tympanum; **2, 3** Meso- und Metathorax; **I, II** Abdominalsegment.

Abb. E10.14. *Locusta migratoria* LINNAEUS. Schema der Innenseite des Tympanumareals, an dem die Sinneszellen befestigt sind. Die Wand des Tracheensackes, die alles überzieht, ist weggelassen bis auf Trf. Nach GRAY. **a—d** Gruppen von Scolopidien; **Eia, Eib** Einstülpungen des Tympanum, an die sich die Kappenzellen der Scolopidiengruppen **a** und **b** anheften; **R** Rahmen des Tympanum; **Sz** Sinneszellenkapsel (= Tympanalganglion); **Trf** Falte der erweiterten Trachee, die den Tympanalnerven umfaßt, **Ty** Tympanon (Dicke 2—3 μm); **Tyn** Tympanalnerv; **Vc, Vd** Verdickungen des Tympanum, an denen sich die Kappenzellen der Scolopidiengruppen **c** und **d** anheften; die gesamte Sinneszellengruppe ist 0,25 mm lang.

Stridulationslaute, hervorgebracht durch das Reiben der scharfen Längskante auf der medialen Seite des Hinterfemur über die mit vielen Höckern versehene Vena intercalata der Elytren (Kap. 17). An jedem Höcker wird ein Einzellaut erzeugt von etwa 20 ms Dauer und einer Frequenz, die in der Regel unter 10 kHz liegt. Die Einzellaute werden zu Gruppen vereinigt, wobei etwa 20 in der Sekunde gesendet werden.

Ableitungen vom Tympanalnerven zeigen zunächst eine hohe Auflösungsfähigkeit für die Einzellaute, die als getrennte Reize registriert werden. (Im menschlichen Ohr verschmelzen schon 16 Einzellaute je s zu einem Dauerton.) Weiterhin erwies sich das Tympanalorgan empfindlich für Variationen folgender Reizparameter: Intensität, Einsatzsteilheit, Dauer, Reizfolge (Zeitmuster der Stridulationslaute). Neuerdings wurden bei *Schistocerca* einzelne Rezeptoren der dem Tympanum anliegenden Scolopidiengruppen geprüft. Dabei fand man u. a. 2 Sinneszellentypen, die auf Grund ihrer Frequenzempfindlichkeit (2–8 kHz bzw. 12 kHz) eine Tonhöhenunterscheidung ermöglichen. Bei *Locusta* gelang es, auch im Gehirn akustische Neurone aufzufinden. Sie dienen der zentralnervösen Verarbeitung der Schallsignale und liegen frontolateral an der Grenze zwischen Proto- und Deutocerebrum. Die meisten dieser Zellen reagieren auf Frequenzen zwischen 3 und 30 kHz, einige Schmalbandelemente entweder zwischen 4 bis 8 kHz oder 12–30 kHz. Die Breitbandelemente zeigen, von Zelle zu Zelle wechselnd, eine größere oder geringere Empfindlichkeit in bestimmten Frequenzbereichen, die abhängig sein kann von der Intensität oder der Dauer eines Lautes. Oft reagiert eine Zelle auf mehrere Parameter optimal, z. B. auf höheren Tonbereich und Kurztöne, eine andere filtert Tonfolgen von 15–40 je s und Langtöne, also Stridulationslaute, heraus.

So antwortet z. B. Zelle A auf Töne von 7,5 kHz und 15 kHz tonisch und bei zunehmender Intensität des Reizes mit erhöhter Zahl der Impulse je Sekunde, viel schwächer aber auf Töne von nur 0,2 ms Dauer. Im Gegensatz dazu arbeitet die Zelle B phasisch. Auf Dauertöne gleicher Frequenz erzeugt sie nur 1–2 Impulse am Reizbeginn, feuert aber viel stärker bei Lauten von nur 0,2 ms Dauer.

Diese Filterung, die bei den einzelnen Neuronen sehr unterschiedlich ist, beruht wohl auf einem aktiven Verarbeitungsprozeß. Da sich die Filtereigenschaften der Neurone aber überlappen, können die Elemente durch Rekombination wieder voneinander getrennt werden. Vergleicht man die bekannten Eigenschaften der peripheren Rezeptoren mit denen der Neurone des Protocerebrum, so ergibt sich, daß gewöhnlich mehrere periphere Neurone auf ein zentrales konvergieren und umgekehrt ein afferentes Signal verschiedene zentrale Elemente erregen kann. (Insekten haben verhältnismäßig wenige Zellen im Zentralnervensystem, was optimale Ausnutzung der vorhandenen Bahnen bedingt.)

Insekten mit Tympanalorganen können auch die Schallquelle orten. Da die Tympana nur senkrecht zu ihrer Fläche verlagert werden können, wird dasjenige, das dem Schallsender zugewandt ist, stärker bewegt als das der Gegenseite des Körpers. Die Erregungsdifferenz, die dadurch in beiden Hörnerven auftritt, konnte durch gleichzeitige Ableitung von beiden Bahnen nachgewiesen werden. Das Tier vermag deshalb, durch Peildrehungen des Körpers die Schallquelle zu lokalisieren, zumal die binaurale Differenz größer wird, je mehr sich die Schallrichtung der Symmetrieebene des Körpers nähert, in der die Hörschwelle am höchsten liegt. Weiterhin tritt eine nervöse Kontrastverschärfung auf, indem Neurone 2. Ordnung durch Kollaterale die Erregung im anderen Hörnerven hemmen.

Fragliche Vorstufen des Hörens

Natürlich werden auch Tasthaare von Raupen, Heuschrecken usw. ausgelenkt, wenn durch Anblasen von Pfeifen, Händeklatschen usw. starke Schallwellen erzeugt werden. Es treten Abwehrbewegungen usf. auf. Doch handelt es sich dabei um starke Reize, die in der biologischen Umwelt dieser Insekten keine Rolle spielen. Eher schon könnte das Vibrieren der Becherhaare der Cerci, das bei Heuschrecken bei Luftschall von 100 bis etwa 1000 Hz beobachtet werden kann, eine Beziehung zum Hören zeigen. Freilich liegt die Schwelle dieser Organe optimal etwa 35 db über derjenigen der Tympanalorgane, und Verhaltensversuche zeigen keine Beziehung zum Hören.

E11. Die chemorezeptiven Sensillen

Sie haben kutikulare Hilfsapparate von sehr verschiedener Gestalt, wie Abb. E11.1 bis E11.3 zeigen. Mit einem Sensillum können eine einzige oder, was viel häufiger ist, mehrere Sinneszellen verbunden sein. Nach dem adaequaten Reiz, der ihre Erregung steuert, unterscheiden wir

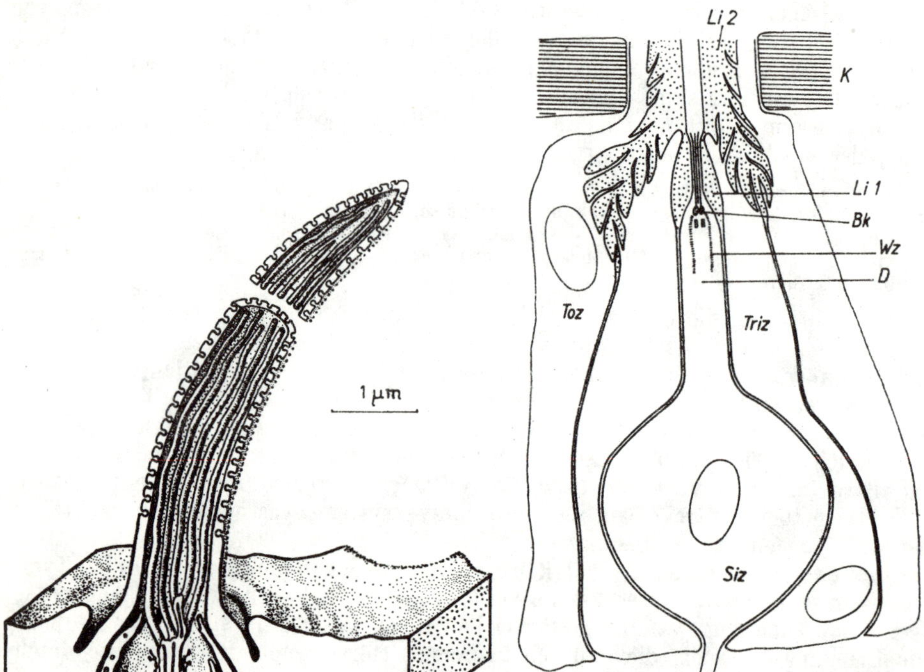

a b

Abb. E11.1. *Necrophorus* spec. Sensillum basiconicum. **a)** der distale, die Kutikula überragende haarförmige Abschnitt. Rekonstruktion nach elektronenoptischen Aufnahmen. Nach Ernst. Z. Zellforsch. **94**, 1969. **b)** Schematische Rekonstruktion der unter der Kutikula liegenden Teile. **Bk** Basalkörper; **D** Dendrit mit Cilien; **K** Kutikula; **Li 1** Liquor im extrazellulären Raum, der von der trichogenen Zelle um den Cilienabschnitt des Dendriten gebildet wird; **Li 2** Liquor im Raum zwischen der tricho- und der tormogenen Zelle, der sich ins Lumen des Haares fortsetzt; **Siz** Sinneszelle; **Toz** tormogene, **Triz** trichogene Zelle; **Wz** Wurzelfaser.

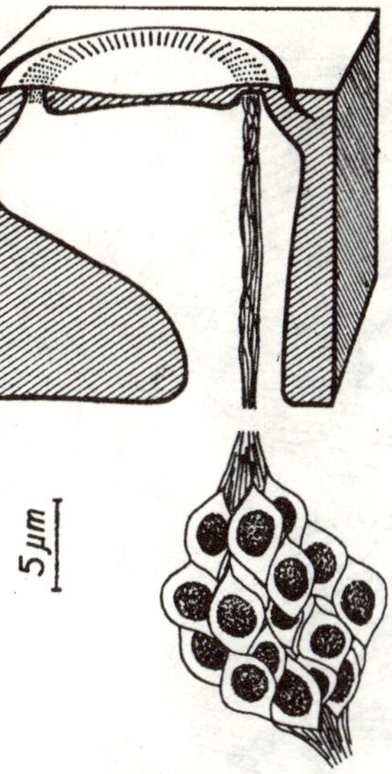

Abb. E11.2

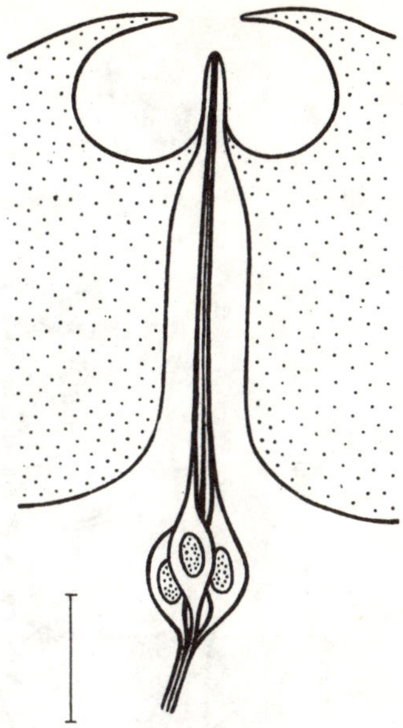

Abb. E11.3

Abb. E11.2. *Apis mellifica* LINNAEUS. Sensillum placodeum. Blockdiagramm. Nach SCHNEIDER. Durchmesser 17 µm. Maßstab 5 µm.

Abb. E11.3. *Locusta migratoria* LINNAEUS. Sensillum coeloconicum. Nach SCHNEIDER. Durchmesser der Höhle 12 µm. Maßstab 5 µm.

Geruchsinnesorgane, die auf im Wasser oder in der Luft befindliche wasser- und lipoidlösliche Stoffe reagieren. An sie kann man die Feuchtigkeits- und die CO_2-Rezeptoren anschließen. Ferner die
Geschmacksensillen, die durch wässerige Lösungen erregt werden.

Nachdem nachgewiesen wurde, daß bei dem amphibisch lebenden Käfer *Laccophilus maculosus* bestimmte Rezeptoren seiner Palpen und Antennen sich gleichartig verhielten, wenn sie mit gasförmigen oder in Wasser gelösten Substanzen gereizt wurden, und daß Schmetterlinge wie auch Bienen mit den Antennen nicht nur riechen, sondern auch „schmecken" können, scheint die Unterscheidung nicht streng durchführbar.

I. Die Geruchssensillen und ihre Funktion

Die Geruchssensillen befinden sich zum größten Teil auf den Geißelgliedern der Antennen, oft auch einige auf den Palpen, manchmal auch am Ovipositor, z. B. bei Hymenopteren, die ihre Eier in lebende Raupen oder Puppen legen. Auf den Antennen sind sie in Feldern gesetzmäßig angeordnet. Wenn ihre Zahl sehr groß ist, wie z. B. bei vielen männlichen Nachtschmetterlingen, bei *Scarabaeidae*, *Geotrupidae*, *Silphidae* usw., so ist die Fläche der Antenne zu ihrer Aufnahme vergrößert durch faden- oder blattartige Verbreiterungen der Glieder (Abb. E11.4 und Kap. 29 A). In bezug auf die Hilfseinrichtungen kann man schon lichtoptisch 4 Typen unterscheiden, innerhalb deren sich allerlei Abänderungen zeigen. Allen fehlt eine ring-

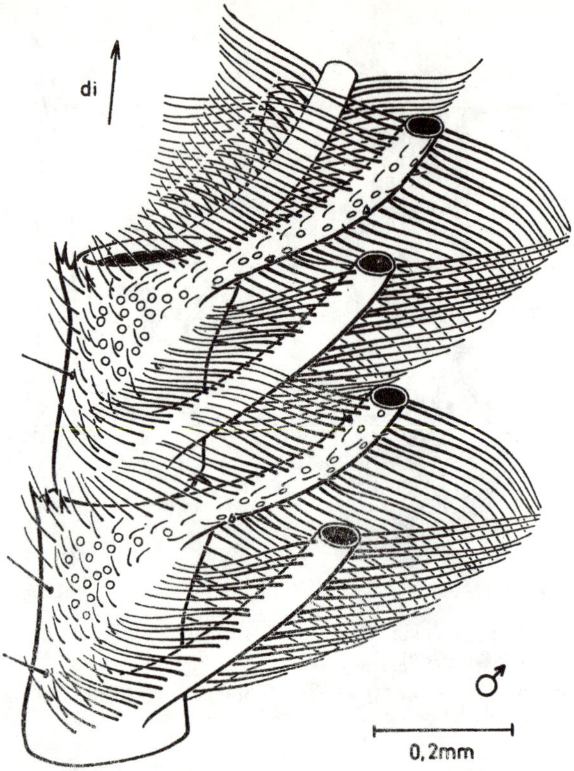

Abb. E11.4. *Telea polyphemus* Cramer (*Saturniidae*). 2 Glieder der rechten Antenne eines Männchens, von oben betrachtet. Der Wind kommt beim Flug von links. Nach Boeckh, Kaissling und Schneider. Neben vielen langen Sensilla trichodea sind an der distalen Kante der Glieder links breitere S. styloconica und über Glieder und Äste verstreut (als Kreise eingezeichnet) S. coeloconica zu erkennen. Die mittellangen Haare sind S. basiconica.

förmige Gelenkhaut an der Basis des frei über die Kutikula hinausragenden Abschnittes.

1. Sensilla basiconica haben eine zapfen- bis kegelförmige, über die Kutikula hinausragende Hilfsvorrichtung, die sich dadurch auszeichnet, daß sie von 4500 bis 15000 Poren von 10–15 nm Durchmesser durchbrochen ist (Abb. E11.1). Innerhalb der Sensillenwand erweitern sich die Poren zu einem Kessel, von dem aus eine Anzahl Tubuli ins Innere des Haares ziehen, wo sie wie ein Rasen auf der Innenwand stehen. Sie werden samt einer wenig dichten, amorphen Verschlußsubstanz von der trichogenen Zelle bei der Haarbildung abgeschieden. Der Dendrit ist höchst charakteristisch. Er zerteilt sich nämlich nach dem Eintritt in das Sinneshaar in so viel Zweige, wie er Mikro- (= Neuro-) Tubuli enthält, gewöhnlich in 28–40. Das Lumen des Haares ist im übrigen gefüllt mit einer Flüssigkeit, die aus dem interzellularen Raum zwischen der tormo- und der trichogenen Zelle stammt. Sie verhindert, daß die Dendritenäste vertrocknen, denn die Poren sind, wie Versuche mit Einlegen in destilliertes Wasser, Farblösungen usw. zeigen, wasserdurchlässig. Es ist anzunehmen,

daß in gleicher Weise wie das Wasser auch Duftmoleküle durch die Porenkanäle bis in die Haarflüssigkeit und dadurch an die Wand der Dendritenschläuche gelangen.

2. Sensilla trichodea haben eine etwa 1 μm dicke Kutikula und können bei Schmetterlingen bis 0,37 mm lang werden (Abb. E11.4). Sie haben dann bis zu 50000 Poren von etwa 10 nm Durchmesser. Die Dendriten durchziehen das Haar ungeteilt bis zur Spitze. Bei Schmetterlingen (*Saturniidae*) reagieren die Sinneszellen phasisch.

3. Sensilla placodea ragen nicht über die Oberfläche der Kutikula hinaus, sondern bestehen aus einer dünnen ovalen Platte, die auf der tormogenen Zelle liegt. Sie entspricht der Gelenkhaut und dem Basalring eines Haares (Abb. E11.2). Parallel zu ihrem Außenrand verläuft eine schmale Zone, in der die Kutikula stark verdünnt und von 3000—4000 Poren durchbrochen wird, wenn die Platte etwa 12 μm Durchmesser hat. Die 15—30 Sinneszellen senden ihre Dendriten unter diese ovale oder ringförmige Zone.

4. Sensilla coeloconica haben einen dünnwandigen Haarfortsatz, der am Grunde einer Grube inseriert (Abb. E11.3). Ihre Wand weist keine einfachen Poren auf. Bei den Sensillen der Wanderheuschrecke waren aber hohle Kutikularstäbe nachweisbar, die Außenwelt und Haarlumen miteinander verbinden. Die Dendriten der Sinneszellen ziehen, eingeschlossen in eine Scheide, bis zur Spitze des Haares. Unter den Sinneszellen fand man öfter neben olfaktorischen solche, die auf CO_2, Feuchtigkeit oder Wärme reagierten.

5. Sensilla ampullacea sind lediglich eine Variante dieses Typus.

Die meisten der bisher untersuchten olfaktorischen Sinneszellen zeichnen sich durch eine spontane Entladung aus, von der aber nicht bekannt ist, inwieweit sie durch Reize der Außenwelt ausgelöst wird. Diese Daueraktivität wird durch Geruchsstoffe verstärkt, bis zum Verschwinden gehemmt oder nicht beeinflußt.

Bei der elektrophysiologischen Untersuchung der Geruchssensillen wird ein Luftstrom über ein mit dem Geruchsstoff getränktes Filtrierpapier zum Sensillum geleitet, dessen Unempfindlichkeit gegen duftlose Luftströme natürlich vorher geprüft worden ist. Dabei ergab sich, daß man zwischen 2 Typen von Sinneszellen unterscheiden kann, die nebeneinander im gleichen Sensillum auftreten.

a) Spezialisierte Sinneszellen, die auf einen bestimmten Geruch mit sehr niedriger Schwelle, auf andere aber mit viel höherer reagieren. Das Extrem der Empfindlichkeit solcher Zellen finden wir bei je 1—3 Rezeptoren der S. trichodea, die in großer Anzahl auf den Antennen der männlichen Seidenspinner (*Bombyx mori*o) stehen. Das Männchen reagiert in Verhaltensversuchen auf den weiblichen Lockstoff (Bombykol) noch, wenn dieser in einer Konzentration von 10000 Molekülen je cm^3 bei einer Luftstromgeschwindigkeit von 60 cm/s gegen seine Antennen geblasen wird bei einer Reizzeit von 2 s (Kap. 29 A).

Zum Vergleich sei bemerkt, daß alle Gase unter normalen Bedingungen 10^{19} Moleküle je cm^3 enthalten. Wie ungeheuer stark die Bombykol-Verdünnung ist, soll ein drastischer Vergleich andeuten. Man müßte 5000 *l* Bombykol in allen Weltmeeren lösen, damit ungefähr 10000 Moleküle davon in jedem cm^3 Meerwasser enthalten wären.

In den Sensillen von *Calliphora* und *Necrophorus* werden manche Zellen nur vom Geruch leicht fauligen Fleisches und dessen Komponenten, z. B. Mercaptan und Fettsäuren, erregt, bei der Wanderheuschrecke allein von Hexenal, einem Aldehyd, der den anziehenden Teil des Grasgeruches darstellt. Bei der Honigbiene sind einige der in manchen Porenplatten versammelten Sinneszellen auf die Königinsubstanz, andere auf den Sterzelduft der Arbeiterinnen spezialisiert.

b) Unspezialisierte Zellen sind in sehr großer Zahl vorhanden. Jede wird von mehreren Geruchsstoffen erregt, wenn auch bei verschieden hohen Schwellen. Unter etwa 50 untersuchten Sinneszellen der Honigbiene und eines großen Saturniiden waren nicht zwei in bezug auf ihr Reizspektrum identisch; doch überlappen sich die nicht kongruenten Empfindungsbereiche. Das ermöglicht den Insekten, sehr viele Geruchsstoffe zu unterscheiden.

So reagiert z. B. die Raupe von *Bombyx mori* in Wahlversuchen unterschiedlich auf 200 differente Gerüche, obgleich sie wie andere Raupen nur 6 olfaktorische Sensillen (S. basiconica) mit insgesamt 22 Sinneszellen auf jeder ihrer sehr kurzen Antennen trägt (Abb. 29.28). (Die S. basiconica ihrer Maxillarpalpen reagiern sehr träge.) Im Prinzip erhöht z. B. Geruchsstoff A die spontane Aktivität der Sinneszellen 1 und 3, hemmt die der Zelle 6 und wirkt auf die übrigen nicht ein. Auf den Geruchsstoff B hingegen reagieren die Zellen 1 und 5 mit Hemmung, 2, 3 und 4 mit Verstärkung der spontanen Impulse, usw. So entsteht bei der Einwirkung chemischer Reizstoffe jedesmal ein anderes Reaktionsmuster, und zwar sind 3^{22} Kombinationen bei der Raupe möglich. Durch den „Vergleich" derselben kann das Zentralnervensystem in einer uns noch unbekannten Weise die Reizqualität ermitteln. Daß erst dort eine Verarbeitung stattfindet, ergibt sich daraus, daß, wie bei *Bombyx*-Imagines und bei *Rhodnius* festgestellt, das Axon jeder Geruch-Sinneszelle direkt bis zum Zentrum verläuft, ohne jede Verschmelzung. Verringerung des Durchmessers macht es möglich, daß bei *Bombyx* z. B. jederseits etwa 30000 Axone im Antennennerv gebündelt sein können.

Die Wege, auf denen die Duftmoleküle von der Geruchsquelle zum Rezeptor transportiert werden, sind sehr verschieden:

1. Ohne Mitwirkung des Insektes

a) In freier Natur wird gewöhnlich durch eine schwache oder starke Luftströmung der sich langsam konzentrisch ausbreitende Duft nach einer Richtung beschleunigt transportiert, aber zerteilt in oft dünne, abgerissene Schwaden.

Drosophila stellt sich schon bei Luftgeschwindigkeiten von nur 1,7 cm/s gegen den „Wind", der einen Duft heranträgt, und fliegt positiv anemo- und osmotropotaktisch zum Osmophor, wobei sie bald in größere Konzentrationen gerät. Ein Stück Menschenkot von 200 g Gewicht alarmierte, als ein Bodenluftstrom von 0,6 m/s bis 1,5 m/s auftrat (durch Zigarettenrauch nachgewiesen), im Boden flach vergrabene Roßkäfer (*Geotrupes silvaticus*), die nun positiv osmotropotaktisch zur Nahrungsquelle liefen. Ähnliche Reaktionen kennen wir von Wassertieren anderer Stämme (Band 1, S. 229, 362 usw.). Extreme Leistungen der Osmotropotaxis zeigen Nachtfalter, die aus mehreren Kilometer Abstand nachts ein Weibchen auffinden können (Kap. 29 A).

b) Auch durch bloße langsame Diffusion gelangen Duftstoffe zum Rezeptor. Wenn das auch im Gelände selten sein dürfte, so trifft es z. B. für das Innere von Blütenröhren zu. Daß unter solchen Verhältnissen sich Insekten osmotropotaktisch einstellen können, wurde lange bestritten, ist aber für die Nahorientierung der Honigbiene im Duftfeld jetzt nachgewiesen. Wenn die linke Antenne in eine konzentriertere Zone des Duftfeldes ragt als die rechte, so wird der simultan auftretende Unterschied in der Reizintensität von der Honigbiene wahrgenommen.

Man stülpte über jeden Fühler ein sehr leichtes Glasröhrchen, das die Antennenspitze überragte, und klebte es am Kopf luftdicht fest. Auf das offene Ende jedes Rohres setzte man ein Tröpfchen des gleichen, in Paraffinöl gelösten Riechstoffes, dessen Konzentration aber an einer Seite höher war als an der anderen. Durch eine geistreiche Versuchsanordnung wurde dann bewiesen, daß das Tier sich osmotropotaktisch fortbewegte, wenn bei einer niedrigen Ausgangskonzentration die Unterschiedsschwelle 1:2,5 überschritten wurde. Zum gleichen Ergebnis führten Dressurversuche mit einem Y-förmigen Gang. Vom Eingangsrohr führt er in 2 Schenkel von denen nur einer beduftet ist und bei der Dressur in ein Kästchen mit Zuckerwasserschälchen führt. Anschließend schlüpften die Bienen stets in den mit Duft gefüllten Schenkel hinein, ob er nun rechts oder links lag. Am Schnittpunkt des Weges angekommen, blieb die hier vom Duft getroffene Antenne im Duftfeld, und der Körper wurde so lange gedreht, bis die andere Antenne in gleicher Intensität vom Duft getroffen wurde.

2. Auch durch Mitwirkung des Insektes kann der Duft zum Rezeptor gebracht werden

a) Durch Betupfen des Geruchspenders mit den Antennen kann das Insekt geradezu Duftmolekel von ihm abstreifen und dadurch auch sehr geringe Spuren wahrnehmen.

Dieses Verhalten kann man besonders leicht bei Hymenopteren beobachten. So betupfen Schlupfwespen ganz auffallend ihr Opfer oder einen Baumstamm, der Wirtslarven birgt (Kap. 27B), sozial lebende Insekten prüfen auf diese Weise die Zugehörigkeit eines Artgenossen zu ihrem Volk usw. (Kap. 27C, E).

Auf dieser Grundlage ist bei den Honigbienen ein

topochemischer Sinn

ausgebildet, der es ihnen ermöglicht, durch Abtasten eines Objektes, örtliche, simultan rezipierte, qualitativ verschiedene Gerüche nicht nur zu analysieren, sondern auch im Gedächtnis zu behalten. Da die Saftmale gewöhnlich auch einen anderen Geruch haben als die übrigen Blütenteile, ist die Fähigkeit zum lokalisierenden Riechen von großer biologischer Bedeutung. Sie ist abhängig von der Unverletztheit eines Feldes der Antennenspitze, auf dem sich gesetzmäßig angeordnete, mechanische und chemische Sensillen befinden.

Folgende Dressurversuche beweisen das.

α) Sammelbienen gelangten zum Futtergefäß, wenn sie einen 10 cm langen Plastikgang durchlaufen hatten, der hintereinander in kurzem Abstand je eine Fließpapiereinlage mit dem Duft A, dem Duft B und dem Duft C enthielt. Anschließend wurden um die Biene in Kreuzform 4 solche Plastikrohre gruppiert, in denen die Düfte folgendermaßen angeordnet waren: A, B, C. – B, C, A. – C, A, B. – A, C, B. Obgleich in allen Röhren die Luft den gleichen Mischduft enthielt, konnten die Bienen durch Tasten mit den Antennen die Dressuranordnung sogleich von allen anderen unterscheiden. Dazu waren sie nicht mehr fähig, wenn die Antennenspitze abgeschnitten worden war.

β) Legte man an jede Seite eines 10 cm langen und 0,9 cm breiten Plastikganges ein Fließpapier, das an der linken Seite mit dem Duft A, an der rechten mit dem Duft B getränkt war, so mieden die Bienen nach der Dressur eine parallel angeordnete Röhre mit spiegelbildlicher Anordnung.

b) Auch durch Vibrieren der Antennen in der Luft (z. B. bei Schlupfwespen) sowie durch Flügelschwirren wird aktiv Duft zu den Rezeptoren gebracht. Männchen von *Bombyx mori* „saugen" auf diese Weise unter langsamer Drehung des Körpers aus verschiedenen Richtungen Luft über die Fühler, die den weiblichen Lockduft rezipieren. Ähnliche Verhältnisse finden wir bei den Decapoda, die dazu Kieferfüße oder Pleopoden benutzen (Teil 1, S. 1091).

Der Geruchssinn spielt für die Insekten beim Auffinden der Nahrung, des Geschlechtspartners, des Eiablageplatzes usw. eine sehr große Rolle, die bei den nicht fliegenden Arten häufig die des Gesichtssinnes weit übertrifft. Zahlreiche Beispiele dafür werden in den speziellen Kapiteln des Insektenbandes angeführt. Besonders tritt seine Beutung bei sozialen Insekten hervor, sowohl bei der Verfolgung von Spuren, die Stockgenossen gelegt haben (Ameisen Kap. 27, Termiten Kap. 14), als auch bei der Identifizierung der zum Volk gehörenden Individuen. Wie weit seine Behinderung in das soziale Leben eingreift, zeigte sich, als man bei einem kleinen Volk von nur 500 Bienen jeder das Sinnesfeld an der Antennenspitze zuklebte. Die Bienen beachteten daraufhin einander nicht mehr, versorgten die Königin nicht, verteilten kein Futter, bildeten keine Bautraube, sondern saßen isoliert voneinander im Stock herum.

II. Die CO_2-Rezeptoren

Sie wurden elektrophysiologisch im Bereich der Grubenkegel der Antenne der Honigbiene nachgewiesen, wobei unbekannt blieb, ob die betreffenden Sinneszellen in einem S. coeloconicum oder einem S. ampullaceum lagen. Sie reagierten im übrigen weder auf blumig-aromatische Geruchsstoffe noch auf Feuchtigkeit. Dagegen stieg ihre Daueraktivität bei einer Erhöhung der Temperatur an. Die Unterschiedsempfindlichkeit ist sehr groß.

Welche biologische Bedeutung die Kohlensäure-Wahrnehmung für die Honigbienen hat, konnte nicht durch Verhaltensversuche geklärt werden. Dagegen wurden Bremsen und Stechmücken von CO_2 angelockt. Man konnte sie zu tausenden in Fallen fangen, die man mit Trockeneis (gepreßtem Kohlensäureschnee) beschickt hatte.

III. Die Rezeptoren für Luftfeuchtigkeit

Diese Rezeptoren wurden elektrophysiologisch nur bei der Honigbiene untersucht. Auf Anströmen mit feuchter Luft hin reagierten Sinneszellen der Antennen-Grubensensillen. Es blieb fraglich, ob es sich um S. coeloconica oder S. ampullacea handelte. Die phasisch-tonische Reaktion trat nur beim Überblasen des Sensillum mit Feuchtluft auf, nicht bei mechanischen Reizungen oder solchen mit blumig-aromatischen Geruchsstoffen oder CO_2. Bei vielen Insekten wurde in Verhaltensversuchen Empfindlichkeit gegen Unterschiede in der Luftfeuchtigkeit nachgewiesen, die für das Leben sehr hohe Bedeutung hat. Gewöhnlich prüfte man dabei die Unterschiedsempfindlichkeit im Zweikammersystem.

Das Zweikammersystem besteht aus einer Petrischale von etwa 25 cm Durchmesser, die durch einen Steg geteilt ist. In eine Hälfte wird destilliertes Wasser gefüllt, in die andere eine konzentrierte Salzlösung, über der die Luft eine bestimmte relative Feuchtigkeit annimmt. Darüber wird in 1 cm Abstand eine engmaschige, aber gut durchlässige Platte als Lauffläche gelegt und das Ganze dicht mit einer Glasplatte abgedeckt. Je nach ihrer Lebensweise bzw. ihrem physiologischen Zustand wählen die Insekten dann die trockene oder feuchte Kammer. *Tenebrio molitor* unterschied noch Räume von 94–97% relativer Luftfeuchtigkeit von solchen mit 97–100% RF, die Honigbiene zwischen 87 und 98% RF. Bei allen bisher untersuchten Insekten erlosch die Möglichkeit, Luftfeuchtigkeiten zu unterscheiden, wenn man die Antennen lackierte oder abschnitt. Auf ihnen müssen also die wesentlichsten Feuchtigkeitsrezeptoren liegen.

Bei Bienen war es möglich, durch Dressur nachzuweisen, daß sie beim Fliegen in ruhender Luft Feuchtigkeitsunterschiede wahrnehmen können. Die Schwelle lag bei Unterschieden von 5% relativer Feuchtigkeit, die sie im Gedächtnis behalten konnten. Das befähigt sie, an heißen Tagen das nötige Wasser für die Temperaturregulierung im Stock sowie zur Erzeugung von Futtersaft zu finden. Sie holen es von Pfützen, regennassem Gras usw. (Kap. 27E).

Man hatte die Bienen auf ein Schälchen mit einer sehr verdünnten Zuckerlösung dressiert, das mit einem Drahtnetz bedeckt war. Um dieses Schälchen waren 3 gleiche, aber leere Schalen angeordnet. Dann ersetzte man das Zuckerschälchen, dessen Ort innerhalb der Reihe dauernd gewechselt wurde, durch eine Schale, deren Boden mit destilliertem Wasser bedeckt war. Nun suchten sie, gegen den Wind über die Drahtnetze fliegend, dieses auf, auch wenn eine andere Schale Glycerin enthielt, also den gleichen optischen Eindruck auf sie machte.

IV. Die Geschmackssensillen und ihre Funktion

Sie reagieren auf den Kontakt mit der wässerigen Lösung einer Substanz. Ihre Hilfseinrichtungen haben die Gestalt mehr oder weniger langer Haare (S. trichodea), fast zylindrischer Styli (S. styloconica), dickwandiger, kurzer Kegel usw. Sie sind nur bei wenigen Insekten einwandfrei identifiziert worden, z. B. bisher noch nicht bei der Honigbiene. Jedes Sensillum besteht aus dem kutikularen Hilfsapparat, einer tormo- und einer trichogenen Zelle sowie mehreren Sinneszellen, deren Dendriten, umschlossen von der trichogenen Zelle, durch die Kutikula ins Haar ziehen (Abb. E10.1). Hier verlaufen sie unverzweigt, parallel zueinander in einem exzentrischen Kutikularkanal, den die trichogene Zelle abgeschieden hat, bis zur Spitze. An dieser öffnen sich Kanal und Haar durch einen Porus nach außen. Mehrfach wurde nachgewiesen, daß das Sensillum nur dann auf einen Geschmacksstoff reagiert, wenn dieser auch an die Haarspitze gelangt. Die Dendriten wurden bisher nur bei den hypopharyngealen Geschmackskegeln der Schabe *Blabera* elektronenoptisch untersucht, wo eine Cilienstruktur in einem beschränkten Abschnitt festgestellt wurde. Die Anzahl der in einem Sensillum vereinigten Sinneszellen schwankt, zumeist fand man bisher 3—6.

Bei den Dipteren haben die Geschmackssensillen häufig auch je eine mechanorezeptorische Sinneszelle, deren Dendrit gesondert von denen der Chemorezeptor-Zellen nur bis zur Basis des Sinneshaares zieht (Abb. E10.1). Fliegen prüfen also nicht nur die chemische Zusammensetzung eines Stoffes, sondern außerdem gleichzeitig seine Konsistenz. Die Geschmacksensillen bilden Felder im Cibarium, teils auf dem Hypopharynx und auf dem Palatum, teils nur an einem von beiden. Weiterhin sind sie meist an der Spitze der Taster angeordnet (nicht bei saugenden Schmetterlingen), auf den Maxillenladen, bei Schmetterlingen an der Rüsselspitze, bei Fliegen am Rande und auf der Unterseite des Labellum in großer Anzahl (Kap. 31).

Doch gibt es vor allem bei Insekten, die im Sitzen saugen, auch Geschmackssensillen, weit vom Mund entfernt auf Gliedmaßen, wo sie als Alarmorgane dienen. Sie befinden sich bei Bienen und vielen Schmetterlingen auf den Antennen, bei Tagschmetterlingen an deren Keule, mit denen Blüten usw. betupft werden. Weiterhin finden wir sie an der Unterseite der Tarsen, besonders zahlreich an den Vorderbeinen, wo z. B. bei *Calliphora* jederseits etwa 260 gezählt worden sind. Läuft eine Fliege über ein Blatt, das mit Honigtau benetzt ist, über eine aufgeplatzte Frucht usw., so signalisieren die Geschmacksrezeptoren der Tarsensensillen den Zucker- (= Nährstoff-) Gehalt sowie seine Konzentration und lösen eine Streckung des Rüssels und Prüfung mit dessen Geschmackssensillen aus.

Zumindest in Verhaltensversuchen wurden tarsale Geschmackssensillen nachgewiesen bei Vertretern der Heteropteren, Bienen, Trichopteren, vieler Schmetterlinge, vieler Dipteren (z. B. *Culicidae*, *Tabanidae*, *Muscidae*, *Calliphoridae*) und bei einigen blattfressenden Käfern (z. B. *Chrysomela*, *Leptinotarsa*).

Im Verhaltensversuch ermittelte man auch die Schwellenkonzentrationen, bei denen die Tarsalsensillen noch eine Rüsselstreckung bzw. Ausrollung auslösen, indem man das Insekt an den Flügeln befestigte und dann seine Tarsen (oder auch Antennen) mit einer Lösung des Geschmacksstoffes in ständig sinkenden Konzentrationen mit Hilfe eines Pinsels befeuchtete. Die erhaltenen Werte sind natürlich nicht ohne weiteres mit denen identisch, die man bei der elektrophysiologischen Prüfung des Sensillum selbst erhält.

Niedrigste Konzentrationen (in Mol) einer Rohrzuckerlösung, die noch eine positive Freß- (= Rüssel-) Reaktion auslösen, wenn sie an den Vordertarsus gelangen:

		bei Hunger
Vanessa atalanta (N.-Amerika)	$^1/_{10}$–100	$^1/_{3200}$–$^1/_{11000}$
Calliphora	$^1/_{3200}$	extrem $^1/_{25000}$
Apis mellifica	$^1/_2$–1	

Zum Vergleich: Empfindlichkeitsschwelle für Rohrzucker der menschlichen Zunge liegt bei $^1/_{80}$ Mol (= 0,4%ige Lösung). Molekulargewicht des Rohrzuckers 343.

Die Schwelle der Labellenhaare von *Calliphora* für Saccharose liegt wesentlich höher ($^1/_{100}$ bis $^1/_{400}$ Mol), bei der Biene stimmt die Schwelle der Mundsensillen mit der des Tarsus überein, sinkt aber bei Hunger auf $^1/_8$–$^1/_{16}$ Mol. Auch die Antenne ist bei der Biene für Saccharose empfindlich. Reaktionen des Rüssels erfolgen, wenn die Antenne mit Lösungen von $^1/_{12}$ bis $^1/_{24}$ Mol betupft wird. Durch Dressuren kann man die Schwelle auf $^1/_{10000}$ Mol senken.

Die geringe Empfindlichkeit der Tarsalorgane der Biene erklärt sich daraus, daß ihre Hauptnahrung, der Nektar, gewöhnlich einen Zuckergehalt von 20–70% hat, woran hauptsächlich Saccharose, Glukose und Fruktose beteiligt sind, neben Spuren anderer Zucker.

Durch Hunger oder Dressur kann die Reaktionsschwelle in Verhaltensversuchen sehr stark herabgedrückt werden, an den Vordertarsen von *Calliphora erythrocephala* nach 10 Tagen auf den 200. Teil des ursprünglichen Wertes. Bei *Phormia* rief die Reizung eines einzelnen Haares am Labellumrande die Rüsselstreckung hervor, während 4 tarsale Sensillen gereizt werden mußten, um den gleichen Effekt auszulösen.

Die Schwellenkonzentrationen, in denen reizwirksame Zucker geboten werden müssen, um eine Rüsselstreckung auszulösen, sind für die einzelnen Zuckerarten um 1 bis 2 Größenordnungen verschieden. Dabei besteht nicht in allen Fällen eine direkte Beziehung zwischen dem Nährwert eines Zuckers und der Empfindlichkeit der Sensillen für ihn. So verhungert z. B. *Phormia*, wenn man sie ausschließlich mit L-Fucose füttert, für die ihre Schwelle ganz besonders niedrig ist. Umgekehrt hat die wenig reizwirksame D-Ribose einen hohen Nährwert. Auch reagieren Insekten keineswegs auf alle Zuckerarten, die für den Menschen süß schmecken. Von 34 z. T. selten vorkommenden Zuckern waren für den Experimentator 30 süß, die Biene aber reagierte nur auf 9 von ihnen. Zuckerempfindlichkeit und Aufnahme finden wir sogar bei Raubkäfern wie *Dytiscus* und *Carabus*.

Elektrophysiologisch sind bisher niemals die cibarialen Geschmacksorgane untersucht worden, wohl aber die tarsalen und an den Mundwerkzeugen sitzenden einiger Fliegen (*Calliphora*, *Phormia*, *Stomoxys*) sowie weniger Raupen und Käfer. Reizt man ein Geschmackssensillum mit einer wässerigen Lösung und leitet die Aktionspotentiale mit Hilfe einer über das Schmeckhaar gestülpten kapillaren Elektrode ab, so erhält man je nach dem Reizstoff mehrere verschiedene Typen von phasisch-tonischen Impulsen, niemals aber mehr, als Sinneszellen vorhanden sind. Unter der Voraussetzung, daß eine Sinneszelle immer ein Aktionspotential desselben Typus – natürlich aber wechselnder Frequenz – in ihrem Axon erzeugt, schließt man daraus auf die Reaktionsbereiche der einzelnen Sinneszellen.

Auf diese Weise stellte man bei den bisher untersuchten Insekten fest, daß bei jedem zumindest ein Zellentypus, der auf Zucker, einer, der auf Salze, und einer, der auf Wasser reagiert, vorhanden ist, wobei nicht immer alle 3 im gleichen Sensillum vorkommen. Bei Schmeißfliegen aber fand man sie in den Randhaaren der Labellen und den Tarsensensillen vereinigt, oft außerdem noch einen 4. Chemorezeptor, dessen Reaktionsbereich unbekannt ist (Abb. E10.1). Bei Raupen ist ein Bitterrezeptor vorhanden, der auf Alkaloide und Flavonoide antwortet (Kap. 29B). Sehr spezifische Rezeptoren wurden bei Blattfressern entdeckt, die hochempfindlich für Begleitstoffe ihrer Nährpflanze sind.

Chrysomela brunsvicensis hat einen solchen für Hypericin, der ihren Verwandten, die nicht auf *Hypericum* leben, fehlt. Die Seidenraupe verfügt über einen Inisitol-Rezeptor, entsprechend dem

Vorkommen dieser Verbindung in Maulbeerblättern, die *Pieris*-Raupe reagiert stark auf das Sinigrin der Blätter der Kreuzblütler (s. u.). Der Salzrezeptor von *Phyllobius urticae* wird sehr stark erregt, wenn er mit Acetylcholinchlorid bei Gegenwart von einer NaCl-Lösung benetzt wird.

Merkwürdigerweise konnte bisher weder bei Schmeißfliegen noch bei Raupen elektrophysiologisch eine Erregung von Geschmacksensillen durch Aminosäuren oder Proteine beobachtet werden, obgleich doch gefangene junge Schmeiß- und Blumenfliegen reines Casein aufsuchen und fressen. Auch Stechmücken (*Aedes*, *Culiseta*) strecken den Rüssel nur aus, wenn man ihre Tarsen mit Zuckerlösung, nicht aber, wenn man sie mit Blut benetzt (Kap. 31A) (Reaktionsbereich der Rüsselsensillen von *Aedes* s. Kap. 31A).

Da die in der Natur vorkommenden Nahrungsstoffe gewöhnlich eine ganze Anzahl von chemischen Verbindungen enthalten, werden bei ihrer Berührung bzw. beim Anbiß gleichzeitig verschiedene Sinneszellentypen in den Geschmacksensillen gereizt. Diese sind keineswegs alle spezifisch wie der Zuckerrezeptor, sondern haben z. T. wie der Bitterrezeptor und der Salzrezeptor, der von den verschiedensten Salzen und Säuren erregt wird, große Reaktionsbereiche, die sich überlappen (vgl. Raupe von *Bombyx* Kap. 29L). So entsteht ein mehr oder weniger kompliziertes Reaktionsmuster, das sicherlich im Zentrum, in der auf S. 136 geschilderten Weise, zu einer weitgehenden Unterscheidung von Geschmacksstoffen ausgenutzt werden kann.

So werden z. B. durch Arabinose bei Schmeißfliegen 2 Sinneszelltypen erregt, eine nicht zu konzentrierte Zuckerlösung reizt sowohl den Zucker- als auch den Wasserrezeptor usw. Weiterhin steigern oder hemmen sich die in einem Nahrungsstück enthaltenen Geschmacksstoffe oft gegenseitig bei ihrer Einwirkung auf den Rezeptor. Ein Gemisch von 2 verschiedenen Zuckern wirkt auf den Zuckerrezeptor der Seidenraupe nicht summierend, sondern leicht hemmend. Die Frequenz des Bitterrezeptors von *Phyllobius urticae* wird gesteigert, wenn mit dem Bitterstoff gleichzeitig eine NaCl-Lösung von 10^{-2} M bis zu 4×10^{-2} M geboten wird. Erhöht man die NaCl-Konzentration beträchtlich, so reagiert der Bitterrezeptor nicht mehr. Außerdem werden zentral die Meldungen von Sensillen beider Körperseiten ausgewertet. Benetzt man beide Vordertarsen der Schmeißfliege mit Zuckerlösung, so erniedrigt sich die Empfindlichkeitsschwelle, die zum Rüsselausstrecken führt. Bietet man an einem Tarsus Zucker, auf der anderen Körperseite aber eine Salzlösung, so unterbleibt die Rüsselreaktion.

Die biologische Bedeutung des Geschmackssinnes liegt in der Erkennung der zuträglichen und der Vermeidung unverwertbarer oder schädlicher Nahrungsstoffe. Schneidet man der Seidenraupe die Maxillenladen ab, so frißt sie ohne weiteres das für sie wertlose Fließpapier. Monophagie und Polyphagie der Pflanzenfresser beruhen wahrscheinlich auf der Wahrnehmung einer Kombination weit verbreiteter Pflanzenstoffe zusammen mit einer oder mehreren in oft geringen Konzentrationen vorhandenen sekundären Substanzen, die anziehend und Freßlust steigernd oder abschreckend wirken können. Gewöhnlich bewirken attraktive Geruchssubstanzen einen Probebiß, der darüber entscheidet, ob das Material gefressen wird. An der Herausbildung der Oligophagie sind wahrscheinlich die Unempfindlichkeit gegen Bitterstoffe und die Wahrnehmung selten vorkommender, für die Art fraßanregender Stoffe beteiligt. Die Einschränkung der Kost der polyphagen Insekten ist wohl durch das Vorkommen abschreckender Geschmacksstoffe bedingt. (Über die Giftwirkung der Inhaltsstoffe auf das Insekt, bzw. deren Unwirksamkeit bei einzelnen Arten sind wir nicht unterrichtet.)

So reagiert z. B. der Bitterstoffrezeptor der Seidenraupe nicht auf das in den Maulbeerblättern vorkommende Morin, die Oleanderschwärmer-Raupe, die auf eine alkaloidreiche Nahrung angewiesen ist, nicht auf Chinin. Hingegen nehmen Raupen der Kohlschabe (*Plutella maculipennis*) und von *Pieris rapae* sowie *P. brassicae*, die gewöhnlich nur Blätter von Kreuzblütlern fressen, Blätter anderer Pflanzen sowie in Agar gelöstes Blattpulver, wenn diese mit Sinigrin oder Sinalbin bestrichen oder getränkt sind und keine abschreckenden Substanzen enthalten.

Selten steht der Geschmackssinn in Beziehung zum Verhalten bei der Kopula, wie z. B. bei manchen Grillen und *Tachycines* (Kap. 15).

E12. Der Lichtsinn

Wie bei der Mehrzahl der Arthropoden sind auch bei den Insekten in der Regel zwei Augentypen vorhanden, Seiten- und Mittelaugen. Die Seitenaugen sind bei den Imagines und den Larven der *Hemimetabola* als Komplexaugen ausgebildet.

I. Die Komplexaugen

A. Der Bau und die Ontogenie der Komplexaugen

Die Komplexaugen nehmen oft einen erheblichen, nicht selten fast den ganzen Teil der Kopfseiten ein (Abb. E7.1, E7.15, E4.3 g, i). Ihre Sehzellen sind im Gegensatz zu denen der Linsenaugen auf einer konvexen Fläche angeordnet, was ihnen ein besonders großes Gesichtsfeld sichert (E12.1). Bei den schnell fliegenden Arten, z. B. den Libellen und vielen Fliegen, umfaßt dieses häufig in der Horizontalen und

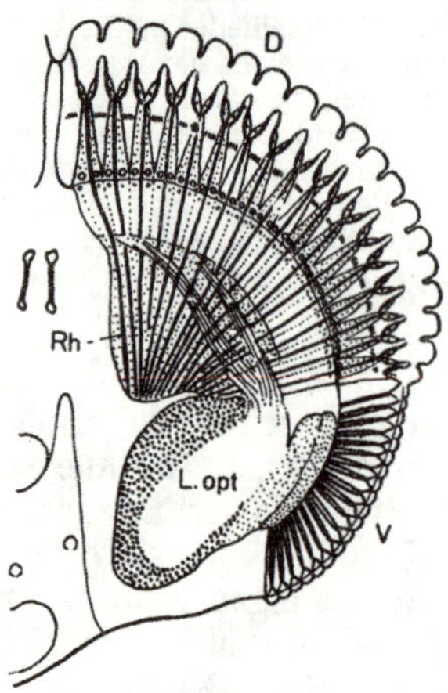

Abb. E12.1

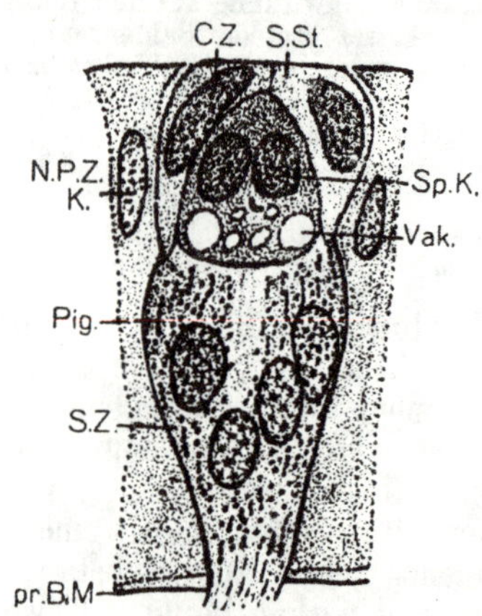

Abb. E12.2

Abb. E12.1. Komplexauge des Männchens von *Simulium* spec. Querschnitt. Nach Dietrich. Breite des Präparates 0,3 mm. Der dorsale Abschnitt des Auges **(D)** ist mit viel längeren und lichtstärkeren Ommatidien ausgerüstet als der ventrale. **L. opt.** Lobus opticus; **Rh** Rhabdom; **v** ventraler Augenabschnitt.

Abb. E12.2. *Panorpa communis* Linnaeus. Puppe. Mittleres Entwicklungsstadium eines Ommatidium. Nach Bierbrodt. 220× vergr. **CZ** corneagene (= Hauptpigment-) Zelle; **NPZK** Zellkern der Nebenpigmentzelle; **Pig** Pigment einer Sehzelle; **prBM** primäre Basalmembran; **Sp. K** Sempersche (= Kristallkegelzellen-) Kerne; **SSt** Schaltstücke der Hauptpigmentzellen, welche die Cornea abscheiden; **SZ** Sehzelle; **Vak** Vakuolen, aus denen schließlich der Kristallkegel entsteht (vgl. auch Teil 2 des Lehrbuchs, Mandibulata, S. 861).

Vertikalen 180°. Das Komplexauge setzt sich aus Einzelaugen (Ommatidien) zusammen, deren Anzahl sehr verschieden hoch ist, bei kleinen Arten immer niedrig. In jedem Komplexauge hat z. B. *Forficula auricularia* 270 Ommatidien, *Melolontha* 5100, eine große Libelle 20000–28000, die Drohne der Honigbiene 7500, die Königin 3900, die Stubenfliege 3200, die Schmeißfliege *Calliphora erythrocephala* 5400.

Die Ommatidien entwickeln sich durch gesetzmäßige Teilungen der Epidermiszellen der Puppen oder des Ectoblastem. Auf engstem Raume kann man zunächst eine Gruppe distal liegender Kerne unterscheiden, deren zugehörige Zellen sich zu den Kristallkegelzellen und diesen anliegenden Hauptpigmentzellen differenzieren (Abb. E12.2). Aus der basalen Zellkerngruppe aber entwickeln sich die Sehzellen und die neben diesen liegenden Nebenpigmentzellen, deren Kerne sehr bald distad wandern. Im entwickelten Ommatidium unterscheiden wir
den dioptrischen Apparat, bestehend aus der kutikularen Linse (Cornea) und dem Kristallkegel (Abb. E12.3, E12.4),
die Pigment- und Tapetumzellen sowie
die Rezeptoren (= Retinulaezellen).

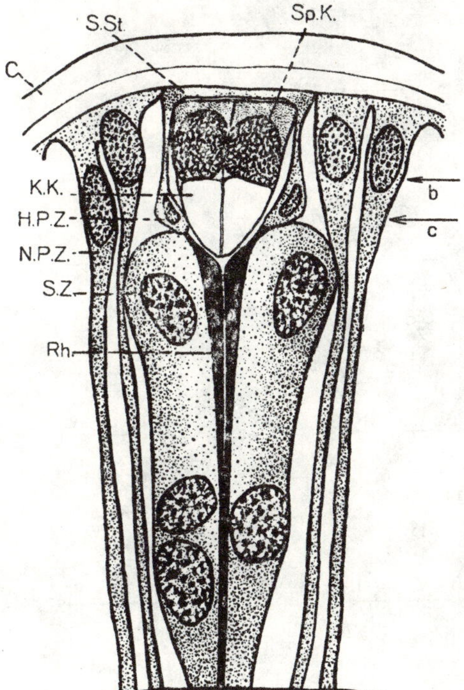

Abb. E12.3

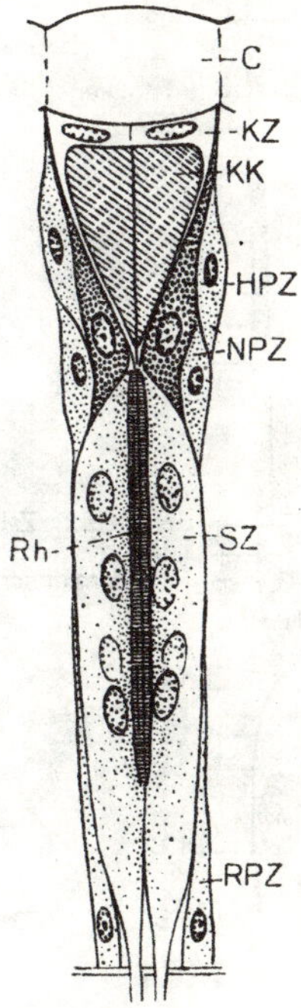

Abb. E12.4

Abb. E12.3. *Panorpa communis* Linnaeus. Ommatidium einer Larve vor der 1. Häutung. Nach Bierbrodt. 1320× vergr. Bez. wie bei Abb. E12.2. **BM** Basalmembran; **C** Cornea; **HPZ** Hauptpigmentzelle; **KK** Kristallkegel; **NPZ** Nebenpigmentzelle; **Rh** Rhabdom.

Abb. E12.4. Schema des Längsschnittes durch ein Ommatidium mit eukonem Kristallkegel. Nach Weber. Bez. wie Abb. E12.3. **Kz** Kristallkegelzelle; **RPZ** Retinapigmentzelle.

Eine Akkomodationsvorrichtung ist nicht vorhanden. Die Brennweite ist ja sehr kurz, die Auflösung auch ziemlich grob.

Der dioptrische Apparat. Die Cornea wird – auch bei den Häutungen der Hemimetabolen – sehr oft von den Hauptpigmentzellen abgeschieden (Abb. E12.3). In anderen Ordnungen können die Nebenpigmentzellen, manchmal die Kristallkegelzellen daran beteiligt sein. Der Kristallkegel wird bei vielen Wanzen, Käfern und Nematoceren allein durch das Plasma der 4 durchsichtigen Kristallkegelzellen dargestellt (akone Augen). Bei anderen Arten besteht er aus einem Sekret. Dieses kann innerhalb des Plasmas der 4 Bildungszellen einen vierteiligen Kegel bilden (Eukonus) oder aus der Zelle ausgeschieden und an die Linse angepreßt werden (Pseudokonus). In beiden Fällen kann der Kegel fest oder halbflüssig-weich sein. Bei *Calliphora* ist er ein weicher, isotroper, optisch homogener Lichtleiter (Abb. E12.5). Dagegen besteht der harte Pseudokonus von *Lampyris* aus Schichten von unterschiedlicher optischer Dichte und bricht die Lichtstrahlen wie ein Linsenzylinder (vgl. Teil 2 des Lehrbuchs, Mandibulata, Abb. 685, S. 865).

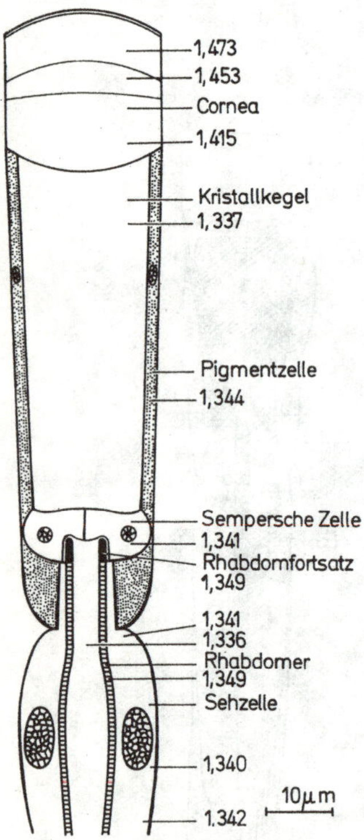

Abb. E12.5

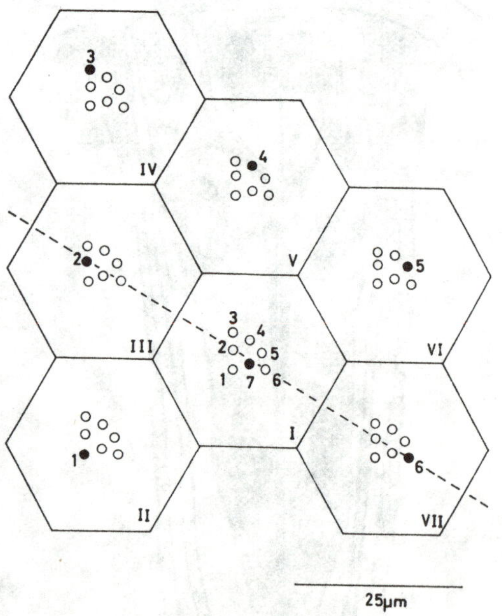

Abb. E12.6

Abb. E12.5. *Calliphora vicina* Rob. Schematischer Längsschnitt durch die distale Hälfte eines Ommatidium mit den Brechzahlen für die Wellenlänge 546 nm. Nach Seitz.

Abb. E12.6. *Calliphora vicina* Rob. Eine punktförmige Lichtquelle, die achsengerecht ins Ommatidium I einfällt, wird auch in benachbarten Ommatidien in je einem (dunkel eingezeichneten) Rhabdom abgebildet, so daß dieses aufleuchtet. Die gestrichelte Linie geht durch die in Abb. E12.7 in einem achsenparallelen Schritt gezeichneten Ommatidien. Nach Seitz.

Die zentral gelegenen Hauptpigmentzellen legen sich eng an den Kristallkegel, oft auch noch an die Spitzen der Retinula (Abb. E12.3 bis E12.5). An ihrer lateralen Fläche liegen die Nebenpigmentzellen, die einen peripheren Mantel um das Ommatidium bilden. Sie haben die Basalmembran abgeschieden und sich zunächst von dieser bis zur Cornea erstreckt (E12.3). In vielen Fällen ziehen sie sich dann in die distale Hälfte des Ommatidium zurück. Einige können aber auch an der Basis des Ommatidium zurückbleiben und werden dann als Retina-Pigmentzellen bezeichnet (E12.4). Die Pigmente (Ommochrome und Pteridine) sind Schutz- und Filterfarbstoffe, nicht aber Transformatoren für das Licht. Manchmal enthalten die Retinapigmentzellen auch spiegelnde Kristalle und fungieren als Tapetum (z. B. bei den *Mantodea*). Bei Libellen, Nachtschmetterlingen und manchen Fliegen dagegen wird das Tapetum von dünnen Tracheen dargestellt, die sich von der Basalmembran her zwischen die Retinulazellen drängen und diese auf eine Strecke einhüllen. Sie wirken durch die totale Reflexion.

Die Sehzellen legen sich im Zentrum des Auges der Länge nach zu einer Retinula zusammen (Abb. E12.3, E12.4). Manchmal liegen sie in 2 Schichten übereinander (vgl. Teil 2, S. 860, Abb. 681). Zumeist sind in jeder Retinula 8 Sehzellen vorhanden, von denen eine oder 2 freilich verkürzt oder ganz reduziert sein können. Jede vollständig ausgebildete Sehzelle erzeugt gegen das Zentrum der Retinula hin ein Rhabdomer. Dieses besteht aus rechtwinklig zur Augenachse gerichteten, dicht gepackten Mikrovilli von 40—120 nm Durchmesser. In sie ist der lichtabsorbierende Sehstoff eingebaut, wie mikrospektroskopische Untersuchungen an *Calliphora* beweisen. Die Rhabdomeren sind Lichtleiter. Sie haben einen höheren Brechungsindex als ihre Umgebung. Licht, das in ihnen verläuft, wird an ihren Grenzen vollständig reflektiert, wenn der Winkel der Totalreflektion überschritten wird. Wie Querschnitte zeigen, verlaufen die Mikrovilli in einander gegenüberliegenden Rhabdomeren parallel. Das Muster, das die Rhabdomere in einem Ommatidium bilden, ist über weite Teile des Auges konstant beibehalten (Abb. E12.6), auch in bezug auf die Richtung der Mikrovilli. Bei *Calliphora* ist nachgewiesen worden, daß sich die obere und untere Augenhälfte dabei spiegelbildlich verhalten.

B. Die Funktion der Komplexaugen

1. Die Abbildung

Ihr Prinzip läßt sich leicht veranschaulichen, wenn man mit einer Rasierklinge ein Facettenauge dicht über den Rhabdomen abkappt. Betrachtet man dann die Schnittfläche im hängenden Tropfen unter dem Mikroskop, so sieht man bei einer bestimmten Tubuseinstellung, daß das Auge ein einheitliches Bild eines vor dem Mikroskopspiegel stehenden Gegenstandes entwirft. Diese Abbildung stellt in Wirklichkeit ein Mosaik aus lauter Teilbildchen dar, die von den dioptrischen Apparaten der einzelnen Ommatidien entworfen worden sind (musivisches Sehen). Dem Verständnis der Auswertung eines Teilbildchens durch die Retinula des Ommatidium stehen noch immer große Schwierigkeiten entgegen. Trotzdem kann man schon seit Jahrzehnten die Beziehungen zwischen morphologischen Eigenheiten eines Komplexauges und seiner Sehschärfe, die auch für den Detailreichtum des Bildes von großer Bedeutung ist, verstehen.

Wir betrachten zunächst den weitverbreiteten Augentypus, bei dem die Rhabdomeren im Zentrum der Retinula der Länge nach zusammengewachsen sind und die Axone der Sehzellen zum Lobus opticus ziehen, ohne sich mit denen anderer Ommatidien zu vereinigen. Wie bei jedem Ommatidium, so gelangen auch hier nur Strahlen, deren Richtung sehr wenig von der Ommatidium-Längsachse abweicht, zur Retinula. Die anderen fallen in die Pigmentzellen und sind wirkungslos (Abb. E12.4). Aus den Ergebnissen sehr vieler Versuche mit Gittern aus gleich breiten weißen und schwarzen Streifen sowie mit Lichtkompaßreaktionen hat man geschlossen, daß jedes Ommatidium in bezug auf die Auswertung des in ihm entworfenen Bildes eine physiologische Einheit sei (Experimente vgl. Teil 2, S. 869). Das bedeutet, daß jedes Ommatidium ein einheitliches Signal abgibt. Bietet man also einer *Forficula* eine weiße Scheibe mit 5 schwarzen Punkten aus so großem Abstand, daß ihr Bild in ein einziges Ommatidium fällt, so signalisiert dieses eine gleichmäßige, mittelstarke Verdunkelung seines Sehfeldes. Es würde genauso reagieren, wenn man die Scheibe so geschwind drehte, daß die Punkte mit dem Weiß zu einem einheitlichen Grau verschwimmen oder wenn man die Punkte statt in einer Linie im Kreise, im Fünfeck usw. anordnete. Wir haben auf Grund der oben genannten Versuchsergebnisse anzunehmen, daß 2 Punkte vom Insekt nur dann als getrennte Reize wahrgenommen werden können, wenn ihre Bilder in zwei verschiedene Ommatidien fallen, die durch mindestens ein ungereiztes getrennt sind. Die Wände des Ommatidium von *Forficula* divergieren um 8°. Wenn an seine Stelle die den gleichen Winkelbereich einnehmenden 64 Ommatidien von *Aeschna* eingesetzt würden, deren Wände nur um 1° divergieren, so fiele das Bild der Scheibe in 64 Rhabdome. Die Punkte würden also nicht gemeinsam, sondern getrennt voneinander in verschiedenen Ommatidien abgebildet und dadurch würde auch ihre Anordnung ins Zentrum signalisiert.

Da der Winkel, den die Wände eines Ommatidium miteinander bilden, ebensogroß ist wie der Winkel, mit dem die Achsen der Ommatidien divergieren, kann man mit der Größe dieses Winkels die Sehschärfe eines Komplexauges kennzeichnen. Er ist nicht in allen Regionen des Auges gleich groß. Wenn die Unterschiede sehr bedeutend sind, kann sich das Auge in 2 Abteilungen gliedern (E12.1; 6.2).

Günstigste Ommatidienwinkel von

Apis mellifica 1,4°	*Eristalis tenax* 1,3°
Pieris brassicae 1,8°	*Chrysomela fastuosa* 5,4°
Herse convolvuli 1°	*Phyllobius urticae* 7°
Aeschna knapp 1°	*Coccinella septempunctata* 2,9°

Zum Vergleich: Beim Menschen beträgt der kleinste Sehwinkel, unter dem 2 Punkte noch getrennt wahrgenommen werden, etwa 30–60″.

Zunächst hatte man geglaubt, daß jedes Ommatidium das Licht aus dem Areal erhält, das der Projektion seiner Grenzen in die optische Umgebung entspricht, daß also die Sehfelder der benachbarten Ommatidien voneinander geschieden seien. Schon bei dem Studium der Pseudopupillen hat sich das als Irrtum herausgestellt. Durch die Linsenwirkung der Cornea wird das Sehfeld erweitert, und die Sehfelder benachbarter Ommatidien überlappen sich. Bei *Calliphora* z. B. ist der Divergenzwinkel der Ommatidienachsen in der Augenmitte 2° groß, der physiologische Öffnungswinkel hingegen beträgt 7°. Ob dadurch die Abbildung stark beeinflußt wird, ist fraglich. Die Erregungsgröße einer Sehzelle fällt sehr stark ab, wenn der Winkel des einfallenden Lichtes von der Achse des Rhabdomer abweicht, bei *Calliphora* z. B. schon bei einer Divergenz von nur 2° auf etwa $^1/_{10}$. Im wesentlichen kann also die schematische Veranschaulichung der Abbildung im Komplexauge beibehalten werden. Sie vergleicht das Mosaik aus den in sich einheitlichen Teilbildflecken, deren Anzahl und Größe je nach dem Divergenzwinkel der Ommatidien wechselt, mit den feinen oder groben Punkten der Raster, die zur Bildreproduktion verwendet werden.

Komplizierter verläuft der Vorgang der Abbildung bei den schizophoren Fliegen, deren Rhabdomeren getrennt voneinander verlaufen. Beleuchtet man eine am hängenden Tropfen adhärierende Augenkappe von *Calliphora* von der Linsenseite her mit einem sehr dünnen Bündel parallel verlaufender Lichtstrahlen, so erscheint nicht das ganze Ommatidium, in das dieser achsengerecht einfällt, ausgeleuchtet. Wie Abb. E12.6 zeigt, ist nur sein zentrales Rhabdomer hell, gleichzeitig aber auch in 6 benachbarten Ommatidien je ein Rhabdomer. Die 7 Sehzellen, die gleichzeitig beleuchtet worden sind, senden ihre Axone zu einem Neurommatidium der Lamina ganglionaris, das nur sie aufnimmt (Abb. E12.7). In ihm werden die Erregungen aller Rhabdomeren addiert, die aus derselben Richtung gereizt worden sind. Bei diesen Fliegen ist also nicht das Ommatidium eine physiologische Einheit beim Abbildungsprozeß, sondern das Neurommatidium, in dem die Bilder zentral aufeinander projiziert werden.

Bedeutsam erscheint, daß das Bild eines Objektes durch das Ommatidium der *Calliphora* nicht als eine einheitliche Information ausgewertet, sondern von den Rhabdomeren aufgeteilt wird. Ableitungen von einzelnen Sehzellen haben auch gezeigt, daß jedes Rhabdomer ein eigenes Sehfeld hat. Doch konnte bisher nicht nachgewiesen werden, daß dies praktisch das Auflösungsvermögen erhöht. In den Verhaltensversuchen (Optomotorik usw.) verhielten sich Fliegen nicht anders als Insekten mit verschmolzenen Rhabdomeren.

2. Das binokulare Sehen und die Entfernungsschätzung

Die Untersuchung der Pseudopupille zeigt, daß eine ganze Anzahl Insekten einen binokularen Sehraum hat. Mit dessen Hilfe können sie die Entfernung eines Objektes

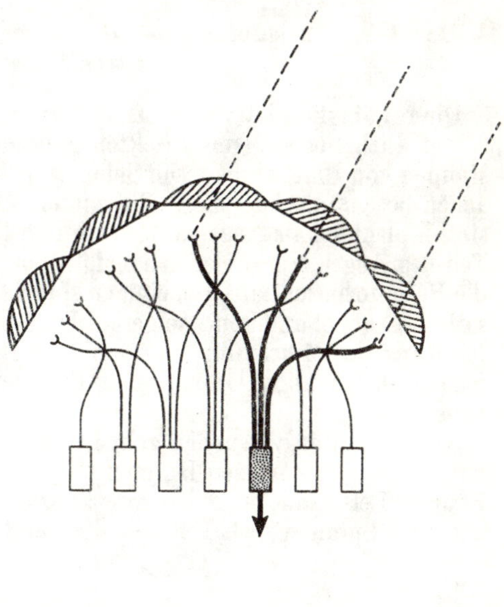

Abb. E12.7. *Musca domestica* Linnaeus. Achsenparalleler Schnitt durch 5 Ommatidien, von denen 3 auf der gestrichelten Linie in Abb. E12.6 liegen. Der in das mittlere Ommatidium achsenparallel eintretende dünne Lichtstrahl wird auch in den Nachbarommatidien auf je einem Rhabdomer abgebildet infolge der Linsenbrechung, die wegen des geringen Winkelbetrages nicht abgebildet werden konnte. Die Axone der beleuchteten (dick gezeichneten) Sehzellen laufen zusammen in ein Neurommatidium. Nach Braitenberg.

schätzen, wenn sie eine symmetrische Stellung zu ihm einnehmen. Die Distanz ergibt sich dann aus der Achsen-Konvergenz der im linken und rechten Auge gleichzeitig gereizten Ommatidien. Einseitige Blendung verhindert die Entfernungsschätzung, wie durch Versuche mit Libellenlarven, Mantiden und *Cicindela* nachgewiesen worden ist. Bei diesen Tieren und wohl auch bei blütenbesuchenden Insekten wie z. B. Schwärmern und *Bombyliidae* liegt die Spitze der Mundwerkzeuge innerhalb des binokulären Sehraums, der z. B. bei der Larve von *Calopteryx splendens* 88° umfaßt. Gewöhnlich sind die Divergenzwinkel der im binokularen Sehbereich liegenden Ommatidien kleiner, die Sehschärfe also größer als in den anderen Regionen des Auges.

3. Der zeitliche Verlauf des Erregungsvorganges

Er ist abhängig von der Temperatur, der Intensität des Reizes und der Größe der Reizfläche. Bei den nicht oder nur langsam fliegenden Insekten (z. B. *Periplaneta*, *Carausius*, *Tachycines*, *Dytiscus*, auch manchen Tagschmetterlingen und Libellenlarven) wird die Erregbarkeit der gereizten Sinneszelle erst nach $^{1}/_{10}$ bis $^{1}/_{50}$ s wiederhergestellt, je nach den äußeren Bedingungen. Treten also innerhalb einer Sekunde mehr als 50 Lichtblitze auf, so reagiert das Auge, als sei es von Dauerlicht getroffen worden, wie auch das Menschenauge. Viel schneller verlaufen die Erregungsvorgänge bei rasch fliegenden Insekten, z. B. Libellen, Hymenopteren und vielen Dipteren. So löst z. B. das Auge von *Aeschna* noch 175 Lichtblitze/s auf, das von *Calliphora* und der Biene maximal 300/s. Das steht in Beziehung zu der schnellen Fortbewegung. Wenn die Biene mit einer Geschwindigkeit von 5—9 m/s fliegt, so verschwimmen ihr nicht die Konturen des Grases und der Blüten, über die sie hinwegstreift, wie dem Menschen die Umrisse der Pflastersteine, wenn er aus dem fahrenden Auto auf den Boden schaut. Die zeitliche Auflösung ist dem schnellen Wechsel der Bilder in den Ommatidien durchaus angepaßt. Weiterhin kann jedes Ommatidium bei der Eigenbewegung des Tieres die Konturen von Objekten nacheinander optisch abtasten, also das räumliche Nebeneinander in ein zeitliches Nacheinander verwandeln.

4. Das Unterscheidungsvermögen von regulärem und polarisiertem Licht und von dessen Schwingungsebene

Diese Fähigkeit ist von v. Frisch 1948 zunächst bei der Biene nachgewiesen und später auch bei anderen Insekten gefunden worden, z. B. bei *Notonecta*, Ameisen, Raupen von Blattwespen und Schmetterlingen, *Calliphora* usw. Es ist auf die Seitenaugen beschränkt, deren Rhabdomeren-Mikrovilli mit den in sie eingelagerten Sehstoff-Molekülen als Analysatoren wirken. Dreht man über den nach oben gerichteten Teil des Auges eine Polarisationsfolie, so ändern sich in den Retinula-Zellenpaaren die Rezeptorpotentiale. Bei einigen sind sie am größten bei der 0-Stellung der Polarisationsfolie, bei anderen nach einer Drehung um 45° usw., je nach der verschiedenen Richtung der Mikrovilli. Das geschieht gleichsinnig in der ganzen dorsalen Augenregion, da in allen Ommatidien die identischen Rhabdome dieselbe Anordnung haben.

Aus Verhaltensversuchen geht hervor, daß die Insekten diese Fähigkeit dazu benutzen, den wolkenlosen Himmel als Kompaß zu verwenden, wenn die Sonne durch Bäume, Felswände u. dgl. verdeckt ist. Die gleiche Fähigkeit finden wir auch bei manchen Spinnen (vgl. Teil 1, S. 694) und Krebsen (Teil 2, S. 1204).

5. Das Farbunterscheidungsvermögen

Es ist bei Insekten zum ersten Mal durch v. Frisch bei Bienen nachgewiesen worden, die er auf ein farbiges Papier, das innerhalb zahlreicher abgestufter Graupapiere lag, dressiert hatte. Seither haben zahlreiche optomotorische und andere Verhaltensversuche, in einigen Fällen auch elektrophysiologische Verfahren gezeigt, daß Arten aus den verschiedensten Ordnungen farbtüchtig sind. Farbenblindheit konnte bei Insekten bisher nicht völlig einwandfrei nachgewiesen werden. Auffällig ist, daß das sichtbare Spektrum zumindest einer ungemein großen Anzahl von Arten am kurzwelligen Ende weit über das des Menschen hinausreicht. Mit Lampen, die lediglich Ultraviolett durchlassen, dem Menschen also dunkel erscheinen, werden große Mengen aller möglichen Ordnungen bei Nacht angelockt. Die Ausdehnung der Empfindlichkeit für den äußersten Teil des langwelligen Spektrums, den der Mensch noch wahrnimmt, ist sehr verschieden. Während es rottüchtige Tagschmetterlinge gibt, auch *Carabus* und *Calliphora*, diese aber nur bei starker Intensität, die noch auf Wellenlängen von mehr als 670 nm reagieren, ist bisher von anderen Insekten keine Empfindlichkeit für Wellenlängen jenseits 650 nm bekannt.

Die spektrale Empfindlichkeit einzelner Sehzellen wurde bisher nur bei *Apis mellifica*, *Calliphora erythrocephala*, *Dineutes* (Taumelkäfer), *Notonecta*, *Locusta migratoria* sowie Imagines und Larven von *Aeschna* gemessen. Abgesehen von *Aeschna*-Imagines mit nur 2 Rezeptortypen, sind sonst je 3—4 in einem Auge vorhanden, die sich durch die Lage ihrer maximalen Empfindlichkeit innerhalb des Spektrums unterscheiden (Abb. E12.8). Die Typen sind nicht immer in allen Teilen des Auges vorhanden, außerdem hat jede Art Rezeptoren, die häufig, und solche, die nur selten angetroffen werden. Wenn 3 oder 4 Rezeptoren von verschiedener Farbempfindlichkeit vorhanden sind, so werden diese durch das ins Auge fallende Reizlicht in unterschiedlicher Weise erregt (Abb. E12.8). Es entstehen Reizmuster, die in den Sehganglien ausgewertet werden. Das Insekt unterscheidet dann nicht nur die 3 oder 4 Farben, für die je eine Sehzelle mit maximaler Empfindlichkeit vorhanden ist, sondern eine viel größere Anzahl. Wie viele Farben die Biene unterscheiden kann

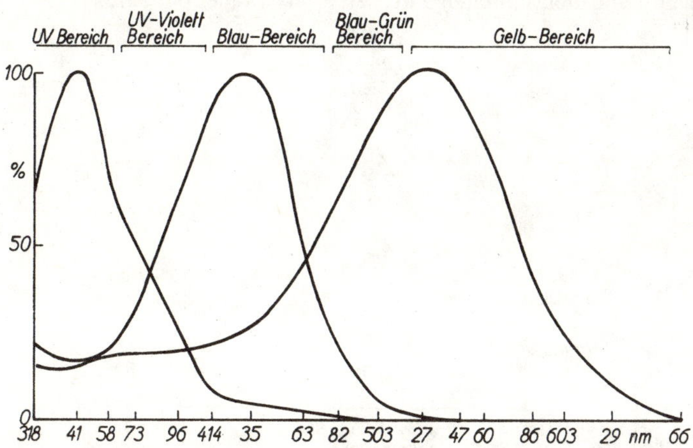

Abb. E12.8. Empfindlichkeitskurven von 3 verschiedenen Rezeptoren im Auge der Bienenarbeiterin. Maxima bei 340, 430 und 530 nm. Ordinate: Prozent der maximalen Empfindlichkeit. Nach Autrum u. v. Zwehl, aus von Frisch. Tanzsprache u. Orientierung der Bienen.

wurde durch Dressuren nachgewiesen, bei denen statt der Pigmentfarben von Papieren energiegleiche Spektralfarbenlichter oder deren Mischung verwendet wurden.

Eine zentrale, auch Ultraviolett aussendende Lampe wirft ihr Licht durch 4 verschiedene Interferenzfilter in 4 Kammern mit stark reflektierenden Wänden. Die Kammern sind bedeckt mit einem gemeinsamen Deckel, der über jeder Kammer eine sternförmige Öffnung aus UV-durchlässigem Glas hat. Die auf diese durchleuchteten Gläser gesetzten Futtergefäße bestehen aus Quarz. Der ganze Apparat dreht sich langsam um seine Achse, um Ortsdressur zu vermeiden.

Die Bienen unterscheiden Ultraviolett, Blaugrün sowie einen gelben und einen blauen Wellenbereich. Entsprechend der Tatsache, daß in dem „bienengelben" Bereich nur ein Rezeptor erregt wird (Abb. E12.8), können sie nur mit mäßigem Erfolg (weniger als 70% Anflüge) auf Teile davon dressiert werden. Sie unterscheiden dann Orange, Gelb und Grün voneinander. Etwas besser gelingen die Dressuren im Blaubereich, die zeigen, daß Violett und Blau voneinander unterschieden werden können.

Interessant sind die Analogien, die zwischen dem Farbensinn der Biene und des Menschen bestehen (Abb. E12.9). So bewiesen die Dressuren, daß es auch für Bienen Komplementärfarben gibt, deren Mischung von anderen Farben des Spektrums unterschieden wird. Dieses dem Menschen analoge Bienenweiß scheint wie das des Menschen unbunt zu sein; man kann die Bienen schwer darauf dressieren. Auch ergibt natürlich die Subtraktion einer Komplementärfarbe aus dem Bienenweiß, die im Spektalfarbenmischapparat vorgenommen wird, eine Farbe, die bei Dressuren mit der anderen Komplementärfarbe verwechselt wird. Bietet man z. B. weißes Licht, aus dem man das Ultraviolett herausgefiltert hat, und dressiert die Bienen darauf, so verwechseln sie dieses mit wenig gesättigtem Blaugrün. In der Mitte jeder Dreieckseite der Abb. E12.9 ist angegeben, welche Mischfarbe für das Bienenauge zustande kommt, wenn man die an den Enden der Seite angegebenen Farben mischt. So ergibt also das Addieren eines blauen und eines gelben Filters eine Farbe, die die Bienen nicht mit Grün verwechseln, sondern mit Blaugrün. Darüber hinaus entsteht durch die Mischung der am Ende des Spektrums stehenden Wellenlängen eine Farbe, die nicht im Spektrum vorhanden ist. Man bezeichnet sie analog zu den Verhältnissen beim menschlichen Farbsehen als Bienenpurpur.

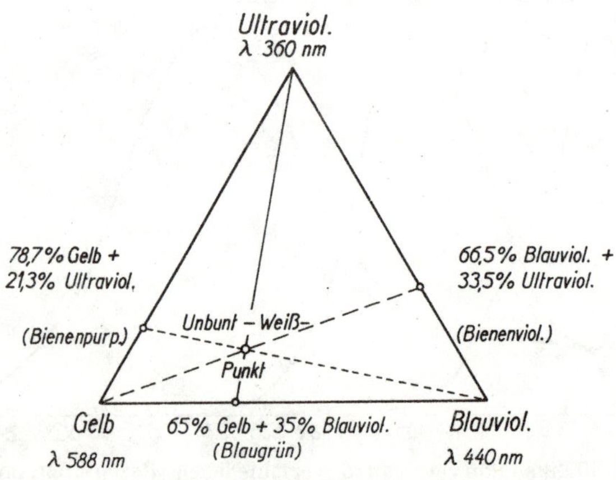

Abb. E12.9. Farbendreieck mit 3 reellen Farbreizen, aus dem die Kompensativbeziehungen des Farbensystems der Bienen zu entnehmen sind. Nach DAUMER. Z. vgl. Physiol. **41**, 1958.

Die Farbtüchtigkeit der Bienen steht in engster Beziehung zu ihrer Nahrungssuche in Blüten. Deren Farben müssen entsprechend der Verschiebung des Spektrums ganz anders auf sie wirken als auf den Menschen, zumal für sie Ultraviolett, das wir nicht sehen können, rund viermal so reizwirksam ist wie andere Farben. Um eine Anschauung davon zu bekommen, wurde eine Blüte durch Quarzlinsen dreimal photographiert, abwechselnd mit einem Filter, dessen Durchlässigkeitsbereich sich mit den Grenzen der 3 Grundspektralbereiche des Bienenfarbsystems deckte (Gelb 650–510 nm, Blau 480–400 nm, Ultraviolett 400–300 nm). Gleichzeitig wurde durch ein Verfahren die quantitative Bestimmung der Reflexion aller Blütenteile gesichert. Die Tabelle zeigt, wie stark schon eine geringe Beimischung von Ultraviolett den Gesamtcharakter der Blütenfarbe wandelt.

	Mittlere Reflexion in % im				
	Gelbbereich	Blaubereich	UV-Bereich	Bienenfarbton	Menschenfarbton
Primula veris	36	0	0	bienengelb	dottergelb
Brassica napus	49	1,6	4	bienenpurpur I	goldgelb
Sinapis arvensis	40	1,5	15	bienenpurpur II	goldgelb
Prunus avium	50	45	7	bienenblaugrün	weiß
Anemone nemorosa	38	35	0,5	bienenblaugrün	weiß
Papaver rhoeas	2	1,5	10	bienen UV	scharlach
Papaver somniferum	12	23	5	bienenblau	violett
Gartenrose	> 5	> 0,5	> 0,5	bienenschwarz	dunkelrot

Bei Dressurversuchen unterschieden die Bienen unter Glas gelegte Blütenblätter von *Erysimum helveticum* (reflektiert 52% im Gelbbereich, keine andere Farbe) von solchen von *Brassica napus* und *Sinapis arvensis*, die gleiche Größe und Form haben. Legte man aber über die Blätter je ein UV-Filter, so wurden alle miteinander verwechselt. Interessant ist, daß es für das Bienenauge keine Blumen in Weiß gibt, einer Farbe, die für sie so wenig attraktiv ist, daß man sie nur schwer darauf dressieren kann. Vielmehr leuchten die menschenweißen Blumen in Bienenblaugrün. Der Mohn wird für sie sichtbar durch das reizwirksame Ultraviolett, das er aussendet. Die Blütenfarben heben sich gut vom Laub ab, denn Blätter reflektieren schwach in allen 3 Bereichen, sie erscheinen der Biene grau mit blaßgelblicher Tönung.

Die Photographien durch die Filter zeigen weiterhin, daß sehr viele Blüten auf ihren Blättern ultraviolette Streifen und Saftmale haben, die unserem Auge völlig entgehen. Gegen sie hebt sich scharf der niemals UV-reflektierende nektar- und pollenhaltige Teil der Blüte ab. Ein angeborener Reflex läßt die Bienen sofort den Kopf senken, meist auch den Rüssel ausstrecken, sobald sie von UV-Farbzonen in UV-freie kommt. (Spontane Bevorzugung von Farben durch frisch geschlüpfte Schmetterlinge siehe Kap. 29; Farbsinn der blumenbesuchenden Fliegen Kap. 31.)

6. Die Anpassung an wechselnde Lichtverhältnisse

Diese Anpassung kann auf verschiedene Weise geschehen.

a) Durch retinomotorische Verschiebung der Rhabdome. Diese kommt nur in akonen Augen vor und ist bei einer größeren Anzahl von Wanzen, bei Dermapteren, bei *Tenebrio*, *Tipula* und *Culex* beobachtet worden. Wie Abb. E12.10 zeigt, bilden tagsüber die Hauptpigmentzellen vor den Rhabdomen eine enge Pupille, die alle seitlichen Strahlen von diesen abhält. Nach Eintritt der Dämmerung aber werden die Rhabdome zwischen den auseinanderweichenden Hauptpigmentzellen hindurch in die Kristallzellen hineingeschoben. Das Licht hat jetzt in breiter Front zu ihnen Zutritt.

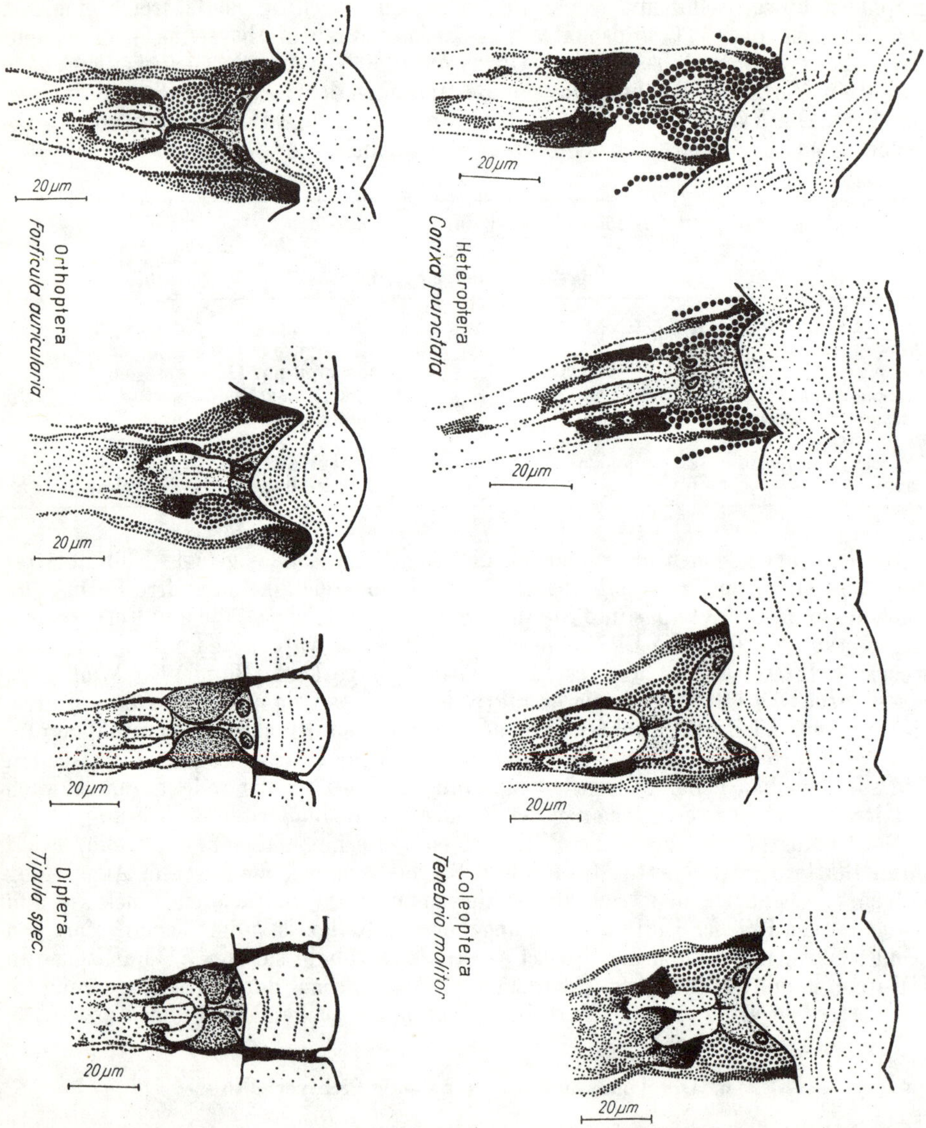

Abb. E12.10. Schnitte durch verschiedene Ommatidien, jeweils in Hellstellung (links) und in Dunkelstellung (rechts). Nach Eckart. Peripher liegen die Nebenpigmentzellen. Der akone Kristallkegel wird von den ovalen Hauptpigmentzellen umschlossen, die bei Dunkelstellung durch die vorgeschobenen (weiß gehaltenen) Rhabdomeren auseinandergedrängt werden.

b) Durch Adaptation, eine Änderung der Empfindlichkeit der Sehzellen. In der Dunkelheit wird besonders bei nachtaktiven Insekten die Reizempfindlichkeit außerordentlich gesteigert, bei *Carausius* z. B. nach 30 min auf das 22000fache des Ausgangswertes, wie elektrophysiologische Untersuchungen zeigen. Für die im Dämmer des Pflanzengewirrs oder der Gewässer lebenden Insekten ist das von großer Bedeutung.

7. Die Erhöhung der Lichtstärke

Sie erfolgt in den engen Ommatidien auf verschiedene Weise:

a) Der Durchmesser der engen Cornea wird bei gleichbleibendem Divergenzwinkel der Ommatidien vergrößert, indem das Ommatidium stark verlängert wird.

b) Der Augenhintergrund wird mit einem Tapetum ausgestattet, das die Strahlen, die das Auge durchlaufen haben, wieder zurückwirft, so daß die Rhabdome noch einmal gereizt werden. Diese Reflektion ist besonders deutlich bei einem einfachen Versuch mit Nachtschmetterlingen zu beobachten. Leuchtet man abends deren Augen schwach an, dann erglühen diese einige Zeit lang in goldenem oder rubinrotem Licht: das Tapetum wirft das eingestrahlte Licht zurück. Tagsüber gelingt das Experiment nicht, weil dann durch Pigmentwanderung die Ommen voneinander isoliert werden (vgl. Abb. 683 A, Abb. 862 vom Teil 2 des Lehrbuchs, Crustacea).

c) Es werden auch schräg in die Ommatidien einfallende Strahlen zur Abbildung ausgenützt durch die Ausgestaltung des Auges zum

8. Das Superpositionsauge

In diesem sind die Rhabdome durch einen weiten Zwischenraum von den Kristallkegeln entfernt (Abb. E12.11). Zwischen beide schieben sich entweder Verlängerungen der Kristallkegelzellen oder der die Rhabdome distal weit überragenden Retinulazellen. Weiterhin sind die Kristallkörper bis etwa zu ihrer doppelten Brennweite verlängert. Die in sie hineingelangenden Strahlen treten demgemäß an der gleichen Seite wieder aus (Abb. E12.11; auch Teil 2, S. 865). Sehr schräg ins Ommatidium eintretende Strahlen gelangen deshalb ins benachbarte oder übernächste Rhabdom. Jedes Rhabdom erhält unter diesen Umständen also nicht nur das achsen-

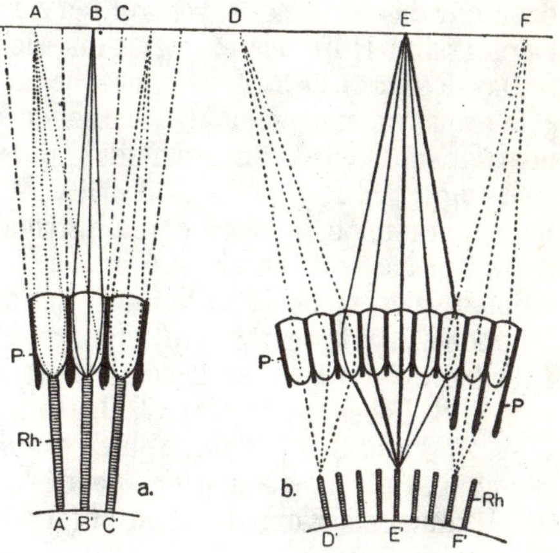

Abb. E12.11. Schema des Strahlengangs a) im Appositions-, b) im Superpositionsauge. Nach KÜHN. **A—F** Objektpunkte; **A'—F'** die diesen zugeordneten Rhabdomeren; **P** Pigment.

gerecht einfallende Strahlenbündel, sondern auch solche, die schräg vom Bildpunkt ausgehen, aus bis zu 30 ihm benachbarten Kristallkegeln. Das ist natürlich nur möglich, wenn das Pigment der Nebenpigmentzellen sich weit zurückzieht (Abb. E12.11). Das geschieht abends bei Noctuiden z. B. auch dann, wenn man den Schmetterling wochenlang im Dunkeln hält. Tagsüber dagegen breitet sich das Pigment über die ganze Strecke der Pigmentzellen aus und isoliert die Ommatidien derart voneinander, daß sie wie Appositionsaugen arbeiten (Abb. E12.11). So wird eine Blendung durch überstarkes Licht vermieden. Obwohl durch die Überlappungen und durch Lichtstreuung im Superpositionsauge Abbildungsfehler eintreten, sind die Dämmerungs- und Nachttiere davon nicht behindert. Abgesehen davon, daß zu diesen Tageszeiten die optische Umwelt keine Einzelheiten bietet, ist ja auch der Raster der Ommatidien reichlich grob, wodurch sich die Fehler wenig bemerkbar machen.

Die Superpositionsaugen kommen nur ausnahmsweise bei Hemimetabolen vor und dann nur in der dorsalen Augenregion, wenn diese für das Bewegungssehen große Bedeutung hat, wie bei den Doppelaugen der *Ephemeroptera* und in der Oberhälfte des Auges von *Anisoptera* (Abb. 6.2). Im ganzen Augenbereich sind die Augen zu Superpositionsaugen eingerichtet bei den *Neuroptera*, *Trichoptera*, sehr vielen Gruppen der Nachtschmetterlinge und vielen Käfern, z. B. *Dytiscidae*, *Orycterus*, *Elateridae*, *Lampyridae*.

9. Die Vorzüge des Komplexauges

Sie liegen auf dem Gebiet des Bewegungssehens und der optischen Orientierung. Beide werden gefördert durch das in vielen Fällen sehr große Gesichtsfeld, das durch die Anordnung der Sehzellen auf einer konvexen Basis ermöglicht wird (Abb. E12.1). Dazu kommt, daß das Minimum visibile sehr gering ist. So reagieren z. B. *Eristalis* und *Pieris* optomotorisch noch auf die Bewegung einzelner schwarzer Streifen, die ihnen unter einem Sehwinkel von 3,8′ bzw. 6,5′ erscheinen und nur 4,8% bzw. 6% ihrer Ommatidienfläche verdunkeln. Insekten werden also durch ferne Objekte alarmiert, die sich in einem weiten Umkreis um sie bewegen, wobei die Bilder über ihre Ommatidien wandern, sei es, daß sie auf der Suche nach Beute oder nach einem Geschlechtspartner sind. Nähern sie sich dann dem durch seine Bewegungsform attraktiven Objekt, so fällt dessen Bild auf ständig mehr Ommatidien, so daß es schließlich als Partner oder Beute erkannt werden kann. Dabei ist zu bedenken, daß dazu nur das Auffangen weniger hervortretender Signale nötig ist, wobei oft noch der Geruchssinn Hilfe leistet (vgl. Sinnesleben unter Kap. 7, 26, 27, 29, 31).

Das Formensehen ist nicht bedeutend, entsprechend den Ommatidienwinkelgrößen von meist mehr als 2°. Bienen können einen Kreis nicht von einem Quadrat oder einem Dreieck unterscheiden, deren Seitenlängen so groß wie sein Durchmesser sind (vgl. Teil 2, S. 873, Abb. 690). Wenn sie sich aber einer Blüte sehr genähert haben, erkennen sie doch deren Saftmale und deren Eingang. Das kann man gut an Schwärmern beobachten, die in der Luft vor einer Blüte schwirren. Zum anderen können sich viele Insekten an Landmarken orientieren, z. B. Waldmarken am Horizont, Lichtungsrändern, Häuser, Ufern, auch kleinen Objekten, etwa einem ins Libellenrevier ragenden Zweig, Kiefernzapfen neben einem Nest des Bienenwolfes usw. (vgl. Lebensweise Kap. 7, Brutpflege Kap. 27D, Orientierung nach Landmarken Kap. 27C und 27E). Beim Fehlen von auffälligen optischen Landmarken werden die Sonne und die Verteilung des polarisierten Lichtes und seiner Schwingungsrichtung am Himmel als Kompaß benutzt (Kap. E13 und 27E).

II. Die einfachen Linsenaugen

Sie sind bei den Insekten vertreten in Gestalt von Seitenaugen der Larven der *Holometabola*, den sogenannten Stemmata, und Mittelaugen, den sogenannten Ocellen, die meist eine Dreiergruppe bilden.

A. Die Stemmata

Sie entwickeln sich auf andere Weise als die Komplexaugen. Zunächst senkt sich das Ectoblastem als rundliche Grube ein, aus deren Wandung die Sehzellen entstehen. Dann schieben sich von den Rändern her die Nachbarzellen über den Sehzellenbecher hinweg, ein Prozeß, der manchmal noch am Auge sehr junger Larven erkennbar ist (Abb. E12.12). Aus ihnen entwickelt sich ein dioptrischer Apparat von sehr verschiedener Organisationshöhe. Linse und Kristallkörper können ausgebildet werden oder auch fehlen und durch diaphane, aber nicht besonders differenzierte Epidermiszellen vertreten werden. Die Zahl der Sehzellen ist meist nicht groß. Sie sind dann mit ihren Rhabdomen an der Spitze mediad gebogen (vgl. Teil 2, S. 860, Abb. 680). Bei Augen mit vielen Sinneszellen sind die Rhabdome gegen die Cornea gerichtet.

Die Stemmata der Raupen des Nonnen-Schmetterlings können polarisiertes Licht von unpolarisiertem und 3 Farbqualitäten (Orange-Gelb-Grün, Blaugrün sowie Eisblau-Violett) voneinander und von allen Graustufen unterscheiden. Auch ein einfaches Formensehen läßt sich nachweisen. Bietet man ihnen inhaltsgleiche, hochgestellte, dunkle Flächen, so steigen sie bevorzugt auf solche, die sich nach oben verjüngen, im Freiland streben sie am Boden auf Bäume zu usw. Die großen Stemmata von *Cicindela* zeichnen sich durch binokulares Entfernungsschätzen aus (Abb. 26.33). Sie enthalten je über 6300 Sehzellen.

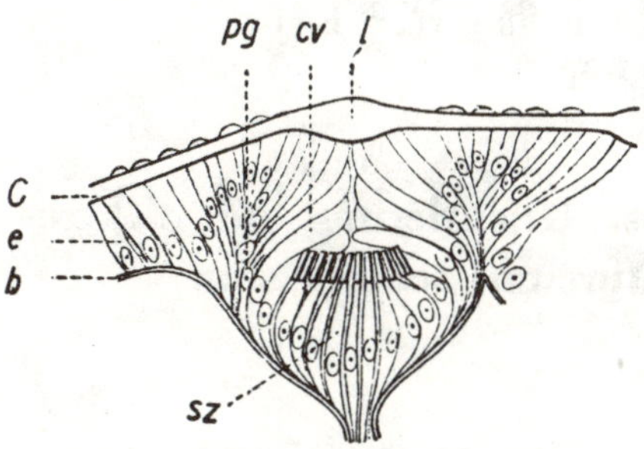

Abb. E12.12

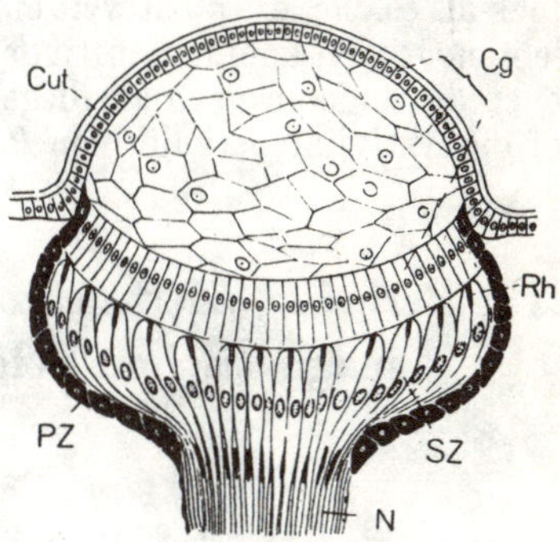

Abb. E12.13

Abb. E12.12. Schnitt durch das Stemma einer jungen *Dytiscus*-Larve. Nach GRENACHER, aus HESSE. **b** Basalmembran; **C** Kutikula; **cv** sich über die Retina schiebende Epidermiszellen; **e** Epidermis; **l** Linse; **pg** pigmenthaltige Zellen; **sz** Sehzellen (vgl. Teil 2, S. 860, Abb. 680).

Abb. E12.13. Schematischer Schnitt durch den Ocellus einer Eintagsfliege. Nach WEBER. **Cg** corneagene Zellen, welche eine Linse darstellen; **Cut** Kutikula; **N** Nerv; **PZ** Pigmentzellen; **Rh** Rhabdome; **SZ** Sehzellen.

B. Die Ocellen

Sie treten bei den *Holometabola* nur bei Imagines, bei den *Hemimetabola* oft schon bei älteren Larvenstadien auf. Im allgemeinen sind sie bei guten Fliegern in einer Dreiergruppe vorhanden (Abb. E7.1). Davon gibt es aber bisher unerklärbare Ausnahmen. So fehlen sie den ausgezeichnet fliegenden *Tabanidae* und *Sphingidae*, dafür sind sie bei den Schaben vorhanden, die kaum Gebrauch von den Flügeln machen. Der Bau der Ocellen variiert noch stärker als die Organisation der Stemmata. Ein Kristallkegel ist nie vorhanden, auch sind die Rhabdome immer linsenwärts gerichtet. Aber statt einer Linse ist oft nur ein dünner Meniskus vorhanden. Ist dieser stark gewölbt, so können Epidermiszellen in seiner Konkavität ein durchsichtiges Gewebe bilden (Abb. E12.13).

Elektrophysiologisch sind nur die Ocellen von *Calliphora* untersucht worden. In bezug auf die Flimmergrenze stimmen sie mit den Komplexaugen überein. Im Dunkeln ist eine stationäre Impulsfrequenz vorhanden, die bei Belichtung vermindert wird.

Im Verhalten zeigen die meisten Insekten nur unauffällige Unterschiede, wenn man ihnen die Ocellen verklebt oder lackiert, während sie sich wie völlig blind aufführen, wenn man die Komplexaugen ausschaltet.

So ändert sich bei Bienen nach dem Lackieren der Ocellen weder die Fluggeschwindigkeit, noch die optische Raumorientierung und der Zeitmeßmechanismus. Dagegen hatten die ocellengeblendeten Bienen Schwierigkeiten bei Wahlversuchen zwischen zwei verschieden starken Lichtquellen im Intensitätsbereich unter 1 Lux. Sie liefen nur dann mit völliger Sicherheit in der Dunkelkammer zum helleren Licht, wenn dessen Intensität 8× so groß wie die des schwächeren war. Lichter von 0,1 Lux waren nach Ausfall der Ocellen die Schwelle, bei der noch ein gerichteter Lauf ausgeführt wurde; bei unbehandelten Bienen aber lag diese Schwelle bei 0,03 Lux.

Setzte man Bienen mit lackierten Ocellen in den Bienenstock zurück, so zeigte sich im Vergleich mit den unbehandelten die biologische Bedeutung der Ocellen. Diese schätzen die Helligkeitsabnahme am Abend quantitativ richtig ein. Sammelscharen, die zu einem 4 km weit entfernten Futterplatz fliegen, bleiben wesentlich früher im Stock als solche, die 50 m weit entfernte Blüten ausbeuten. Auch die Bienen mit verklebten Ocellen kommen mit vor den Stock, kehren aber bei Lichtverhältnissen, bei denen die anderen noch ausfliegen, gleich wieder in ihn zurück. Einfluß der Ocellen auf die Aktivitätsperiodik von *Periplaneta* vgl. Kap. E13.

E13. Periodik, Zeitmeßmechanismus, Orientierung im elektromagnetischen Feld, Temperatursinn, Schmerzsinn

I. Periodik

Wahrscheinlich stehen die Zellen aller Tiere in bezug auf ihre Aktivität und ihre Vermehrung unter dem Einfluß einer 24stündigen Periode, doch ist unser Wissen darüber und vor allem über die physiologische Entstehung der Perioden noch im Anfangsstadium. Bei Insekten kennt man tägliche Perioden in bezug auf Schwankungen des Volumens der Zellkerne bei *Pieris* und *Carabus*, verstärkten Ersatz der Mitteldarmzellen, Anlagerung einer neuen Schicht der Endokutikula z. B. bei der Honigbiene usw. Auffällig sind die Aktivitätsperioden vieler Insekten, wobei es sich freilich um circadiane Rhythmen handelt, die artspezifisch und individuell (circa) um Minuten (bis einige Stunden) vom 24-Stunden-Tag (dies) abweichen können. *Periplaneta* und *Velia* haben ein Hauptmaximum nach Eintritt der Dunkelheit und ein geringes Nebenmaximum vor Tagesanbruch. Der Leuchtkäfer *Photinus pyralis* beginnt ab 19 h Lichtblitze auszusenden, *Carausius* ist nachtaktiv und breitet nachts das dunkle Pigment aus (Kap. E17), *Tettigonia* und *Decticus* beginnen 12 h nach der letzten Dunkelperiode mit dem Stridulieren usw. Die meisten Arten behalten den 24 h-Rhythmus nicht bei, wenn sie im Dauerlicht gehalten werden, wohl aber, wenn sie einige Tage in Dauerdunkel gebracht werden. Die beiden Laubheuschrecken stellen sich um, wenn man ihnen in der Dunkelkammer nachts Licht spendet und tagsüber Dunkelheit.

Der Rhythmus von *Periplaneta* ist zwischen 18 °C und 31 °C unabhängig von der Temperatur, doch verschiebt sich die Aktivität um Stunden, wenn man das Tier einige Zeit in Temperaturen um 0 °C bringt. Daß die Auslösung der Aktivität durch Hormone erfolgt, zeigt die Tatsache, daß sie regelmäßig einsetzt, wenn man eine Schabe, die ihre Periodik im Dauerlicht eingebüßt hat, durch Parabiose mit einem Normaltier verbindet. Dann wird der Rhythmus bei ihr wiederhergestellt. Die Quelle des Neurosekrets liegt wie bei *Carausius* im Unterschlundganglion. Pflanzt man einer rhythmenlosen Schabe das Suboesophagealganglion einer normalen ein, so erwirbt sie die Periodik wieder. Reguliert wird die Ausschüttung des Neurosekretes durch ein Hormon der Corpora cardiaca, das über einen Nerv zum Unterschlundganglion geleitet wird. Die Einschaltung der Periode in den Tagesverlauf geschieht durch die Ocellen, die im Dunkeln eine Daueraktivität haben. Ihre Ausschaltung bewirkt ein Undeutlichwerden der Perioden, während das Lackieren der Komplexaugen ohne Einfluß darauf ist. Auch bei *Periplaneta* kann man mit der Umkehrung von Tag und Nacht die Periode entsprechend verlagern (Rhythmus bei *Carausius* Kap. 15).

Keineswegs ist bei allen Insekten die autonome Periodik der Aktivität im gleichen Maße wie bei den Bienen selbsterregt. So sind z. B. viele dunkelaktive Carabiden vor dem Verschwinden des Lichtes aktivitätsbereit und werden nur durch das Licht gehemmt. Auch synchronisieren sie ihre Periodik sehr schnell, wenn man die Phasen des Zeitgebers im Experiment verschiebt. Ihre Aktivitätsperioden stehen in deutlichem Zusammenhang vor allem mit dem Feuchtigkeitsbedürfnis. 60% der mitteleuropäischen waldbewohenden (bisher untersuchten) Carabidenarten sind nachtaktiv. Die Bewohner des offenen Geländes, die Trockenheit zumindest tolerieren, sind zu 42% ausgesprochen tagaktiv. Auch das Schlüpfen der Larven aus den Eiern und der Imagines aus den Puppen erfolgt bei vielen Insekten periodisch, zu einer bestimmten Tageszeit. Sehr auffällig ist das bei solchen Arten, deren Männchen keine Nahrung aufnehmen und nur eine kurze Lebensdauer haben. Bei ihnen wird durch die Konzentration der Schlüpfzeit gesichert, daß sie eine Partnerin finden, indem alle Individuen eines Biotops, manchmal eines ganzen Gebirgsbachlaufes, innerhalb von sehr wenigen Tagen zu bestimmten Stunden schlüpfen (z. B. *Ephemeroptera* Kap. 6, *Plecoptera* Kap. 8, *Chironomidae* Kap. 31). Besonders interessant ist die Mondperiodizität von *Clunio* (Kap. 31). (Die Tatsache, daß *Iphiclides podalirius* mittags und nur bei schönem Wetter aus den Puppen schlüpft, erklärt sich daraus, daß das Licht am Morgen zwar das Schlüpfen induziert, der Falter aber nur die Puppe sprengt, wenn in der Zeit von 11–14 h die Temperatur beträchtlich angestiegen ist.)

II. Die Bedeutung des Zeitmeßmechanismus für die Kompaßorientierung

Viele Insekten bewegen sich laufend oder fliegend geradlinig fort, indem sie einen bestimmten Winkel zur Sonne einhalten. Sie vermögen dann später zielsicher in ihre Niststätte zurückzukehren, indem sie sich um 180° drehen und im spiegelbildlich verkehrten Winkel zur Sonne heimfliegen.

Am einfachsten läßt sich das Prinzip dieser Orientierungsweise feststellen, wenn man eine geradlinig laufende Ameise beschattet und die Sonne aus der entgegengesetzten Richtung einspiegelt. Sie ändert dann ihre Laufrichtung ebenfalls um 180°.

Wenn das Insekt längere Zeit unterwegs ist, versagt diese Orientierung, weil die Sonne keine feststehende Marke ist, sondern stündlich um etwa 15° nach Westen wandert. Ihr Weg wird in der Projektion ihrer Bahn auf den ebenen Horizont gemessen, wobei die Winkelgrade von Norden angefangen über Osten und Süden gezählt werden. Viele Insekten sind fähig, die Sonnenwanderung in Rechnung zu stellen, den Sonnenwinkel, den sie am Anfang eingehalten haben, also dauernd entsprechend der Sonnenwanderung zu verändern. Auf diese Weise können sie auch nach stundenlanger Abwesenheit zu ihrem Nistplatz zurückkehren. Einwandfrei nachgewiesen wurde das bei Insekten zuerst durch von Frisch, und zwar bei der Biene.

Er fütterte 29 Sammlerinnen eines Stockes auf einem Tischchen, das in 200 m Entfernung gegen Westen vom Stock aufgestellt worden war. Die Fluglinie der Bienen führte zwischen Bäumen und Häusern hindurch. Nachdem er mehrere Tage abends, wenn die Sonne im Westen stand, gefüttert hatte, versetzte er den Stock 5 km weit auf eine ausgedehnte ebene Wiese und öffnete das Flugloch morgens 8.35 Uhr, als die Sonne im Südosten stand. In allen 4 Himmelsrichtungen war je ein Futtertischschen in 200 m Abstand vom Stock aufgestellt. 27 der am Vortag mit Farbe gekennzeichneten Sammlerinnen flogen aus, davon trafen 20 am westlichen Futterplatz ein, 5 am südlichen und je eine am östlichen und am westlichen. Die Bienen hatten die nächtliche Azimutwanderung von der letzten Futterstunde ab in Rechnung gezogen.

Ein weiteres verhältnismäßig einfaches Experiment führt zum gleichen Ergebnis. Man sperrt eine am Futterplatz erscheinende Biene 1 h lang in ein dunkles Kästchen. Läßt man sie danach wieder frei, so fliegt sie nicht im spiegelbildlich gedrehten Sonnenwinkel des Hinfluges nach Hause, sondern verändert diesen um den Betrag der Sonnenwanderung, also um etwa 15°, so daß sie zielgerecht zum Stock gelangt.

Um sichere Auskunft darüber zu erhalten, daß die Bienen tatsächlich mit Hilfe eines Zeitmeßmechanismus die Sonnenbewegung bei ihrer Flugrichtung in Rechnung ziehen und nicht etwa eine Beziehung zwischen Sonnenhöhe und Azimut oder Feldlinien des Erdmagnetismus, verfrachtete man Bienen von einer baumlosen, ebenen Gegend bei New York über Nacht nach einer ähnlichen Landschaft bei San Franzisko. In New York hatte man mehrere Tage lang regelmäßig um 13 h einen Futtertisch an der gleichen Stelle angebracht, die Bienen also auf einen 24stündigen Rhythmus des Futterholens und eine bestimmte Himmelsrichtung dressiert. Als in Kalifornien die Bienen 24 h nach der letzten Fütterung in New York den Stock verließen, war dort noch Vormittag, die Sonne stand im SO. Die Bienen erschienen an demjenigen der 8 in allen Himmelsrichtungen aufgestellten Futterplätze, zu dem sie gelangten, wenn sie den gleichen Winkel zur Sonne einhielten wie an den Vortagen in New York. Sie erschienen im SW statt wie in New York im NW.

Ort	Ortszeit bei Futterbesuch	Azimut		Beim Flug eingehaltener Sonnenwinkel
		der Sonne	des aufgesuchten Futterplatzes	
New York	13 h	207° SSW	315°	108°
San Franzisko	9.47 h	127° SO	235°	108°

Daß der 24stündige Rhythmus der Arbeiterinnen der Honigbienen endogen und weitgehend unabhängig von Außeneinflüssen geworden ist, wurde durch mehrere Experimente bewiesen. Zunächst konnte man in einem geschlossenen Raum mit Dauerbeleuchtung die Bienen darauf dressieren, den Stock nur zu einer oder auch zu mehreren bestimmten Stunden des Tages oder der Nacht zu verlassen, um das Futtergefäß aufzusuchen. Um vorhandene, aber nicht nachweisbare exogene Faktoren auszuschalten, verlegte man einen Bienenstock in ein 180 m tiefes Salzbergwerk. Auch dort wurde die 24 h-Periode beibehalten wie auch bei einer Verfrachtung des Bienenstockes zwischen zwei Aktivitätsperioden von Paris nach New York. Da sämtliche tagesrhythmische Umweltereignisse ihre Periodik mittel- oder unmittelbar von der Erdumdrehung erhalten, müssen sie an Orten verschiedener geographischer Länge mit einer entsprechenden Zeitdifferenz eintreten. Wäre die Periodik der Bienen von ihnen abhängig, so hätten sie in New York nicht 24 h nach der letzten Fütterung in Paris, sondern 24 + 5 h später erscheinen müssen (Paris und New York sind um $76^1/_3$ Längengrade voneinander entfernt). In beiden Städten waren völlig gleiche Versuchsräume aufgestellt.

Jungbienen müssen die Kompaßorientierung erst erlernen, wozu sie einige Tage brauchen. Gibt man ihnen nur nachmittags dazu Gelegenheit, indem man vormittags den Stock geschlossen hält, so sind sie trotzdem beim ersten Vormittagsflug fähig, bei diesem ihnen fremden Sonnenstand den sich ändernden Azimutwinkel der Sonne in Rechnung zu ziehen.

Genau im gleichen Maße wie die Wanderung der Sonne bei der Kompaßorientierung berücksichtigt wird, geschieht das auch bei der Orientierung nach der Verteilung des polarisierten Lichtes am blauen Himmel, die sich ja auch mit der Wanderung der Sonne verschiebt.

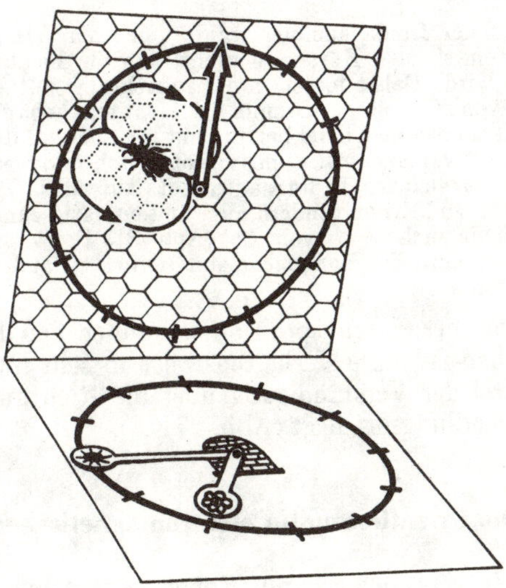

Abb. E13.1. Die Transposition des Winkels, den die Flugrichtung mit der Sonne bildet, auf das Lot. Nach einer Abbildung des von KISSEL entworfenen Lehrmittels. Die waagerechte Platte stellt den beim Flug zur Blüte von der Biene eingehaltenen Sonnenwinkel dar. Die senkrechte Wand zeigt, daß die Richtung der geraden Strecke des Schwänzeltanzes mit dem Lot denselben Winkel einschließt. Rückt der Sonnenzeiger auf der waagerechten Platte entsprechend dem Sonnenlauf einen Strich, d. h. eine Stunde weiter in der Richtung des Uhrzeigers, so muß die Platte, die den Schwänzeltanz darstellt, um eine Marke entgegengesetzt dem Uhrzeiger abwärts verschoben werden. Die Richtung der Schwerkraft bleibt natürlich unverändert.

Der Zeitmeßmechanismus ändert sich nicht bei Verfütterung von stoffwechselsteigernden oder -hemmenden Drogen, wohl aber bei einer 2—3stündigen Narkose in 100% CO_2. Nach einer solchen Behandlung erscheinen zwar die Bienen zunächst zur gewohnten Fütterungszeit, doch kommen sie nach einer Pause, die mit der Narkosedauer übereinstimmt, noch ein zweites Mal zum Futterschälchen. Daraus ist zu schließen, daß zwei Zeitmeß-Systeme vorhanden sind, die gewöhnlich miteinander und mit der Umwelt synchronisiert sind und nur künstlich voneinander getrennt werden können. Ähnliches ist auch bei anderen Tieren beobachtet worden (Bedeutung der zeitgerechten Aktivitätsperioden für den Nahrungsgewinn Kap. 27E). In einem anderen Versetzungsexperiment wurde bewiesen, daß für die Synchronisation der Periode mit dem Tagesverlauf der Tag- und Nachtwechsel als wichtigster Zeitgeber anzusehen ist.

Die Einhaltung eines Sonnenwinkels und die Einrechnung der Sonnenwanderung finden wir auch bei Tieren, die an der Uferküste leben und bei Versetzung ins Trockene zum Wasser sowie beim Verbringen ins Wasser auf direktem Wege zum Lande zurückkehren, wie z. B. die Käfer *Omophron limbatum*, *Scarites terricola*, *Dyschirius numidicus*, *Paederus rubrothoracicus*. Das gleiche ist von Spinnen (Teil 1, S. 694), Amphipoden (Teil 2, S. 1204) und Asseln (S. 1172) bekannt. Ebenso laufen Mistkäfer (*Geotrupes*) nachmittags meist in umgekehrter Richtung als vormittags, wandernde Schmetterlinge halten in baumloser Prärie einen geradlinigen Kurs ein, usw.

Viele Insekten transponieren den Sonnenwinkel, in dem sie sich bewegt haben, sofort auf die Richtung der Schwerkraft, wenn man sie im Dunkeln auf eine vertikale Fläche setzt (Abb. E13.1).

Eine *Myrmica* läuft in der Dunkelkammer rechts von einer Lampe, die sie zur Kompaßorientierung benutzt, indem sie den Körper so dreht, daß die Lichtquelle immer im gleichen Ommatidium abgebildet wird. Dabei bildet ihre Laufrichtung mit der Verbindungslinie zur Lichtquelle einen Winkel von 20°. Löscht man nun das Licht und hebt gleichzeitig den Laufboden in die Vertikale, so behält sie diesen Winkel bei, bezieht ihn aber auf die Schwerkraft. Doch verhält sie sich manchmal positiv, manchmal negativ geotaktisch und wechselt auch die Seiten des Lotes. *Coccinella* läuft unter gleichen Bedingungen stets aufwärts. *Geotrupes* sowie die Honigbiene aber gehen nicht nur winkeltreu, sondern auch seitenrichtig zum Lot. Lag ihr Weg rechts von der Lampe, so laufen sie auch rechts vom Lot (Abb. E13.1). Während *Geotrupes* sich dabei positiv geotaktisch verhält, läuft die Honigbiene stets aufwärts, außer, wenn sie vorher direkt vom Licht weggelaufen war.

Über die Bedeutung dieser Transposition ist außer bei der Honigbiene nichts bekannt. In deren Leben ist diese Verhaltensweise in sehr interessanter Weise ausgenützt zu einem Mittel der Verständigung über die Richtung, in der eine Futterquelle oder ein neuer Siedlungsort liegt (Abb. 27E.8).

III. Die Orientierung im elektromagnetischen Feld

Sie ist einwandfrei in reproduzierbaren Experimenten bei der Honigbiene nachgewiesen worden.

Die Trachtbienen führen auf der senkrechten Wabe im Dunkeln einen Schwänzeltanz aus, dessen geradlinige Laufstrecke so verläuft, daß sie mit der Lotlinie denselben Winkel bildet wie ihre vorherige Flugstrecke zum Futterplatz zur Sonne (Abb. E13.1). Dabei weichen aber alle Bienen des Stockes zur gleichen Tageszeit um einen Winkel von höchstens 15° von der theoretisch zu fordernden Richtung ab. Diese Mißweisung, die sich im Laufe des Tages in ihrem Betrag gleichmäßig bei allen Stockbewohnern ändert, ist auch von der Himmelsrichtung abhängig, in der die

Wabe steht. Sie verschwindet, wenn die erdmagnetische Feldstärke kompensiert wird durch ein entgegengesetztes Feld von einem Paar Helmholtz-Spulen von 2 m Durchmesser, in deren Mitte der Stock (ohne Metallteile) aufgestellt wird.

Auch aus der spontanen Ruhe-Einstellung der Körperlängsachse nach bestimmten Richtungen wird auf den Einfluß des elektromagnetischen Feldes der Erde geschlossen. Man hat sie bei Termiten, Schmeiß- und Stubenfliegen und dem Maikäfer näher untersucht. *Calliphora* und *Musca* stellen beim Landen nach dem Fluge die Körperachse bevorzugt in die N/S- und O/W-Richtung des natürlichen Magnetfeldes ein, was bei der Kompensation des natürlichen Magnetfeldes mit Hilfe von Helmholtz-Spulen nicht mehr der Fall war. Der Empfänger der Reize elektromagnetischer Wellen ist unbekannt. Auffällig ist, daß auch frischtote Fliegen in einem starken Magnetfelde ausgerichtet werden.

IV. Der Temperatursinn

Der Temperatursinn ist durch Verhaltensversuche bei vielen Insekten nachgewiesen worden. Warmblütler-Parasiten laufen aus einigen Zentimeter Abstand auf erwärmte Metallröhren zu, verlassen, wie z. B. Kleiderläuse, einen fiebernden Wirt, ebenso einen absterbenden und erkaltenden. In der Temperaturorgel*) schrecken Insekten bei bestimmten hohen Temperaturen zurück, Honigbienen ließen sich auf Raumtemperaturen dressieren. Durch Amputationen konnte man bei verschiedenen Insekten an Hand der Ausfallserscheinungen den Sitz der Wärmerezeptoren ermitteln, der gewöhnlich vor allem die Antenne ist, wenn auch einzelne Rezeptoren an anderen Körperstellen lokalisiert sind (vgl. Kap. 29).

a) Die Schrecktemperatur markieren zahlreiche Insekten, indem sie in einer bestimmten Zone der Temperaturorgel abrupt kehrtmachen und geringere Wärme aufsuchen. Schneidet man solchen exakt reagierenden Arten wie z. B. *Pyrrhocoris* oder der Honigbiene die Antennen ab, so verschiebt sich die Reaktion in eine um 6 bis etwa 8 °C heißere Zone. Beim Käfer *Dorcus* hingegen geschah das in viel ausgesprochenerem Maße nach Amputation der Maxillarpalpen, auf denen also besonders viele oder intensiv reagierende thermische Rezeptoren liegen müssen.

b) Die Unterschiedsempfindlichkeit der thermischen Rezeptoren der Honigbiene konnte in der Temperaturorgel ermittelt werden. Sie beträgt rund 0,25 °C, gleicht also derjenigen von *Formica rufa*, die auf anderem Wege festgestellt wurde. Diese hohe Empfindlichkeit ist eine der Bedingungen, die es den Bienen ermöglicht, solange Brut in ihrem Stock vorhanden ist (etwa vom Februar bis zum Oktober), die Temperatur im Brutnest konstant auf 34,5 bis knapp 36 °C unabhängig von der Außentemperatur zu halten (Kap. 27E).

1–6 Tage alte Stockbienen haben eine Vorzugstemperatur, die individuell zwischen 34 und 36 °C in der Lufttemperaturorgel schwankt. Kühlt man nun das heiße Ende der Eisenschiene ab, so verschiebt sich auf ihr die Vorzugstemperatur, und die Biene folgt ihr. Hatte sich ihr Standpunkt auf 34,8 °C abgekühlt, so rückte sie vor auf 34,91 °C; trat hier Abkühlung auf 34,7 auf, so wanderte sie zur Zone von 34,96 °C usw.

c) Honigbienen konnten auf eine bestimmte Raumtemperatur dressiert werden. Dabei behielten sie Unterschiede von gerade noch 2 °C im Gedächtnis.

---

*) Die Temperaturorgel besteht im wesentlichen aus einer etwa 60 cm langen Eisenschiene, die an einem Ende erhitzt, am anderen in Eiswasser getaucht wird, so daß sich über ihre ganze Länge ein gleitendes Temperaturgefälle entwickelt. Darauf wird ein langer, schmaler und niedriger Laufgang gesetzt. Will man die Beziehung des Insekts zur Bodentemperatur messen, so läßt man es auf der Eisenschiene laufen; sein Verhalten in den Lufttemperaturen ermittelt man durch die Einfügung eines engmaschigen Drahtnetzes als Lauffläche 0,6 cm über der Schiene. Seitlich eingesteckte Thermometer zeigen die Temperaturen an.

Vier nebeneinanderstehende gleichartige Porzellangefäße bildeten den Zugang zu Futterschalen. Eine derselben war mit Zuckerwasser gefüllt, die Luft im vorgeschalteten Porzellangefäß über die Außentemperatur erhitzt. Nach der Dressur wurden nur leere Futterschalen geboten und die Reihenfolge der Gefäße geändert. Die Bienen drängten sich dann, nach Futter suchend, in dem erwärmten Gefäß.

In der Temperaturorgel suchen Insekten eine Zone auf, die ihre Vorzugstemperatur darstellt, bei der ihnen aus der Umgebung eine optimale Energiemenge in Gestalt von Wärme zufließt. Obwohl dabei mehrere Faktoren eine Rolle spielen, sind doch auch die thermischen Rezeptoren beteiligt. So fanden von 49 Bienen, denen man die Antennen amputiert hatte, nur 8 das Präferendum. Diese artweise verschiedene Zone umfaßt jeweils etwa 4–6 Wärmegrade, wobei sich die meisten Exemplare in der Mitte aufhalten. Die errechneten Mittelwerte sind arttypisch. Vergleicht man sie miteinander, so treten deutliche Beziehungen zum Aufenthaltsort und zur Jahreszeit auf, in der das Insekt aktiv ist. Doch zeigen sich Abweichungen zwischen Individuen, die man im kühlen Frühling gefangen und gleich untersucht hat, von solchen, die vor dem Experiment in der Sommerhitze gelebt hatten.

In der Bodentemperaturorgel suchen Insekten eine wesentlich höhere Vorzugstemperatur auf als in der Lufttemperaturorgel. Das entspricht der Tatsache, daß der Boden tagsüber durch Sonneneinstrahlung stärker erwärmt wird als die Luft.

Vorzugstemperaturen

In Schonungen lebender Laufkäfer *Carabus granulatus* 30 °C
Trockene Sandgegenden bewohnende *Cicindela hybrida* 44 °C
Tagaktiver Wüstenkäfer *Adesmia metallica* 49 °C
Frostspanner *Operophthera brumata* 6 °C
Winterhaft *Boreus hiemalis*, Imago 9,8 °C (ab November aktiv!)
Winterhaft *Boreus hiemalis*, Larve, in steppenartigem Gelände im Sommer aktiv, 33,8 °C.

Die Vorzugstemperaturen der Außenparasiten entsprechen ungefähr der Oberflächentemperatur der Haut ihrer Wirte, sind also bei Vogelparasiten höher als etwa bei Schmarotzern der Schweine. Weiterhin spielt eine Rolle, ob sie hungrig oder gesättigt sind.

Bienen, die im Winter dem Stock entnommen worden sind, haben ein niedrigeres Präferendum als im Sommer, 1–7 Tage alte, ganz auf das Leben im Stock beschränkte Bienen ein höheres als ältere Trachtbienen usw.

Die wenigen elektrophysiologischen Untersuchungen, bei denen Sensillen mit Hilfe einer in ihre Wandung eingestochenen Elektrode auf thermische Reaktionen geprüft wurden, bestätigen das Vorhandensein von thermischen Rezeptoren auf Antennen, Palpen und anderen Mundwerkzeugen. Die Rumpfsensillen wurden bisher nie untersucht. Es ließen sich unterscheiden:

Sinneszellen, die bei einer Senkung der Temperatur die Impulsfrequenz erhöhen,

z. B. einige Zellen der Sensilla basiconica auf den Antennen und den Maxillarpalpen von Raupen der Gattungen *Manduca*, *Pieris*, *Dendrolimus*, *Philosamia*), einige Zellen der Grubenkegel der Honigbienen-Antenne sowie die Haarsensillen der Antenne von *Periplaneta*. Bei Erhöhung der Temperatur wurde die Impulszahl in verschiedener Stärke herabgesetzt. Das geschah auch bei der Daueraktivität von Zellen der Porenplatten der Biene.

Sinneszellen, die auf eine Erhöhung der Temperatur mit einer gesteigerten Impulsfrequenz antworten,

z. B. der CO_2-Rezeptor der Honigbiene und der Salzrezeptor der Labellen-Randhaare von *Phormia*.

Während kein Zweifel besteht, daß es sich bei der 2. Gruppe um Chemorezeptoren handelt, die auch temperaturempfindlich sind, könnten die Zellen der Maxillarpalpen und Antennen der Raupen sowie der Grubenkegel echte Thermorezeptoren sein. Sicher läßt sich das nicht nachweisen, da sie gleichzeitig auf bisher noch nicht geprüfte chemische Reize empfindlich sein könnten. Deren Zahl ist so groß, daß man nur mit einem ganz geringen Bruchteil davon experimentieren kann. Man muß also mit bimodalen Sinneszellen rechnen.

Am genauesten sind die Reaktionen bei *Periplaneta americana* untersucht worden, bei der auf 20 Antennengliedern jederseits je ein mit einem Wall von 8 μm Durchmesser umgebenes kurzes Sinneshaar steht. Es antwortet nur auf thermische Reize, die durch Anblasen eines Luftstromes gegen das Sensillum gegeben wurden, neben dem ein Thermistor die direkt am Sensillum vorhandene Temperatur maß. Die Untersuchung von 13 Rezeptoren (280 Reaktionen) zeigte eine genügende Zuverlässigkeit der Spitzenfrequenzen für eine Unterscheidung von 7—17 Temperaturstufen zwischen dem Temperaturabfall von 0,2 °C bis zu 5,5 °C. Einige Rezeptoren haben ein Aktivitätsmaximum bei stationären Temperaturen zwischen 17 °C und 37 °C. Doch variieren die Durchschnittsfrequenzen vieler Rezeptoren bis zu 20% der Frequenz, bei stationärer Temperatur zwischen 17 und 37 °C, so daß ein Rezeptor ein ungenaues Thermometer darstellt.

V. Der Schmerzsinn

Der Schmerzsinn ist wahrscheinlich bei den Insekten nicht entwickelt. Das läßt sich aus ihrem Verhalten schließen. So trinken Bienen und Läuse weiter, wenn man ihnen den größten Teil des Hinterleibes abgeschnitten hat, so daß die Nahrung aus der Wunde ausfließt, die Männchen der *Mantidae* und einige Raubfliegen kopulieren, auch wenn das Weibchen ihnen bereits den Kopf abgebissen oder proteolytische Fermente injiziert hat, usw.

E14. Die Drüsen

Die Drüsen sind in fast allen Fällen ectoblastischer Herkunft. Neben einzelligen Drüsenzellen, die teils zwischen, teils unter der Epidermis liegen, gibt es eine sehr große Anzahl sackförmiger oder in viele Loben aufgespaltener Drüsen mit kurzen oder langen Ausführgängen, die mit Schließ- bzw. Öffnungsvorrichtungen versehen sind. Sie liegen in allen möglichen Körperteilen, an der Basis von Gliedmaßen, an ectoblastischen Geschlechtsausführgängen und an der Basis der Mundextremitäten. Das Sekret homologer Drüsen kann sich auch bei nahe Verwandten unterscheiden, besonders auffällig z. B. bei Honigbienen. Während nämlich die Königin in der Mandibulardrüse einen Sexuallockstoff erzeugt, bilden die Arbeiterinnen darin einen Alarmduft (3-Heptanan), aber während ihrer Ammenperiode auch eine Nährflüssigkeit. Auf die biologisch besonders interessanten Drüsen wird im Speziellen Teil eingegangen, hier seien nur einige auffällige Sekrete erwähnt: Antiseptikum- und Spurensekrete der Ameisen (Kap. 27C), als Gifte wirkende Wirbeltierhormone der Prothoraxdrüsen der Wasserkäfer, explodierende Gemische von H_2O_2 und Hydrochinon bei den Bombardierkäfern (Abb. 26.14), kompliziert geformte Stäbe der Wachsdrüsen (Abb. 22B.4, 5; 22B.22C.9).

Die paarige Labialdrüse

Sie ist bei fast allen Insekten vorhanden, eine Ausnahme machen räuberische Käfer, die ihre Beute extraoral verdauen. Sie mündet normalerweise in der Tiefe des Salivarium mit einem unpaarigen Gang (Abb. E7.13). Bei den *Collembola*,

Diplura und den *Thysanura* zeigt ihr Bau mit aller Klarheit, daß sie ein nephridiales Organ und Homologon der Maxillardrüsen der Krebse und Myriapoda ist. Sie besteht aus einem Sacculus, einem Labyrinth (= Nephridialkanal) und einem meist kurzen, mit einer Kutikula ausgekleideten Ausführgang (Abb. 14.1). Bei den *Collembola* und den *Machilidae* ist der Nephridialkanal lang und verknäuelt, bei *Lepisma* hingegen kurz und sehr weit. Der ganze Organkomplex liegt an der Hinterseite des Kopfes. Kombiniert ist dieses Nephridium mit den Lappen einer sekretorischen Speicheldrüse, die ins Ende des ectoblastischen Ausführganges mündet. Elektronenoptische Untersuchungen zeigen, daß das Epithel des Sacculus wie bei den Krebsen aus Podocyten besteht (Abb. E14.2). Deren Basis verengt sich und entsendet Ausläufer, die sich auf der Basalmembran ausbreiten, seitliche Fortsätze aussenden und sich mit denen der Nachbarzellen verzahnen. Von dem mit Hämolymphe gefüllten Mixocöl sind sie nicht nur durch die Basalmembran, sondern auch durch eine dünne Membran getrennt, die sie verbindet. Es ist anzunehmen, daß hier eine Filtration des Blutes stattfindet und das Filtrat durch Lückenräume sowie Pinozytosevesikel ins Lumen des Sacculus gelangt. Das Epithel des Nephridialkanals ist bei *Lepisma* im ganzen Verlauf mit tiefen basalen Zelleinfaltungen und gegen das Lumen gerichteten Mikrovilli versehen, wie auch der Ausführgang. Grundsätzlich stimmt sein Bau mit unserer Abb. E16.2b überein, doch liegen keine Mitochondrien im Bereich der Mikrovilli. Bei *Collembola* und *Machilis* hat der Kanal 2 verschieden differenzierte Abschnitte.

Anklänge an diese urtümlichen Verhältnisse finden wir unter den *Pterygota* nur bei Schaben. Deren typische, stark verzweigte, bis in den Thorax reichende Labialdrüse empfängt jederseits in ihrem Ausführgang die Einmündung eines ungeteilten Sackes, den man als Reservoir aufgefaßt hat (Abb. E14.3). Die Aufgabe, Speichel

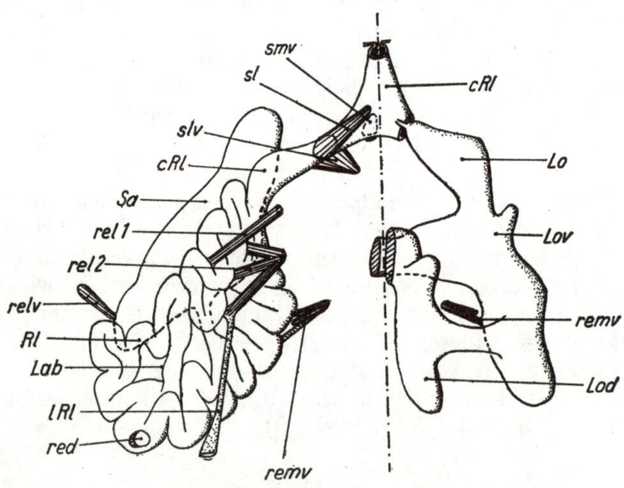

Abb. E14.1. Labialdrüse von *Campodea chardardi* CONDÉ. Nach FRANCOIS. Der nephridiale Teil der Drüse ist nur links, der lappige Teil nur rechts eingezeichnet. Die Muskulatur und ihre Bezeichnungen spielen für unsere Darstellung keine Rolle. **cRl** ectoblastischer Ausführgang, der an der Basis des median gespaltenen Praementum mündet; **Lab** Labyrinth (gewundener Nephridialkanal); **Lo, Lod, Lov** lappige, Speichel absondernde Drüse und ihr dorsaler sowie ventraler Abschnitt; **Rl** Labialniere; **Sa** Sacculus.

aufzunehmen, kann er aber sicherlich aus anatomischen Gründen nicht erfüllen. Bei der Analyse seines Inhaltes fand man auch keinen Speichel, sondern Kreatin, Harnstoff und Calciumphosphat, also Exkrete. Er stellt also zweifellos einen Rest des Labialnephridiums dar. Die vielen Läppchen der Speicheldrüse erzeugen im Gegen-

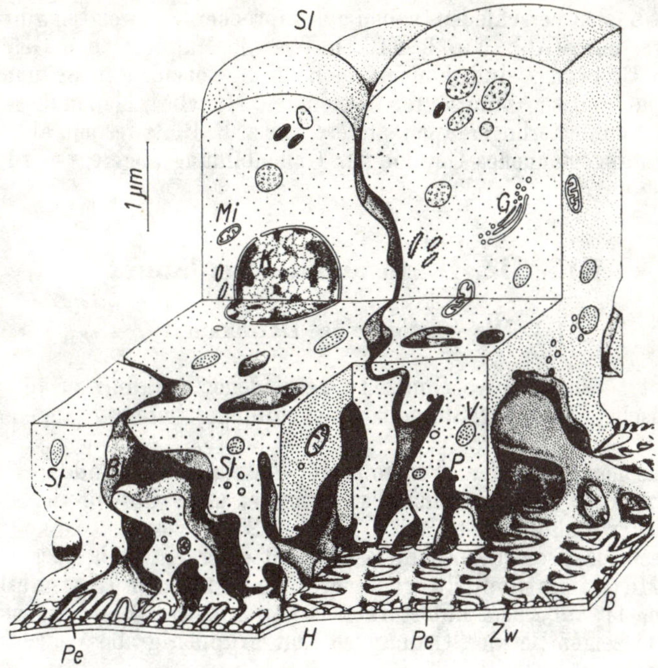

Abb. E14.2. Diagramm des Sacculusepithels der Labialdrüse von *Lepisma saccharina* Linnaeus. Unveröffentlichte Originalzeichnung, die mir Herr Dr. Haupt freundlicherweise überlassen hat. **B** Basalmembran; **Bl** basale Lückenräume; **G** Golgi-Apparat; **H** Hämolymphe; **I** interzellulare Räume; **K** Zellkern; **Mi** Mitochondrium; **P** sich abschnürende Pinocytose-Vesikel; **Pe** Pedicellen, Fortsätze der stelzenförmigen Zellbasen; **Sl** Lumen des Sacculus; **St** stelzenförmig verengte Basen der Zellen des Sacculusepithels; **V** Vakuole; **Zw** Zwischenmembran.

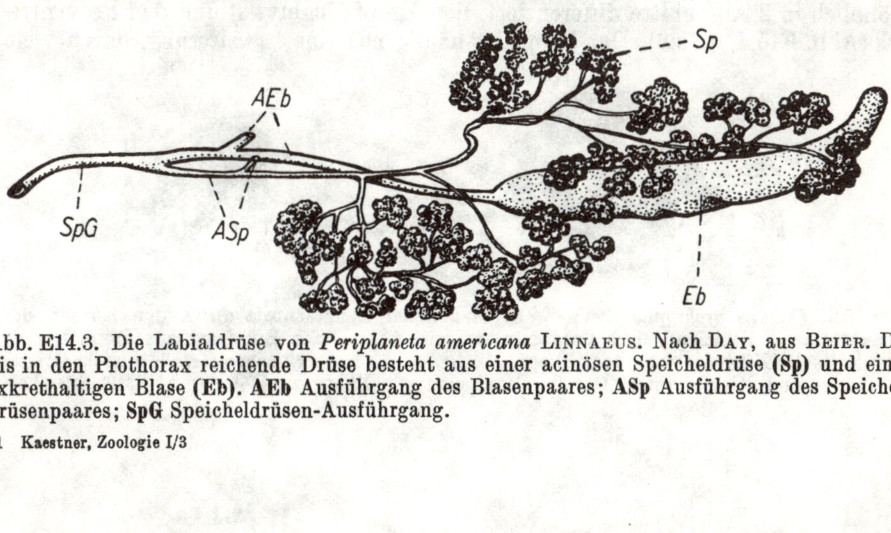

Abb. E14.3. Die Labialdrüse von *Periplaneta americana* Linnaeus. Nach Day, aus Beier. Die bis in den Prothorax reichende Drüse besteht aus einer acinösen Speicheldrüse **(Sp)** und einer exkrethaltigen Blase **(Eb)**. **AEb** Ausführgang des Blasenpaares; **ASp** Ausführgang des Speicheldrüsenpaares; **SpG** Speicheldrüsen-Ausführgang.

satz zu ihm Mucin und Fermente (Amylase, Maltase, Invertase, Lactase, Lipase, Protease).

Die Ontogenie der Speicheldrüse ist nur bei *Carausius* und *Bombyx mori* genau untersucht. In beiden Fällen handelt es sich um rein ectoblastische Einwucherungen. Das stimmt völlig mit ihrem morphologischen Charakter bei den Pterygoten überein. Ihre Gestalt ist höchst verschieden, neben ausgesprochen verzweigten gibt es einfach schlauchförmige, usw. (Abb. E15.2; E16.1). Wie die Malpighischen Gefäße, die ja ectoblastischen Ursprungs sind, können auch die Speicheldrüsen in manchen Ordnungen der Hämolymphe Aminosäuren entnehmen. Manche scheiden diese als Spinnfäden aus, z. B. Schmetterlingsraupen, andere, wie z. B. Blattwespen, als Flüssigkeit, mit deren Hilfe angestochenes Gewebe zur Gallenbildung angeregt wird (Aphidina Kap. 22C).

E15. Der Darm und die Verdauung

I. Die Anatomie des Darmkanals

Der Darm setzt sich aus 3 Abschnitten verschiedener Herkunft zusammen:
dem ectoblastischen, aus der Stomodaeumeinstülpung hervorgegangenen Vorderdarm,
dem ectoblastischen, aus dem Proctodaeum entstandenen Enddarm und
dem Mitteldarm, der beide miteinander verbindet und während der Embryonalperiode den Dotter umhüllt (Abb. E15.2, E15.4; E23.6).

Die beiden ectoblastischen Abschnitte sind mit einer Kutikula ausgekleidet und wie auch der Mitteldarm umhüllt mit einer Ring- und einer Längsmuskelschicht. Der Vorderdarm ist außerdem mit starken Erweiterungsmuskeln ausgestattet. Alle diese Abschnitte zeigen bei den Ordnungen und Gruppen große Verschiedenheiten im einzelnen.

Der Vorderdarm beginnt unter dem Frontalganglion und setzt das Lumen des Cibarium fort. Seine Erweiterungsmuskeln heften sich proximal der Frontalkommissur an, also an der Frons und an dorsalen Teilen der Kopfkapsel sowie am Tentorium (Abb. E7.13, E7.14). Er zieht durch die Passage zwischen Ober- und Unterschlundganglion und geht in den Oesophagus über. Dieser ist bei den Pterygota gewöhnlich in 2 Abschnitte differenziert, den Kropf (Ingluvies) und den Proventriculus (Abb. E15.4, E15.6). Der Kropf ist häufig nur eine Erweiterung, durch viele

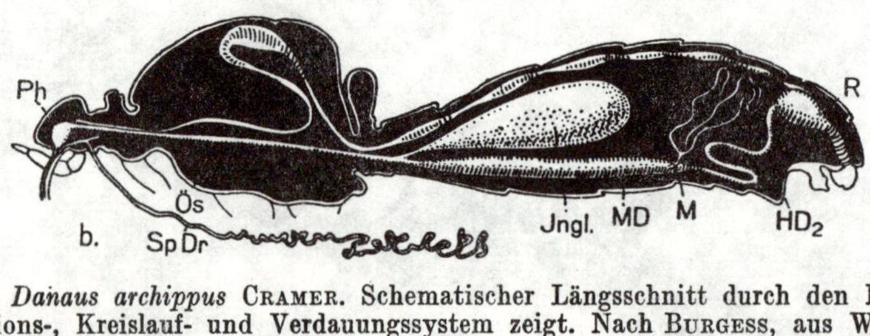

Abb. E15.1. *Danaus archippus* CRAMER. Schematischer Längsschnitt durch den Körper, der das Exkretions-, Kreislauf- und Verdauungssystem zeigt. Nach BURGESS, aus WEBER. **HD**$_2$ 2. Abschnitt des Hinterdarmes; **Ingl** Kropf; **M** Abgang der Malpighischen Gefäße aus der Grenze von Hinter- und Mitteldarm (**MD**); **Ös** Ösophagus; **Ph** Pharynx; **R** Rectum; **SpDr** Speicheldrüse.

Längsfalten der Wandung dehnbar. Bei manchen Insekten mit flüssiger Nahrung wird sein Volumen aber durch einen (z. B. bei Schmetterlingen, *Calliphora* und ihrer Larve) oder mehrere (drei bei den Stechmücken) Divertikel vergrößert, die in ganzer Breite oder mit einer stielartig verengten Basis ansitzen (Abb. E15.1; Abb. 31.19). Bei solchen Arten, deren starke Flugmuskeln den Thorax ausfüllen, ragt der Kropf bis in den Hinterleib, wo er Raum hat, sich auszubreiten (Abb. E15.1). Der anschließende Proventriculus kann den Vorderdarm mit Hilfe eines Sphinkters gegen den Mitteldarm abschließen. Bei Schaben, Libellen, *Saltatoria*, holzfressenden Käferlarven und manchen räuberischen Käfern ist sein vorderer Teil zu einem

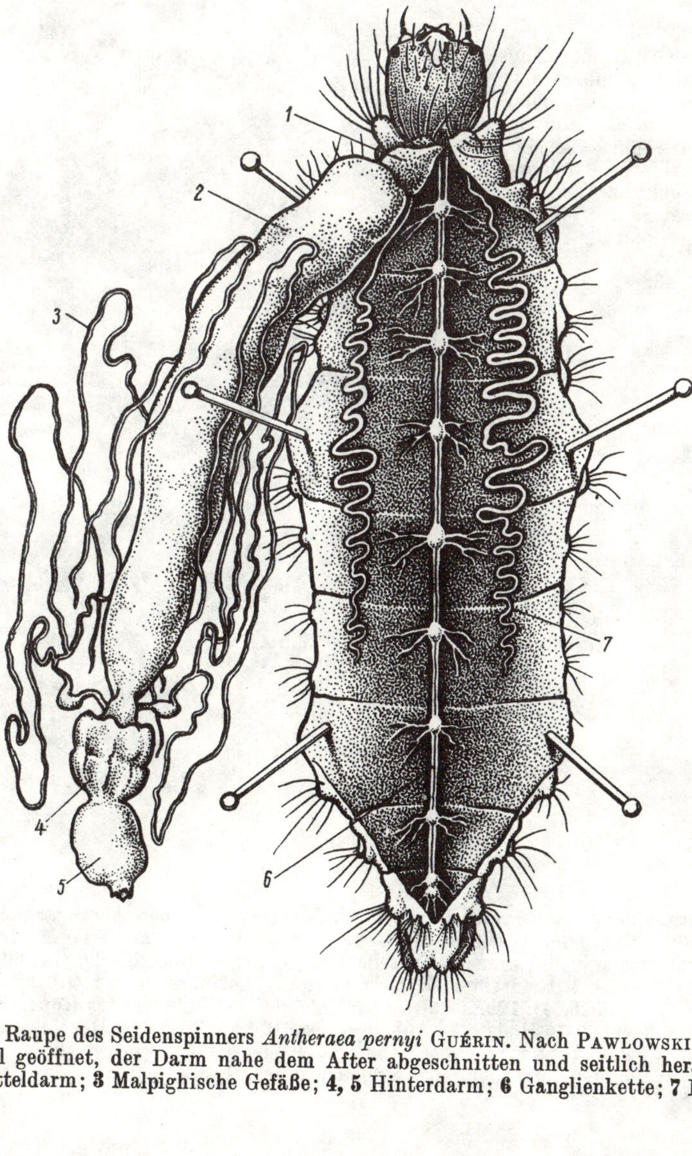

Abb. E15.2. Raupe des Seidenspinners *Antheraea pernyi* GUÉRIN. Nach PAWLOWSKI. Die Raupe wurde dorsal geöffnet, der Darm nahe dem After abgeschnitten und seitlich herausgelegt. **1** Kropf; **2** Mitteldarm; **3** Malpighische Gefäße; **4, 5** Hinterdarm; **6** Ganglienkette; **7** Labialdrüse.

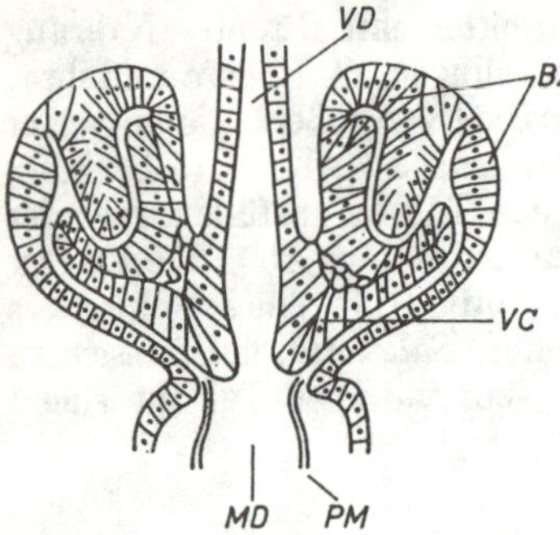

Abb. E15.3. Schematischer Längsschnitt durch die Valvula cardiaca der Imago von *Calliphora vicina* Rob. Nach Peters. **BZ** Bildungszellen der peritrophischen Membran; **MD** Mitteldarm; **PM** doppelwandige peritrophische Membran; **VC** Valvula cardiaca; **VD** ectoblastischer Vorderdarm.

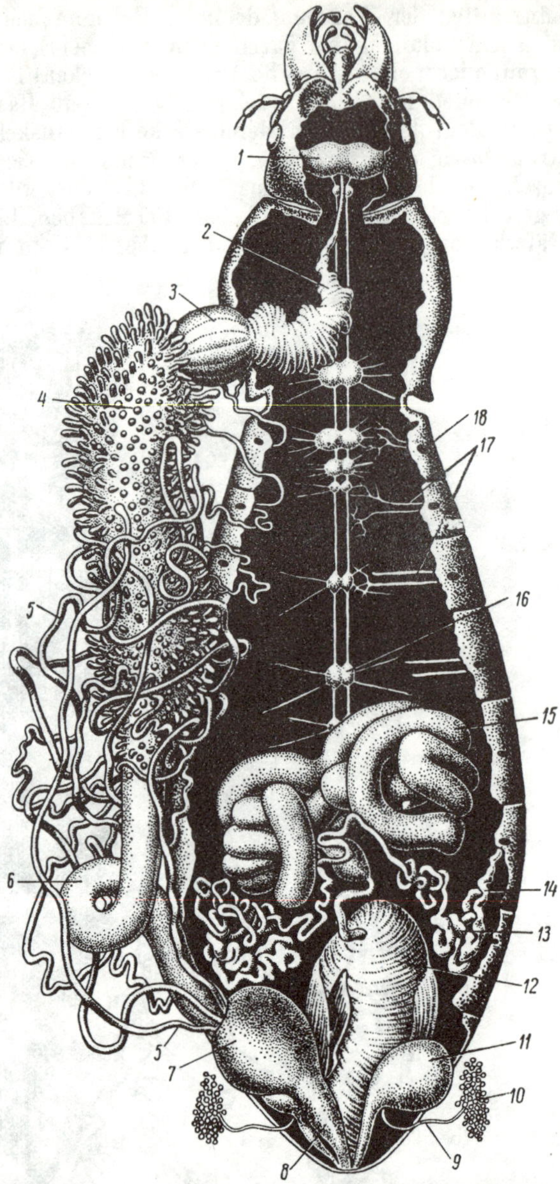

Abb. 15.4. Situs eines *Carabus*. Nach Pawlowski. Länge 3 cm. **1** Oberschlundganglion; **2** Kropf; **3** Proventriculus; **4** vorderer Abschnitt des Mitteldarmes mit Krypten, die Fermente liefern und an ihrer Spitze Nester von Regenerationszellen enthalten; **5** Malpighische Gefäße; **6** hintere, kryptenlose Hälfte des Mitteldarmes; **7, 8** Enddarm; **9** Ausführgang der Giftdrüse **10** in das Reservoir **11** (vgl. Abb. 26.14); **12** muskulöser Sack, der den kutikularisierten Kopulationsapparat enthält; **13** Vas deferens; **14** Hoden; **15** Anhangsdrüse. **16** Ganglienkette. Die einzelnen Ganglien lassen gewöhnlich den rechten und den linken Anteil des Paares weniger stark hervortreten; **17** Tracheen, die von den dorsal gelegenen Stigmen **18** ausgehen.

sogenannten Kaumagen differenziert. Er bildet – meist 4 bis 8 – ins Lumen hineinragende Längsfalten, auf deren First das Epithel einen starken Zahn oder eine ganze Reihe davon, oft auch gebogene Chaetoide, ausbildet (Abb. E15.6, 7, 8). Immer ist dann der Proventriculus mit Längsmuskeln innerhalb der Falten und sehr starken Ringmuskeln ausgestattet. Das Ende des Proventriculus stülpt sich in Form einer Ringfalte ins Lumen des Mitteldarmes hinein. Es wirkt wie ein Schlauchventil, welches das Zurückfließen des Speisebreies verhindern kann (Abb. E15.3, 6). Diese Valvula cardiaca kann auch mit einer Ringmuskulatur ausgestattet sein oder durch Blutdruck geschwellt werden.

Der Mitteldarm (= Magen = Ventriculus) unterscheidet sich wie bei allen Tracheaten scharf von dem der Arachniden und Krebse dadurch, daß sein Volumen in der Hauptsache vom Darmrohr gebildet wird, die Divertikel also nur klein, nicht zahlreich und unverzweigt sind (Abb. E15.1, E15.2, E15.4, E15.5, E16.1). Sie treten gewöhnlich an seinem Anfang auf, in Gestalt von 2–6 kurzen Blindschläuchen, nur bei den Larven der *Lamellicornia* bilden sie 3 Kränze in verschiedenen Regionen. Ihr Epithel gleicht dem des Darmes. Daneben kommen warzenförmige Krypten vor allem häufig bei Käfern vor (Abb. E15.4). In ihrem Grunde sitzen embryonale Regenerationszellen des Mitteldarmes, die sich vermehren und in den Mitteldarm hineinrücken. Bei anderen Insekten liegen solche Regenerationszellen einzeln oder in Nestern zusammengedrängt an der Basis der darüber zusammengeneigten Epithelzellen des Darmes.

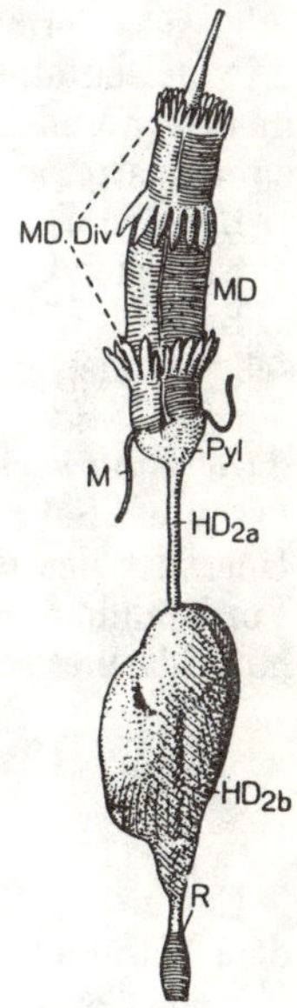

Abb. E15.5. Mittel- und Enddarm der Larve von *Oryctes nasicornis* LINNAEUS. Nach MINGAZZINI, aus WEBER. **HD_{2a}, $_{2b}$** Abschnitte des Enddarmes, **HD_{2b}** eine Gärkammer; **M** Malpighisches Gefäß; **MD** Mitteldarm; **MDDiv** Mitteldarmdivertikel; **Pyl** Pylorus; **R** Rectum.

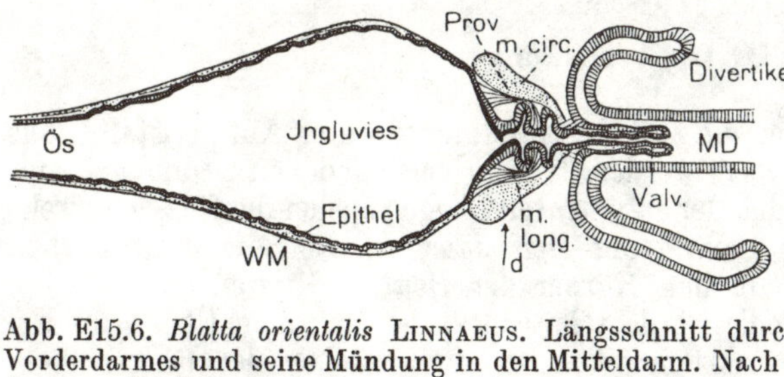

Abb. E15.6. *Blatta orientalis* LINNAEUS. Längsschnitt durch den postcephalen Abschnitt des Vorderdarmes und seine Mündung in den Mitteldarm. Nach EIDMANN, aus WEBER. **MD** Mitteldarm; **mcirc** Ringmuskeln, **m long** Längsmuskeln des Proventriculus (= Kaumagen); **Ös** Ösophagus; **Prov** Proventriculus; **Valv** Valvula cardiaca; **WM** Wandmuskeln.

Bei *Carabus* und *Dytiscus* wird so Ersatz geschaffen für das ständige partielle Absterben von Darmzellen. Imagines von *Hydrophilus* aber stoßen in der Fortpflanzungsperiode in Intervallen von 36 h das gesamte Mitteldarmepithel ab, das sofort von Regenerationszellen ersetzt wird. Bei *Collembola, Blattaria*, Schmetterlingsraupen geschieht das nur vor jeder Häutung, bei anderen Insekten vor der Puppen- und Imaginalhäutung. Dipteren erneuern einen großen Teil des Mitteldarmepithels durch einen Ring von Regenerationszellen am Grunde der Valvula cardiaca.

Das Epithel des Mitteldarmes ist hoch, entwickelt meist gegen das Lumen hin Mikrovilli, an seiner Basis aber tiefe Einfaltungen, so daß es, abgesehen von der Lage der Mitochondrien, der Abb. 16.2 grundsätzlich ähnelt. Es erzeugt Fermente und resorbiert außerdem die Nährstoffe.

Die Blindschläuche, die am Vorderende des Mitteldarmes holzfressender Käfer (*Anobiidae, Cerambycidae, Curculionidae*) sowie am hinteren Abschnitt des Mitteldarmes pflanzensaugender Wanzen angeheftet sind, stehen nicht mit dem Darminhalt in Beziehung, sondern enthalten in ihren Zellen Symbionten (Abb. 22A.4).

Der mit einer Kutikula ausgekleidete Enddarm ist meist durch einen Terminalwulst des Mitteldarmes oder eine klappenartige Falte seines eigenen Epithels (Valvula pylorica) gegen den Mitteldarm abgesetzt. Manchmal bildet er ein einfaches Rohr wie z. B. bei Collembolen und Plecopteren. Häufig aber sind sein vorderer und sein hinterer Abschnitt besonders differenziert. Der vordere Teil (Pylorus) sendet die Malpighischen Gefäße aus, primär an seinem Vorderende, was durch sekundäre Verschiebungen manchmal unklar wird (Abb. E15.2). Der hintere Abschnitt, das Rektum, ist oft erweitert, manchmal auch mit einem Divertikel versehen (Abb. E15.1, E15.2, E15.5). Sein Epithel läßt gewöhnlich bis zu 6 Längsstreifen aus Reihen besonders hoher Zellen erkennen (Abb. E16.5). Manchmal ist deren Gebiet kuppel- oder tütenförmig als Papille ins Lumen eingestülpt. Gewöhnlich sind dann 2 oder 3 Paar Rektalpapillen vorhanden. Das Rektum spielt bei der Resorption von Stoffen aus Harn und Kot eine große Rolle (vgl. Kap. E16). Ring- und Längsmuskeln dienen zum Austreiben des Kotes, zur Körperwand ziehende zur Erweiterung.

Bei den *Holometabola* unterscheiden sich oft, der veränderten Ernährungsweise entsprechend, die Verdauungsorgane von Larven und Imagines sehr stark (vgl. z. B. Abb. E15.1 u. E15.2). Von den Abweichungen des Darmkanals vom Normalschema seien erwähnt: der Verschluß des Mitteldarmes oder des Afters bei den Larven der *Tachinidae* und der *Apocrita*, der bei den Parasiten eine Vergiftung des Wirtes durch Stoffwechselabfälle, bei Nest- und Wabenbewohnern aber eine Verschmutzung verhütet. Sehr interessant sind auch die Filterkammern vieler Zikaden, die den Übertritt des durch diese Saftsauger sehr reichlich aufgenommenen Wassers vom Vorderende des Mitteldarmes direkt in den Enddarm und damit eine Entlastung des Mitteldarmes sowie der Hämolymphe ermöglichen (Abb. 22B.13).

II. Die Verdauung

Extraorale Verdauung, bei der die Mitteldarmfermente unter Antiperistaltik aus dem Mund auf die Nahrung entleert werden, tritt in verschiedenen Ordnungen auf. Manche *Carabidae* und viele Maden der calyptraten Fliegen speien die Enzyme direkt auf die Nahrung, während die Larven der *Dytiscidae, Planipennia*, räuberischen *Syrphidae* und die Wanzen sie in den Körper der Beute injizieren (Abb. 26.34). Im übrigen dient der Pharynx lediglich dem Transport der Nahrung. Über seine Erweiterungsmuskeln laufen Kontraktionswellen, die von solchen der Ringmuskeln gefolgt werden, wodurch Nahrung aus dem Cibarium angesogen und in den Oesophagus bzw. Kropf gepreßt wird. Dieser ist häufig nur ein Speicher. In manchen Fällen aber beginnt in seinem Lumen bereits die chemische Bearbeitung der Nahrung, sei es durch verschluckte Speichelfermente, sei es durch solche des Mitteldarmes, die durch Antiperistaltik in ihn gelangen. Während sich bei vielen Insekten an den Kropf nur ein ganzer kurzer Proventriculus anschließt, haben manche dessen vorderen Abschnitt zu einem Kaumagen differenziert. Dieser dient zweifellos in solchen Fällen, wo er nur ganz dünne Kutikulafortsätze hat (wie z. B. bei vielen *Acridiidae*), mehr als Filter-, denn als Zerkleinerungsapparat. Doch kann seine „Kautätigkeit" nicht mehr bestritten werden in den Fällen, wo seine Zahnbildungen groß und fest sind.

Das gilt z. B. für *Periplaneta*. Hier findet man gleich nach der Nahrungsaufnahme im Kropf verschieden große Partikel. Diese werden von Mitteldarmfermenten angegriffen und dann portionsweise in den Kaumagen geschoben, der hinten fest verschlossen wird. Nachdem sie zerschroten sind, gelangen sie in den Kropf zurück, und zwar so lange, bis dieser nur noch solche kleinen Nahrungsstückchen enthält, die dann in den Mitteldarm abgegeben werden, in dem nie grobe Teile angetroffen werden. So wird z. B. auch die Exuvie des Kaumagens, völlig zermahlen, durch den Mittel- und Enddarm ausgeschieden und nicht wie bei anderen Insekten bei der Häutung durch den Mund in Zusammenhang mit dem übrigen Vorderdarm herausgezogen. Auch bei den Bockkäfern enthält der Mitteldarm solcher Arten, die einen Kaumagen haben, wesentlich kleinere Partikel als derjenige von Gattungen, deren Proventriculus keine „Zähne" aufweist.

Der Mitteldarm resorbiert nur völlig gelöste Nahrung, nie findet Phagocytose statt. Doch können sich manchmal Resorption und Fermentausscheidung auf verschiedene Zonen verteilen.

So absorbieren z. B. *Periplaneta* und *Schistocerca* Glukose hauptsächlich (oder ausschließlich?) durch ihre Cöca. Bei Heteropteren ist der vordere Mitteldarm meist erweitert und gegen den hinteren als Magen abgegrenzt. Blutsauger wie *Cimex* und *Rhodnius* speichern hier und nicht in einem Vorderdarmabschnitt das aufgesaugte Blut oft sehr lange. Bei *Rhodnius* ist nachgewiesen, daß es entwässert und erst nach und nach durch einen Sphinkter in den dahinterliegenden röhrenförmigen, verdauenden Mitteldarmabschnitt gelangt.

Im Mitteldarm wird die Nahrung von der röhrenförmigen peritrophischen Membran umhüllt, die auch in den Enddarm eintritt. Ihre Bedeutung ist wohl die

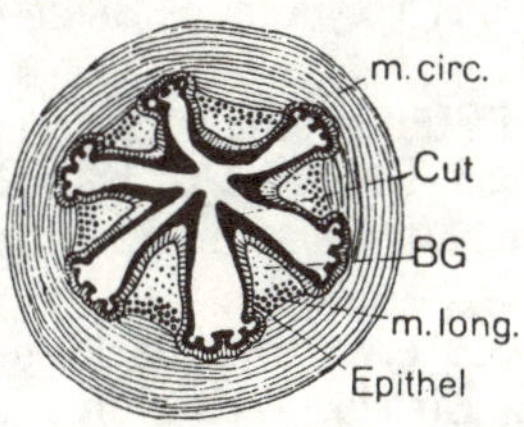

Abb. E15.7

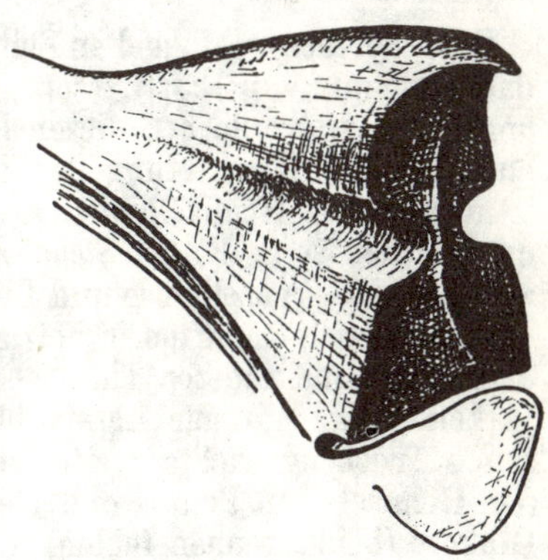

Abb. E15.8

Abb. E15.7. Querschnitt durch den Proventriculus von *Blatta orientalis* LINNAEUS. Nach EIDMANN, aus WEBER. Der Schnitt ist in Richtung des Pfeiles **d** durch die Zahnspitzen auf Abb. E15.6 geführt. **BG** Bindegewebe; **Cut** Kutikula.

Abb. E15.8. *Blatta orientalis* LINNAEUS. Ein Kauzahn aus dem Proventriculus. Nach EIDMANN, aus BEIER.

gleiche wie die des Mund- und Magenschleims der Wirbeltiere: das Schlüpfrigmachen der Nahrungsteile und der Schutz der Darmepithelien vor Beschädigung. Allerdings ist sie auch bei vielen saugenden Insekten vorhanden, z. B. Schmetterlingen, *Apidae*, *Vespidae*, *Diptera*, fehlt jedoch vielen Wanzen, Käfern, die extraoral verdauen.

Sie entsteht entweder durch Delamination vom gesamten Mitteldarmepithel oder doch dem größten Teil von dessen Innenfläche und ist dann mehrschichtig oder aber, wie bei fast allen Dipteren, aus einem kompliziert gefalteten Ring am Beginn des Mitteldarmes und ist zweischichtig (Abb. E15.3). Die peritrophische Membran setzt sich zusammen aus einer Grundschicht, die Mucopolysaccharide und Proteine enthält. In diese sind vielfach aus Chitin bestehende Mikrofibrillen eingelagert. Diese können eine filzartig verwobene Schicht (Streuungsstruktur), Waben oder Gitter bilden, deren Umrisse wahrscheinlich auf die Grenzen der erzeugenden Mitteldarmzellen bei der Delamination zurückzuführen sind. Da sämtliche Glykoproteide und viele Eiweißkörper Glukosamin enthalten, ist die Bildung von Chitin durch Mitteldarmepithel weniger auffällig, als gemeinhin angenommen wird. Die Bildung geschieht ziemlich schnell. Larven der *Zygoptera*-Libellen erzeugten etwa 3 am Tage, ungefütterte Schmeißfliegenlarven bei 30 °C je h 5–10 mm mit Hilfe des Ringes am Mitteldarmanfang (Abb. E15.3).

Die peritrophische Membran ist durchlässig für Glukose, Maltose, Aminosäuren, Amylase usw., nicht aber für Stärke, Albumine, Peptone, wie Untersuchungen an *Calliphora* und *Musca* zeigen.

Die im Mitteldarm erzeugten Fermente entsprechen der Nahrung und ändern sich auch nicht, wenn wochenlang anderes Futter geboten wird. Sie sind bei Fleisch- und Pflanzenfressern verschieden, obgleich natürlich auch pflanzliches Eiweiß verdaut wird. Obwohl die überwiegende Zahl der Insekten Pflanzenfresser sind, konnte nur bei einem sehr kleinen Teil eigene Zellulase nachgewiesen werden.

Im wesentlichen handelt es sich um *Ctenolepisma*, *Locusta*, eine Blattwespenlarve (*Cephus*) sowie eine ganze Anzahl Larven holzfressender Käfer aus den Familien *Anobiidae* (z. B. *Anobium*, *Xestobium*) und *Cerambycidae* (z. B. *Cerambyx*, *Hylotrupes bajulus*). Aber auch in diesen Fällen ist der sehr schwierige Beweis, daß es sich um die Produktion einer körpereigenen Zellulase handelt, ganz einwandfrei wohl nur bei *Ctenolepisma* erbracht worden. Auch wenn man diese steril vom Ei ab aufgezogen hatte, stellt man bei ihnen ^{14}C-Resorption nach Fütterung mit markierter Zellulose fest.

Es ist bei diesem Mangel an Zellulase freilich in Rechnung zu ziehen, daß die Mitteldarmfermente von Blattfressern, z. B. Raupen, auch in Zellen eindringen, die nicht angebissen sind und aus diesen Plasma sowie Kohlenhydrate herauslösen. So wird auch bei Nichtverwertung der Zellulose reichlich Nährstoff gewonnen. Weiterhin ist nicht selten Hemizellulase (z. B. bei Acridiern, *Forficula*, *Carausius*, Bockkäfern) oder Lichenase (z. B. bei *Stenobothrus*, *Tettigonia*) vorhanden. Beide greifen Hemizellulose, Reservezellulose und Lichenin an.

Obwohl viele Insekten in holzigen Ästen und Stämmen leben, erzeugen sie — wie auch sämtliche anderen Tiere — niemals Lignase. Dabei ist zu bedenken, daß Holz ja keineswegs nur aus Lignin besteht. Es enthält vielmehr davon nur 18–38% seines Trockengewichts, weiterhin aber 40–62% Zellulose, 8–37% Hemizellulose (ein Gemisch von Pento- und Hexosanen), bis zu etwa 6% Stärke oder ebensoviel Glukose (beide können fehlen) und 1,1–2,3% Eiweiß. Weiterhin lebt kein Insekt von totem Kernholz. Alle fressen vielmehr entweder saftreichen Splint oder Rinde (Phloem + Bast, in dessen Parenchymzellen die Vorräte für den Frühjahrstrieb gespeichert sind).

Von der Stärke, dem Eiweiß und Fett der Rinde (nicht Borke!) nähren sich eine Anzahl Bockkäfer (z. B. *Saperda*, *Rhagium*, *Phytoecia*) sowie die rindenbrütigen *Scolytidae*. Im Splintholz fressen zahlreiche Bockkäfer (z. B. *Cerambyx*, *Hylotrupes bajulus* usw.) sowie *Anobiidae*, und zwar sowohl in lebendem als auch in ausgetrocknetem der Telegraphenmasten, Dachbalken, Möbel. *Hylotrupes bajulus* z. B. verwertet 12,3% der Zellulose und 2,7% der Hemizellulose der fichtenen Dachbalken, in denen er bohrt. Freilich macht sich der geringe Eiweißgehalt des Holzes bemerkbar in langen Entwicklungszeiten der holzfressenden Larven, die man beim Hausbock durch Zugaben von Peptonen oder Aminosäuren beträchtlich abkürzen konnte.

Je nach dem Gehalt des Holzes an Eiweiß braucht die bis 3 cm lange Larve des Hausbockes 3–13 Jahre bis zur Verpuppung, die Larve von *Cerambyx cerdo*, die 8 cm lang wird, 3–4 Jahre, die 10 cm langen Larven des Hirschkäfers etwa 5 Jahre, die des Weidenbohrers (*Cossus cossus*) 2–4 Jahre.

Dabei erreichen keineswegs alle Individuen die maximale Größe, sondern auch diese schwankt bei Holzinsekten je nach dem Gehalt der Nahrung sehr auffällig, z. B. beim Hausbock zwischen 0,8–2 cm, bei *Cerambyx cerdo* zwischen 3 und 5 cm, bei *Ergates faber* zwischen 2,7 und 5 cm. Bei den Größenunterschieden des Hirschkäfers (3–8 cm) spielen aber auch genetische Faktoren mit.

In vielen Fällen ermöglichen Bakterien oder Pilze, Nahrung, die sehr viel Zellulose enthält, aufzuschließen. So nehmen z. B. die verrottetes Laub und Holz fressenden *Tipula*-Larven mit der Nahrung Bakterien auf, die in ihrem Darm eine Zeitlang weiter leben und Zellulose spalten. Manche Schaben (z. B. *Periplaneta*, *Leucophaea*) haben ständig Zellulose abbauende Bakterien im Mitteldarm. Bei anderen Insekten ist der Darm an einer Stelle zu einer Gärkammer erweitert, in der solche Symbionten leben, bei *Scarabaeidae*-Larven im Mittel-, häufiger noch im Enddarm (Abb. E15.5). Viel größer sind die rektalen Gärkammern der Termiten (außer den *Termitidae*), welche Flagellaten als Symbionten enthalten (vgl. Kap. 14).

Sehr interessant sind die Fälle, wo das Holz vom eierlegenden Weibchen mit Pilzzellen infiziert wird, die dann die Bohrgangwände in 1–3 cm Tiefe durchwachsen, als Nahrung dienen und in manchen Fällen vielleicht auch das Holz der Verdauung zugänglicher machen (vgl. *Siricidae* Kap. 27A und holzbrütende *Scolytidae* Kap. 26, Abschnitt Brutpflege).

Bemerkenswert ist, daß auch *Anobiidae* und *Hylotrupes* in verpilztem Holz schneller wachsen als in gesundem. Eine Verwertung unverdaulicher Stoffe des Holzes durch die *Macrotermitidae* und der Zellulose von Blättern durch die Blattschneiderameisen geschieht durch die Züchtung von Pilzen auf diesem Material in besonderen Kammern des Staatenbaues (Abb. 14.11).

Besondere Nahrungsspezialisten sind Insekten, die Haare, Federn und industriell verarbeitete Wolle, Pelze usw. fressen, z. B. Kleider- und Pelzmottenlarven, Larven von *Dermestidae*, wie z. B. *Attagenus*, *Anthrenus* sowie die Vogel-*Mallophaga*. Das Keratin kann wegen der Vernetzung seiner Peptidketten durch S-S-Brücken des Cystins nicht mit Hilfe der gewöhnlichen Proteinasen gespalten werden, ehe es nicht reduziert worden ist. Im schwach mit Tracheen versorgten Mitteldarm der genannten Gattungen herrscht ein sauerstoffarmes Medium, ein ungewöhnlich niedriges Redoxpotential von 0,2 V, das man auf die bisher nur bei der Kleidermotte nachgewiesene Cystinreduktase zurückführt. Weiterhin kann aber auch die Proteinase von *Tineola* in alkalischem Medium und bei hoher Konzentration etwa 30% der Wolle verdauen. Der Erfolg wird aber wesentlich gesteigert bei Anwesenheit von Cystinreduktase und Cysteindesulfhydrase. Diese können die Disulfidbrücken brechen. Ihre Wirksamkeit zeigt sich auch, wenn man der Nahrung der Larve Schwermetalle beifügt. Im Kot erscheinen dann deren Sulfide. Natürlich kann man die Kleidermotte auch mit anderem Eiweiß ernähren, sie ist nicht auf Keratine angewiesen.

Ein extremer Spezialist ist auch die Wachsmottenlarve. Die von ihr gefressenen Waben der Honigbiene enthalten 60% Wachs, der Raupenkot nur 20%, also sind $^2/_3$ davon verdaut worden. Das geschieht durch Bakterien, die auch nach Isolierung dazu fähig sind. Natürlich nehmen auch Fermente der Raupe, Lipase, Lecithinase, Esterase usw. daran teil, doch können axenische Wachsmottenlarven nicht alle Bestandteile des Wachses aufbereiten. Resorbiert werden vor allem hochmolekulare Säuren, Alkohole und Ester.

E16. Die Malpighischen Gefäße und die Exkretion

Das Medium, das die Organe umgibt, wird chemisch und physikalisch ziemlich konstant erhalten durch die Exkretion und Osmoregulation. Eine große Rolle spielt dabei die Ausscheidung N-haltiger Endprodukte des Stoffwechsels. Im einfachsten Falle wird das entstandene NH_3 direkt ausgeschieden. Dieses starke Gift wird, reichlich in Wasser verdünnt, ausgeschleust, ein Verfahren, das für Landtiere zumindest ungünstig, häufig untragbar ist. Wir finden deshalb wesentliche Anteile von Ammoniak in den Exkreten nur bei wasserbewohnenden Insekten (z. B. Larven von *Odonata*, *Megaloptera*, *Trichoptera*, Imagines von Wasserkäfern und Wasserwanzen und bei Fliegenmaden, die in feuchten Medien leben, z. B. *Musca*, *Lucilia*, *Calliphora*). Weiterhin tritt Ammoniumsulfat bei Larven auf, die Wolle fressen (z. B. *Tineola*, *Anthrenus*) und die auf diese Weise den Schwefel des abgebauten Keratins ausscheiden. Bei den Landinsekten aber ist das weitaus wichtigste Exkret die Harnsäure, die als schwerlösliche Substanz nur sehr wenig Wasser zur Ausschleusung erfordert. Sie wird im Fettkörper synthetisiert, doch wird ihr Abbau im Körper nicht völlig unterbunden, so daß dessen Stufen (Allantoin, Allantoinsäure, Harnstoff usw.) in geringen Mengen in Exkreten vorkommen, ebenso wie Aminosäuren, Natrium-, Magnesium- und Kalziumkarbonat.

Die Exkrete gelangen aus den Zellen in die Hämolymphe und werden aus dieser von den Exkretionsorganen entnommen. Gespeichert werden sie von mesoblastischen Nephrocyten, die einzeln oder in Klumpen in den Blutbahnen liegen, von Zellen des Fettkörpers und von Zellen der Epidermis, die z. B. Pteridine aufnehmen. Ausleitende

---

Abb. E16.1. Larve von *Drosophila melanogaster* MEIGEN, durchsichtig gedacht. Verdauungs- und Exkretionsorgane eingezeichnet. Nach WESSING. Länge 3 mm. **Caec** Divertikel des Mitteldarmes; **Endd** Enddarm; **Hsti** hintere Stigmen; **Malp** Malpighische Gefäße, der erweiterte distale (dunkel gezeichnete) Abschnitt sezerniert den Primärharn; **Mhk** Mundhaken; **Mid** Mitteldarm; **Oes** Ösophagus; **Pha** Pharynx; **Prov** Proventriculus; **Spdr** Speicheldrüse; **Vsti** vordere Stigmen.

Abb. E16.2. *Drosophila melanogaster* MEIGEN. Leicht schematisierte Darstellung von Längsschnitten **(a)** durch das distale, den Primärharn bereitende und **(b)** das Hauptstück der Malpighischen Gefäße. Man beachte das von der Basis der Zellen ins Innere dringende, stark verzweigte Lückennetz und die (zart punktierten) Mitochondrien an den Stellen hohen Energiebedarfs. Die schwarzen, ins Hauptstück eingetragenen Punkte stellen gespeichertes Fett und Hydroxykynurenin dar. **c)** Schema der Abnabelung und des Transportes von Vesikeln im distalen Abschnitt (Cytopempsis). Nach WESSING. Durchmesser von (a) 3—4,5 μm, von (b) etwa 17 μm. Aus Z. Zellforschg. **101**.

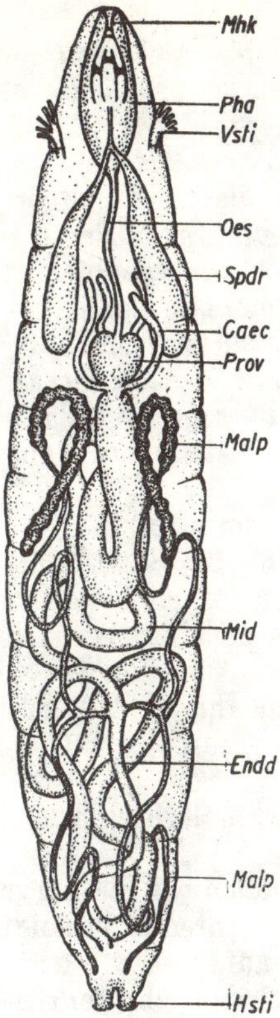

Abb. E16.1

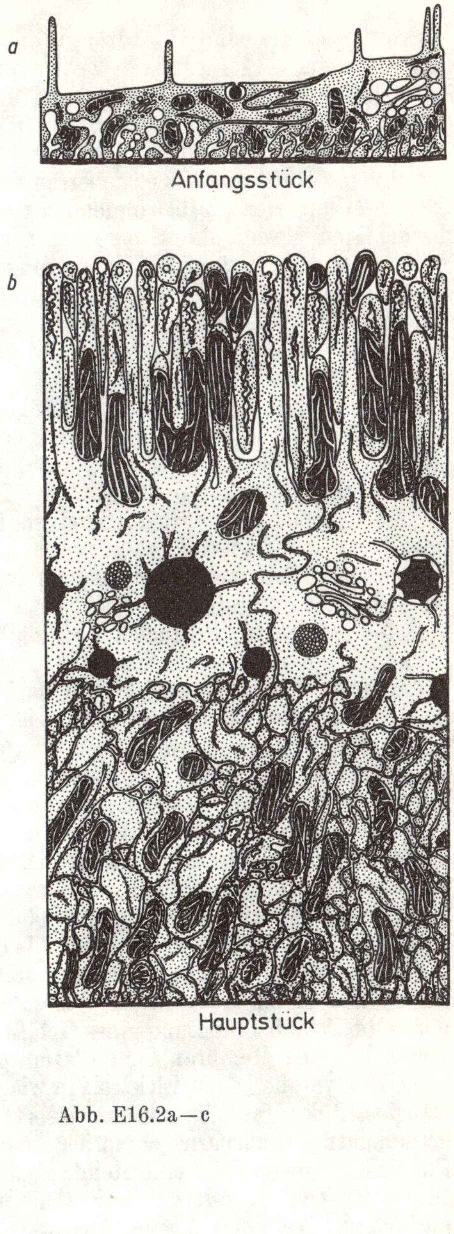

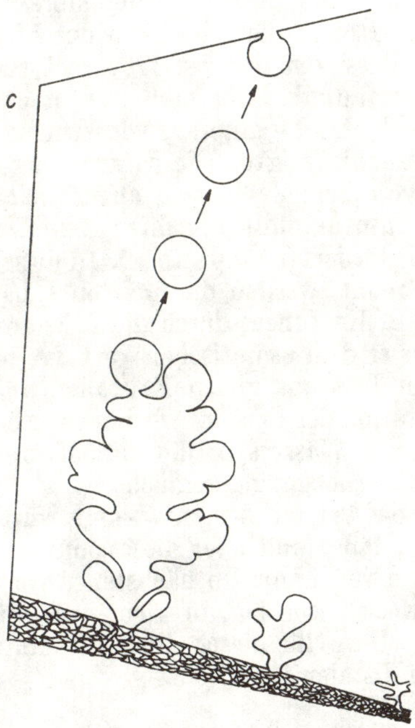

Abb. E16.2a–c

Exkretionsorgane sind Hautdrüsen, die z. B. Lack, Wachs u. dgl. ausscheiden, der Mitteldarm und als spezifische Exkretionsorgane die Labialdrüsen der primär flügellosen Insekten (Abb. E14.1) sowie die Malpighischen Gefäße.

Die Malpighischen Gefäße sind das leistungsfähigste Exkretionsorgan des Insektenkörpers und der Tracheaten überhaupt. Sie entstehen als Ausstülpungen am inneren Ende des eingewucherten ectoblastischen Proctodaeum. Sie stellen eine Neuerwerbung der landbewohnenden tracheaten gegenüber den wasserbewohnenden branchiaten Mandibulaten dar, die noch durch dünne Integumentstellen, hauptsächlich Kiemen, ständig NH_3 ins umgebende Wasser ausscheiden können. Zumal das von den Anneliden ererbte Nephridialsystem auf die Labialdrüsen beschränkt wurde, war es eine Lebensnotwendigkeit, daß sich ein System mit großer Oberfläche ausbildete (bei *Periplaneta* haben die gegen 100 Malpighischen Gefäße zusammen etwa 132000 mm^2 Oberfläche).

Die Anzahl der blind endenden Röhren schwankt zwischen 2 und über 200 (bei Libellenlarven). Sind wenige vorhanden, so haben sie mehrfache Körperlänge (Abb. E15.2). Sie münden nicht einzeln, sondern gewöhnlich zu mehreren mit einem kurzen gemeinsamen Rohrstück in den Enddarm. Durch Bänder oder Tracheenäste an den Organen befestigt, flottieren sie im Mixocöl. Bei manchen Arten werden sie in ganzer Länge, bei anderen nur basal mit Muskeln umkleidet, die ihren Inhalt zum Enddarm treiben und rhythmische Bewegungen des Schlauchs verursachen. Diese werden endokrin gesteuert.

Das einschichtige Epithel der Malpighischen Gefäße ist manchmal gleichförmig, bei anderen Arten ist es zonenweise verschieden ausgebildet.

Als Beispiel für die Arbeitsweise der Malpighischen Gefäße wählen wir die Larve von *Drosophila melanogaster*, wo sie elektronenmikroskopisch sehr intensiv verfolgt worden ist. Hier weisen die Gefäße 4 aufeinanderfolgende Zonen auf.

Der distale, das blinde Ende einnehmende Abschnitt sezerniert den sehr konzentrierten Primärharn. Die Basis seiner Zellen ist unter der Basalmembran tief und vielfach eingefaltet (Abb. E16.2). In dieses extrazelluläre, die Zelle durchflechtende Kanalnetz dringt Hämolymphe ein. Beim Passieren der faserig vernetzten Basalmembran werden ihre hochmolekularen Bestandteile zurückgehalten, doch können solche mit einem Mol.-Gew. von 68000 noch durchschlüpfen, wie sich nach einer Injektion von Hämolymphe in die Leibeshöhle zeigte. Die Spitzen der tiefsten Einfaltungen werden samit ihrem Inhalt von dem Zellplasma abgenabelt und als Blasen mit einem Durchmesser bis etwa 1 μm umhüllt von ihrer Membran, aktiv durch die Zelle bis ins Lumen des Gefäßes befördert (Cytopempsis). In dieser Weise, also durch eine Membran vom Plasma getrennt, werden die meisten Inhaltsstoffe der Hämolymphe, auch Elektrolyte wie z. B. K^+-Ionen, durch die Zelle geschleust. Dabei wird der Vesikelinhalt entwässert, bis er dem osmotischen Wert des im Lumen befindlichen Primärharns entspricht, einem Brei aus vielen Kristallen und wenig Flüssigkeit. Die dadurch eintretende Hydratation des Plasmas wird in einer folgenden Phase der Zelltätigkeit durch Entleerung des Wassers in die Hämolymphe, vermutlich mit Hilfe des Golgi-Apparates, wieder rückgängig gemacht.

Durch die hohen osmotischen Kräfte, die der Primärharn entwickelt, wird ständig Wasser aus den Zellen des Malpighischen Gefäßes und über dieses hinweg aus der Hämolymphe angesogen und der Primärharn verdünnt. Im nächsten Abschnitt des Gefäßes, der Übergangszone, wird es teilweise resorbiert in kleinen Räumen, die zustande kommen, indem sich die langen Mikrovilli dieser Zone zusammenlegen. Die Primärharnsekretion ist geringer als im distalen Gefäßteil.

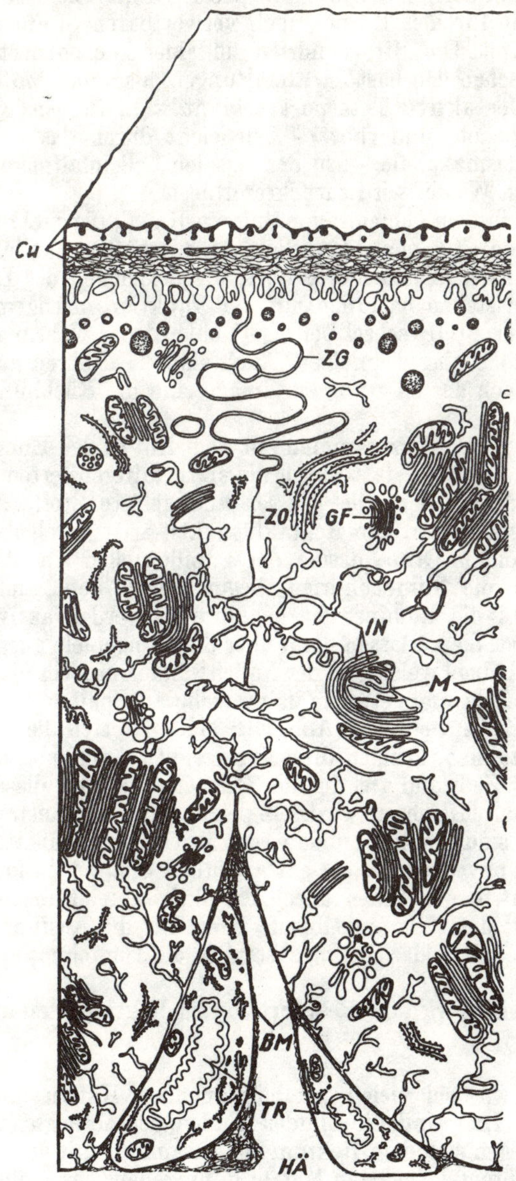

Abb. E16.3. *Drosophila melanogaster* Meigen. 2 benachbarte Zellen aus einer Rektalpapille im Längsschnitt. Nach Wessing. **BM** Basalmembran; **Cu** Kutikula des Rektum, darunter Mikrovilli; **GF** Golgifeld; **HÄ** das Rektum umgebender Hämolymphraum; **IN** von der seitlichen Zellgrenze tief in das Plasma eindringender interzellulärer Raum, der in die Lumina der Membranstapel übergeht, die mit Mitochondrien besetzt sind (**M**); **TR** Tracheen; **ZG** seitliche Zellgrenze mit intrazellulärer Spalte; **ZO** Zone, in welcher der Interzellularspalt verschlossen ist.

Die 3. Zone, das sehr lange Hauptstück, reicht bis zur Vereinigung der Schläuche nahe der Mündung in den Enddarm (Abb. E16.1, E16.2). Sie bereitet den Sekundärharn, indem sie die für den Körper noch verwertbaren Stoffe resorbiert und der Hämolymphe zuleitet. Die Mitochondrien sind hier konzentriert in und nahe den Mikrovilli und zwischen den basalen Einfaltungen, also dort, wo die meiste Energie gebraucht wird. Der aktive Transport beginnt wohl in den Kanälen, die jeden Mikrovillus durchziehen, und führt — vielleicht durch das mächtig entwickelte System der Endoplasmakanäle — zu den basalen Zelleinfaltungen und dann in die Hämolymphe. Auch Wasser wird zurückresorbiert.

Die 4. Zone liegt in dem gemeinsamen kurzen Kanal, der mehrere Gefäße vereint. Seine distalen Zellen sind noch denen des Hauptstückes ähnlich. Dann geht das Epithel nach und nach in eine Form über, die derjenigen des Darmes entspricht.

Diese Strukturen stehen natürlich mit der Funktion in engem Zusammenhang; bei der Puppe, deren Stoffwechsel bei dem Fehlen jeder Nahrungsaufnahme gering ist, sind sie fast völlig eingeschmolzen. Auch sind die Röhren auf die Hälfte ihrer Länge reduziert. Nach der Häutung zur Imago sind die Rückbildungen weitgehend wieder aufgehoben.

Der Sekundärharn gelangt zusammen mit dem Kot in den Enddarm. Im Rektum findet dann eine Resorption statt durch die stark differenzierten Zellen der 2 Paar tütenförmigen Rektalpapillen, die Wasser und gelöste Stoffe in die umgebende Hämolymphe transportieren. Die Rektalflüssigkeit tritt durch die Kutikula in die Mikrovilli und dann ins Grundplasma der Papillenzellen ein (Abb. E16.3). Deren aktivste Organelle, die Mitochondrien, liegen neben den zahlreichen parallelen Membranstapeln. In die Lumina der Membranen werden aktiv Ionen usw. mit Wasser eingeschleust. Sie verlassen dann über diese ungemein ausgedehnten Räume, die eine Oberfläche haben, welche die der Außenwände um mehr als das Mehrhundertfache übertrifft, die Zelle und gelangen in interzelluläre Spalten, die sich zwischen den Seitenwänden der Zellen befinden (Abb. E16.3 IN). Da sich die Zellgrenzen seitlich tief ineinander verzahnen, dringen diese Interzellularräume ebenso wie die basalen Einbuchtungen der Zellwand tief in die Zelle ein, die von diesen extrazellulären Räumen förmlich durchflochten wird. Obgleich die Membranstapel-Lumina intrazellulär entstanden sind, kann man sie wegen ihrer Kommunikation mit den interzellulären Räumen physiologisch als extrazelluläre Spalten auffassen. Der erhöhte osmotische Gradient, der in ihnen durch die aktiv hineintransportierten K^+- und Na^+-Ionen entsteht, dient als antreibende Kraft für die Ausfuhr des Wassers und darin gelöster Stoffe durch das Spaltensystem in die Hämolymphe, die das Rektum umgibt.

Bei manchen Insekten wird die Reabsorption im Rektum verstärkt durch die Ausbildung von einem Rektalkomplex (Abb. E16.4), den wir bei vielen landbewohnenden Käfern und bei Schmetterlingsraupen finden. Hier sind die blinden Enden der Malpighischen Gefäße anad gebogen und schmiegen sich dem Rektum an. Zusammen mit diesem werden sie von einer doppelten größtenteils zelligen Membran umgeben (perinephridiale Membran), wodurch ein flüssigkeitsgefüllter perirektaler Raum gegen das Mixocöl abgegrenzt wird (Abb. E16.5). Der darin enthaltene Abschnitt der Malpighischen Gefäße ist um so länger, je trockener die Nahrung des Insektes ist. Experimente mit *Tenebrio* führten zu folgender Anschauung über die Funktion dieses sogenannten cryptonephridialen Komplexes. Wassermangel steigert die Konzentration der Hämolymphe und führt zu einer Sekretion von K^{+}-Ionen in die perirektalen Abschnitte der Malpighischen Gefäße. Das geschieht in den sogenannten Leptophragmata, Unterbrechungen der inneren perinephridialen Membran durch eine Zelle, die unter Ausbildung von Mikrovilli in ein Gefäß hineinhängt (Abb. E16.5). Es wird angenommen, daß diese Zelle zwar gleichzeitig Cl^{-} passiv passieren läßt, nicht aber Wasser. Dementsprechend steigt der osmotische Wert in den perirektalen Gefäßabschnitten stark an, was zu einem passiven Einstrom von Wasser in sein Lumen führt, das aus dem perirektalen Raum kommt. Indem sich nun auch die Konzentration von dessen

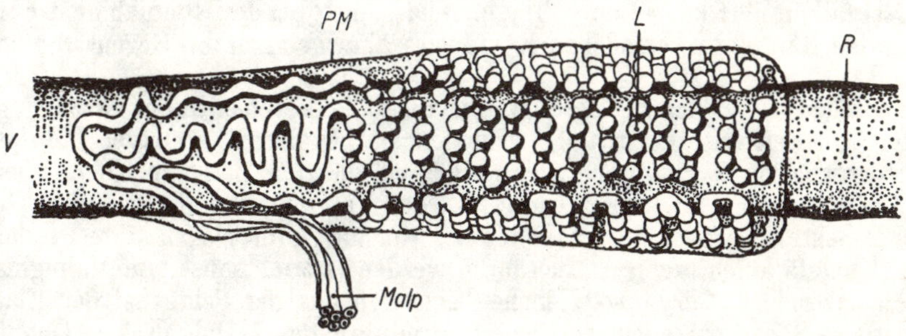

Abb. E16.4. *Tenebrio molitor* LINNAEUS. Schema des Rektalkomplexes. Die Zahl der Windungen der Malpighischen Gefäße und die der Leptophragmata (etwa 400 auf jedem Gefäß) ist um der Übersichtlichkeit willen stark vermindert. Nach GRIMSTONE, MULLINGER u. RAMSAY. **L** Leptophragma; **Malp** Malpighische Gefäße; **PM** perinephridiale Membran; **R** Rektum; **V** vorn.

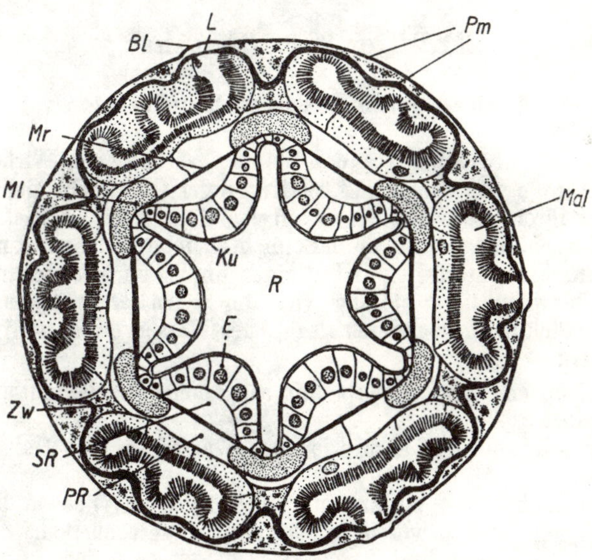

Abb. E16.5. *Tenebrio molitor* LINNAEUS. Schematischer Schnitt durch den Rektalkomplex. Nach GRIMSTONE, MULLINGER u. RAMSAY. **Bl** blasenartige Wölbung der äußeren perinephridialen Membran über einem Leptophragma; **E** Epithel des Rektum; **Ku** kutikulare Auskleidung des Rektum; **L** Leptophragma an der Spitze einer Ausbuchtung; **Mal** Malpighisches Gefäß; **Ml**, **Mr** Längs- und Ringmuskeln des Rektum; **Pm** die beiden Schichten der perinephridialen Membran; **PR** Perirektal-Raum; **SR** subepithelialer Raum; **Zw** Zwischenzellen.

Flüssigkeit erhöht, wird die Absorption von Wasser aus dem Rektum sehr erleichtert. Sie setzt ein mit einer aktiven Aufnahme hauptsächlich von K^{+}-Ionen aus dem kot- und urinhaltigen Rektum durch die Rektalzellen und die Ausscheidung der Elektrolyte in die Perirektal-Flüssigkeit. Das Wasser folgt den Ionen und strömt mit ihnen im Perirektalraum anad, wobei das Kalium aktiv von den Wandzellen der Gefäße aufgenommen und ins Lumen abgeschieden wird, das Wasser aber passiv nachströmt. Da der Inhalt der Gefäße viel schneller fortgeführt wird als die das Rektum außen umgebende Hämolymphe, wird die Wirksamkeit des Komplexes gegenüber den einfachen Verhältnissen noch verstärkt. Bei denjenigen Insekten, deren Rektalkomplex keine Leptophragmen hat, spielt bei der Übernahme der in den perirektalen Raum abgeschiedenen K^{+}-Ionen wahrscheinlich das Gegenstromprinzip eine Rolle.

Zusätzliche Funktionen der Malpighischen Gefäße bestehen in der Erzeugung von Sekreten, die zeitweise eintritt. So scheiden sie bei den Larven der *Planipennia* beim Übergang zur Verpuppung Spinnseide aus, die zum Bau von Kokons benutzt wird. Dabei nehmen ihre Kerne unter starker Vergrößerung die gelappte Gestalt typischer Sekretionszellen an. Die Seide besteht aus Aminosäuren. Ihre Produktion ist leicht verständlich, denn Aminosäuren werden ja auch sonst von Malpighischen Gefäßen exzerniert. *Chrysopa*-Weibchen erzeugen aus der Seide bei der Eiablage die Eistiele, Schaumzikaden verwenden Produkte der Malpighischen Gefäße für die Erzeugung der blasigen Schutzhülle, Käfer für die Bildung von kalkigen Verschlüssen ihrer Bohrgänge usw.

E17. Der Wasserhaushalt

I. Der Wasserhaushalt der Landinsekten

Die Insekten sind, abgesehen von den Spinnen, die einzigen Wirbellosen, die bei geringer Körpergröße und demgemäß relativ großer Oberfläche sich mit der überwiegenden Zahl ihrer Arten ständig der freien Atmosphäre aussetzen, zahlreiche Species zumindest als Imagines sogar im Sonnenschein, und das nicht nur in gemäßigt warmen Breiten. Sie unterliegen dabei einer ähnlichen Einwirkung des Außenmediums wie Salzwassertiere: ständig wird ihnen Wasser entzogen (in bezug auf Salze sind sie freilich in einer anderen Lage). Der Wasserverlust wird in erträglichen Grenzen gehalten:

a) durch Aufsuchen einer Umwelt mit sehr hoher Luftfeuchtigkeit (z. B. bei *Collembola*, *Diplura*);

b) durch eine sehr starke Reabsorption von Wasser aus dem Harn und dem Kot (vgl. Kap. E16);

c) durch eine wachshaltige Epikutikula (Abb. E1.3, E1.7) sowie die Möglichkeit, die Tracheenstigmen stark zu verengen oder ganz zu verschließen.

Trägt man die Werte der Wasserdampfabgabe eines leblosen Körpers mit großem Wasservorrat bei verschiedenen Temperaturen in einem Koordinatensystem gegen die Temperaturgrade auf, so erhält man eine stetig steigende Kurve. Prüfen wir unter gleichen Bedingungen die Transpiration eines Insektes, so erscheint im Koordinatensystem eine aufsteigende Linie mit einem waagerechten Mittelabschnitt (Abb. E17.1).

Dieser stellt eine Regulationszone dar, in der die Transpiration eingeschränkt worden ist, wahrscheinlich durch das Schließen der Stigmen. Am Ende der Geraden, also bei höherer Temperatur, steigt dann die Kurve sehr steil an: die Regulation versagt, die Struktur der Wachsschicht der Epikutikula ist durch die Hitze verändert. Das Insekt vertrocknet. In freier Natur würde es selbstverständlich durch das Aufsuchen von Schatten oder feuchterem Gelände den gefährlichen Bedingungen ausgewichen sein.

Der Wasserverlust kann ersetzt werden:

a) durch das Trinken von tropfbar flüssigem Wasser (Tau usw.) sowie den Wassergehalt der Nahrung. Bei Feldheuschrecken wurde ebenso wie bei Mehlwürmern eine übermäßige Nahrungsaufnahme beobachtet, bei der die Hauptmenge unverdaut aber entwässert wieder ausgeschieden wurde. Der Wassergehalt des Kotes lag bedeutend unter dem der Nahrung.

b) durch die Gewinnung von Stoffwechselwasser durch die Oxydation der Nahrungsreserven, wobei besonders Fette viel Wasser liefern (100 g Fett etwa 107 g Wasser). Das geschieht vor allem bei Larven, die von extrem trockener Nahrung leben. So schwankt z. B. der Wassergehalt der Mehlmotte (*Ephestia kuehniella*) in einer wasserdampffreien Atmosphäre bei einem Wassergehalt der Nahrung von nur 5–10% zwischen 50 und 80% des Lebendgewichtes. Über 90% davon können nur durch Oxydation gewonnen worden sein. Ähnliches gilt für Larven der Kleider- und Pelzmotte, für Käferlarven, die in ausgetrocknetem Holz, Brot und Vorratsstoffen leben.

c) durch Absorption dampfförmigen Wassers aus der umgebenden Atmosphäre. Sie konnte nachgewiesen werden durch Wägungen von Insekten bzw. Feststellung ihres Wassergehaltes, die zunächst bei geringer Luftfeuchtigkeit gehalten wurden und dann in eine Atmosphäre von 85–90% RF gebracht wurden (*Thermobia*, *Chortophaga*, *Tenebrio*-Larve, *Sciara*-Larve). Die Larve des Rattenflohs *Xenopsylla*

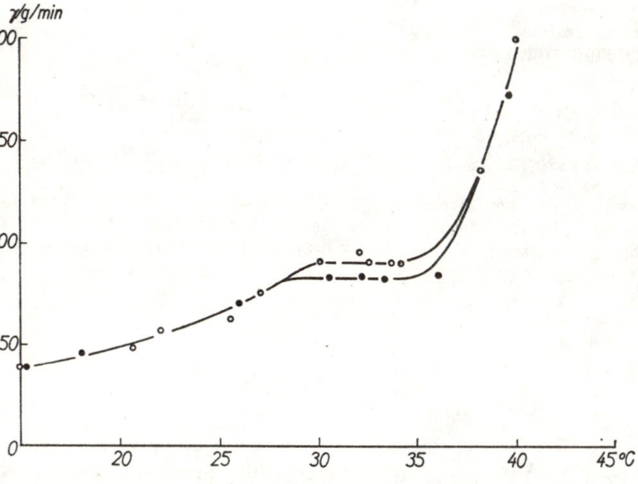

Abb. E17.1. Die Abhängigkeit der Transpiration von der Temperatur bei den Heuschrecken *Chorthippus longicornis* LATREILLE (hygrophil) und *Stenobothrus stigmaticus* RAMBUR (xerophil). Nach JAKOVLEV. Ordinate: Transpiration in Gamma/1 g Körpergewicht je min. Abszisse: Temperatur bei einer rel. Luftfeuchtigkeit von 60–65%.

cheopis nahm bei 25 °C sogar noch in Luft von nur 65% RF dampfförmiges Wasser aus dieser auf. In allen Fällen geschieht das aktiv, im letztgenannten müssen etwa 584 atm aufgewandt werden. Narkotisierte, in Abwesenheit von O_2 oder bei sehr niedrigen Temperaturen gehaltene Insekten sind dazu unfähig. Die Dampfabsorption geschieht wahrscheinlich durch das Integument, was man daraus schließt, daß sie auch von tracheenlosen Acari durchgeführt wird.

II. Der Wasserhaushalt der Wasserinsekten (Osmoregulation)

A. Bei Süßwasserinsekten

Eingehend wurde in der Hauptsache nur mit einer Anzahl Dipterenlarven experimentiert, für andere Wasserinsekten liegen verstreute Daten vor.

Die dem Medium gegenüber höhere osmotische Konzentration der Hämolymphe führt zu einem Einstrom des Wassers in den Körper. Das ist verbunden mit einer Vergrößerung des Volumens der Hämolymphe, einer Erniedrigung ihrer Konzentration und einem Verlust von Ionen. Dem wirken entgegen:

1. Die geringe Permeabilität der Epikutikula (Abb. E1.7). Bei Insekten, deren After und Mund verschlossen worden waren, stellte man mit Hilfe von Wägungen oder der Verwendung von D_2O_2 fest, daß der Wassereinstrom verhältnismäßig gering ist.

Die innerhalb 24 h in Insekten, denen After und Mund verschlossen worden waren, eingedrungene Wassermenge

	Wassertemperatur	% des Körpergewichtes
Notonecta	18 °C	1,8
Corixa	18 °C	3
Sialis-Larve	20 °C	4
Trichopteren-Larve	20 °C	7

Integumentregionen, die der Sauerstoffaufnahme dienen, sind ebenso wie solche, die Ionen aus der Umgebung aufnehmen, wesentlich permeabler als die übrige Kutikula. (Das Wassermolekül ist kleiner als das Sauerstoffmolekül!)

Überträgt man Larven von *Aedes aegypti* oder *Culex* in destilliertes Wasser, so schwellen sie sehr bald wegen der Überflutung an. Bindet man aber vorher ihr Hinterende, an dem die Analschläuche (Abb. E17.2) sitzen, ab, so dringt beinahe kein Wasser in ihren Körper ein, dessen Kutikula sehr wasserdicht ist.

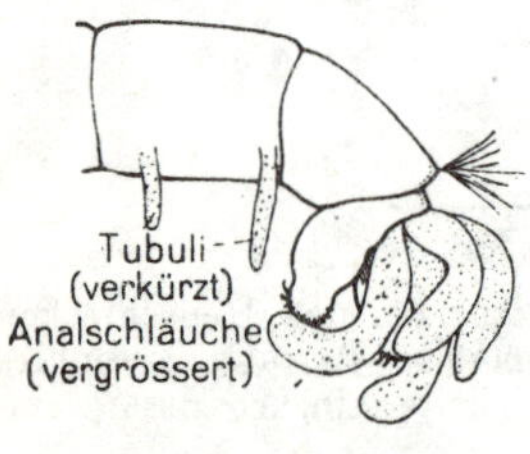

Abb. E17.2. Hinterende einer Larve von *Chironomus* spec. aus einem Alpentümpel. Nach Lenz, aus Weber. Die Tubuli dienen wahrscheinlich der Atmung, die Schläuche der Ionenaufnahme. Zwischen den Tubuli und den Schläuchen ist ein Nachschieber sichtbar.

2. Die reichliche Produktion von dem Blut gegenüber hypotonischem Harn.
3. Eine sehr starke Rückresorption von K^+-, Na^+- und Cl^--Ionen im Rektum.
4. Die aktive Aufnahme von Ionen mit Hilfe der Analschläuche bei vielen Dipterenlarven. Diese schlauchförmigen Papillen bestehen aus einem einfachen blutgefüllten Epidermisschlauch (Abb. E17.2).

Überführt man Larven von *Chironomus thummi* in das Wasser von Alpenseen, die weniger Alkalien und SO_4-Ionen als gewöhnliches Süßwasser haben und denen Cl^--Ionen fehlen, so strekken sich ihre Schläuche durch Zellvergrößerung bis aufs Doppelte der bisherigen Länge aus. Ihr Volumen wächst von $2{,}5 \times 10^5\ \mu m^3$ auf $5 \times 10^5\ \mu m^3$. Bei *Aedes aegypti* aber, die man in Wasser bringt, dessen NaCl-Gehalt nur 0,039 % beträgt, steigt die Anzahl der Falten der apikalen Epidermiswände unter der Kutikula an. Die der Hämolymphe zugewandte basale Zellwand aber zeichnet sich durch tiefe Einfaltungen aus, welche die Oberfläche vergrößern.

Die Wirkungsweise dieser aktiv Ionen aufnehmenden Organe läßt sich gut an Ausfallserscheinungen zeigen. Hält man *Chironomus*-Larven eine Zeitlang in destilliertem Wasser, so verlieren sie sehr viele Cl^--Ionen. Bringt man sie dann in auf $^1/_{100}$ verdünnte Ringerlösung, so sind sie fähig, darin ihre Blutkonzentration, die auf $\triangle$ −0,43 °C gesunken war, wieder auf $\triangle$ −0,71 °C zu erhöhen. Das unterbleibt, wenn man ihnen mit einem Faden das Hinterende dicht vor den Analschläuchen abgebunden hat.

Die Regulationsmöglichkeiten spielen vor allem für Larven eine große Rolle, die in kleinen und Kleinstgewässern leben. So findet man z. B. Stechmückenlarven wie *Culex*, *Culiseta*, die Gelbfiebermücke *Aedes aegypti* im Wasser von Baumlöchern, Blattachseln, Regentonnen, Konservenbüchsen usw. Darin sind sie starkem Wechsel der Wasserkonzentration ausgesetzt, der Senkung bei starkem Regen, der Erhöhung bei großer Trockenheit oder Auflösung hineingefallener Verunreinigungen. Wie groß dann die Leistung der Osmoregulation sein kann, sollen einige Experimente mit *Aedes aegypti* zeigen.

Bringt man diese aus normalem Süßwasser in solches, das nur 6 μM/*l* NaCl enthält, so bewahrt die Larve einen Na-Blutspiegel stabil, der nur 5 % unter dem solcher Artgenossen liegt, die in Wasser mit 2 mM/*l* NaCl schwimmen. Überführt man die an dieses Medium gewöhnten Larven in destilliertes Wasser, so vergrößern sie ihre Harnmenge und senken gleichzeitig deren Na-Gehalt durch Resorption im Rektum auf die Hälfte. Setzt man *Aedes*-Larven aus Süßwasser in destilliertes Wasser und läßt sie darin hungern, so fällt der Chloridspiegel ihres Blutes (ausgedrückt in NaCl) vom normalen Wert 0,3 % auf 0,05 % binnen 10 Tagen. Dagegen hält die Larve den osmotischen Wert ihrer Hämolymphe aufrecht. Das geschieht sicher durch Lösung organischer Substanzen, wahrscheinlich Aminosäuren.

Erhöht sich die Konzentration des Wohnwassers, so können *Culex*- und *Aedes*-Larven durch Einschränkung der Harnmenge und der Resorption im Rektum ihr Blut so lange hypotonisch halten, bis das Außenmedium ungefähr dessen Anfangswert erreicht hat. Dann – es handelt sich gewöhnlich um einen osmotischen Druck von 0,9 (ausgedrückt als äquivalente Konzentration von NaCl in g/100 cm³) – steigt der osmotische Druck des Blutes wie der des Außenmediums. Bis etwa zum Binnendruck, der einer 1,5%igen Lösung von NaCl äquivalent ist, können die Larven überleben.

B. Bei Salzwasserinsekten

Bei Salzwasserinsekten ist die Wirkung des Mediums auf das Insekt der des Süßwassers gerade entgegengesetzt. Sein Überfluß an Ionen bewirkt eine osmotische Entwässerung. Dieser begegnet der Organismus der Larven der *Culicidae*, *Chironomidae* und *Ephydridae* durch:

1. einen artweise verschiedenen, aber immer ziemlich hohen primären osmotischen Wert der Hämolymphe. Bei *Ephydra cinerea* aus dem Großen Salzsee in Utah ist er der höchste, der bisher bei Insekten gemessen worden ist.

2. Die geringe, praktisch eigentlich nicht vorhandene Permeabilität der Kutikula. (Ausnahme: *Chironomidae*, die durch die Haut atmen.)

3. Die Abscheidung eines gegenüber dem Blut hypertonischen Harns, der bei *Aedes detritus*- und *Ephydra*-Larven den osmotischen Wert des Blutes oft um mehr als das Vierfache übertrifft. Im Rektum findet eine sehr starke Absorption des Wassers aus dem Harn und Kot statt.

4. Eine Wasseraufnahme durch Trinken, die sowohl bei *Ephydra* als auch bei Süßwasser-Larven, die man in Salzwasser gebracht hatte, einwandfrei beobachtet wurde. Dabei wurden auch Lösungen von 34 mM/*l* NaCl aufgenommen.

Osmotische Resistenz (‰ Salzgehalt des Wassers, bei denen sich Larven entwickeln) und maximaler Schwankungsbereich der Blutkonzentration in NaCl % und Gefrierpunktserniedrigung.

Spezies	Medium ‰	Blut % in·NaCl	 in △ °C
Chironomus thummi	0,1–8	0,65–0,77	0,38–0,45
Aedes aegypti	0,1–10	0,82–0,95	0,45–0,56
Culex pipiens			
Chironomus halophilus	0,1–20	0,77–1,61	0,45–0,94
Chironomus salinarius	1,0–50	1,08–2,33	0,63–1,36
Ephydra strenzkei	100	0,76–1,15	0,44–0,67
Ephydra cinerea	214	3,04	1,78

Die das Salzwasser bewohnenden Larven der Dipteren kommen zum großen Teil in Tümpeln der Marschen und Küstenfelsen vor, also in Gewässern, deren Konzentration sich bei Regenfällen und Dürre stark ändert, z. B. bei einem Wohntümpel von *Chironomus salinarius* in einem trockenen Sommer zwischen 1,2‰ und 37‰ (!) Salzgehalt. Die Tabelle zeigt, in welchen Grenzen die Larven dann den osmotischen Wert ihrer Hämolymphe ändern. Es ist erstaunlich, wie groß die Toleranz der Gewebe bei manchen Arten gegenüber solchen Schwankungen ist. Kann der Blutdruck bei weiterem Steigen der Konzentration des Wohnwassers nicht mehr gegenüber diesem hypotonisch gehalten werden, so bricht die Osmoregulation zusammen. Der osmotische Wert der Hämolymphe folgt isosmotisch dem des Außenmediums, was bald zum Tod der Larve führt.

E18. Die Synthese der Nährstoffe und Exkrete

I. Der Fettkörper

Der Fettkörper entwickelt sich aus den Wänden der Cölomsäcke (Abb. E23.8 bis E23.10), ähnlich wie das Chloragogengewebe der Oligochaeten. Er bildet im Mixocöl lange Stränge oder Lappen aus wenigen Zellschichten, die rings von der Hämolymphe umströmt werden. Das weißliche, gelbliche oder organgefarbene Gewebe nimmt gewöhnlich einen großen Teil der Leibeshöhle ein, bei den reifen Larven der *Holometabola* ist es das voluminöseste Organ, angefüllt mit Stoffen, die dem Aufbau der Gewebe der Imago, manchmal sogar deren Stoffwechsel dienen. Doch ist der Fettkörper keineswegs nur ein Speicher für Proteine, Kohlenhydrate, Fette, Vitamine, Carotine, Pteridine. Vielmehr arbeitet er in vieler Hinsicht ähnlich wie die Säugetierleber und stellt das weitaus wichtigste Syntheseorgan der Insekten dar. Aus kleinmolekularen Stoffen, die der Darm nach der Spaltung der Nahrungsstoffe in die Hämolymphe abgibt, synthetisiert er mit Hilfe seiner Enzyme Vorratsstoffe. Anschaulich wurde das nachgewiesen durch Inkubation unverletzter Fettkörperlappen in Lösungen, die mit ^{14}C markierte Stoffe enthielten. Wenn man später den Fettkörper triturierte, konnte man die Aktivität des ^{14}C dann in den synthetisierten Verbindungen nachweisen. Aus markierter Glukose wurde nicht nur Trehalose gebildet, sondern es wurden auch Lipide hergestellt, bei anderen Arten aber verschiedene Aminosäuren, z. B. Asparaginsäure, Glutaminsäure, Glycin, Serin, Alanin. Aus markierten Aminosäuren wie Glycin und Leucin synthetisierte der Fettkörper Neutralfette. Weiterhin ist der Fettkörper wohl das wichtigste Organ für die Synthese der Harnsäure. Diese wird von ihm in oft sehr auffallender Weise gespeichert, sowohl bei Arten, deren larvale Malpighische Gefäße nicht nach außen münden, so daß erst die Imago die Exkrete abgeben kann (z. B. bei den *Apocrita*), als auch bei solchen, die dauernd Harnsäure nach außen abgeben. Es besteht deshalb der Verdacht, daß die Harnsäure mit ihrem Gehalt an 33% Stickstoff vielleicht auf eine bisher noch unbekannte Weise als N-Quelle verwendet werden kann. Auch der Gehalt der Hämolymphe an Reservestoffen wird vom Fettkörper reguliert, der ihr bei stark ansteigendem Blutzuckerspiegel die Grundlagen für die Synthese der Trehalose und des Glykogen entnimmt, bei starker Inanspruchnahme des Gehaltes der Hämolymphe durch Muskeltätigkeit umgekehrt Stoffe wie Trehalose und Fette ausschüttet.

II. Die Endosymbiose

Endosymbionten nehmen nicht an der Verdauung der Nahrung teil, sondern synthetisieren Vitamine und essentielle Aminosäuren, zu deren Bildung der Wirt nicht befähigt ist und die er auch nicht mit seiner Nahrung aufnimmt. Wir finden solche stäbchen- oder kugelförmigen einzelligen Symbionten in Gestalt von Bakterien, Hefen und Actinomyceten bei Tieren, die in allen Stadien die gleiche vitaminarme Nahrung aufnehmen, und zwar
Pflanzensäfte (z. B. *Auchenorrhyncha*, *Sternorrhyncha*, viele *Heteroptera*),
Blut von Wirbeltieren (*Anoplura*, manche *Heteroptera*, *Glossina*, *Pupipara*),
Keratin (*Mallophaga*),
Holz (*Anobiidae**), einige *Cerambycidae*- und *Curculionidae*-Larven),
Körner- und Samen, vor allem Vorratsschädlinge (*Sitodrepa*, *Stegobium*, *Calandra* usw.)
sowie wenige Allesfresser (*Blattodea* und einige Ameisen).

Der Sitz der Symbionten ist nur in wenigen Fällen das Lumen von Mitteldarmdivertikeln (z. B. bei Pentatomiden (Abb. 22A.4), Trypetiden); meist leben sie innerhalb der Zellen, wo ihnen das Plasma Nahrung bietet. Häufig vermehren sich solche Zellen nicht, wachsen aber zu großen polyploiden **Mycetocyten** heran. Diese können ebenfalls in besonderen Darmtaschen sitzen (z. B. bei Larven von *Anobiidae*, *Cerambycidae* und *Cleoninae*). Die Mündung dieser Taschen ist häufig sehr verengt oder

*) Bei den Bockkäfern und *Anobiidae*, die als Erwachsene ihre Ernährungsweise gegenüber dem Larvenstadium völlig ändern, werden bei der Metamorphose die mit Symbionten gefüllten Mitteldarmdivertikel aufgelöst. Ein Teil der Symbionten gelangt in Behälter des Ovipositors, die anderen gehen zugrunde.

ganz geschlossen, so daß keine Beziehung zum Lumen des Darmes mehr besteht. Bei Käfern können auch die Malpighischen Gefäße besiedelt werden, und zwar sowohl das Lumen wie auch die Zellen, wobei sich die Symbionten auf nur einige Gefäße und eine bestimmte Region beschränken. Viel häufiger sind die Fälle, bei denen die Symbionten sich in Organen der Leibeshöhle ansiedeln, und diese Fälle müssen auch als die höher entwickelten gelten. Bei ihnen ist meist das Verhältnis zwischen Symbiont und Wirtszelle inniger, und auf sie ist das Vorkommen von Polysymbiosen beschränkt. Im einfachsten Falle sind die Symbionten zwischen die Zellen des Fettkörpers verteilt und liegen in der Hämolymphe. Meist aber besiedeln sie Fettkörperzellen. Sie verteilen sich dann regellos über den ganzen Fettkörper oder konzentrieren sich auf eine seiner Regionen. Häufig leben sie in abgetrennten Lappen, die ein spezialisiertes Symbiontenorgan, ein **Mycetom,** darstellen. Polysymbiosen finden wir besonders bei den *Sternorrhyncha* und *Auchenorrhyncha*. Die einzelnen Symbiontentypen sind zumindest getrennt in verschiedenen Zellen, häufig auch in verschiedenen Bezirken des Mycetoms untergebracht oder wie bei manchen Zikaden auf verschiedene Mycetome verteilt. Die Zikaden haben übrigens die kompliziertesten Verhältnisse entwickelt, beherbergen sie doch bis zu 6 verschiedene Arten von Endosymbionten. In allen Fällen treten die Symbionten nur in den artlich festgelegten Abschnitten der Organe auf, nie überschwemmen sie etwa den Darm oder die Malpighischen Gefäße völlig. Die Vermehrungsrate bleibt in ganz bestimmten Grenzen, obwohl sie bei der Eiablage des Wirtes gesteigert wird. Ebenso ist sie äußerst gering beim Embryo, der ja keine Nahrungszufuhr hat und auf den Dotter angewiesen ist.

Die Bedeutung der Endosymbionten für den Wirt zeigt sich, wenn sie diesem entzogen werden. Das kann geschehen durch Abwaschen der Eier mit einer Lösung von Chloramin in Alkohol, Fernhalten von der Mutter, Füttern mit Antibiotika und Erzeugung künstlichen Fiebers, also Erhöhung der Temperatur des Wirtes. Danach bekommen die steril gewordenen Larven Häutungsschwierigkeiten, manche sterben schon vor der ersten, andere nach einigen Häutungen. Wird die Geschlechtsreife erreicht, so sind sie nicht fortpflanzungsfähig. Diese Mangelerscheinungen kann man aufheben, wenn man diese Individuen mit ihren Symbionten infiziert oder ihrer Nahrung reichlich Vitamine zusetzt, z. B. in Gestalt von Hefe oder ganz jungen Keimpflanzen. Daraus geht hervor, daß hauptsächlich Wachstumsvitamine der B-Gruppe den Ausfall der Symbionten kompensieren (z. B. Thiamin, Riboflavin, Pantothen- und Folsäure, Pyridoxin, β-Biotin, Nicotinsäureamid, Cholinchlorid). Diese sind für den Zell-Stoffwechsel unentbehrlich. Aber auch Aminosäuren, die der Organismus nicht synthetisieren kann, werden von Symbionten geliefert.

Verfütterte man mit ^{14}C markierte Glukose an *Blatella germanica*, so waren nur bei normalen, nicht aber bei sterilen Individuen in der Hämolymphe durch Einbau von ^{14}C gekennzeichnetes Tyrosin, Phenylalanin, Isoleucin und Arginin nachzuweisen. Beim gleichen Experiment mit Verfütterung von Natriumsulfat, das mit ^{35}S markiert war, galt das gleiche für das Auftreten von radioaktivem Cystin und Methionin. *Stegobium paniceum*, denen die Symbionten entfernt sind, wachsen als Larven nicht, wenn der Kost nicht sämtliche essentiellen Aminosäuren samt Glycin zugegeben werden. Normale Individuen aber brauchen lediglich eine Nahrung, die nur 3 Aminosäuren enthält (Arginin, Leucin, Threonin).

Die Endosymbionten ermöglichen ihren Wirten die Ausnutzung von Nahrungsstoffen, die anderen Tieren keine Existenz bieten. Sie erweitern damit die Lebensräume und erlauben der Konkurrenz auszuweichen.

Außerhalb der Mycetome gezüchtete Symbionten von Blattläusen und anderen Hemipteren können Luftstickstoff bei der Synthese von Aminosäuren verwerten. Direkte Beobachtungen an *Myzus persicae* und *Doralis fabae* haben gezeigt, daß diese ^{15}N nicht in ihren Geweben binden.

Entsprechend ihrer großen Bedeutung für den Stoffwechsel und das Wachstum, werden die Symbionten direkt auf die Nachkommen übertragen, und zwar auf überraschend mannigfaltigen Wegen. Vor der Eiablage des Wirtes vermehren sie sich meist stark, in vielen Fällen bilden sie auch eine besondere Infektionsform aus.

Bei solchen Arten, deren Symbionten den Darm oder dessen Zellen bewohnen, finden wir 2 Arten der Übertragung. Entweder werden die Eier außen mit symbiontenhaltigem Kot beschmiert, oder die Mutter bietet solchen auf sehr verschiedene Weise den Jungen zum Saugen an.

a) Bei vielen Wanzen, besonders Pentatomiden, wird bei der Eiablage symbiontenhaltiger Darmsaft auf das Ei verteilt, den die Jungen beim Durchbrechen der Schale aufnehmen. Kompliziert wird dies bei Trypetiden, bei denen Symbionten durch einen Schlitz aus dem Enddarm in die Vagina übertreten. Bei Anobüden und Cerambyciden bildet die Gelenkhaut, mit der der Ovipositor am Hinterleib angeheftet ist, 1 Paar tiefe Einstülpungen. In diese wandern aus dem Darm Symbionten ein, die bei der Eiablage auf das Ovum gespritzt werden.

b) *Triatoma* und *Brachypelta* bleiben bei dem Gelege. Die ausgeschlüpften Jungen von *Triatoma* saugen am Kot der Mutter, die von *Brachypelta* klettern auf die Mutter, die eine klare symbiontenhaltige Flüssigkeit aus dem After abscheidet. Besonders interessant ist das Verfahren von *Coptosoma.* Ihre Symbionten sammeln sich im blasenartig erweiterten Mitteldarmende und werden durch ein Sekret, das dessen Wandung absondert, eingehüllt. Bei der Eiablage wird die Symbiontenwurst durch den Sphinkter zwischen Mittel- und Enddarm in kurze Kapseln zerteilt, welche das Weibchen regelmäßig hinter jedes Ei der Doppelkette des Geleges schiebt. Die auskriechende Jungwanze saugt sogleich die Kapsel aus und infiziert sich dadurch (Abb. 22A.5). Wenn die Symbionten getrennt vom Darmlumen untergebracht sind, werden die Nachkommen vor der Ablage des Eies innerhalb der Ovariolen infiziert.

In vielen Fällen wandern die Symbionten einzeln durch die Hämolymphe zu den Eiröhren. Teils durchdringen sie sofort die Follikelzellen. Sind diese aber besonders differenziert, so bleiben sie einige Zeit darin und vermehren sich dabei, ehe sie ins Ei übertreten. Auch über die Nährkammern der telotrophen Ovariolen können sie bei Hemipteren eindringen. Ganze Mycetocyten schieben sich bei den Aleurodiden durch den Follikel in das Eiplasma hinein. Bei Schaben und den *Mastotermitidae* aber legen sich Mycetocyten außen an die Eiröhre, so den Weg der Symbionten verkürzend. Spät, also erst im Embryonalstadium, werden die Nachkommen der parthenogenetischen Blattläuse infiziert.

E19. Das Blutgefäßsystem

I. Das Blut

Das Blut ist ein Gewebe mit sehr reichlicher flüssiger Interzellularsubstanz. Es dient:

als inneres Medium von einem einigermaßen konstanten osmotischen Wert, der allerdings in viel weiteren Grenzen schwankt als bei den Säugetieren;

dem Transport von gelösten Nährstoffen, Aufbaustoffen für die Kutikula und die Geschlechtsprodukte, von Exkreten und Hormonen;

(Der größte Teil der im Blut enthaltenen Kohlenhydrate besteht aus Trehalose, einem nichtreduzierenden Disaccharid, das in Konzentrationen von mehr als 1000 mg pro 100 g vorkommen kann. Weiterhin ist die Konzentration der freien Aminosäuren mit 300–2400 mg pro 100 g weit höher als bei anderen Tierklassen. Ihre Gesamtmenge unterliegt bedeutenden kurzzeitigen Änderungen bei den Häutungen, vor der Eiablage und Kokonbildung.)

nur in seltenen Fällen der Verteilung des Sauerstoffes im Körper (z. B. bei Erstlarven, deren Tracheen mit Flüssigkeit gefüllt sind, oder *Chironomus*-Larven, deren Tracheensystem zurückgebildet und in deren Hämolymphe Hämoglobin gelöst ist;
als hydrostatisches Skelett bei Insekten mit membranöser Kutikula, insbesondere bei Larven, deren Blut wie z. B. bei Raupen bis 40%, bei Imagines von *Locusta migratoria* mindestens 18%, bei der Honigbiene 24—30% des Körpergewichts erreicht;
der Übertragung des von der Rumpfmuskulatur ausgeübten Druckes auf Hohlorgane des Körpers, was große Bedeutung hat für die Ventilation der Atemorgane, die Entleerung mancher Drüsen, das Ausstrecken von Mundwerkzeugen, weichhäutigen Extremitäten (z. B. der Raupen), Genitalanhängen, Hinterleibssegmenten usw.

Nicht selten ist das Blut von Pigmenten, die keinerlei Beziehung zur Speicherung von Sauerstoff haben, gefärbt, oft übereinstimmend mit der Epidermis, also z. B. grün bei Heuschrecken, orange bei Marienkäfern.

Die **Blutzellen** entstehen durch Teilung aus Zellmassen, die bei den einzelnen Ordnungen eine sehr verschiedene Lage haben. Sie vermehren sich, werden umhergetrieben, setzen sich aber meist außen an den Organen fest. So verschieden sie aussehen, so lassen sie sich doch 2 Hauptgruppen zuteilen:
abgerundete Zellen, die viel Mucopolysaccharide, aber keine anderen Einschlüsse enthalten, und
amöboide Zellen, die kaum Mucopolysaccharid, wohl aber phagozytierte Zellbestandteile und Fremdkörper, Glykogen, Fett sowie Fermente mit sich führen.

Diese amöboiden Blutkörper dienen u. a. der Aufnahme von blutfremden Partikeln wie Bakterien, Microsporidien und Verunreinigungen (eine echte Antikörperbildung gibt es bei Insekten nicht!). Ihre Pseudopodien werden bei der Anwesenheit von Fremdstoffen im Blut vermehrt, greifen aber ungerichtet nach allen Seiten umher. Trotzdem werden eingespritzte Bakterien schon nach 5—13 min ergriffen und phagocytiert. Vielzellige Eindringlinge, wie z. B. Pilzhyphen, Wurm- und Insektenlarven, aktivieren explosionsartig zahlreiche Amöbocyten und werden durch Zusammenschluß vieler Phagocyten mit einer Hülle umgeben, deren Innenschicht schließlich degeneriert und eine durch Melanin dunkel gefärbte dünne Kapsel bildet (Abb. E20.20). Freilich funktioniert die Abwehr nur gegenüber den nicht spezifischen Parasiten oder pathogenen Einzellern.

Auch bei dem Verschluß von Hautwunden spielen Blutkörper eine Rolle, die agglutinieren oder durch fadenförmige Fortsätze ein Netzwerk bilden. Bei *Periplaneta* ist eine Gerinnung des Serums nachgewiesen, die nur bei Anwesenheit von Lymphocyten erfolgt. Diese geben am Anfang des Gerinnungsprozesses eine geringe Menge Substanz in die Hämolymphe ab, worauf in dem vorher hyalinen Blutplasma granuläre Gerinnungsinseln entstehen, die zur mehrfachen Größe der Zelle anwachsen. Ähnliches wurde auch bei anderen Insektenarten gefunden.

Bei Larven- und vor allem Puppenhäutungen setzt eine sehr starke Vermehrung der amöboiden Zellen ein, die zerfallene Gewebsbestandteile aufnehmen und forttragen. Daß später ihre Zahl so stark zurückgeht, wird darauf zurückgeführt, daß sie sich gegenseitig „auffressen“. Über die Weitergabe aufgenommener Substanzen an Gewebe usw. ist noch nichts Sicheres bekannt.

II. Das Rückengefäß

Der Kreislauf der Hämolymphe wird im wesentlichen durch die Kontraktionen des Rückengefäßes bewirkt, das vom Oberschlundganglion aus den Körper bis fast ans Hinterende durchzieht (Abb. E19.1, E15.1). Ontogenie Abb. E23.10. Während das Rückengefäß bei den Chilopoden und Diplopoden im ganzen Rumpf gleichartig ausgebildet ist, also in jedem Segment z. B. ein Paar Ostien aufweist, werden bei den Insekten im Laufe der Stammesgeschichte von vorn nach hinten fortschreitend Ostienpaare unterdrückt. So lassen sich dann 2 verschiedene Abschnitte des Rückengefäßes unterscheiden, ein hinterer, der, durch Ostienpaare und seitliche dreieckige Muskelpaare gekennzeichnet, als Herz bezeichnet wird, und ein davorliegendes einfaches Rohr, die Aorta (Abb. E19.1). Bei den *Pterygota* sind nur noch bei primitiven Gruppen im Thorax Ostien erhalten geblieben (Tabelle s. u.). Aber auch im Abdomen ist deren Zahl oft stark reduziert, bei *Dytiscus* auf 8 Paar, bei *Musca* und *Nepa* auf 4, bei Landwanzen auf 2—3 und bei Mottenläusen (*Aleurodes*) auf 1 Paar.

Das Ostium weist eine schlitzförmige Öffnung auf, in die bei der Diastole des Herzens Blut aus dem Perikardialsinus einströmt. Da die Ränder der Öffnung sich als ein Paar Klappen ins Herzlumen fortsetzen, kann bei der folgenden Systole das Blut nicht wieder ausströmen. Beide Klappen werden dann durch den Blutdruck fest aufeinandergepreßt, wohl auch die Ostien durch den Zug der Längsmuskeln geschlossen.

Noch stärker als die Einströmungsöffnungen sind die Ausströmungsorgane des Herzens bei den Insekten reduziert, in den meisten Fällen alle bis auf die Spitze der Aorta. Von den segmentalen Arterien der Myriapoden sind nur noch bei primitiven Gruppen Reste geblieben. In Gestalt von transversal verlaufenden Röhren, die am

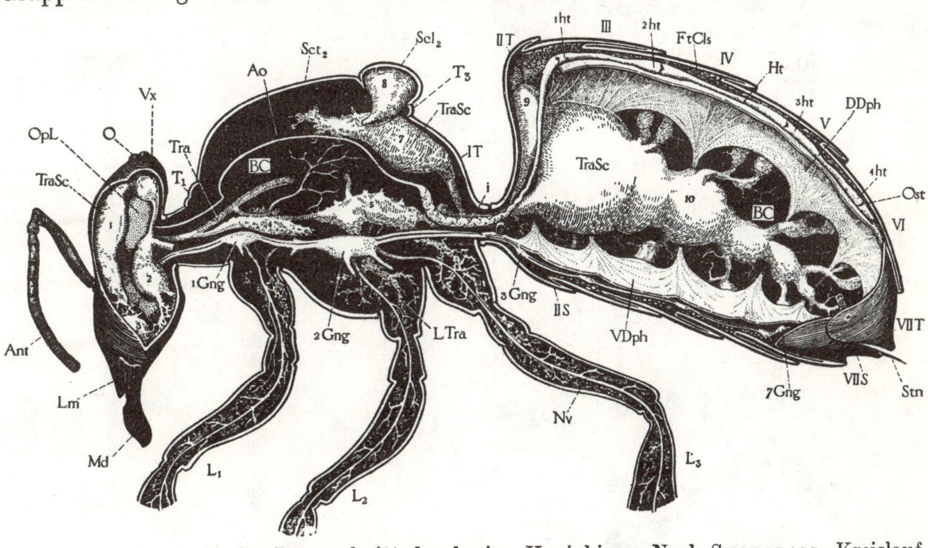

Abb. E19.1. Parasagittaler Längsschnitt durch eine Honigbiene. Nach SNODGRASS. Kreislauf, Atemorgane und Zentralnervensystem belassen, alle anderen Organe entfernt. **Ant** Antenne; **Ao** Aorta; **BC** Mixocöl; **DDph** dorsales Diaphragma (= Perikardialmembran); **FtCls** Fettzellen; **Gng** Ganglien; **Ht** Herz; **L** Beine; **Lm** Labrum; **LTra** Beintrachee; **Md** Mandibel; **Nv** Beinnerv; **O** Ocellen; **OpL** Lobus opticus des Protocerebrum; **Ost** Ostium; **Scl** Scutellum; **Sct** Scutum; **Stn** Stachel; $\mathbf{T_{1-3}}$ Tergite des Thorax; **Tra** Trachee; **TraSc** Tracheen-Luftsäcke; **VDph** ventrales Diaphragma; **Vx** Vertex; **1—4ht** Abschnitte des Herzens, die durch Ostien voneinander getrennt sind; **I—VII S** abdominale Sternite; **I—VIIT** abdominale Tergite. Länge 12 mm.

Seitenrand des Hinterleibes mit mehreren kurzen, offenen Zweigen enden, finden wir sie nur noch bei den *Blattodea* und einigen *Mantodea*. Bei einigen *Mantodea*, *Phasmatodea*, *Dermaptera* und vielen *Saltatoria* sind sie verkürzt bis auf lateroventrale Herzöffnungen mit nach außen gerichteten Ventilklappen (Abb. E19.3). Diese sind bei den *Plecoptera* und *Thysanura* unpaarig geworden.

	Ostienpaare		Seitenarterien		Paarige Ausspritzöffnungen	
	Thorax	Abdomen	Thorax	Abdomen	Thorax	Abdomen
Blattodea	3	9	2	4	—	—
Gryllinae	2	9	—	—	2	1
Caelifera	3	9	—	—	2	5
Heteroptera	—	3–4	—	—	—	—
Coleoptera (*Dytiscus*)	—	8	—	—	—	—
Apis, *Imago*	—	4	—	—	—	—
Apis, Larve	—	7	—	—	—	—

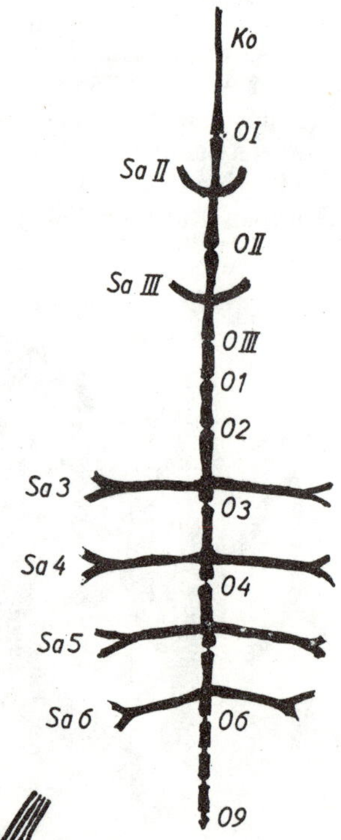

Abb. E19.2. *Blabera trapezoides* BURMEISTER. Das Rückengefäß. Nach NUTTING, verändert. **Ko** Kopfaorta; **O** Ostienpaare; **Sa** Seitenarterien. Die römischen Ziffern bezeichnen die Thorax-, die arabischen die Abdominalsegmente. Länge 26 mm.

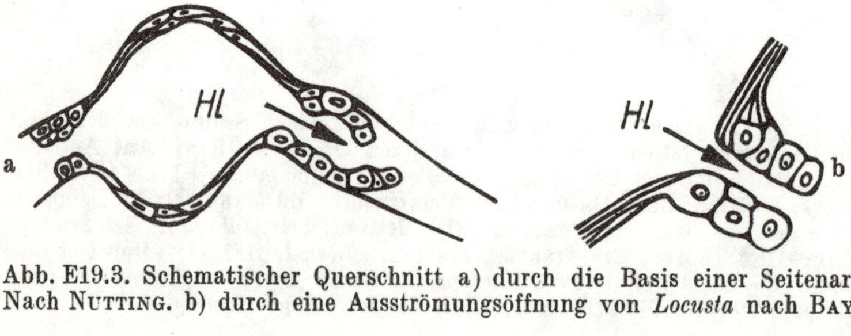

Abb. E19.3. Schematischer Querschnitt a) durch die Basis einer Seitenarterie von *Blaberus*. Nach NUTTING. b) durch eine Ausströmungsöffnung von *Locusta* nach BAYER. **Hl** Herzlumen.

Die Wand des Herzens besteht aus Ringmuskeln, denen eine Adventitia aufliegt. Bei *Nepa* wurden außen auch Längsmuskeln nachgewiesen. Auf Grund von elektronenmikroskopischen Aufnahmen wird neuerdings behauptet, daß bei der Wanderheuschrecke sowohl auf der Innen- wie auf der Außenseite der Ringmuskeln eine Zellschicht ausgebreitet sei (Endo- und Exothel). Das Herz ist mit Hilfe von Bindegewebsfasern am Tergit und oft auch an der Perikardialmembran aufgehängt (Abb. E19.5).

Die Frequenz des Herzschlages ist von der Temperatur und dem Stoffwechsel (Bewegung, Verdauung) abhängig. Beim ruhenden Schwärmer beträgt sie z. B. 40—50/min, beim fliegenden hingegen 110—140/min. Der Druck steigt bei der Systole im Herzen von *Locusta migratoria* im 1. Abdominalsegment von 0 auf + 9,4 cm Wasser, in der Aorta von + 3,2 auf + 8,6 cm Wasser bei 22,9 °C und 79 Herzkontraktionen je Minute. Wenn sich das Tier stark bewegt, erhöht er sich beträchtlich, im vorderen Abdomenherzen z. B. auf + 13 cm Wasser. Im Perikardial- und Perineuralsinus herrschten beim ruhenden Tier stets negative Drucke von — 2,4 bis — 3,6 cm Wasser.

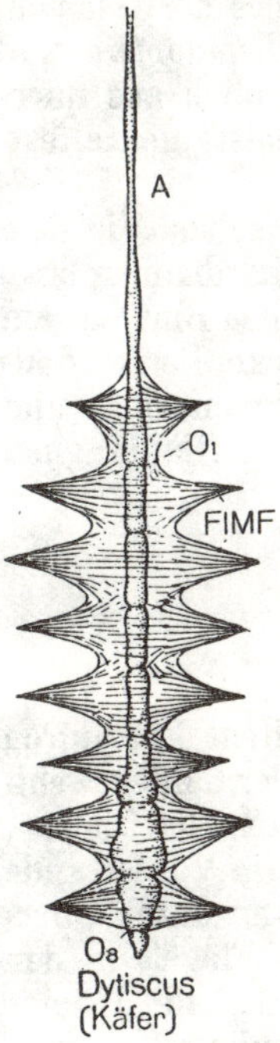

Abb. E19.4

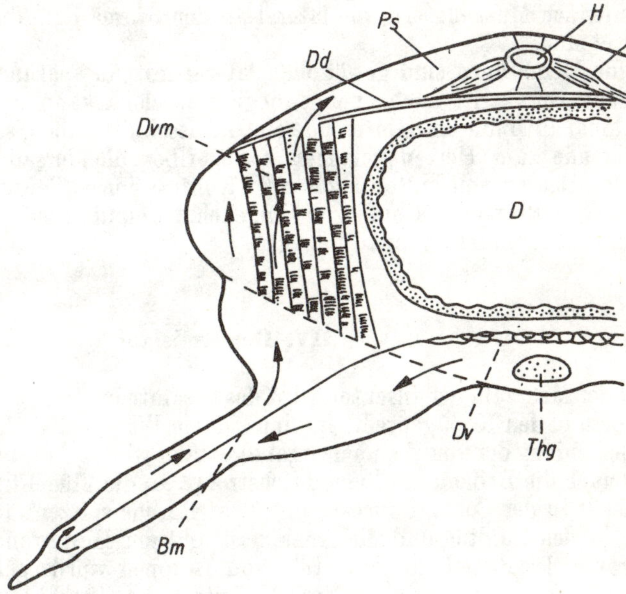

Abb. E19.5

Abb. E19.4. *Dytiscus marginalis* LINNAEUS. Das Herz mit den Flügelmuskeln. Nach KUHL, aus WEBER. **A** Kopfaorta; **FlMF** Flügelmuskeln; **O** Ostium.

Abb. E19.5. Schema des Kreislaufes in einem Thoraxsegment, dargestellt an einem Querschnitt. Nach WIGGLESWORTH. **Bm** Bindegewebsmembran, die den Blutraum des Beines teilt; **D** Darm; **Dd, Dv** dorsales und ventrales Diaphragma; **Dvm** dorsoventrale Muskulatur; **Flm** Flügelmuskel; **H** Herz; **Ps** Perikardialsinus; **Thg** Thoraxganglion.

III. Die pulsierenden Membranen

Das **Mixocöl**, das bei den Insekten mit dem Hämocöl identisch ist, wird bei vielen Pterygoten zumindest im Imaginalzustand in 3 übereinanderliegende Stockwerke geschieden, den dorsalen Perikardialsinus, der immer vorhanden ist, den Periviszeralraum und den Perineuralsinus (Abb. E19.5).

Der **Perikardialsinus** wird dorsal vom Integument und ventral vom Perikardialseptum (= dorsalem Diaphragma) begrenzt (Abb. E19.5). Dieses dringt gewöhnlich nicht in den Thorax ein, falls nicht etwa thorakale Ostien vorhanden sind. Es heftet sich lateral an die Tergite an. Seine Membran enthält viele querverlaufende Fibrillen und Zellkerne. Außerdem sind in sie segmentale, dreieckige sogenannte Flügelmuskeln eingelagert, deren Muskelfibrillen medial in ein Netz von Bindegewebsfasern übergehen (Abb. E19.4). Dieses kann sich direkt in die bindegewebige Bekleidung des Herzens fortsetzen oder auch mit dem Partner der Gegenseite des Körpers unter dem Herzen vereinigen.

Der **Perineuralsinus** wird ventral von der Epidermis der Sternite und dorsal von dem ventralen Diaphragma begrenzt. Ein solches Diaphragma ist aber nicht in allen Ordnungen vorhanden, wohl aber z. B. mindestens bei den Imagines der *Odonata*, *Acridiidae*, *Hymenoptera*, *Raphidiidae*, *Megaloptera*, *Planipennia*, *Lepidoptera* und *Diptera*, ausgenommen die *Cyclorrhapha*. Es besteht fast ausschließlich aus querverlaufenden Muskelfasern, die lateral an den Sterna der Abdominalsegmente festgeheftet sind.

Beide Membranen sind gewöhnlich lateral mit Aussparungen versehen, die dem Blut den Durchtritt nach oben ermöglichen, doch kann die Perikardialmembran manchmal auch nur am Hinterende einen Ausschnitt haben, so daß das Blut nur am Körperende zum Herzen gelangen kann. Über die dorsad konvexe Perikardialmembran laufen von hinten nach vorn Kontraktionswellen der Flügelmuskeln und treiben das Blut dem Kopfe zu. Umgekehrt unduliert das ventrale Diaphragma, so daß es den Blutstrom anad bewegt.

IV. Der Kreislauf

Bei der Mehrzahl der Insekten wird das gesamte im Herzen enthaltene Blut durch die Aorta in den Kopf gepreßt. In Sinus, deren Wand lediglich von der bindegewebigen Bekleidung der umgebenden Organe gebildet wird, gelangt es dann in den Thorax, wo es auch die Beine und Flügel durchströmt. In die Flügel tritt es am Vorderrande ein, fließt in der Costa, Subcosta und dem Radius spitzenwärts, dann durch Queradern in den Cubitus und die Analadern und am Hinterrande des Flügels in den Hohlraum des Scutellum. Mit Hilfe von Isotopen wurde gezeigt, daß die Hämolymphe auch in den scheinbar „toten“ Elytren des Hirschkäfers zirkuliert.

Schließlich gelangt das Blut ins Abdomen, wird hier durch wellenförmig verlaufende Bewegungen des ventralen Diaphragmas nach hinten befördert und durch die Schwingungen des dorsalen Diaphragma in den Perikardialsinus eingesogen.

Der **Kreislauf** ist geregelter und schneller, als man gewöhnlich annimmt. Durch Verfolgung einzelner Blutkörper in durchsichtigen Larven der Schlammfliege (*Sialis*) konnte man feststellen, daß jedes durchschnittlich 1 min und 5 s gebraucht, um die Segmente vom Kopf bis zum Abdomenende zu durchfließen, wobei allerdings der Aufenthalt in den Beinen nicht berücksichtigt worden ist. Wie genaue Untersuchungen an Hemimetabolen (*Blaberus*, *Locusta*) und Imagines von Holometabolen (*Sialis* und *Bombyx*) gezeigt haben, endigt die Aorta bei diesen nicht an der Hinterseite des Oberschlundganglions. Vielmehr tritt sie oder wenigstens ihre Seiten- und Dorsalwand durch die Hirnpassage und breitet sich dann trichterartig auf der Vorderseite des Oberschlundganglions aus. Zusammen mit den Bindegewebsmembranen der gegenüberliegenden Luftsäcke oder Muskeln bildet sie so einen blutgefüllten Frontalsack, der bindegewebige Kanäle entsendet (Abb. E19.6). Diese ziehen auf dem Hirn zu den Augen, zu den Tastern der Mundwerkzeuge usw.

Die mit Muskeln ausgestatteten Beine und Taster saugen bei den Bewegungen der Muskeln die Hämolymphe förmlich auf. Meist sind sie der Länge nach durch eine Bindegewebsmembran in 2 Kanäle geteilt. Das Blut fließt in dem einen bis zum Tarsus und in dem anderen zurück (Abb. E19.5). An manchen Stellen können Klappen eingeschaltet sein, selten Muskeln, welche ein Membranstück pulsieren lassen.

V. Die accessorischen pulsierenden Organe

Die nicht mit Binnenmuskeln ausgestatteten Anhänge der Pterygota, Antennen, Flügel, oft auch „Schwanz"-Anhänge, werden durch besondere pulsierende Organe mit Blut versorgt.

Neben jeder Antenne liegt eine Ampulle, welche in ein röhrenförmiges bindegewebiges Gefäß ausläuft, das den Fühler durchläuft und durch seitliche Poren mit Blut versorgt. Die Außenwand der Ampulle wird oft von der Epidermis der Kopfkapsel gebildet (Abb. E19.6). Die Innenwand, eine doppelte Bindegewebsmembran, spannt sich wie ein Zeltdach darüber. Sie hat eine schlitz-

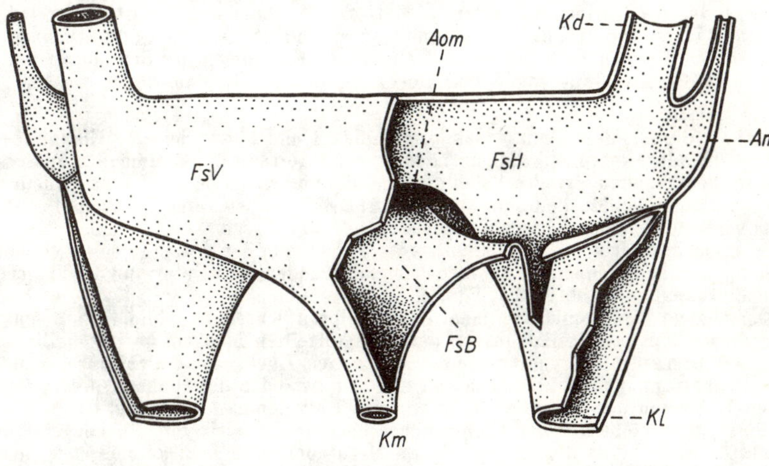

Abb. E19.6. *Locusta migratoria* LINNAEUS. Schema des Frontalsackes. Nach BAYER. Der Sack dehnt sich vom mittleren Ocellus bis etwa zum Frontalganglion (Epistomalnaht) aus. Rechts ist seine Vorderwand aufgeschnitten. Man sieht auf die Ausmündung der Aorta sowie auf ihre auf die Vorderseite des Oberschlundganglions umgeschlagenen und ausgebreiteten Wände. **Ant** Antennenampulle mit dem Antennengefäß; **Aom** Mündung der Aorta in den Frontalsack; **FsB** Boden, **FsH** Hinterwand; **FsV** Vorderwand des Frontalsackes; **Kd** dorsaler Kanal, der zu den Komplexaugen und den lateralen Ocellen zieht; **Kl** lateraler Kanal, der zu seiten des Pharynx verläuft; **Km** medianer, ventral verlaufender Kanal.

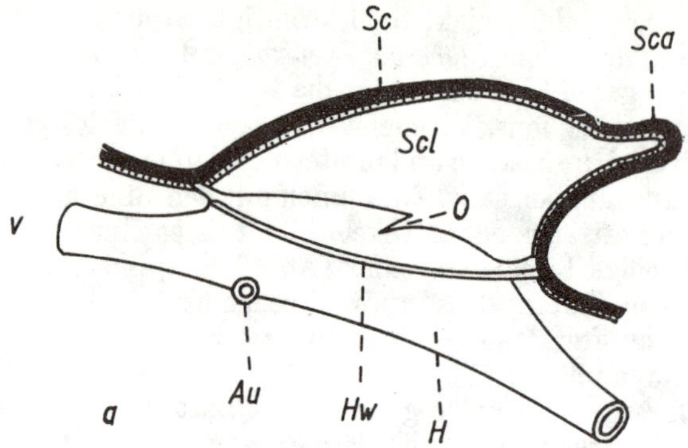

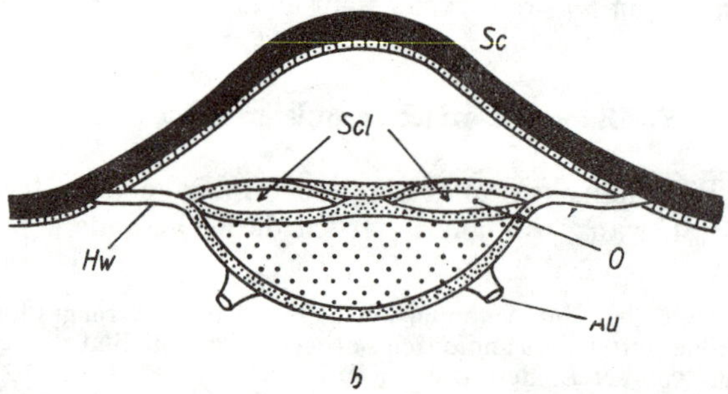

Abb. E19.7. *Locusta migratoria* Linnaeus. Die Flügelampulle des Mesothorax. Schemata nach unveröffentlichten Originalen von Bayer. a) Längsschnitt; b) Querschnitt. **Au** ventrale Ausströmungsöffnung (= rudimentäre Arterie); **H** Herz; Herzlumen punktiert; **Hw** seitliche Verbreiterung der Herzwand, die das Scutellumlumen abschließt; **O** Ostium; **Sc** Scutum; **Sca** Scutellararm, in den aus den Flügeln das Blut einströmt; **Scl** Lumen des Scutellum; **v** vorn. Die Pfeile geben die Blutströmung vom Scutellum-Lumen in die Ostien an.

artige Öffnung, die mit dem Frontalsack kommuniziert und hinter der eine Klappe liegt. Wenn sich die in der Bindegewebsmembran liegenden, von der Aortenwand kommenden quergestreiften Muskelfasern kontrahieren, erweitert sich die Ampulle und saugt sich voll Blut. Indem sich ihre transversal verlaufenden Muskelfasern zusammenziehen, preßt sie ihren Inhalt in das Antennengefäß, das vorher durch eine Klappe verschlossen war.

Im Gegensatz dazu arbeiten die Ampullen der Flügel, von denen sich je eine zwischen jedem Paar befindet, als Saugpumpen. Sie nehmen den ausführenden, am Hinterrand der Flügel entlangziehenden Blutkanal auf (Abb. E19.7, E19.8).

Ihre Dorsalwand wird vom Integument des gewölbten Scutellum gebildet, ihre Ventralwand von einer dorsal konvexen, mit transversalen quergestreiften Muskeln besetzten Bindegewebsmembran. Bei primitiven Pterygoten wie *Locusta*, wo das Rückengefäß dicht unter dem Thoraxrücken verläuft, stammt diese Membran von den Seitenwänden des Herzens, dessen Ostienpaar sich in den Hohlraum der Ampulle öffnet und das Blut daraus heraussaugt (Abb. E19.7). Bei höheren Pterygoten wölbt sich der Thoraxrücken hoch und ist weit vom Rückengefäß entfernt. Im einfachsten Falle bildet dies dann z. B. im Mesothorax von *Bombyx* eine enge, haarnadelförmige, vertikale Schlinge und setzt sich mit deren Spitze, die ein Ostienpaar aufweist, in die Ampullenmembran ein (Abb. E15.1). Bei Libellen und Käfern ist statt der Schlinge ein einfaches vertikales Divertikel der Aorta ausgebildet, dessen Spitze sich so verhält. Im Thorax von *Sialis* und Hymenopteren sowie im Metathorax von Schmetterlingen und Dipteren aber ist die Ampulle völlig vom Rückengefäß und seinen Ostien isoliert (Abb. E19.8). Ihre pulsierende muskulöse Unterwand vergrößert bei der Kontraktion das Lumen und saugt so Blut an. Dann erschlafft sie, wobei die Hämolymphe durch eine Spalte ins Mixocöl des Thorax entleert wird. Klappen sorgen dafür, daß der Ein- und Ausstrom geregelt verläuft.

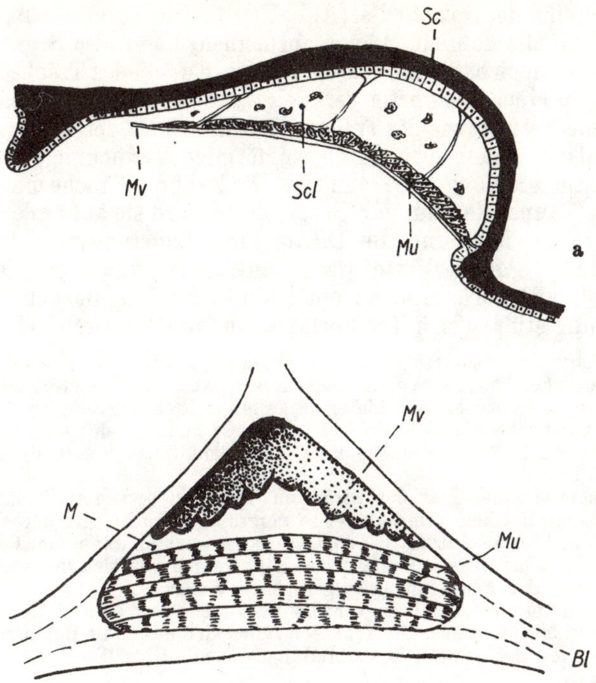

Abb. E19.8. *Sialis flavilatera* Linnaeus. Flügelampulle des Mesothorax. Nach Selman. a) Längsschnitt. b) Ansicht von der Innenseite des Körpers. **Bl** aus den Flügeln kommendes Blutgefäß; **M** membranöse Ventralwand der Ampulle; **Mv** ihr Vorderrand; **Mu** der Membran angelagerte Muskulatur. Breite der Membran 0,7 mm, Länge 0,2 mm.

E20. Die Atemorgane und ihre Funktion

I. Die Anatomie der Tracheen

Der Sauerstoff wird von der Atmosphäre aus durch ein Luftröhrennetz, das Tracheensystem, den Organen, ja den Zellen direkt zugeführt. Bei den *Pterygota* wuchert beim Embryo in den beiden hinteren Thorax- und den vorderen 8 Abdomensegmenten jederseits ein ectoblastischer Strang in die Leibeshöhle, in der er sich stark verzweigt. Die Stränge bleiben nicht isoliert voneinander, sondern bilden zwischen den Körperseiten Kommissuren und meist zwischen den von den Stigmen ausgehenden Ästen Konnektive, so daß gewöhnlich ein Paar große Röhren den ganzen Körper lateral durchziehen (Abb. E20.1). Die Zellstränge werden schließlich zu hohlen **Tracheen** und umschließen mit einem einschichtigen Epithel ihr mit Flüssigkeit gefülltes Lumen. Gegen dieses scheiden sie eine zarte Kutikula ab. Während die Enden der Trachee festliegen, wächst diese Kutikula noch und wird dadurch in meist spiralige, eng aneinanderliegende Falten gestaucht, deren dem Zellplasma zugekehrte Zwischenräume mit Kutikulamaterial gefüllt werden. So entsteht ein die Trachee versteifender Spiralfaden (Abb. E20.4). Die Trachee läßt sich auf Grund dieser Struktur auf die doppelte Länge ausdehnen, kann also Segmentstreckungen der Raupen usw. ohne Schädigung folgen. Die am Ende jedes Tracheenastes sitzende Zelle dehnt sich zu einer fingerartig verzweigten **Tracheenendzelle** aus (Abb. E20.2). Diese enthält eine Fortsetzung der Trachee. Wie das El.Mi. zeigt, sind auch die Wände dieser intrazellulären Tracheolen durch ringförmige Verdickungen versteift, deren chemische Zusammensetzung unbekannt ist. Die Zahl der Tracheenendzellen ist sehr groß; im letzten Raupenstadium von *Bombyx mori* wird sie auf anderthalb Millionen geschätzt. Ihre Verteilung und die Dichte ihrer Lagerung sind vom Sauerstoffverbrauch abhängig. An stark stoffwechselaktiven Organen wie dem Fettkörper, dem Darm, den Speicheldrüsen, den Gonaden und den Flugmuskeln bilden sie förmliche Netze. Häufig stülpen sich ihre Fortsätze tief in die Gewebszellen ein.

Wie sehr ihre Lage vom Sauerstoffbedarf abhängig ist, zeigte sich bei einer *Rhodnius*-Wanze, bei der man einen dicken Tracheenast durchschnitten hatte. Die Epidermiszellen des nun nicht mehr mit O_2 versorgten Hautgebietes bildeten daraufhin in Richtung auf die ihnen nächstgelegene Tracheenendzelle zahlreiche dünne Filamente aus. Diese hefteten sich an der Tracheenendzelle fest und zogen sie samt dem daranhängenden Tracheenästchen innerhalb weniger Tage fast 1 mm weit zu sich heran.

Auch der Durchmesser der Tracheen wird vom O_2-Bedarf bestimmt. Hält man einen Mehlwurm in einer sauerstoffarmen Atmosphäre, so vergrößert sich bei der nächsten Häutung der Durchmesser der Tracheen sehr stark. Bei *Rhodnius* aber wachsen dann vom Ende der Tracheenäste viel mehr solide Zellstränge aus, die später hohl werden und sich in Tracheen umwandeln, als bei den unter normalen Bedingungen aufgezogenen Wanzen.

Die Flüssigkeitsfüllung der Tracheen verschwindet meist erst beim 2. Larvenstadium durch einen noch strittigen Mechanismus. Die Tracheen füllen sich dann mit Luft und bilden eine sehr große innere, direkt mit der Umwelt in Verbindung stehende Oberfläche.

Der Rauminhalt des Luftröhrensystems beträgt bei einer *Dytiscus*-Larve von 5 cm Länge 107 mm^3, also 6—10% des Gesamtvolumens. Bei fliegenden Insekten ist er noch größer und nimmt beim Maikäfer etwa 39%, bei *Schistocerca* 25—50% des gesamten Körpervolumens ein.

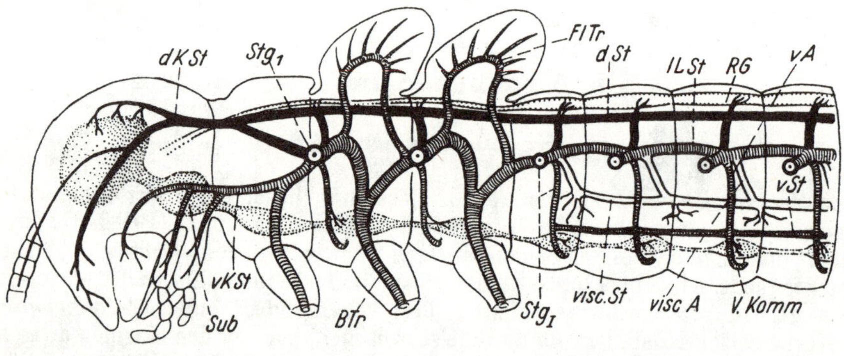

Abb. E20.1. Grundschema des Tracheensystems der Pterygota. Nach Weber. Alle eingezeichneten Äste des Tracheensystems sind paarig. Die dorsalen Äste sind schwarz angelegt, die visceralen weiß. Das Zentralnervensystem und das Rückengefäß sind ebenfalls eingezeichnet. **BTr** Beintrachee; **dKSt** dorsaler Kopf-Tracheenstamm; **dSt** dorsaler Längsstamm; **FlTr** Flügeltrachee; **lLSt** lateraler Längsstamm; **RG** Rückengefäß; **Stg_1** 1. thorakales Stigma; **Stg_I** 1. Stigma des Abdomens; **Sub** Unterschlundganglion; **vA** ventraler Ast; **vKomm** ventrale Kommissur; **vKSt** ventraler Kopfstamm; **vSt** ventraler Längsstamm; **visc A** visceraler Ast; **visc St** visceraler Längsstamm.

Damit ist die Gefahr einer sehr starken Verdunstung gegeben, zumal die Luft in den Tracheen sehr feucht ist.

Kühlt man das Bein einer unter dem Mikroskop gefesselten Schabe mit einer Spur Äther lokal ab, so sieht man, wie sich in der großen Beintrachee Wassertröpfchen bilden. Die Luftfeuchtigkeit darin ist also derart hoch, daß schon bei der geringen Temperatursenkung der Taupunkt erreicht wird.

Der Verdunstungsgefahr wird durch eine Verschlußvorrichtung des primären Einganges (Stigmenmund) begegnet in Gestalt des **Stigma (Spiraculum).** Dieses ist häufig sogar in den einzelnen Segmenten des Körpers verschieden gestaltet und tritt innerhalb der Unterklasse in außerordentlich vielen Varianten auf, die aber fast alle eine Verschmälerung des Stigmenmundes zu einem Oval oder Schlitz gemeinsam haben. Hier können nur 4 Haupttypen vorgeführt werden.

a) Auf jeder Seite des Stigmenmundes erhebt sich eine Integumentduplikatur von der Form einer halben Muschelschale und bildet einen Vorhof (Abb. E20.3). Die beiden Stigmenlippen werden fest verschlossen, wenn sich ein Muskel kontrahiert, der sich an einem Winkel des Stigmenmundes ansetzt und in der Richtung des Schlitzes zum Integument verläuft.

b) Der Stigmenmund wird in eine sich einsenkende Grube, den Vorhof, versenkt (Abb. E20.4). Auf den Wänden des Vorhofes erheben sich häufig waagerechte, gefiederte unechte Haare, die ein Gitter bilden. Sie hindern nicht das Eindringen der Luft, wohl aber das von Staub. In Experimenten mit Honigbienen hielten sie Staubkörner bis zum Durchmesser von 2 μm zurück; nur noch kleinere Partikel wurden in den Tracheenröhren gefunden. Der unter dem Vorhof gelegene Stigmenmund ist gewöhnlich geöffnet. Er kann verschlossen werden, indem der elastische Schlitzrand

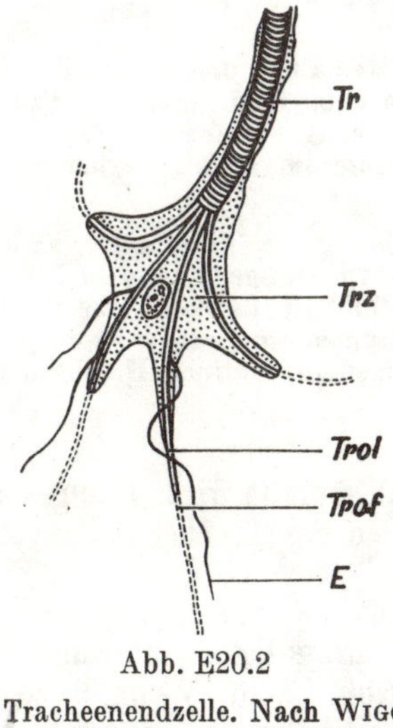

Abb. E20.2

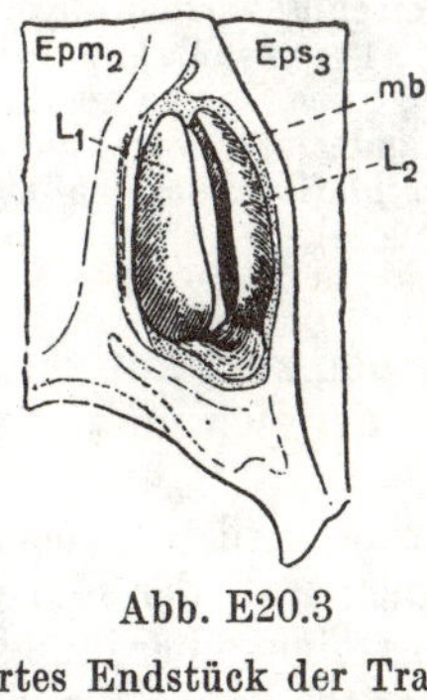

Abb. E20.3

Abb. E20.2. Tracheenendzelle. Nach Wigglesworth. **E** zartes Endstück der Trachee, 2–5 μm im Durchmesser. (Die Plasmaschicht der Tracheolenäste ist überaus dünn.) **Tr** Trachee; **Trof** flüssigkeitsgefüllter Teil der Tracheole; **Trol** luftgefüllter Teil der Tracheole; **Trz** Tracheenendzelle.

Abb. E20.3. Thorakalstigma der Heuschrecke *Dissosteira carolina* Linnaeus. Nach Snodgrass, aus Weber. **Epm$_2$** Epimeron des Mesothorax; **Eps$_3$** Episternum des Metathorax; **L$_1$**, **L$_2$** lippenförmige Aufwölbungen über dem Stigmenmund; **mb** Membran.

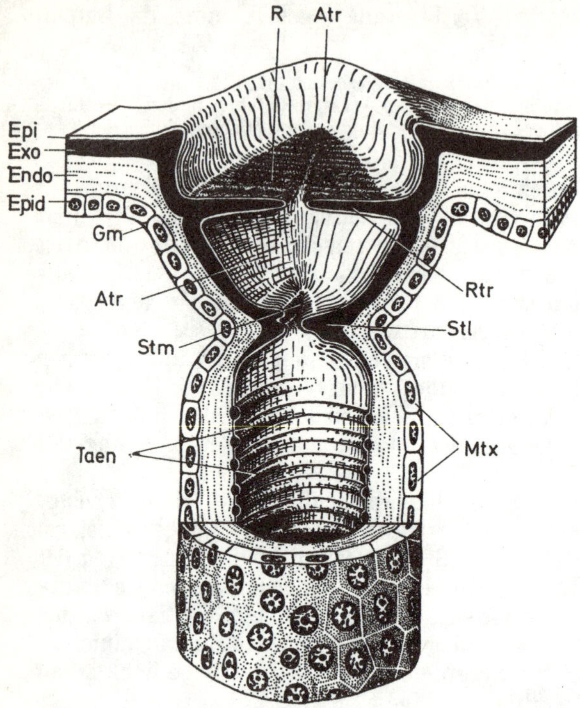

Abb. E20.4

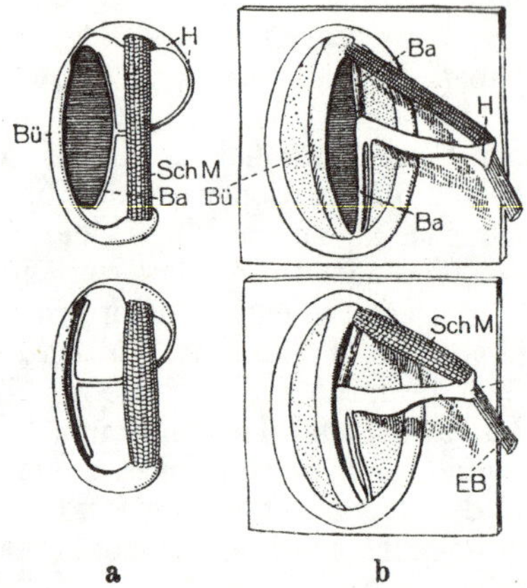

Abb. E20.5

Abb. E20.4. Schema eines Längsschnittes durch ein **Stigma** und den Anfang der Trachee. Nach Seifert. **Atr** Atrium; **Endo** Endokutikula; **Epi Epikutikula**; **Epid** Epidermis; **Exo** Exokutikula; **Gm** Basalmembran; **Mtx** Matrix (Epidermis) der **Trachee**; **R, Rtr** unechte Haare, die eine Reuse bilden; **Stl** Stigmenlippe; **Stm** Stigmenmund; **Taen Taenidium**, spiralig verlaufende Exokutikula der Tracheenauskleidung.

Abb. E20.5. Verschlußvorrichtungen der Stigmen. Schemata. **a** hinteres Stigma der Larve von *Dytiscus*. Nach Alt, aus Weber. **b** Stigma einer Schwärmerraupe. Nach Imms, aus Weber. Die obere Figur zeigt das Stigma geöffnet, die untere geschlossen. **Ba** Band, der elastische Teil des Stigmenmundrandes; **Bü** Bügel, der starre Teil des Stigmen-Mundrandes; **EB** elastisches Band, das bei der Erschlaffung des Schließmuskels den Stigmenmund öffnet; **H** hebelartiges Apodem; **SchM** Schließmuskel.

(Band) gegen den steif kutikularisierten (Bügel) gepreßt wird. Das geschieht durch einen Muskel, der sich meist zwischen Apodemen des Tracheenanfanges ausspannt (Abb. E20.5).

c) Der Vorhof wird bei vielen Käferlarven bis auf eine spaltförmige Pforte verschlossen, indem statt der Reusenhaare Duplikaturen der Atriumwand in der Ebene der Körperoberfläche über ihn hinwegwachsen (Abb. E20.6). Wenn die so entstandene Stigmenplatte sehr breit ist, wird sie oft durch Kutikulapfeiler gestützt (Abb. E20.6).

d) Ein Divertikel des Vorhofes (Stigmenkammer) entsteht bei den Larven der Cyclorrhapha und öffnet sich mit mehreren parallelen Vorhofspforten nach außen (Abb. E20.7). Der eigentliche Vorhof und seine Pforte aber fallen zusammen. Sie bilden einen Narbenstrang und eine auf dem Integument sichtbare Narbe (Abb. E20.7). Nur bei der Häutung haben sie eine Funktion. Dabei wird bei dem Abstreifen

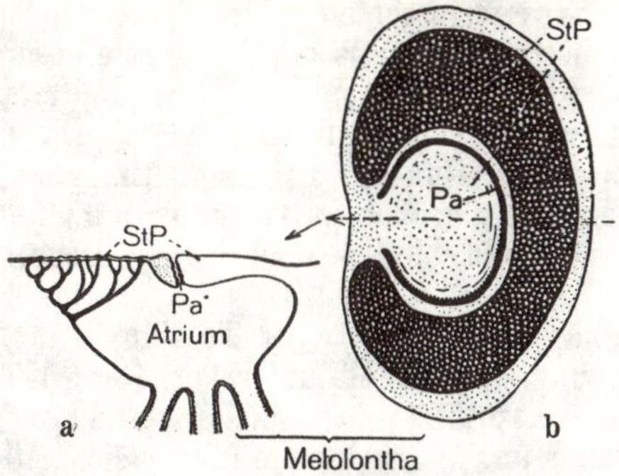

Abb. E20.6

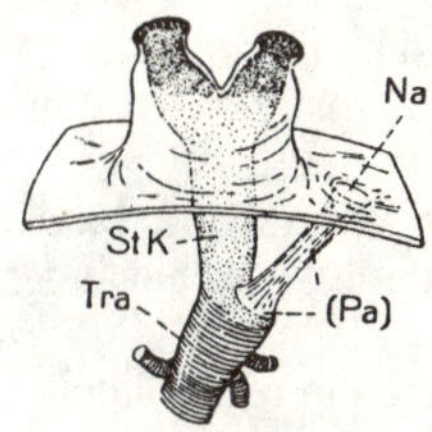

Abb. E20.7

Abb. E20.6. Stigma der Larve von *Melolontha* spec. Nach STEINKE und IMMS, aus WEBER. **a** Längsschnitt, **b** Außenansicht. **Pa** Porta atrii, Vorhofpforte; wie Abb. b zeigt, ist sie stark gebogen; **StP** Vorhofplatte, auch als Stigmenplatte bezeichnet. Die stützenden Chitinpfeiler erscheinen bei der Außenansicht als Punkte.

Abb. E20.7. Das vordere Stigma der Puppe von *Rhagoletis pomonella*. Nach SNODGRASS, aus WEBER. **Na** Narbe; **(Pa)** die zusammengefallene Porta atrii; **StK** die als Divertikel des Atrium entstandene Stigmenkammer, die durch Öffnungen nach außen mündet; **Tra** Trachee. Muskeln sind nicht vorhanden.

der Exuvie durch den Narbenstrang und die Narbe die alte Kutikula der Tracheen und der Stigmenkammer herausgezogen.

Die 10 Stigmenpaare, die ursprünglich angelegt worden waren, bleiben nicht bei allen Pterygoten geöffnet.

Bei den Holopneustiern fungieren alle Stigmen. Als peri- und amphipneustisch werden die Insekten benannt, bei denen nur ein Stigma des Thorax und zumindest ein, häufig mehrere Paare des Abdomens geöffnet bleiben. Bei den Metapneustiern sind außer dem letzten Paar alle Stigmen verschlossen (manche Wasserinsekten und Parasiten). Imagines und Larven stimmen in dieser Hinsicht oft nicht überein, indem während der Umwandlung verschlossene Stigmen wieder geöffnet werden können. Nicht nur der Verschluß einiger Stigmen, sondern ihr und des ausgehenden Tracheenastes völliger Wegfall tritt bei den Hypopneustiern auf.

II. Die Atmung der Landinsekten

Der Transport der Luft vom Stigma bis zu den Tracheolen erfolgt bei terrestrischen Larven lediglich durch Diffusion. Auch bei 9 cm langen Raupen des Weidenbohrers ist der Partialdruck des O_2 in den Tracheolen nur wenige Prozente niedriger als in der atmosphärischen Luft. Bei luftatmenden Wasserinsekten und fliegenden Insekten dagegen ist die Diffusion auf die feineren Tracheenzweige beschränkt. Die großen Stämme werden ventiliert, indem das Abdomen ventral zusammengedrückt und wieder erweitert (z. B. bei Heuschrecken und Käfern) oder der Länge nach zusammengeschoben und wieder gestreckt wird (z. B. bei Hymenopteren und vielen Dipteren). Der dabei erzeugte Druck wird durch die Hämolymphe auf die Tracheen übertragen, wobei aber nur solche von ovalem Querschnitt und die Luftsäcke zusammengepreßt und erweitert werden. Bei dünnhäutigen Wasserkäfern ist das von der Ventralseite her an Tracheenlängsästen leicht zu sehen.

Die Luftsäcke werden gebildet durch Erweiterungen oder durch Verschmelzungen benachbarter Tracheen. Beim Maikäfer bestehen sie aus einer eng gereihten Folge kleiner, seitlich an den Hauptstämmen sitzender Blasen. Bei Hymenopteren und Fliegen ist ihre Anzahl gering, ihr Volumen aber sehr groß (Abb. E19.1). Die Intima der Säcke entbehrt gewöhnlich der Spiralversteifungen. Die Bedeutung der Luftsäcke besteht darin, daß sie es ermöglichen, ein großes Luftvolumen aufzunehmen. Als Reservespeicher spielen sie kaum eine Rolle, bleiben doch während des Fluges die Stigmen geöffnet.

Bei der Ventilation beträgt die Vitalkapazität $^1/_3$–$^2/_3$ der Totalkapazität, doch wird sie keineswegs bei jeder Atembewegung erreicht (Maikäfer Tot. Kap. 630 mm^3, Vit. Kap. 210 mm^3; *Dytiscus*-Larve Tot. Kap. 107 mm^3, Vit. Kap. 64 mm^3). Die Atmungsfrequenz ist höchst verschieden. Manche Insekten öffnen gleichzeitig alle Stigmen, andere lassen in der Ruhe einige geschlossen, und es entsteht ein Ventilationsstrom durch das Tier, der nachgewiesen wird, indem man das Insekt in eine Röhre bringt, nachdem man zwischen Vorder- und Hinterkörper eine Gummimembran gespannt hat. Die Röhre wird so in 2 Abteilungen geteilt, deren Gasinhalt man getrennt messen kann.

Bei *Schistocerca gregaria* z. B. fand man, daß beim ruhenden Tier die Luft durch die Stigmen 1, 2 und 4 eintritt und durch das 10. Stigma austritt, bei lebhafter Bewegung jedoch auch aus den Stigmen 5–9. Fliegende *Schistocerca* dagegen ventilieren ihre Flugmuskeln durch das 2. und 3. Stigma. Ihr Zentralnervensystem aber wird mit Luft versorgt durch die Atembewegungen, die Luft durch das 1. Stigma eindringen lassen und durch das 5.–10. Stigma austreiben.

Zwischen Ventilationsbewegungen und der mehr oder weniger weiten Öffnung einer oder mehrerer Stigmenpaare bestehen nervöse Koordinationen. Die Stigmenbewegungen sind aber nicht von endogenen Rhythmen des Nervensystems abhängig, sondern von der Einwirkung der Kohlensäure (oder Stoffwechselprodukten wie Milchsäure?) auf Rezeptoren der Kopf- und Thorakalganglien. Allerdings wurde bei *Schistocerca* außerdem eine direkte Einwirkung von CO_2 auf den Stigmenmuskel beobachtet.

Die Tracheenendzellen regulieren bei Sauerstoffmangel in der Umgebung die Aufnahme eines größeren Quantums Luft, indem sie aus den Tracheolen die Flüssigkeit austreiben, vermutlich durch Einwirkung von CO_2 und saurer Stoffwechselprodukte. Ob diese in einer Erhöhung des osmotischen Druckes besteht, ist noch strittig.

Die Kohlensäure durchdringt die Gewebe leichter als der Sauerstoff. Sie wird nicht nur durch die Tracheen, sondern auch durch die Körperoberfläche abgegeben.

III. Die Atmung der innerhalb eines Mediums lebenden Insekten

Wasserinsekten sowie Innenparasiten behalten zum überwiegenden Teil die Tracheenatmung bei, modifizieren aber in sehr interessanter Weise die Aufnahme von Luft oder Sauerstoff. Dabei bietet ihnen die Abgabe der Kohlensäure keine zusätzlichen Schwierigkeiten, da diese sehr leicht ins Wasser und durch die Gewebe diffundiert.

Die Übernahme von Sauerstoff direkt ins Blut, das dann auch den Transport im Körper durchführt, kommt im wesentlichen nur vor bei Erstlarven, deren Tracheensystem mit Flüssigkeit gefüllt ist, bei *Chironomus*-Larven, deren Tracheensystem zurückgebildet ist, und bei vielen Schlupfwespenlarven (*Ichneumonidae*, *Braconidae*, *Chalcididae*. Diese Innenparasiten haben einfache oder paarige Schwanzblasen, die dadurch entstehen, daß sich der Enddarm aus der Afteröffnung vorstülpt (Abb. E20.8). Der Mitteldarm ist gegen ihn verschlossen. In der Enddarmblase befindet sich Hämolymphe, die direkt mit dem Herzen in Verbindung steht. Bei *Apanteles* zeigte sich, daß die Blase aktiv etwa halb so viel Sauerstoff aus dem Wirtsblut aufnimmt wie die ganze übrige Körperoberfläche.

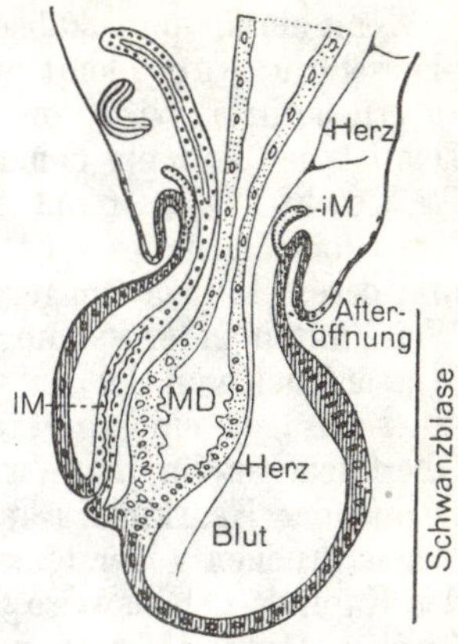

Abb. E20.8. Schwanzblase der Larve von *Apanteles glomeratus* LINNAEUS. Längsschnitt. Nach WEISSENBERG, aus WEBER. Das schraffierte Epithel ist die nach außen gestülpte Wand des Enddarmes. **iM, lM** Malpighische Gefäße; **MD** Mitteldarm, der gegen den Enddarm abgeschlossen ist.

A. Wasserinsekten

a) Arten mit offenen Stigmen, die den Sauerstoff aus der Luft aufnehmen.

Ihre Stigmen liegen innerhalb einer wasserabstoßenden Kutikulazone, oft sind sie auch umgeben von einem Kranz wasserabstoßender Haare. Die meisten Arten sind darauf angewiesen, ein Stigmenpaar — meist ist es das hinterste — aus dem Wasser in die Atmosphäre zu strecken. Einige Species, die sich gewöhnlich nur wenige Zentimeter unter dem Wasserspiegel aufhalten, können das von ihrem Standort aus tun, indem ihre hinteren Stigmen an der Spitze eines langen Abdomenfortsatzes sitzen (*Nepa* Abb. 22A.17, 22A.11, *Eristalis*-Larve Abb. 31.50). Die Mehrzahl der Wasserinsekten aber muß aus der Tiefe an die Oberfläche schwimmen, was ihnen gewöhnlich dadurch erleichtert wird, daß eine angeheftete Luftblase ihr Körpergewicht im Wasser kompensiert oder überkompensiert. Wasserkäfer und Wasserwanzen brauchen nur in größeren Zeitabständen zum Luftholen an die Oberfläche zu kommen, weil sie eine Luftblase mit in die Tiefe nehmen, die nicht nur als O_2-Vorrat, sondern auch als physikalische Kieme fungiert. Der aus ihr aufgenommene Sauerstoff diffundiert aus dem Wasser nach. Doch wird die Blase zunehmend kleiner und verschwindet, wenn sie nicht an der Oberfläche erneuert wird, wobei das Tier gleichzeitig kräftig sein Tracheensystem ventiliert. Die Blase wird von unbenetzbaren Haaren oder unbenetzbaren Flügeldecken an ebensolchen Körperoberflächen festgehalten (Wasserkäfer Abb. 26.8, Wasserwanzen Abb. 22A.9, 22A.10, 22A.16, 22A.12).

Das Schwinden der Blase erklärt sich folgendermaßen. Eine Wassermenge, die im Gleichgewicht mit der Luft steht, stimmt in bezug auf den Partialdruck des O_2 (160 Torr) sowie des N_2 (600 Torr) mit dieser überein. Versenkt man nun eine Luftblase in dieser Wassermenge in 1 m Tiefe, so wird ihr Gesamtdruck um $^1/_{10}$ Atm erhöht. Der Partialdruck des O_2 und des N_2 steigt dementsprechend auf 176 bzw. 660 Torr und ist damit höher als im umgebenden Wasser, worauf beide Gase aus der Blase ins Wasser diffundieren. Liegt die Blase auf den Stigmen eines Insektes, so wird ihr von diesem dauernd Sauerstoff entzogen, der aus dem umgebenden Wasser durch Diffusion ersetzt wird. Doch diffundiert nicht so viel O_2 in die Blase, daß der gegenüber dem Wasser erhöhte ursprüngliche Partialdruck erreicht wird. Die Abnahme des Sauerstoffs wird kompensiert durch eine entsprechende Zunahme des Partialdruckes des N_2, was zu einem sehr verstärkten Entweichen des Stickstoffs ins Wasser und damit zum Schwinden der Blase führt. Diese muß also erneuert werden, um den N_2 zu ersetzen, nicht aber O_2, der ja ständig nachdiffundiert. Das abgeschiedene Kohlendioxid löst sich sehr schnell im Wasser.

Wenn ein als physikalische Kieme wirkender Luftmantel gegen den Wasserdruck abgeschirmt wird, bleibt sein Volumen konstant, das Insekt braucht ihn nicht mehr zu erneuern: es wird von der Luftaufnahme an der Wasseroberfläche unabhängig. Das ist der Fall bei den nicht sehr zahlreichen Insekten, die ein **Plastron** haben. Es besteht aus einer nur 4—6 μm dicken Luftschicht, die auf einer unbenetzbaren Körperoberfläche festgehalten wird durch unbenetzbare Haare, die sehr dicht stehen und deren Spitzen waagerecht umgebogen oder in höchst vielfältiger komplizierter Weise miteinander vereinigt sind (Abb. E20.9). Infolge ihrer Steifheit halten sie den Wasserdruck von der Luftschicht ab, deren Volumen dadurch konstant bleibt und die sozusagen eine direkte Fortsetzung der Tracheenluft bildet. Die sehr große Oberfläche ist für die Wirkung als physikalische Kieme sehr günstig. Je nach der Dichte des Haarkleides kann das Plastron der einzelnen Arten verschieden hohen Wasserdrucken widerstehen, maximal dem Druck in 30 m Tiefe. [Vgl. den Anfang des Kapitels Lebensweise von 22 A (Wasserwanzen) und 26 (Wasserkäfer) sowie das Kapitel Atmung der Dipterenpuppen 31 C.] Die mit einem Plastron ausgestatteten Insekten sind freilich auf sauerstoffreiches Wasser angewiesen, in sauerstoffarmem Wasser würde der Sauerstoff aus dem Plastron herausdiffundieren.

Interessant ist die Gewinnung von Atemluft durch Anbohren der Tracheen von Wasserpflanzen mit Hilfe von spitzen Fortsätzen, die mit dem hinteren Stigma in Verbindung stehen, z. B. durch *Donacia*- und *Mansonia*-Larven (Kap. 26, Kap. 31).

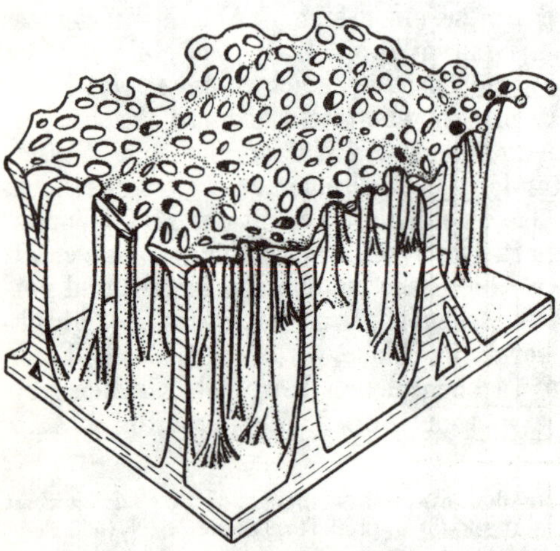

Abb. E20.9

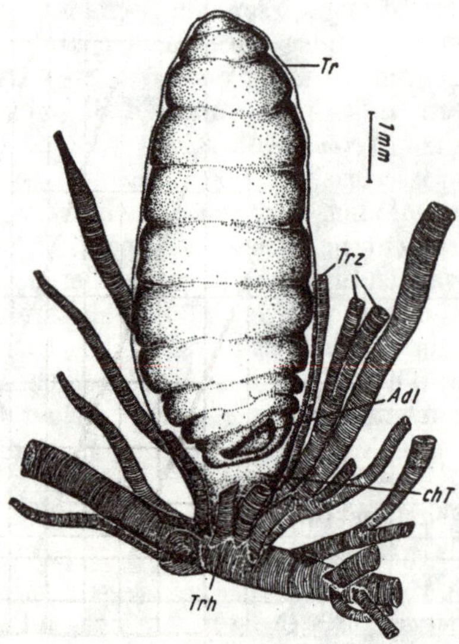

Abb. E20.10

Abb. E20.9. *Dicranomyia* Stephens. Ein Stück des Plastrons, das vom vorderen „Stigma" der Puppe ausgeht und sich über das kurze sogenannte Atemhorn erstreckt. Nach Hinton. Länge der Säulchen: 4 μm.

Abb. E20.10. *Drino lota* Meigen. Das 2. Larvenstadium dieser Raupenfliege in der Leibeshöhle der Raupe des Schwärmers *Chaerocampa elpenor* Linnaeus. Nach Müller. Länge der Larve 5 mm. **Adl** Analstigmata der Larve durch den von Wirts-Amöbocyten gebildeten Einkapselungstrichter **chT** mit dem angebissenen Tracheenhauptstamm des Wirtes in offener Verbindung; **Tr** Trichter; **Trh** Tracheenhauptstamm; **Trz** Tracheenzweige.

b) **Wasserinsekten mit geschlossenem, lufthaltigem Tracheensystem,** dessen Stigmenäste und Stigmenöffnungen kein Lumen haben, stellen die höchste Anpassungsstufe an die Wasseratmung bei den Insekten dar. Unter ihrer dünnen, benetzbaren Kutikula liegen Netze von Tracheenkapillaren. Sinkt in ihnen der Partialdruck des O_2, so diffundiert aus dem Wasser Sauerstoff in die Kapillaren nach. Der Wasserdruck hat keinen Einfluß aus diese drehrunden Tracheenröhren, die nicht zusammenpreßbar sind. So ausgerüstete Insekten — es handelt sich nur um Larven und Puppen — sind also von der atmosphärischen Luft über dem Wasserspiegel völlig unabhängig. Sie brauchen nicht zur Wasseroberfläche emporzukommen, brauchen also nicht schwimmfähig zu sein und vermeiden viele Möglichkeiten, mit Feinden zusammenzutreffen. Häufig ist bei dieser biologischen Gruppe die Körperoberfläche vergrößert durch die Ausbildung schlauchförmiger oder blattförmiger Fortsätze, in denen sich die Tracheen reich verzweigen. Es sind das Analoga zu **Kiemen,** die aber den Sauerstoff nicht ins Blut, sondern in die Tracheenluft übernehmen. Bei geringem Sauerstoffgehalt des Wassers bewegen sie sich oder werden dadurch von frischem Wasser überströmt, daß das Insekt schlängelnde Körperbewegungen ausführt. Bei den *Sialidae* und *Ephemeroptera* trägt jedes Abdominalsegment ein Paar Kiemen, deren Basis aus rudimentären Abdominalextremitäten hervorgegangen ist (Abb. 6.5; 23.2). Bei den Trichopterenlarven fehlen solche Beziehungen, und die Tracheenkiemen der zygopteren *Odonata* sind umgewandelte Afterklappen (Abb. 28.5; 7.3). Die anisopteren *Odonata* aber haben einen sehr weiten Enddarm, der zu einer Respirationskammer erweitert ist, deren Wand viele oft sehr kompliziert gefaltete Duplikaturen ausgebildet hat, in die Tracheennetze eingedrungen sind. Indem mehr oder weniger rhythmisch frisches Wasser durch den After eingesaugt wird, werden diese Darmkiemen irrigiert (Abb. 7.8).

B. Endoparasiten, die durch offene Stigmen atmen

Sie werden fast immer lediglich durch Larvenstadien vertreten. Pflanzenparasiten finden sowohl im lebenden Pflanzengewebe genug Sauerstoff, als auch in totem Holz, wo ja die Bohrgänge eine Verbindung mit der Atmosphäre schaffen. Endoparasiten der Wirbeltierhaut, z. B. Maden der *Calliphoridae* und *Oestridae*, strecken die Atemöffnungen des Hinterleibes aus dem Gewebe heraus an die Luft. Tachiniden-Larven legen häufig ebenfalls die hinteren Atemöffnungen an das Loch, das sie beim Eindringen in die Kutikula des Wirtes gebohrt haben. Andere hingegen dringen in eine dicke Wirtstrachee ein und bleiben dann mit ihrem Hinterende darin oder in einem vom Wirtsblut abgesonderten, sie umhüllenden Membranrohr, das bis zur Trachee reicht (Abb. E20.10). Viele Erzwespen befestigen jedoch ihre Hinterstigmen an dem hohlen Stiel des Eies, den ihre Mutter durch die Wirtskutikula gebohrt hat und der nun der aus dem Ei geschlüpften Larve als Atemschornstein dient.

E21. Die Geschlechtsorgane

I. Die Ontogenie

Die Keimzellen sondern sich bei einer ganzen Anzahl primitiver und hochentwickelter Ordnungen (z. B. auch *Diptera*) sehr frühzeitig vom Soma, bei der Furchung oder der Blastodermbildung. Bei anderen, und zwar manchmal recht urtümlichen Gruppen, z. B. Schaben, werden sie aber erst beim Erscheinen des Cöloms unterscheidbar. Die Entwicklung der Geschlechtsorgane ist sehr interessant, weil auf frühen Stadien große Ähnlichkeiten mit den Anneliden auftreten. So wandern die Keimzellen z. B. bei den *Blattodea*, *Dermaptera*, *Saltatoria* in die dorsalen Wände mehrerer Cölomhöhlen bei den Dissepimenten ein (Abb. E21.1). Zunächst sind sie segmental angeordnet und beginnen, sich sehr stark zu vermehren. Die oberen Kanten der Cölomsäcke, in denen sie liegen, verwachsen dann, noch ehe sich die Cölomsackwände völlig auflösen, miteinander zu einem langen Strang. Dieser Genitalstrang, der fast durch das ganze Abdomen auf jeder Körperseite reicht, wird in 2 Zonen gegliedert.

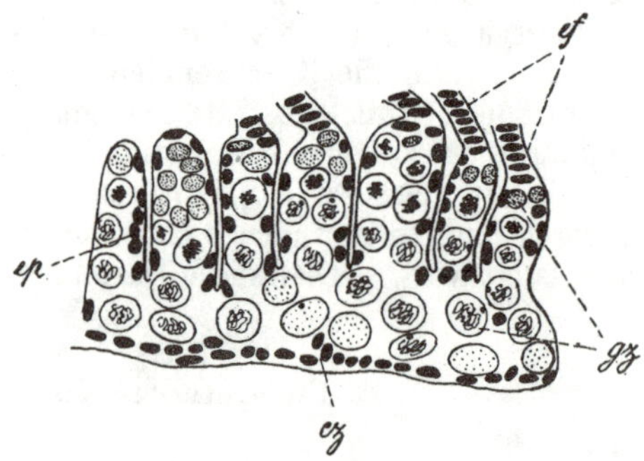

Abb. E21.2. Sagittalschnitt durch die Ovar-Anlage von *Blattella germanica* LINNAEUS. Nach HEYMONS. **ez** Anlage des Oviduktes; **ef** Anlage der Endfäden der Ovariole; **ep** mesoblastisches Epithel des Ovarium; **gz** Geschlechtszellen.

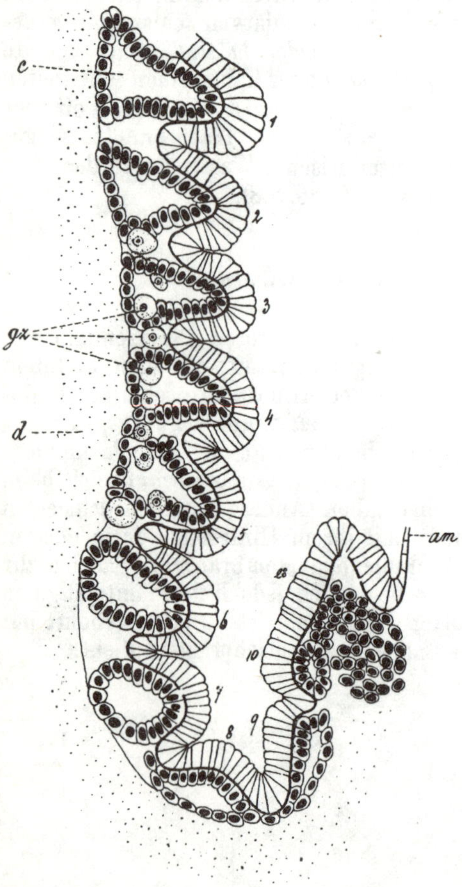

Abb. E21.1. Sagittalschnitt durch die abdominalen Cölomhöhlen eines Keimstreifens von *Blattella germanica* LINNAEUS. Nach HEYMONS. **am** Amnion; **d** Dotter; **c** Cölomhöhle; **es** Telson und noch nicht ausgebildete 11. Cölomhöhle; **gz** Geschlechtszellen.

In ihm konzentrieren sich die aktiv wandernden Keimzellen in einigen Metameren zur Gonadenanlage. Der anad davon gelegene Abschnitt wird zum mesoblastischen Ausführgang, Vas deferens bzw. Ovidukt.

Beim männlichen Geschlecht schwillt die Gonadenanlage an einigen Stellen durch die Vermehrung der Geschlechtszellen stark an. Indem diese Beulen sich verlängern, entstehen die Hodenfollikel (Abb. E21.7). Hingegen wächst die Oberkante der Ovarium-Anlage dorsad zu einer dünnen Platte aus, einem langen Aufhängeband (Abb. E23.10). In ihm ordnen sich die Kerne der Mesoblastemzellen geldrollenartig übereinander an (Abb. E21.2). Schließlich zerfällt das Band in ebensoviele vertikale Streifen, wie Zellsäulen vorhanden sind. Jeder wird zum Endfaden einer Ovariole (Abb. E21.4, E21.3). Von der Basis der Endfäden aber schneiden ringförmige Falten aus Mesoblastemzellen tief in das wuchernde Keimzellenlager ein und zerteilen es in soviel aufeinanderfolgende Ovariolenanlagen, wie Fäden vorhanden sind.

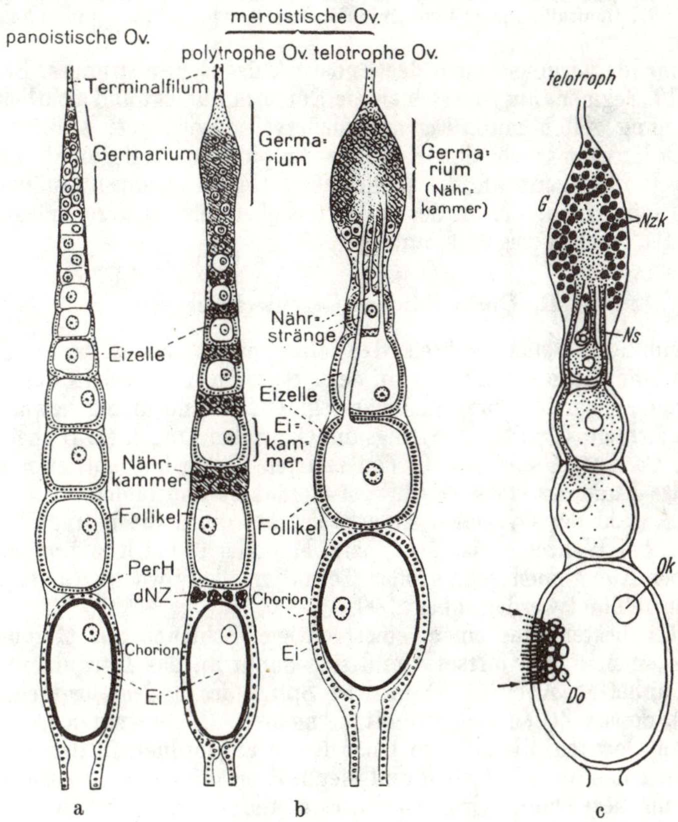

Abb. E21.3. Die 3 wichtigsten Typen der Ovariolen. **a** u. **b** nach Korschelt, aus Weber. **c** nach Bier. Bei **c** sind Kerne mit starker RNS-Synthese schwarz angelegt, solche mit gedrosselter weiß. Im Zeitraum von mehreren Stunden synthetisierte hochmolekulare RNS im Cytoplasma wurde durch Punkte dargestellt. Die Aufnahme von Proteinen aus der Hämolymphe durch die Spalten des Follikelepithels ist in einem Sektor der Oocyten angedeutet worden. **dNZ** degenerierte Nährzellen; **Do** Dotterkugeln; **G** Germarium; **Ns** Nährstrang; **Nzk** Nährzellkerne; **Ok** Oocytenkern; **PerH** peritoneale Hülle.

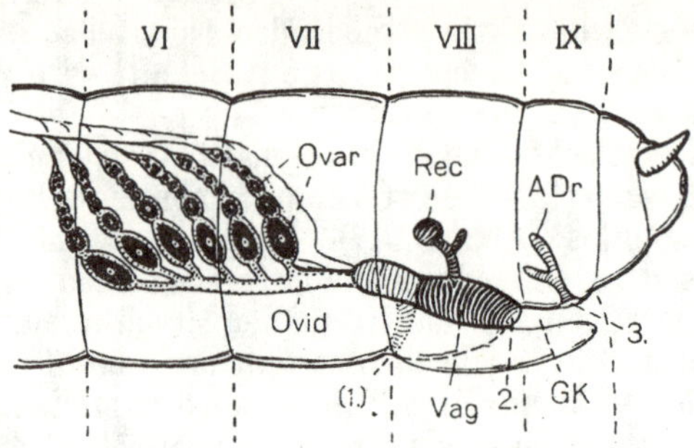

Abb. E21.4. Die inneren weiblichen Geschlechtsorgane orthopteroider Bauart. Nach WEBER. **1, 2, 3** die Lage der ursprünglich entstandenen unpaarigen ectoblastischen Ausführgänge, der 1. (am Hinterrande des 7. Segmentes) ist unterdrückt, der 2. (am Hinterrande des 8. Sternits) zur Geschlechtsöffnung geworden; im 9. Segment hat sich eine ectoblastische Drüse gebildet. **ADr** Anhangsdrüse; **GK** Genitalkammer; **Ovid** Ovidukt; **Rec** Receptaculum seminis; **Vag** Vagina.

An die Anneliden erinnert auch das Endstück des Genitalstranges. Es bildet eine Ampulle im 10. Segment aus, die sich an die Epidermis anlegt und sichtlich als Anlage der Ausmündung gelten muß. Eigentümlicherweise wird aber z. B. bei den oben genannten Ordnungen noch eine 2. solche Ampulle im 7. Segment angelegt. Das könnte eine Remineszenz an die mehrfachen Geschlechtsausführgänge z. B. der Oligochaeten sein, zumal sich in der Epidermis ebenfalls mehrere Anlagen von Ausmündungen als Taschen zeigen (s. unten).

II. Die weiblichen Geschlechtsorgane

Das Ovarium besteht aus Eiröhren **(Ovariolen)**, die von einem Paar von Ovidukten ausgehen. Primär sitzen sie ihm nur an einer Seite an (z. B. bei Eintagsfliegen), bei *Japyx* haben sie sogar ihre ursprüngliche segmentale Anordnung bewahrt. Seltener sind traubenförmige Ovarien, die ringsum Ovariolen tragen (z. B. bei *Plecoptera*, *Megaloptera*, *Coccina*, *Culicidae*). In den meisten Fällen konzentrieren sich die Eiröhren auf das Ende des stark verkürzten Oviduktes und bilden ein Büschel (Abb. E21.6). Die Anzahl der Ovariolen ist artweise konstant. Sie beträgt jederseits bei *Periplaneta* 8, bei Wanzen meist 4—7, beim Maikäfer 6, bei Königinnen der Honigbiene 150, bei Königinnen sehr großer Termitenvölker, wo im Laufe des Lebens dauernd neue gebildet werden, über 2000.

Jede **Eiröhre** besteht aus einem einschichtigen Schlauch aus Mesoblastem, der sich distal in einen Faden fortsetzt und sich damit an das Integument, den Fettkörper usw. anheftet (Abb. E21.3). An der Spitze des Fadens liegt ein Keimlager (Germarium), dessen Zellen sich lebhaft vermehren. Die erzeugten Oogonien teilen sich weiter zu Oocyten, die sich, in einer Reihe angeordnet, in den mittleren Abschnitt der Ovariole hineinschieben und hier Dotter aufnehmen, weshalb dieser Teil als Vitellarium bezeichnet wird. Die älteste und durch Dotteraufnahme größte Oocyte tritt dann durch den Stiel der Ovariole in den Ovidukt über, wird durch Reifeteilungen zum Ei und von Sperma besamt.

Es lassen sich 2 Grundformen der Ovariolen unterscheiden. Die panoistische erzeugt im Germarium ausschließlich Keimzellen, die im Vitellarium ringsum mit Mesoblastem eingehüllt werden, so daß sie in einem Follikel liegen (Abb. E21.3a). Im Germarium der meroistischen Eiröhren hingegen entstehen auch sterile Nährzellen, von denen sich jeweils eine Anzahl zwischen die Oocyten lagern, wenn es sich um den polytrophen Typus handelt (Abb. E21.3b links). Bleiben die Nährzellen an der Spitze der Ovariole und setzen sich lediglich durch einen schlauchförmigen Nährstrang in Verbindung mit den Oocyten, so entsteht die telotrophe Eiröhre (Abb. E21.3b rechts, c).

Die Oocyten nehmen in den Ovariolen, je weiter sie zum Stiel vorrücken, stark an Größe zu, und zwar nicht nur durch Aufnahme von Dotter. Sie bilden auch entsprechende Mengen von Cytoplasma. Bei *Drosophila* z. B. wachsen sie binnen 3 Tagen auf das 100000fache ihres Volumens heran. Normalerweise ist starke Plasmasynthese mit entsprechender Zunahme des Chromatins, also mit Endomitosen, verbunden (Kernplasmarelation). Eine solche Polyploidisierung ist aber einer Keimzelle unmöglich. Sie würde die Reifeteilungen, die Furchungsteilungen usw. verhindern. Wir kennen zwei Wege, auf denen bei Insekten diese Schwierigkeit umgangen wird:

1. Bei den meroistischen Ovariolen tritt aus dem Kern der polyploiden Nährzellen — (bei *Musca* n = 512 und höher, also mindestens Polyploidiestufe 2^9) — ständig RNS aus und wandert durch Cytoplasmabrücken in die Oocyte hinein. Diese erhält dadurch die RNS-Kapazität für die gewaltige Plasmasynthese, die in kurzer Zeit stattfindet. Ihr eigener Kern beteiligt sich nicht daran. Beim Abschluß der Entwicklung fließt dann das gesamte Plasma der Nährzellen (bei *Musca* und *Calliphora* 16) in die Oocyte und führt zahlreiche RNS-haltige Ribosomen mit sich. So entstehen sehr plasmareiche Eier bei beiden Typen der meroistischen Ovariolen. Das ist insofern von Bedeutung als sich Organanlagen besser entfalten, wenn sie über viel Ooplasma gelagert sind.

2. Bei den panoistischen Eiröhren, deren Oocyten mehr **Dotter** speichern, aber weniger Cytoplasma synthetisieren, wird die nötige RNS durch eine differentielle Replikation im Oocytenkern erzeugt, an Stelle einer Polyploidisierung aller Chromosomen. An einer Anzahl Chromomeren treten randständige, laterale Schleifen auf, die RNS und gleichzeitig zahlreiche RNS-haltige Nukleolen enthalten. Diese Schleifen hängen sich bei den Reifeteilungen nicht an die Teilungsspindeln, sondern bleiben im Cytoplasma liegen.

Solche Einblicke wurden gewonnen, indem man die Ovariolen mit markierten RNS-Vorstufen (3 H-Uridin, 3 H-Cytidin) inkubierte. Man konnte dann, je nach der Dauer der Inkubation, das Auftreten markierter RNS in den Kernen der Nährzellen sowie ihre Wanderung, ebenso wie ihr fast völliges Fehlen im Oocytenkern beobachten.

Der **Dotter** besteht aus Proteinen, Fett und Glykogen. Die Proteine werden aus dem Blut entnommen und sind höchstwahrscheinlich im Fettkörper bereits synthetisiert worden. An der dem Schlauchepithel der Ovariole zugewandten Seite der Oocyten läßt sich starke Pinocytose beobachten. Das Fett wird in der Oocyte aus Fettsäuren, das Glykogen aus Glukose synthetisiert. Diese Prozesse sind nicht codiert, das Oocytengenom muß nur die RNS-Matrizen für die nötigen Enzyme bereitstellen.

Die Ausmündung der weiblichen Geschlechtswege

ist sehr vielfältig. Die mesoblastische Anlage des Oviduktes endigt im 7. Segment. Hier münden die Ovidukte aber nur bei den Eintagsfliegen mit paarigen Öffnungen aus. Bei den übrigen Pterygoten spielen paarig angelegte, aber unpaarig werdende ectoblastische Anlagen von taschenförmigen Einstülpungen eine Rolle bei der Ausbildung der ausleitenden Geschlechtswege. Sie sind am Hinterrande des 7., 8. und

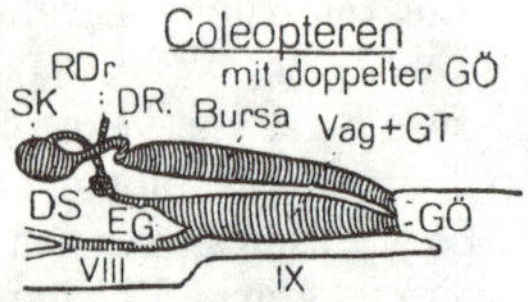

Abb. E21.5

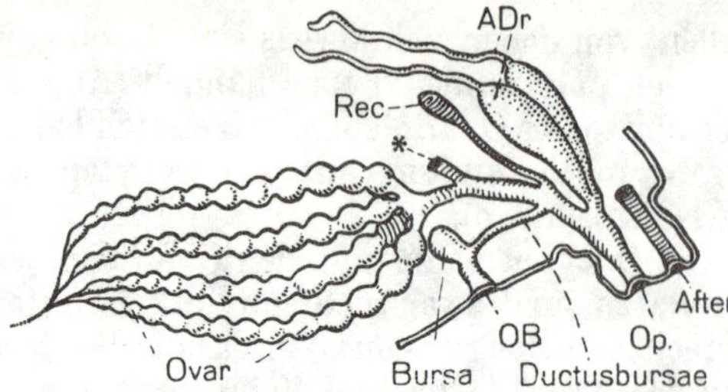

Abb. E21.6

Abb. E21.5. Die Ausmündung der weiblichen Geschlechtsorgane bei den Käfern durch die 3. ectoblastische Taschen-Anlage im 9. Segment. Nach HEBERDEY, aus WEBER. **DR** Ductus receptaculi seminis; **DS** Ductus seminalis; **EG** Eiergang; **GÖ** Geschlechtsöffnung; **GT** Genitaltasche; **RDr** Drüse des Receptaculum seminis; **SK** Samenkapsel; **Vag** Vagina. Bei manchen Familien hat die Bursa einen eigenen Ausführgang, der direkt über der Vagina am Hinterrande des 9. Segmentes ausmündet.

Abb. E21.6. Weibliche Geschlechtsorgane eines Schmetterlings der Gruppe *Ditrysia*, zu der die meisten Familien gehören. Nach WEBER. **ADr** accessorische Drüsen; **OB** Kopulationsöffnung, aus der 2., im 8. Segment liegenden ectoblastischen Tasche entstanden; **Op** Ooporus im 9. Abdominalsegment, aus der 3. ectoblastischen Anlage der Ausführgänge entstanden; **Rec** Receptaculum seminis; * Einmündung des rechten Ovarium.

9. Sternites vorhanden. In den meisten Fällen, die mit der Anlage eines orthopteroiden Legeapparates verbunden sind, entwickelt sich aus der Tasche des 8. Sternites eine ectoblastische Vagina (Abb. E21.4). Dasselbe finden wir auch bei Hemipteren und Dipteren. Die Anlage des 9. Segmentes kann sich gleichzeitig zu einer ectoblastischen Kittdrüse entwickeln. Bei den Käfern und Schmetterlingen hingegen verliert die Vagina-Anlage des 8. Segmentes die Verbindung mit dem Integument. Sie verschmilzt vielmehr mit der tiefen Einstülpung, die vom 9. Sternit orad wächst und zur Vagina wird (Abb. E21.5). Eine weitere Komplikation entsteht, wenn die Ausmündung am Ende des 8. Sternites erhalten bleibt, aber in eine Bursa copulatrix führt wie bei den als *Ditrysia* bezeichneten Schmetterlingen (Abb. E21.6).

Aus der Vagina sprossen an sehr verschiedenen Stellen Anhangsorgane wie z. B. das Receptaculum seminis, manchmal eine Bursa copulatrix sowie Kittdrüsen. Muskeln verschiedener Art können die Genitalprodukte (Eier) bzw. Drüsenprodukte austreiben.

III. Die männlichen Geschlechtsorgane

Sie sind analog den weiblichen gebaut. An Stelle der Eiröhren sind Hodenfollikel vorhanden, die sich an ein mesoblastisches Vas deferens ansetzen. Auf eine lange Strecke verteilen sie sich bei primitiveren Formen; einseitig, so daß kammförmige Hoden entstehen, bei *Lepisma* und *Machilis*; auf alle Seiten des Vas deferens bei den *Blattodea*, *Acridoidea*, *Plecoptera*, manchen *Coleoptera* usw. Am häufigsten sitzen sie alle in Büschelform an der Spitze jedes der paarigen Vasa deferentia (Abb. E21.7). In zahlreichen Fällen werden alle Follikel einer Körperseite, manchmal sogar die beider Vasa deferentia von einer gemeinsamen Bindegewebsscheide umhüllt und erscheinen dann als einfache ei- oder kugelförmige Gonaden. Jeder Hodenfollikel besteht aus einem mehrschichtigen Schlauch von Mesoblastemzellen, in dem sich von der Spitze bis zur Basis die aufeinanderfolgenden Stadien der Spermatogenese anordnen. An der Spitze liegt wie bei den Ovariolen ein Germarium, das durch Teilung

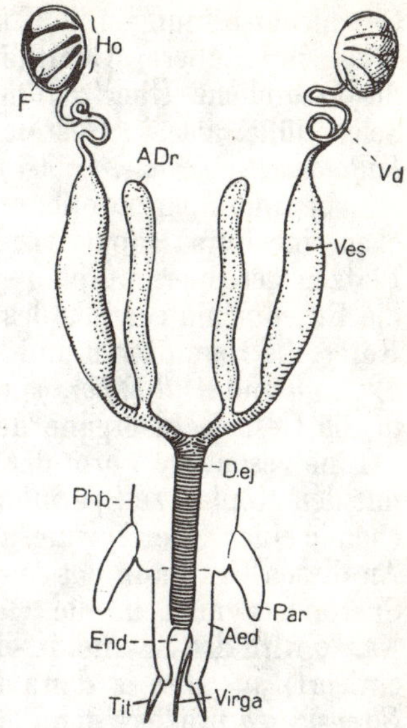

Abb. E21.7. Grundschema der männlichen Geschlechtsorgane. Nach SNODGRASS, aus WEBER. **ADr** Anhangsdrüse; **Aed** Aedaeagus; **Dej** Ductus ejaculatorius; **End** Endophallus; **F** Follikel; **Ho** Hoden; **Par** Paramere; **Per** Peritonealhülle; **Phb** Phallobasis; **Tit** Titillator; **Vd** Vas deferens; **Ves** Vesicula seminalis.

Spermogonien erzeugt. Diese rücken basalwärts, wobei sich jede schließlich in eine ganze Anzahl von Spermatocyten 1. Ordnung teilt. Die Nachkommen jeder einzelnen Spermatogonie werden von Mesoblasten umwachsen und von ihnen in eine Cyste eingeschlossen. In dieser schieben sie sich unter stetigem Wachstum dem Vas deferens zu. Wenn sie beide Reifeteilungen durchgemacht, also ins Stadium der Spermatiden gekommen sind, haben sie das letzte Drittel des Follikels erreicht. Sie wandeln sich dann in Spermatozoen um, die nach dem Platzen der Cystenwand ins Vas deferens einwandern. Sie können nun, in flüssigen Sekreten von Anhangsdrüsen schwimmend oder durch erhärtende Sekrete in eine Spermatophore eingeschlossen, übertragen werden.

Das ampullenförmige Ende der paarigen Vasa deferentia rückt aus dem 10. ins 9. Segment, wo bei allen Ordnungen die männliche Geschlechtsöffnung liegt. Die Ampulle im 7. Metamer verschwindet. Bei den Eintagsfliegen münden die Vasa deferentia paarig. Sonst aber wächst ihnen im 9. Segment eine ectoblastische Tasche entgegen, die sich zum Ductus ejaculatorius entwickelt, der mit einer Kutikula ausgekleidet ist (Abb. E2.11a). In manchen Fällen spaltet er sich an der Spitze und bildet den paarigen Endabschnitt des im übrigen mesoblastischen Vas deferens. Der Ductus ejaculatorius kann Divertikel ausstülpen, Samenblasen und Anhangsdrüsen, die Spermaflüssigkeit oder Material für Spermatophoren erzeugen und dann recht umfangreich werden können (Abb. E15.4).

E22. Die Fortpflanzung

I. Die zweigeschlechtliche Fortpflanzung

Bei den *Collembola*, *Diplura* und *Thysanura* sind keine Kopulationsorgane entwickelt, die eine Spermatophore direkt an oder in die weibliche Geschlechtsöffnung übertragen. Vielmehr werden Spermatophoren auf den Boden oder ein Gespinst abgesetzt wie bei vielen Myriapoden, und das Weibchen muß sie aktiv mit seiner Geschlechtsöffnung oder einem Genitalanhang aufnehmen. Bei manchen Collembolen werden die Spermatophoren im Lebensraum verteilt, ohne daß ein Weibchen gegenwärtig ist, bei anderen Arten immer in Verbindung mit der Partnerin (Abb. 3.3; 4.7; 5.2). Die Pterygoten hingegen bringen mit wenigen Ausnahmen (s. u.) ihre

Geschlechtsöffnungen in Kontakt und verankern dabei häufig auf sehr komplizierte Weise ihre äußeren Genitalien fest aneinander (Abb. 16.4; 24.1). Die Mehrzahl hat die urtümliche Übertragung des Spermas in einer von Anhangsdrüsen erzeugten Sekrethülle, also in Gestalt einer Spermatophore, beibehalten (z. B. die *Blattodea*, *Saltatoria*, *Psocoptera*, *Megaloptera*, *Planipennia*, viele Käfer, *Lepidoptera*). Sie schieben die Spermatophore verschieden tief in die Vagina, bei Arten, deren Weibchen eine Bursa copulatrix haben, in diese ein. Das Sperma sucht dann, nach dem Platzen der Spermatophore — gewöhnlich durch einen Quellungsprozeß — befreit, die Receptacula seminis des Weibchens auf (indirekte Spermaübertragung). Manche Käfer, die Hemipteren und *Antliophora* übertragen flüssiges Sperma; die *Aleurodina*, *Psyllina* und *Antliophora* spritzen es mit Hilfe einer ectoblastischen Pumpvorrichtung in die Geschlechtsorgane des Weibchens, häufig direkt ins Receptaculum seminis.

Eine besondere Form der Spermaübertragung finden wir bei den Libellen, wo die mit den Köpfen zu Spermiozeugmen verklebten Spermatozoen zunächst vom Männchen in einen Übertragungsapparat an der Basis seines Hinterleibes befördert werden. An diesen legt dann das Weibchen aktiv seine äußeren Genitalien und läßt sich die Spermiozeugmen in die Geschlechtsöffnung einführen (Abb. 7.2). Bei der Bettwanze wird das Sperma in eine unpaarige ventrale Integumenttasche des Weibchens entleert, aus der es dann in die Leibeshöhle eindringt (Kap. 22A), und bei den *Strepsiptera* injiziert der Penis die Spermatozoen durch Einstich direkt ins Mixocöl des Weibchens (Kap. 33).

Die Geschlechter treffen sich häufig an den Plätzen, wo die Weibchen ihre Nahrung suchen, z. B. auf Blüten. Oftmals wird die Begegnung dadurch gesichert, daß beide Partner bestimmte Landmarken, also Rendezvousplätze, aufsuchen, die optisch auffallen, wie z. B. Berg- oder Hügelgipfel (manche *Lepidoptera* und *Diptera*), Lichtungen, einzelnstehende hohe Bäume oder Büsche, Flußufer. Hier können die Männchen verstreut umhersitzen oder fliegend auf Weibchen warten (z. B. Drohnen der Honigbiene, Kap. 27E, Dipteren, Kap. 31) oder auch Schwärme bilden, die meist nur eine Species enthalten, da sowohl die Tageszeit als auch die Landmarke artverschieden gewählt werden. Solche Schwärme beobachtet man bei allen oder vielen Arten der *Ephemeroptera* (Kap. 6), *Trichoptera* (Kap. 28), *Adelidae* (Kap. 29), *Mecoptera* (Kap. 30) und vieler *Nematocera* sowie *Empididae* (Kap. 31). Die Männchen der schwarmbildenden *Ephemeroptera* und *Diptera* haben oft sogenannte Doppelaugen, deren lichtstarke große dorsale Teile das Bewegungssehen auch bei Dämmerung begünstigen (Abb. E12.1; Abb. 6.2; 31.21). Auch sonst werden die Männchen meist optisch durch den Flug ihrer Weibchen alarmiert (vgl. Kap. 29, 31), irrtümliche Annäherung wird meist in wenigen Zentimetern Abstand mit Hilfe des Geruchssinnes korrigiert. Nur die *Culicidae* erkennen die Weibchen, die beim Schwarm auftauchen, am Flugton (Abb. E10.12). Selten werden die Rendezvousplätze durch den Geruch markiert, wie z. B. die Flugbahnen der Hummelmännchen (Kap. 27E) und Treffpunkte der *Sphecoidea* und Verwandten (Kap. 27D).

Naturgemäß verhalten sich ausgesprochene Nachttiere anders. Die Geschlechter der *Lampyridae* und mancher *Elateridae* z. B. finden sich mit Hilfe von Lichtsignalen (Abb. 26.24), die der *Bombycidae*, *Saturniidae* und Verwandten auch aus großen Entfernungen mit Hilfe des Geruchssinnes, der sonst meist nur auf geringen Abstand wirksam wird (Abb. E11.4). Durch Lautsignale kommen die Partner der *Plecoptera* (Kap. 8), *Ensifera* (Abb. 16.1), *Caelifera* (Abb. 17.2) und *Auchenorrhyncha* (Abb. 22B.12) zusammen. Wird Substratschall erzeugt, so wirkt dieser meist nur in der Nähe (*Heteroptera* Kap. 22A, *Coleoptera* Kap. 26) und dient mehr der Werbung, eine Aufgabe, die gleichzeitig auch der erzeugte Luftschall der oben erwähnten Ordnungen hat. Im übrigen wird allgemein die Begattungsbereitschaft des Weibchens durch Streicheln mit den männlichen Antennen oder Vorderbeinen gesteigert, seltener durch Darbietung von Leckstoffen (*Blattodea*, Kap. 13, *Ensifera*, Kap. 16) oder festen Nahrungsmitteln wie bei den *Mecoptera* (Kap. 30) und vor allem den *Empidae*. Vereinzelt spielt dabei der Duft des Männchens eine Rolle wie z. B. bei Tagschmetterlingen, die Duftschuppen auf den Flügeln haben (Kap. 29A).

II. Die Parthenogenese

Sie ist bei den Insekten nicht selten und tritt in verschiedenen Ordnungen auf, z. B. bei *Phasmotodea* (*Carausius*), Hymenopteren, wo die Männchen aus unbesamten Eiern hervorgehen (Kap. 27E), bei der Pädogenese von Gallmücken (Kap. 31) und der Heterogonie der *Aphidina* (Abb. 22C.3) sowie vieler *Cynipidae* (Kap. 27B).

III. Das Zwittertum

Zwittertum kommt ausgeprägt nur bei den Fliegen vor, die in Termitenbauen leben (Abb. 31.56).

IV. Die ungeschlechtliche Vermehrung

Diese Vermehrungsart ist durch die Polyembryonie mancher Schlupfwespen (Abb. E23.14) und *Strepsiptera* vertreten.

V. Die Eiablage

Die Eiablage erfolgt gewöhnlich, nachdem beim Durchlaufen der Vagina die Spermien ins Ei eingedrungen sind. Die gesamte Embryonalentwicklung läuft außerhalb des mütterlichen Körpers ab. Selten werden die Eier einfach fallengelassen, meist üben die Insekten eine Brutfürsorge aus. So fliegen die *Ephemeroptera* in großen Schwärmen mit der Geschwindigkeit eines Fußgängers flußaufwärts und legen die Eier dort ab. Sie gleichen so die Drift aus, die sie während des Larvenlebens verfrachtet hat, und verhindern, daß die Population in Flußgebiete geschwemmt wird, die nicht ihren Lebensbedingungen entsprechen. Die Eier vieler Insekten werden in einer Sekrethülle geborgen, die aus Drüsen des Genitalausführganges stammt (z. B. bei den *Mantodea* (Kap. 12) und *Blattodea* (Kap. 13), oder die Mutter überspinnt sie (Abb. 19.3) *Lepidoptera* (Kap. 29), schützt sie durch Belecken (Abb. 11.2), versenkt sie mit einem Legebohrer in den Boden (Abb. 17.4) oder in Pflanzen wie z. B. Zikaden (Kap. 22B). Weiterhin wird das Ei dorthin abgesetzt, wo die Larve sofort passende Nahrung findet, sei es auf Pflanzen, sei es auf tierischen Wirten (Abb. 27B.1, 27B.2, 27B.9). Manche Insekten bereiten sogar die Larvennahrung, sei es, daß solitäre Bienen und andere *Aculeata* das Ei auf einen Vorrat von Honig und Pollen oder gelähmten Insekten legen (Abb. 27D.4), Käfer Blattwickel rollen (Abb. 26.26), Kotpillen fertigen, Pilzsporen in Gängen aussäen wie manche

Scolytidae, oder Gallmücken und Gallwespen Gallen erzeugen (Kap. 27B, Kap. 31). Auch die Fürsorge für parasitische Larven durch Unterbringung der Eier an oder in einem zukünftigen Wirt gehört hierher. Sie ist bei den *Tachinidae* (vgl. letzten Abschnitt vom System bei Kap. 31) noch vielfältiger als bei den Schlupfwespen (Abb. 27B.1), wird doch manchmal sogar das Ei einem Käfer, wenn er den Mund öffnet, mit dem Legerohr ins Cibarium geschoben.

Zur Brutpflege steigert sich das Verhalten, wenn die Betreuung über die Eiablage hinaus fortgesetzt wird, sei es, daß Sandwespen die Larve mehrmals mit gelähmten Insekten versorgen (Abb. 27D.2), sei es, daß der Totengräber (*Necrophorus*) seine Jungen füttert (Kap. 26A). Die Pflege und Ernährung aller Jugendstadien finden wir bei den sozialen Insekten, den Termiten (Kap. 14), den Ameisen (Kap. 27C), Wespen (Kap. 27D) und Bienen (Kap. 27E).

Auch der elterliche Körper kann der Brutpflege dienen. Wanzen tragen manchmal die Eier auf ihrem Körper (Abb. 22A.6), Schildläuse bedecken sie mit dem Schild oder bergen sie in einer Einstülpung des Rumpfes (Abb. 22C.7), Schaben führen den Kokon in der Genitalkammer mit sich (Abb. 13.4) usw. Wesentlich gesteigert wird die Brutpflege bei den Arten, welche die Eier so lange in den Geschlechtsorganen zurück-

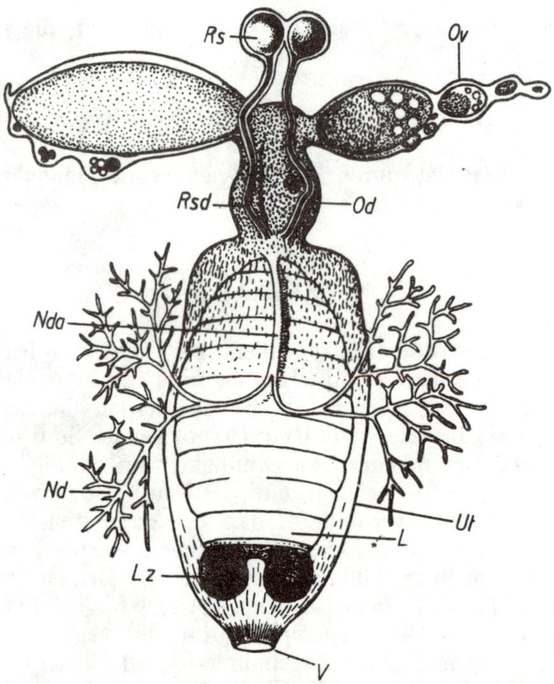

Abb. E22.1. *Glossina* spec. Weibliche Geschlechtsorgane mit einer Larve in der zum Uterus erweiterten Vagina. Nach Roubaud aus Grassé. **L** Larve im Uterus, das Hinterende mit den Stigmen gegen die Vagina gekehrt, so daß Atmung möglich ist; **Lz** Zapfen am Hinterende der Larve; **Nd** Nährdrüse; **Nda** Ausführgang der Nährdrüse, der in den Uterus mündet direkt vor dem Larvenmund; **Od** Ovidukt; **Ov** Ovarium; **Rs** Receptaculum seminis; **Rsd** Ductus receptaculi seminis; **Ut** Uterus; **V** Vagina.

halten, bis sie den größten Teil der Embryonalentwicklung oder gar die gesamte Larvenentwicklung vollendet haben. Es handelt sich dabei um

Ovoviviparie, Viviparie und Pupiparie.

Das Gebären von Eiern, aus denen nach ganz kurzer Zeit die weit entwickelte Junglarve schlüpft, ist keineswegs selten und häufig nicht scharf zu trennen von den Fällen, bei denen das Ei erst nach dem Ausschlüpfen der Larve abgelegt wird. Im einfachen Falle handelt es sich um Larven, die aus einem Ei stammen, das ganz normal mit Dotter und Chorion versehen ist und lediglich in der Vagina lange zurückgehalten wurde. Nahe Verwandte solcher Arten können ovipar sein, ja manchmal ist die gleiche Art in einem anderen Teil des Verbreitungsgebietes ovipar. Beispiele dafür bieten viele *Schizophora* (Kap. 31A), aber auch andere Ordnungen. Wesentlich interessanter sind larvipare Arten, deren Brut auf die Ernährung durch den mütterlichen Organismus angewiesen ist, indem die Eier keinen oder nur ganz wenig Dotter und eine rudimentäre Eischale haben. Das ist z. B. der Fall bei

Ovariolenträchtigkeit. So werden z. B. die Eier viviparer Blattläuse im basalen Fach telotropher Eiröhren zunächst durch die Nährzellen, später aber durch das einschichtige Follikelepithel ernährt, das aus der Hämolymphe Stoffe übernimmt und zum Embryo weiterleitet. Bei *Hemimerus* bildet das Follikelepithel sogar plazentaartige Anschwellungen (Kap. 11).

Uterusträchtigkeit finden wir bei der Tsetsefliege sowie den *Pupipara* (Kap. 31A) (Abb. E22.1). Bei *Glossina* entwickelt sich das Ei normal in der Eiröhre, wird dann in die zu einem außerordentlich erweiterten Uterus differenzierte Vagina getrieben, in der die Junglarve das Chorion sprengt und ausschlüpft. Sie schluckt nun das milchartige Sekret von Drüsen, die in den Uterus münden, macht in ihm ihre Häutungen durch und wird in einem so fortgeschrittenen Zustand geboren, daß sie sich binnen weniger Stunden zur Puppe häutet. Noch schneller gehen die von den *Pupipara* geborenen Larven ins Puppenstadium über.

Leibeshöhlenträchtigkeit, bei der die Eier vom Ovarium in die Leibeshöhle der Mutter gelangen und hier unter Nährstoffaufnahme ihre embryonale und larvale Entwicklung durchmachen, ist selten. Wir kennen sie von den *Strepsiptera* (Kap. 33) und den pädogenetischen Gallmücken (Abschnitt Fortpflanzung in Kap. 31).

E23. Das Ei und die Embryogenese

I. Der Bau des Eies

Die Eier zeigen eine große Vielfalt in der äußeren Form, der Skulptur, der Farbe und der Ausgestaltung ihrer Schalenschichten (Abb. E23.1). Das größte bekannte Insektenei ist 8 mm lang und 3 mm dick und stammt von der riesigen Stabheuschrecke *Palophus episcopalis* Kirby. Der Mindestgröße der Eier sind Grenzen gesetzt, so daß sehr kleine Arten meist nur ein einziges Ei auf einmal ablegen, das aber im Verhältnis zu ihrer Körpergröße außerordentlich umfangreich ist. Nur wenige Insekten haben dotterarme Eier. Deren Embryonen werden im Mutterleibe oder in der Hämolymphe von tierischen Wirten ernährt (z. B. *Aphidina* Kap. 22C, *Terebrantia* Kap. 27B). Normalerweise ist das Ei centrolecithal. Sein Kern ist von Plasma umgeben, das netzartig verzweigte Stränge durch den Dotter zu dessen Oberfläche

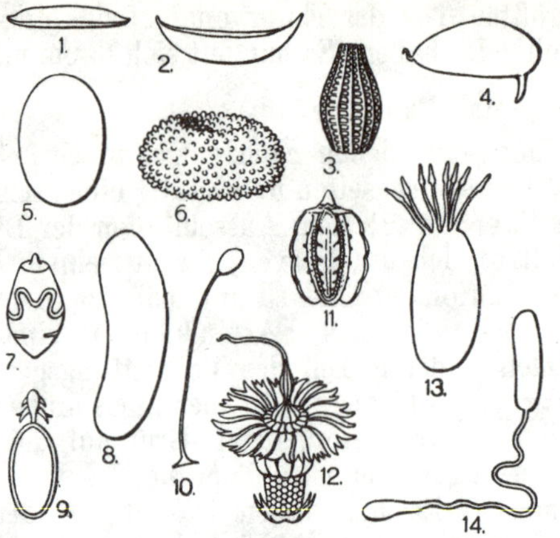

Abb. E23.1. Insekteneier. Seitenansichten. Nach HEYMONS, aus KORSCHELT. 1 Wickler; 2 Blattwespe; 3 Pieride; 4 Psyllide; 5 Maikäfer; 6 *Thecla* (*Lycaenidae*); 7 Phasmide; 8 Honigbiene; 9 *Oestromyia*; 10 Florfliege; 11 *Phyllium*; 12 *Menopon*; 13 *Nepa*; 14 *Cynips*.

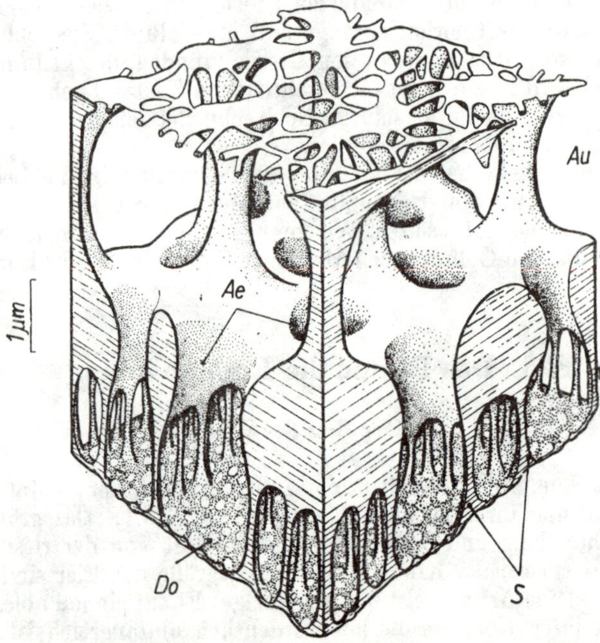

Abb. E23.2. Ausschnitt aus dem Plastron des Eies von *Calliphora vicina* ROB. Nach HINTON. **Ae** Aeropyle; **Au** Außenschicht der Eischale mit dem Plastron-Netzwerk; **Do** Dotter und Periplasma; **I** lufthaltige Innenschicht der Eischale; **Mi** dichtere Mittelschicht; **S** Säulchen, welche die über dem Periplasma liegende Luftschicht abstützen.

sendet. Hier verbinden sich diese mit einer Schicht Periplasma (Keimhautblastem), das bei den *Holometabola* reichlich, bei den *Hemimetabola* spärlich vorhanden, manchmal kaum nachweisbar ist. Das Ooplasma scheidet eine Membrana vitellina ab, die meist bald zugrunde geht. Diese wird überlagert von der Eischale, dem Chorion, das vom Follikelepithel sezerniert wird. Das skulptierte Exochorion besteht im wesentlichen aus Lipoproteinen, das Endochorion aus mehreren der Epikutikula ähnelnden Schichten von Lipoprotein, sklerotisiertem Protein und einer inneren Wachslage. Außerdem scheidet häufig der Ovidukt einen Überzug ab, das Extrachorion, das sich später knötchenbildend zusammenzieht und hygroskopisch ist. Bei manchen Ordnungen wird die Eischale von innen her verstärkt. So erzeugt bei den Heuschrecken die Serosa (s. u.) eine Kutikula. Deren äußere gelbliche Schicht setzt sich im wesentlichen aus Kutikulin zusammen, die weiße innere hingegen besteht im Gegensatz zum Chorion aus Chitin.

Das Chorion schützt das Ei gegen Austrocknung, ist aber keineswegs undurchlässig. Viele Eier nehmen ja Wasser auf, teils tropfbar flüssiges, teils dampfförmiges. Es kann die ganze Oberfläche dazu fähig sein oder wie bei manchen Heuschrecken ein siebartig durchlöchertes, von differenzierten Serosazellen unterlagertes Feld am Hinterpol. Beim Ei muß die relativ große Oberfläche und die damit verbundene Gefahr der Austrocknung kombiniert werden mit der Durchlässigkeit für Sauerstoff, dessen Molekül noch größer als das des Wassers ist. Das geschieht, indem nur wenige μm breite Aeropylen, diese aber in größerer Anzahl (gegen 200), ausgebildet werden. Soweit die noch geringe Anzahl elektronenmikroskopischer Untersuchungen ein Urteil gestattet, münden diese Aeropyle in ein gasgefülltes Netzwerk des Chorion. Manchmal liegen die Aeropyle auf den Spitzen kleiner Fortsätze. Diese können über das ganze Ei verteilt sein (z. B. bei den *Geometridae*, den *Psocoptera*) oder einen Kranz um einen Eipol bilden wie bei vielen Wanzen. Eine Anzahl Landinsekteneier, insbesondere der Dipteren, haben ein Plastron, das bei den ins Wasser abgelegten Eiern selten (z. B. bei *Nepa*, Abb. E23.1) vorkommt. Während bei den auf dem Wasser schwimmenden Eiern von *Culex* und *Anopheles* sich das Plastron über die ganze Oberfläche des Eies ausdehnt, beschränkt es sich bei anderen Dipteren auf ein Paar Fortsätze oder das Areal zwischen den Bruchspalten der Eier (Abb. E23.2; E20.9). Das Plastron besteht aus einem wasserabstoßenden Netzwerk von Chorionbälkchen das an seinen Arealgrenzen in Verbindung steht mit der darunterliegenden Luftschicht auf dem Eidotter, die das ganze Ei umzieht. Das Plastron der auf Kuhdung abgelegten Fliegeneier widersteht Überdrucken von 20 mm Hg, schwindet also nicht, wenn der Kuhfladen einmal von 50 cm Wasserhöhe überschwemmt werden sollte. Weit widerstandsfähiger ist das Plastron von *Drosophila*. Es liegt oft auf gärenden Substanzen, die sich in Regenwasser lösen und damit dessen Oberflächenspannung absinken lassen. In luftleerem Wasser oder nach Blockierung des Plastron auch durch ungiftige Substanzen sterben die Eier ab.

II. Die Embryonalentwicklung

A. Die Furchung und die Bildung der Keimscheibe

Diese Vorgänge verlaufen bei fast allen Insekten grundsätzlich ähnlich. Ausnahmen finden wir bei den *Collembola* und den *Diplura*. Bei diesen tritt sehr häufig totale Furchung auf, die erst später in die bei Insekten vorherrschende superficielle übergeht. Außerdem dehnt sich die Keimscheibe bei ihnen wie ein Meridianring auf der Oberfläche um das ganze Ei aus, ähnlich wie bei den Myriapoden und Arachniden (Abb. 1.5). Im übrigen herrscht bei den Insekten, abgesehen von manchen parasitischen Hymenopteren, die superficielle Furchung von Anfang an. Die Bildung der Keimscheibe beginnt, wenn schon viele Blastodermkerne mit ihren Plasmahöfen an die Dotteroberfläche gewandert und nur Vitellophagen im Innern zurückgeblieben sind. Jetzt zieht sich in dem als Differenzierungszentrum bezeichneten Gebiet das Dotter-Entoplasma zusammen und hebt sich etwas vom Chorion nach innen ab. Darauf strömen von allen Seiten her Blastodermkerne in den so entstandenen Raum ein. So sondern sich die Zellen der Keimanlage von den übrigen, den Serosazellen, die sich im Gegensatz zu ihnen kaum noch teilen, also viel spärlicher verstreut sind. Das **Differenzierungszentrum** liegt auf der präsumptiven Ventralseite des Embryos, in dessen präsumptiver Prothorax-Region, bei plasmaarmen Eiern nahe dem hinteren Eipol. Da der zunächst gebildete Keim sich nur bis zu diesem Pol erstreckt, ist er in diesem Falle sehr kurz (Abb. E23.3). Bei plasmareichen Eiern hingegen hat das Differenzierungszentrum einen großen Abstand vom hinteren Eipol, und die Keimanlage ist entsprechend lang. Ein Kurzkeim, wie z. B. der von *Tachycines*, besteht lediglich aus dem Vorderkopf (ohne Kiefersegmente) und einer präanalen **Segmentbildungszone,** die anschließend sämtliche Segmente (auch die des Gnathocephalon) teloblastisch erzeugt, wie es grundsätzlich auch bei der Trochophora der Anneliden der Fall ist (Abb. E23.3a). Bei Keimen von größerer Länge sind bereits eine ganze Anzahl von Segmenten durch Verstärkung des Blastems und größere Kerndichte vorgezeichnet, so daß die Segmentbildungszone nur noch eine geringere Anzahl durch zahlreiche Zellteilungen zu erzeugen hat (Abb. E23.3b). Die Langkeime von *Apis*,

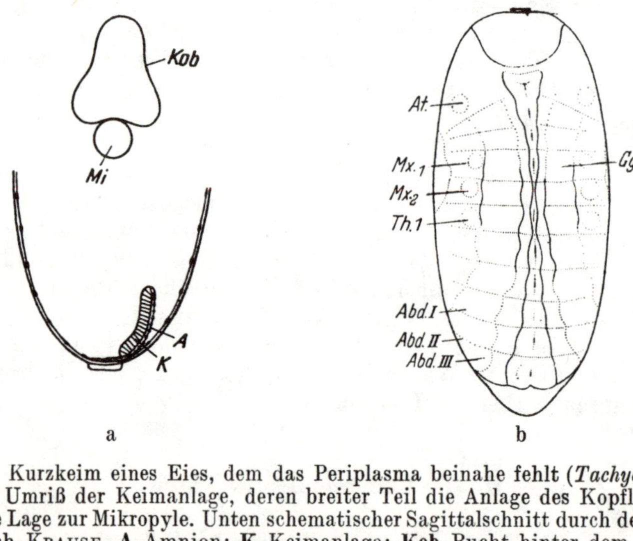

Abb. E23.3.**a)** Kurzkeim eines Eies, dem das Periplasma beinahe fehlt (*Tachycines asynoramus* ADEL.). Oben Umriß der Keimanlage, deren breiter Teil die Anlage des Kopflappens erkennen läßt, sowie die Lage zur Mikropyle. Unten schematischer Sagittalschnitt durch den Mikropylenpol des Eies. Nach KRAUSE. **A** Amnion; **K** Keimanlage; **Kob** Bucht hinter dem Kopflappen; **Mi** Mikropyle. **b)** Aufsicht auf den im Ei liegenden mittellangen Keim von *Chrysopa perla* LINNAEUS. Nach BOCK. Z. Morph. Ökol. **35**, 1939. Länge 1 mm. **Abd I—III** Abdominalsegmente; **At** Anlage der Antenne; **Ggl** Anlage des Ganglienwulstes; **Mx_1, Mx_2** Anlage der 1. und 2. Maxille (=Labium); **Th_1** Anlage des 1. Thoraxbeines. Man beachte das Fortschreiten der Differenzierung vom Thorax aus nach vorn und hinten.

Ephestia und *Drosophila* beruhen auf fest verankerten Eibezirken, in denen alle Segmente entstehen, so daß keine Segmentbildungszone in Tätigkeit zu treten braucht. Experimente zeigen, daß es sich um Mosaikeier handelt.

	Differenzierungszentrum vom hinteren Eipol entfernt um % der Eilänge	Segmentbildungszone erzeugt
Tachycines	6% Kurzkeim	den ganzen Rumpf und das Gnathocephalon
Platycnemis	35% mittellanger K.	das ganze Abdomen
Chrysopa	55% mittellanger K.	Abdominalsegmente 4–10
Ephestia	60% Langkeim	–
Drosophila	58% Langkeim	–
Apis	76% Langkeim	–

Die Langkeime machen keine Blastokinese durch, ebenso *Chrysopa*.

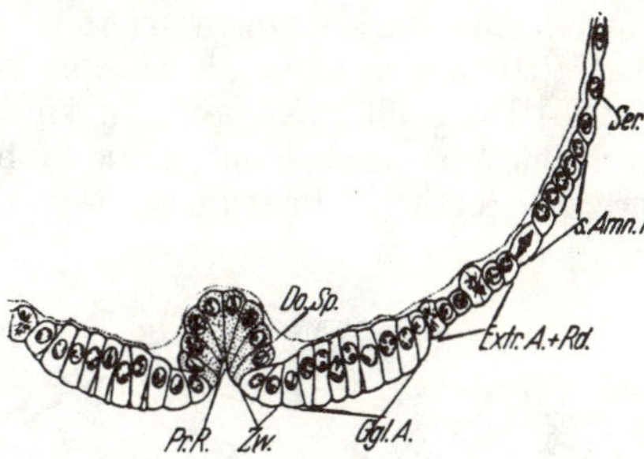

Abb. E23.4

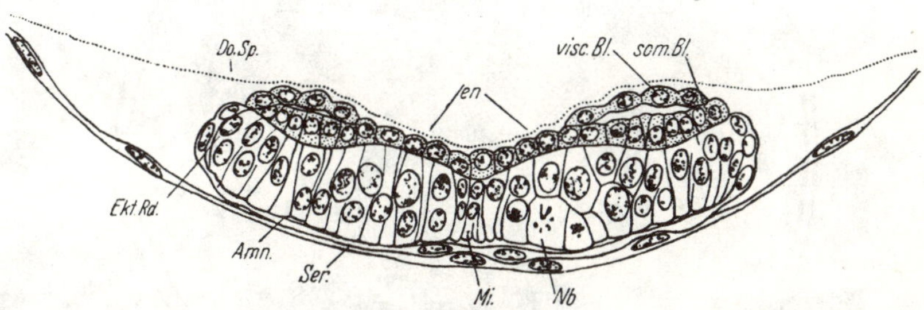

Abb. E23.5

Abb. E23.4 u. 23.5. Querschnitte durch die Keimscheibe von *Chrysopa perla* Linnaeus. Nach Bock. Z. Morph. Ökol. **35**, 1939.

Abb. E23.4. Querschnitt durch die Keimscheibe bei der Einfaltung der Primitivrinne. Nach Bock. **DoSp** ventrale Grenze des Dotters; **Extr.A + Rd** Extremitäten-Anlage und Rand der Keimscheibe; **GglA** Ganglien-Anlage; **PrR** Primitivrinne; **s Amn F** seitliche Amnionfalte; **Ser** Serosa; **Zw** Zwischenstreifen. Man beachte, wie die Differenzierung von der Mitte nach den Rändern der Keimscheibe fortschreitet. Das Entwicklungsstadium entspricht der Abb. E23.3b.

Abb. E23.5. Querschnitt durch die Keimscheibe bei der Bildung der Cölomhöhlen. Nach Bock. **Amn** Amnion; **Do Sp** ventrale Grenze des Dotters; **EktRd** Rand des Ectoblastem; **en** Streifen des Entoblastem; **Mi** Mittelstrang; **Nb** Neuroblasten; **Ser** Serosa; **som Bl** somatisches Blatt; **visc. Bl** viscerales Blatt. Die Cölomhöhlen liegen auf der dicken Ganglienanlage.

B. Die Bildung der Keimblätter und Primitivanlagen

Die Bildung der Keimblätter und Primitivanlagen schließt sich an das Erscheinen der Keimanlage an. Sie beginnt im Differenzierungszentrum und setzt sich von hier aus nach vorn und hinten fort (Abb. E23.3b). Zunächst fällt im Prothorax ein medianer Zellstreifen auf, der manchmal durch Invagination, in anderen Fällen durch Delamination, Immigration oder Überschiebung der seitlich angrenzenden Blastodermzellen in die Tiefe sinkt (Abb. E23.3; E23.4). Diese Einsenkung, die sich als **Primitivrinne** nach und nach über die ganze Länge der ständig wachsenden Keimscheibe ausbreitet, führt zur Bildung des unteren Keimblattes. Es besteht in der Hauptsache aus Mesoblastem, enthält aber auch Entoblastem. Unter starker Zellvermehrung dehnt es sich nach links und recht aus, wird lateral zweischichtig und bei der einsetzenden Segmentierung in paarige metamere Blöcke geteilt. Indem die beiden Zellschichten auseinanderweichen, bilden sich die **Cölomsäcke** (Abb. E23.5; E21.1). Das Schicksal der Zellen der Mittellinie des unteren Keimstreifs ist verschieden. Sie tragen in hohem Maße als Entoblastem zur Mitteldarmbildung bei, wenn sie sich am Stomodaeum und Proctodaeum stark vermehren (Abb. E23.11). Unterdes haben sich paarige, zu Seiten der Mittellinie verlaufende Streifen hoher Ectoblastemzellen tangential geteilt (Abb. E23.5). Die nach innen sprossenden Zellen entwickeln sich zu großen Neuroblasten, aus denen Nervenzellen entstehen. So bilden sich, vom Thorax nach vorn und hinten fortschreitend, ein Paar dicker Neural- (=Primitiv-) Wülste,

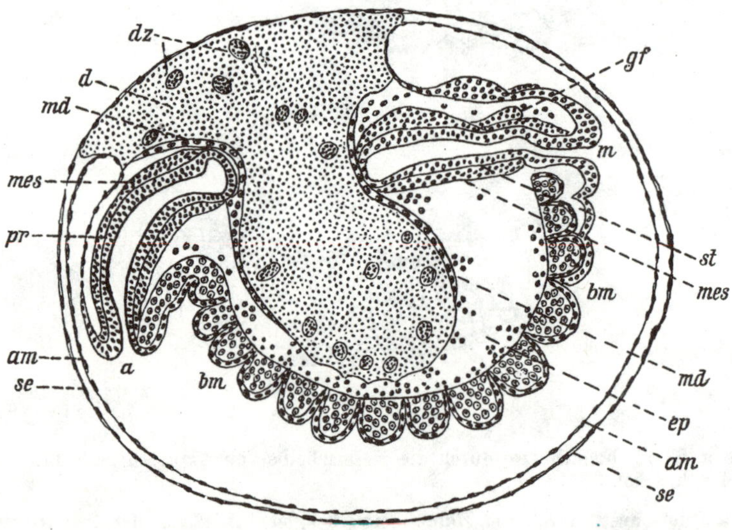

Abb. E23.6. *Forficula auricularia* LINNAEUS. Medianschnitt durch den Embryo vor der Umrollung (vgl. Abb. 23.13b). **a** After; **am** Amnion; **bm** Bauchmark im Gebiet des Labialneuromers und des 6. Abdominalneuromers. Der ungeteilt erscheinende Strang parallel zum Proctodaeum besteht aus den Neuromeren des 9.—11. Abdominalsegmentes; **d** Dotter; **dz** Dotterzellen; **ep** Epineuralsinus, darin Blutzellen; **gf** Ganglion frontale, darüber der Kopflappen; **m** Eingang in den Mundvorraum; **md** Mitteldarmanlage; **mes** Mesoblastem; **pr** Proctodaeum; **se** Serosa; **st** Stomodaeum, umgeben von Mesoblastem, aus dem Muskeln entstehen. Nach HEYMONS, aus KORSCHELT.

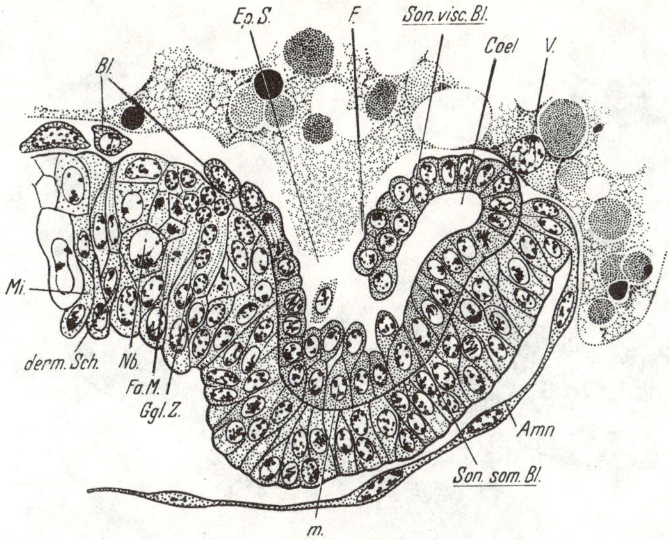

Abb. E23.7. bis 23.9. *Chrysopa perla* LINNAEUS. Querschnitte durch die Keimscheibe im Bereich der Mitte des 1. Thorax-Segmentes. Nach BOCK. Z. Morph. Ökol. **35**, 1939. Breite knapp ½ mm.

Abb. E23.7. Die Cölemhöhlenwand öffnet sich, es entsteht das Mixocöl.

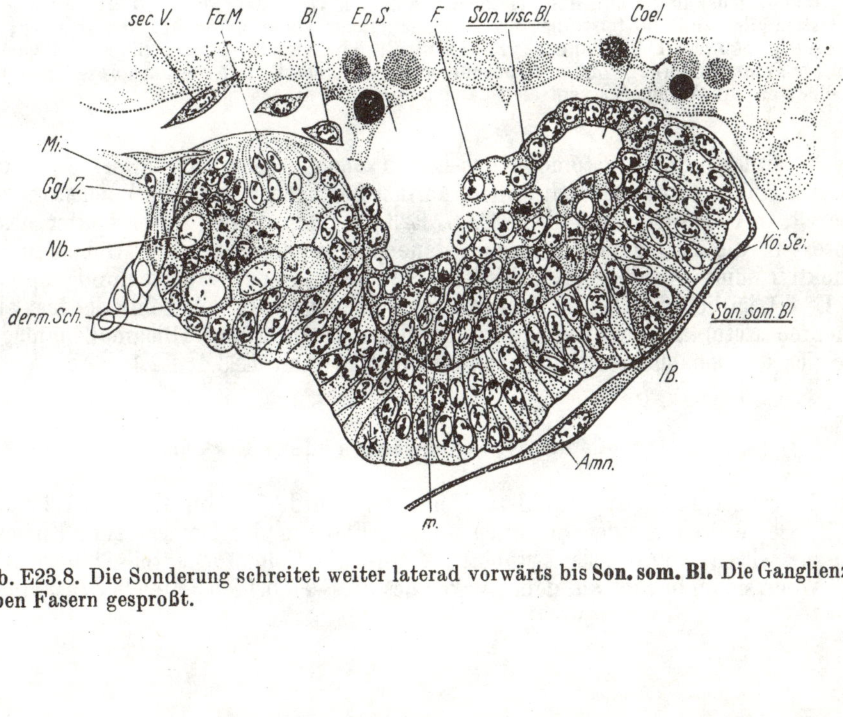

Abb. E23.8. Die Sonderung schreitet weiter laterad vorwärts bis **Son. som. Bl.** Die Ganglienzellen haben Fasern gesproßt.

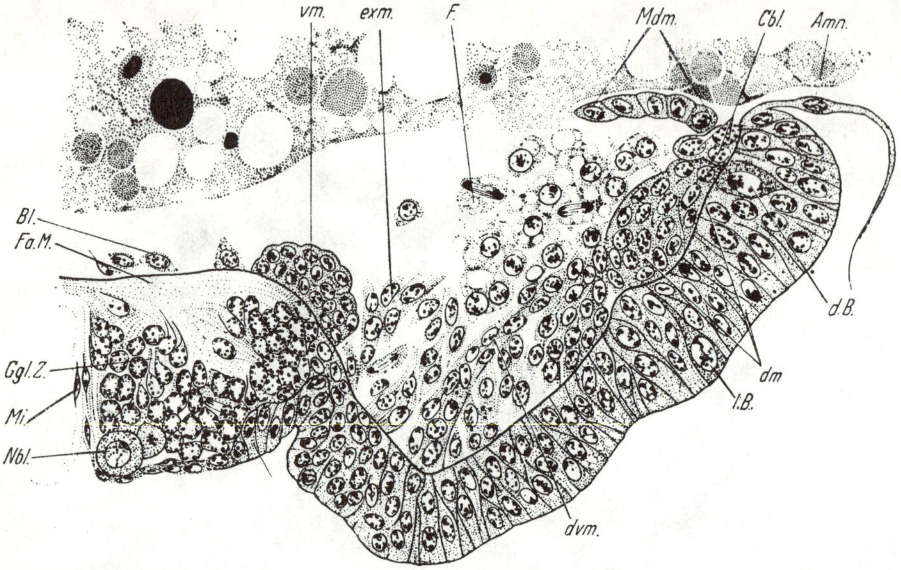

Abb. E23.9. Die Sonderung ist bis zur Seitengrenze des Keimstreifens vorgedrungen. **Amn** Amnion; **Bl** Blutzellen; **Cbl** Cardioblasten; **Coel** Cölom; **dB** Anlage der Dorsalborsten, die bei der Larve jederseits der Rückenmediane stehen. Dieser Abschnitt des Keimstreifens bildet also später die rechte Hälfte des Rückens; **derm Sch** dermatogene Schicht des Ectoblastem, die das Ganglion überzieht; **dm** Anlage des dorsalen Längsmuskels; **dvm** Anlage des dorsoventralen Muskels; **EpS** Epineuralsinus; **exm** Extremitätenmuskel-Anlage; **F** Fettkörper-Anlage; **FaM** Nervenfasermasse des Ganglion; **GglZ** Ganglienzelle; **KöSei** spätere Körperseitenwand; **lB** laterale Borstenanlage (vgl. die Büschel der Borsten auf Abb. 25.8); **m** Muskelzelle; **Mdm** Anlage der Mitteldarmmuskulatur und des Peritoneum aus dem visceralen Blatt; **Mi** Mittelstrang des Ectoblastem, der zum Mittelstrang des Bauchganglienstranges wird; **Nb** Neuroblasten; **Nbl** desgl.; **sec V** sekundärer Vitellophage; **Son. som. Bl. Son. visc Bl.** Grenze, bis zu der von der Mediane aus eine Sonderung von Zellen begonnen hat, die einen Differenzierungsprozeß beginnen; **V** Vitellocyten; **vm** Anlage des ventralen Längsmuskels.

die sich seitlich um das Stomodaeum herum auch in den Kopflappen fortsetzen (Abb. E23.3b). Sie gliedern sich, indem an den Segmentgrenzen ihr Wachstum sehr gering ist, in **Ganglienpaare** (Abb. E23.6, E23.7). Deren Zellen lassen später Axone aussprossen, die zum davor- und zum danebenliegenden Ganglion streben und so Konnektive und Kommissuren bilden. (Entstehung des Oberschlundganglions: Abb. E8.6.) Seitlich der Ganglienanlagen buchten sich in einer Anzahl oder fast allen Segmenten Ectoblastemplatten aus und bilden knopfförmige Gliedmaßenanlagen, in die sich der benachbarte Cölomsack hineinsenkt (Abb. E23.4; E2.1, E2.2).

C. Die Bildung der Seitenwände und des Rückens

Der in ganzer Länge ausgebildete Keimstreif wurde in Abb. E2.1 u. E2.2 dargestellt. Seine Seitenränder beginnen an den Flanken des Dotters zum Eirücken emporzuwachsen, woran das Ectoblastem und die Cölomsäcke teilnehmen (Abb. E2.2). Wenn sie schließlich auf dem Rücken des Eies von beiden Seiten her zusammentreffen und in der Mediane miteinander verwachsen, ist aus dem flächenförmigen Keimstreifen der Embryokörper entstanden, der den Dotter einschließt (Abb. E23.12g). Mit dieser Periode ist die Organbildung verbunden.

Organbildung

Von der Mediane laterad und vom vorderen Thorax nach vorn und hinten fortschreitend, sondern sich aus der Cölomwand Organanlagen ab. Aus dem somatischen (= parietalen) Blatt entstehen Rumpfmuskulatur, Herz, Flügelmuskeln und Perikardialmembran, aus der splanchnischen (= visceralen) Wand Darmmuskulatur, Fettkörper, Gonadenwand und mesoblastische Geschlechtsausführgänge. Dabei lösen sich die Wände der Säcke auf, ihr Lumen, die sekundäre Leibeshöhle, verschmilzt mit der primären zum Mixocöl (Abb. E23.7 bis E23.10).

Die Histogenese der Cölomsackzellen sei an einigen Stadien der Florfliege geschildert. Abb. E23.7 zeigt, daß sich die viscerale Wand von der somatischen gelöst hat, doppelschichtig geworden ist und zur Fettkörperbildung übergeht. Auf dem Stadium der Abb. E23.8 ist bereits ihr gesamter medialer Abschnitt in Fettkörperzellen umgewandelt. Der ventrale Teil der somatischen Wand hat Zellreihen erzeugt, aus denen der ventrale Längsmuskel hervorgeht. Lateral davon beginnt die Ausbildung des Dorsoventralmuskels. Zuletzt erfolgt die Differenzierung des laterodorsalen Cölomhöhlenabschnittes (Abb. E23.9). Am somatischen Blatt sind die Anlagen des dorsalen Längsmuskels und der Cardioblasten zu sehen. Das viscerale Blatt wuchert an der Unterseite des Dotters entlang mediad und erzeugt das Peritoneum sowie die Muskulatur des Darmes. Weiterhin geht aus seiner dorsalen Kante die Anlage der inneren Geschlechtsorgane hervor (Abb. E23.10 u. E21.2).

Das Herz und das dorsale Diaphragma kommen dadurch zustande, daß sich die Cardioblasten zur Rückenmediane schieben und ihnen benachbarte Mesoblastemzellen folgen, die dem Perikardialseptum den Ursprung geben (Abb. E23.10).

Der Mitteldarm entsteht bei den Ordnungen auf verschiedene Weise. Der Vorgang ist oft sehr schwer zu analysieren. Drei Beispiele seien angeführt.

a) Bei *Pyrrhocoris apterus* bildet er sich aus polaren Blastemen des unteren Keimblattes, die aus dem Mittelstreifen hervorgehen, der zwischen den Cölomanlagen liegt (Abb. E23.11). Eines der Blasteme liegt am Stomodaeum, das andere am Proctodaeum. Beide wachsen zu einer sichelförmigen Zellgruppe aus, die mit den ins Körperinnere dringenden ectoblastischen Darmabschnitten zum Dotter verschoben werden. Indem sich ihre Zipfel verlängern, wachsen sie an der Ventralseite des Dotters aufeinander zu, gewissermaßen in einer Führung auf dem visceralen Blatt des Cöloms, das den Dotter bereits bedeckt (vgl. Abb. E23.6).

b) Bei *Lepisma* wird ebenfalls der Dotter vom visceralen Cölomsack aus umwachsen (wie auf Abb. E23.9). Das an der dem Dotter zugewandten Seite dieser Mesoblastemschicht entstehende Mitteldarmepithel wird hier aber von Vitellophagen gebildet, die aus dem Dotter auswandern und sich zu einem Epithel aneinanderreihen und vermehren. Diese Zellen haben bei dieser Ordnung also eine formative Bedeutung und sind deshalb als frühzeitig gesonderte Entoblastemzellen aufzufassen.

c) Bei *Tachycines* finden wir ganz ähnliche Verhältnisse wie bei *Lepisma*. Sie werden aber dadurch kompliziert, daß nach der Anlagerung der Vitellocyten an die Mesoblastemhülle sich noch ein zweites Entoblastem erheblich an der Bildung des Mitteldarmepithels beteiligt. Es besteht aus denselben Gruppen wie bei *Pyrrhocoris*. So entsteht also der Mitteldarm in zwei getrennten Phasen.

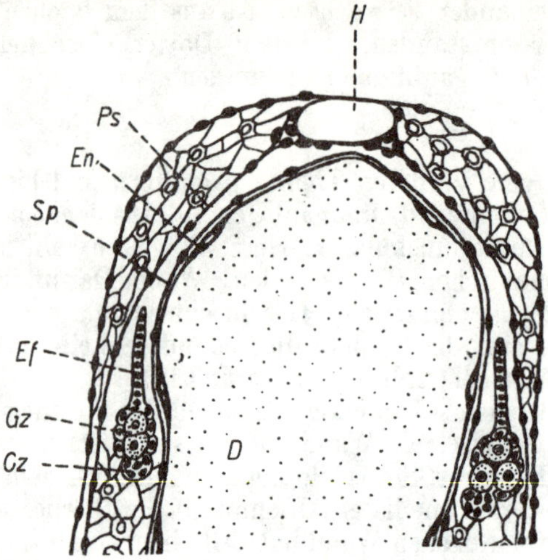

Abb. E23.10

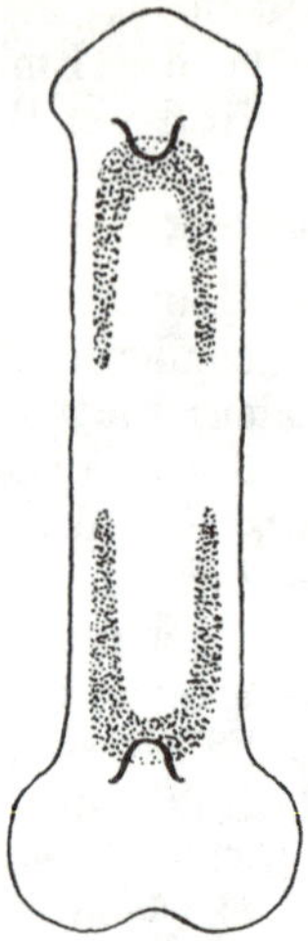

Abb. E23.11

Abb. E23.10. *Blattella germanica* LINNAEUS. Dorsale Hälfte eines Querschnittes durch einen Embryo, der gerade den Rücken des Eies überwachsen hat. Nach HEYMONS, aus KORSCHELT. **Cz** Cölomzellen, die den Genitalausführgang bilden; **D** Dotter; **Ef** Endfaden einer Ovariole; **En** Entoblastem; **Gz** Geschlechtszellen in der Anlage des Ovarium; **H** Herz, von Cardioblasten gebildet; **Ps** Anlage des Pericardialseptum; **Sp** splanchnisches Blatt, am Darm entlangwachsend und dessen Muskulatur und Peritoneum bildend.

Abb. E23.11. Keimstreifen durchsichtig gedacht, um die polaren Mesoblasteme am Stomo- und Proctodaeum zu zeigen. Nach KORSCHELT & HEIDER.

III. Die Keimhüllen und die Blastokinese

Das Ei ist während seiner Entwicklung fast immer ins Chorion eingeschlossen. Der extraembryonale Teil seines Blastoderms, Serosa genannt, hüllt dorsal und lateral den Dotter ein. Die Keimscheibe liegt nur sehr kurze Zeit frei unter dem Chorion, dann wird sie auf sehr verschiedene Weise in eine Höhle versenkt, wovon 4 Beispiele angeführt werden sollen.

1. Superficiell gelagerte Keimscheiben. Die Keimscheibe – es handelt sich meist um Langkeime – wird von ihren Rändern her durch eine Falte überwachsen, so daß sie schließlich unter einer doppelschichtigen Hülle in einer flüssigkeitserfüllten Amnionhöhle liegt (Abb. E23.12 H, E23.13 a). Die äußere Faltenwand ist eine Fortsetzung der Serosa, die innere, als Amnion bezeichnete, geht direkt von dem Blastoderm aus, das an die Keimscheibe grenzt.

2. Immerser Keimstreifen. Wenn sich zwischen Amnion und Serosa Dotter einschiebt, sinkt der Keim etwas tiefer ein und krümmt sich meist auch an den Enden in den Dotter (Abb. E23.12 I, K).

3. Invagination tritt vor allem bei Kurzkeimen auf. Ihr Hinterende senkt sich in den Dotter ein und dringt bei dauerndem Wachstum schließlich bis zum vorderen Eipol vor, so daß der ganze Keim „auf dem Kopfe stehend“, in einer Amnionhöhle liegt (Abb. E23.12 A bis D). Diese wird an der Einstülpungsöffnung zuletzt dadurch

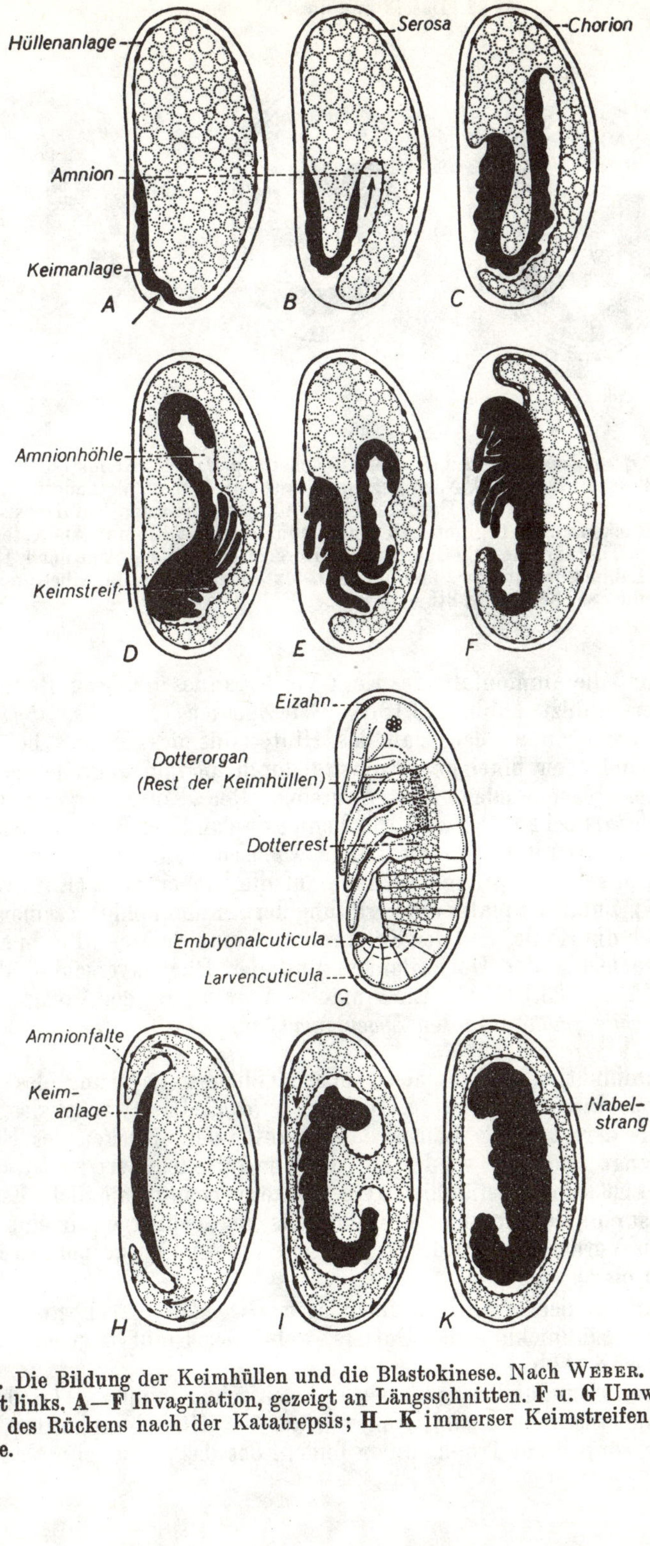

Abb. E23.12. Die Bildung der Keimhüllen und die Blastokinese. Nach Weber. Die Ventralseite des Eies liegt links. **A—F** Invagination, gezeigt an Längsschnitten. **F** u. **G** Umwachsung der Eiflanken und des Rückens nach der Katatrepsis; **H—K** immerser Keimstreifen; **H** Bildung der Amnionhöhle.

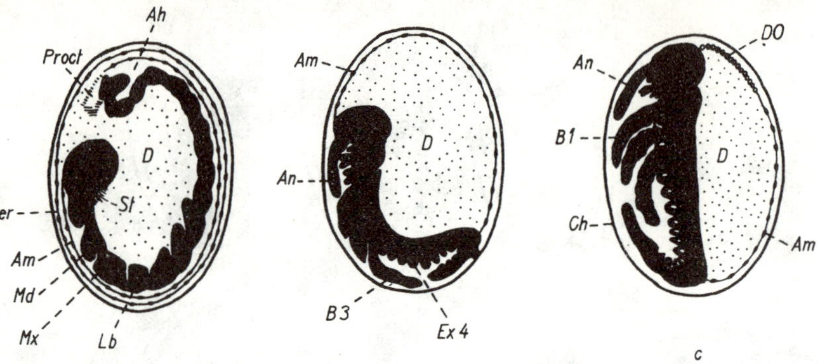

Abb. E23.13. *Forficula auricularia* LIN. Der zunächst superficielle Keimstreifen macht schließlich doch eine Blastokinese durch. Nach HEYMONS, aus VON KÉLER. Verändert. Die Ventralseite des Eies liegt links. **a** Anatrepsis; **b** Kontraktion des Keimstreifens und Katatrepsis. **c** Umrollung vollendet, der Rückenschluß beginnt. **Ah** Amnionhöhle; **Am** Amnion; **An** Antenne; **B 1, B 3** Anlage des 1. u. 3. Thoraxbeines; **Ch** Chorion; **DO** Dorsalorgan; **Ex 4** Anlage der 4. Extremität des Abdomens; **Lb** Labialsegment bzw. Labium; **Md, Mx** Anlagen der Mandibel und der Maxille; **Proct** Proctodaeum; **Ser** Serosa; **St** Stomodaeum.

verschlossen, daß die Amnionfalte des Kopf-Vorderrandes mit ihrem Rand zusammenstößt und verschmilzt (Abb. E23.12d). Bei Zikaden (*Euscelis*, *Pyrilla*) konnte experimentell bewiesen werden, daß das Hinterende des Keimes bei seiner Einstülpung in den Dotter hineingezogen wird durch an ihm angreifende kontraktile Strukturen des plasmodialen Dottersystems. Der Einrollvorgang (Anatrepsis) dauerte bei *Euscelis* bei 23 °C etwa 10 h. Wenn sich dann der Keim so weit entwickelt hat, daß seine Extremitäten in die Länge wachsen, rollt er sich wieder aus dem Dotter heraus in seine ursprüngliche Lage auf die Eioberfläche (Katatrepsis) (Abb. E23.12 D bis G). Zunächst platzt die Verlötung der Amnionhöhle an seinem Kopfende, dann öffnet sich die Höhle, und der Keim rollt sich um. So kommt er in eine Lage, in der die Umwachsung der Dotterflanken und der Rückenverschluß des Embryo möglich sind (Abb. E23.12 F, G). Ein einfaches Vorstadium der Invagination finden wir bei den *Archaeognatha* und den *Zygentoma* (Abb. 4.1).

4. Eine Kombination der zunächst oberflächlichen Lagerung des Keimstreifs mit einer Blastokinese finden wir z. B. bei *Forficula*. Hier wächst das Hinterende des Keimstreifs derart in die Länge, daß es unter dem Rücken des Eies bis zum Vorderpol gelangt und dort wieder auf die Ventralseite übertritt (Abb. E23.13 a). In dieser Lage ist selbstverständlich kein Rückenverschluß möglich. Es setzt demgemäß zunächst eine Verkürzung des Keimstreifs ein, die übergeht in eine Umrollung, bei der sich das Vorderende auf der Ventralseite bis zum Vorderpol des Eies schiebt (Abb. E23.13 b bis c).

Die Blastokinese der primitiven flügellosen *Dicondylea* ist höchst einfach. Sie besteht in einer Einknickung des Dotters, wobei der Embryo in eine tiefe Spalte hineingezogen wird (Abb. 4.1).

Atypische Embryonalhüllen haben viele parasitische Schlupfwespen, deren dotterlose Eier darauf angewiesen sind, Nahrung aus der Hämolymphe des Wirtes aufzunehmen. Sie können ein Trophamnion bilden, das das ganze Ei umhüllt.

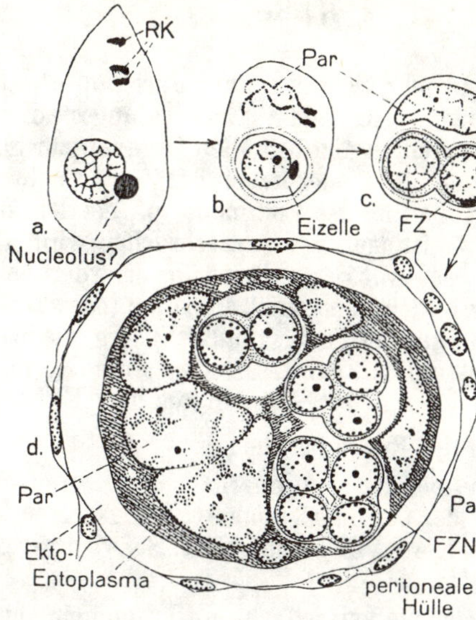

Abb. E23.14. *Ageniaspis fuscicollis* Dalman. Totale Furchung, Polyembryonie und Bildung des Trophamnions in Raupen der Familie Hyponomeutidae. Nach Martin, aus Weber. **a** Eireifung, Bildung der Richtungskörperchen **RK**. **b—c** erste Furchungsteilung und Ausbildung eines Trophamnionkerns (Paranucleus **Par**) aus den Richtungskörperchen. **d** Die Furchungszellen **FZ** bilden Zellnester **FZN**, der Paranucleus ist zerfallen, das Trophamnion bildet zwei Schichten, das Ecto- und das Entoplasma; dazu kommt eine peritoneale Hülle.

Bei den Reduktionsteilungen verschmilzt der 2. Richtungskörper mit den beiden anderen zu einem großen Kern, der im Vorderende der bereits besamten Eizelle liegt (Paranuklearmasse) (Abb. E23.14). Der befruchtete Eikern setzt sich dann durch eine differenzierte perinukleare Plasmaregion von dem peripheren Plasma ab. Dieses wird zum Trophamnion. Die Paranuklearmasse teilt sich, und die entstandenen Kerne bleiben im Trophamnion, während sich aus dem Eikern und seinem Plasma der Embryo bildet.

Keine Embryonalhüllen

haben die *Diplura* und *Collembola* (Abb. 1.5) sowie manche endoparasitischen Schlupfwespen.

E24. Die postembryonale Entwicklung

Beim Ausschlüpfen aus dem Ei haben beinahe alle Insekten sämtliche Segmente (epimere Entwicklung). Nur die *Protura* machen eine Ausnahme, indem sie wie viele Myriapoden erst postembryonal die vollständige Anzahl der Metameren ausbilden (anamere Entwicklung). Die Dauer der postembryonalen Entwicklung ist bei den einzelnen Arten äußerst verschieden und keineswegs einfach von der Temperatur und Nahrung allein — also äußeren Faktoren — abhängig oder nur von der zu erreichenden Körpergröße.

So dauert das Larvenleben der Libelle *Lestes viridis*, die 2 cm Länge erreicht, 3 Monate, während *Cordulia aenea*, deren letztes Stadium 2,5 cm lang wird, 2—3 Jahre braucht.

I. Das Wachstum

Das Wachstum erfolgt in sehr vielen Organen durch mitotische Teilung der Zellen, also Zellenvermehrung, wobei in jedem Entwicklungsstadium eine Mitosenwelle über den Körper verläuft, freilich nicht in allen Organen zur gleichen Zeit. Daneben tritt auch in vielen Organen allein oder neben der Zellvermehrung ein Zellwachstum in Gestalt einfacher Vergrößerung des Volumens auf, bei dem die Tätigkeit der Zelle nicht durch Teilungsvorbereitungen usw. unterbrochen wird. Die Synthese der vergrößerten Cytoplasma-Masse sowie deren Steuerung erfordert eine entsprechend große Quantität von DNS. Wir finden demgemäß in so herangewachsenen Zellen umfangreiche Kerne. In der Epidermis der Larve von *Calliphora*, die bis zum Puppenstadium lediglich durch Zellwachstum zunimmt, erreichen die Kerne schließlich fast das 40fache Volumen, das sie nach dem Schlüpfen aus dem Ei hatten.

Solche Vergrößerungen der Kerne beruhen

a) auf Endopolyploidie, bei der sich innerhalb der Kernmembran die Anzahl der Chromosomen und damit der Genome vermehrt. Dabei treten keine Teilunsspindeln auf, und die Kernmembran wird nicht aufgelöst. So wird der Kern zunächst tetraploid, dann octoploid usw.

b) auf Polytaenie, bei der die vervielfachten Chromoneme entspiralisiert in ihrem Chromosom verbleiben. Hier wird also die Zahl der Chromosomen nicht erhöht. Diese Polytaenie wurde bisher nur bei den *Diptera* gefunden, wo sie in den Speicheldrüsen in der Bildung von Riesenchromosomen, die 100- bis 200mal so lang sind wie diejenigen diploider Zellen, ihre extreme Ausbildung erreicht; sie hat für die Genetik sehr große Bedeutung bekommen. (Bei *Chironomidae* können sie 300 μm lang werden!)

Wir finden reines Zellwachstum hauptsächlich in Zellen, die hohe Stoffwechselleistungen erbringen. Sehr groß ist die Genomzahl in den riesigen gelappten Kernen der Speicheldrüse der Seidenspinner und in Zellen der Speicheldrüsen der Wanzen, die 512- bis 1024ploid sind. So stark steigt die Genomzahl in den Zellen des Mitteldarmes (meist bis 16ploid), der Malpighischen Gefäße (meist bis 64ploid), der Nährzellen des Ovarium oder den Haarbildungszellen usw. gewöhnlich nicht an. Hochpolyploide Zellen sind nicht teilungsfähig. Sie gehen bei der Metamorphose zugrunde. Zellen mit höchstens 64-ploiden Kernen dagegen können durch mehrere aufeinanderfolgende Mitosen ohne Zellwachstum die Genomzahl bis auf die Diploidie stufenweise herabsetzen (somatische Reduktion) und so teilungsfähig werden.

II. Die Häutungen

Die Kutikula kann dem Wachstum des Körpers nur in beschränktem Maße durch Dehnung folgen. Sie muß deshalb nach einer bei den einzelnen Arten verschiedenen Größensteigerung als Exuvie abgeworfen und durch eine neue ersetzt werden. Die Anzahl solcher Häutungen schwankt zwischen 2 und gegen 40 (z. B. bei den *Ephemeroptera*). Bei den Pterygoten beträgt sie häufig zwischen 4—9 und ist nicht immer bei beiden Geschlechtern gleich.

Wie wenig die Zahl der Häutungen einfach von der schließlich erreichten Körpergröße abhängig ist, zeigen folgende Angaben. Die Larve der Eintagsfliege *Cloëon rufulum* häutet sich 19mal und erreicht dabei eine Körperlänge von 7 mm. Die Seidenraupe häutet sich 4mal und wird schließlich 90 mm lang. Bei der Kleidermottenraupe kann man durch Veränderungen der Temperatur und der Nahrungsqualität die Anzahl der Häutungen zwischen 4 und fast 40 verändern.

Das geschlechtsreife Stadium, die Imago, erneuert bei den *Pterygota* seine Kutikula nicht mehr, so daß grundsätzlich z. B. ein kleiner Käfer trotz größter äußerlicher Ähnlichkeit niemals ein jugendliches Individuum einer größeren Art ist. Lediglich durch Strecken der Gelenkhäute nach einer Blutmahlzeit oder bei Trächtigkeit schwankt die Körpergröße der Imagines. Eine Ausnahme machen Insekten, deren Larven in Holz leben oder parasitieren und dabei eine recht verschiedene Nahrungsmenge erlangen, was sich auf die Größe der Imagines auswirkt, z. B. bei Schlupfwespen und *Tachinidae*. Daß sich ein geflügeltes Stadium häutet, kommt nur bei den *Ephemeroptera* und einigen *Strepsiptera* vor, wo eine *Subimago* auftritt, die bei Eintagsfliegen im Zeitraum von 2 min bis 4 Tagen zur Imaginalhäutung übergeht (Abb. 6.1). Bei den *Diplura*, *Collembola*, *Archaeognatha* und *Zygentoma* finden auch im geschlechtsreifen Zustand noch Häutungen statt, bei *Lepisma* z. B. zwischen 20 und über 30.

Die Häutung, die mit durchgreifenden inneren Prozessen verknüpft ist, läßt äußerlich 2 Stadien unterscheiden:

Die Proecdysis (= Apolysis) setzt ein mit der Ablösung der Epidermis von allen Kutikulargebilden, und zwar nicht nur im Gebiet des Integumentes, sondern auch aller ectoblastischen Einstülpungen, wie z. B. Vorder- und Enddarm, Tracheen, Drüsenmündungsgängen, Apophysen, Sehnen. Auch werden die Spitzen der Dendriten der Sensillen von den kutikulären Hilfseinrichtungen (Haaren, Kegeln usw.) dabei getrennt sowie die Muskeln von ihren Anheftungsstellen. Demgemäß kann das Tier im Zustand der Proecdysis seine Extremitäten nicht mehr bewegen. Schon vorher sind zahlreiche Mitosen aufgetreten, und unter der alten Kutikula vergrößert sich durch Faltung die Epidermis samt der Anzahl der Haare, Sensillen usw., die schon hervorsprossen (Abb. E1.5). Gleichzeitig sezerniert die Epidermis in den zwischen ihr und der alten Kutikula befindlichen Spalt- (Exuvial-) raum Fermente (Chitinase, Protease, Exopeptidase). Diese lösen zumindest die Endokutikula völlig auf; an den

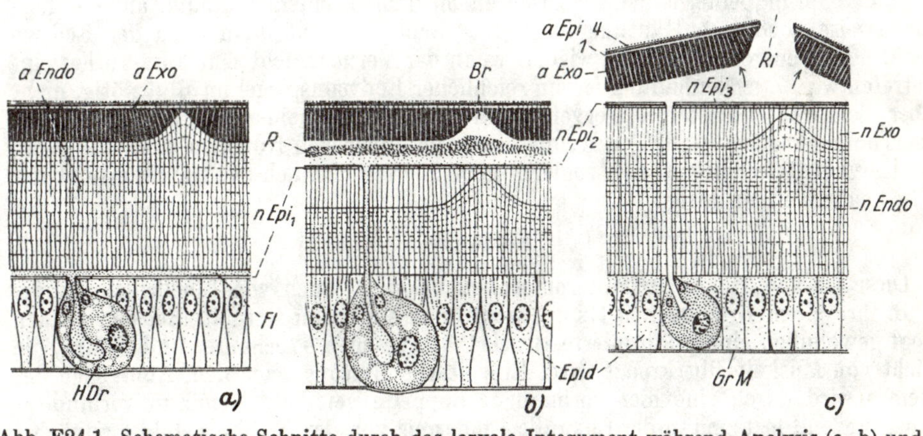

Abb. E24.1. Schematische Schnitte durch das larvale Integument während Apolysis (a, b) und Ecdysis (c). Nach Wigglesworth aus Weber. **a**) die Epidermis (**Epid**) hat sich von der alten Endokutikula (**a Endo**) gelöst und die erste Schicht einer neuen Epikutikula (**n Epi**) sowie Exuvialflüssigkeit (**E**) ausgeschieden. b) die Häutungsflüssigkeit hat die alte Endokutikula bis auf Reste (**R**) aufgelöst; darunter bildet sich, geschützt von der neuen Epikutikula (**n** $\mathbf{Ep_1}$ und **n** $\mathbf{Ep_2}$), die neue Prokutikula, von Porenkanälen durchzogen. c) die nunmehr spröde alte Exokutikula (**a Exo**) reißt an einer vorgebildeten Bruchstelle (**Br**) auf, so daß ein Schlupfspalt (**Ri**) entsteht; die neue Prokutikula erhärtet zur neuen Exo- und Endokutikula (**n Exo** und **n Endo**).

präformierten Häutungs-Bruchlinien bleibt nur die Epikutikula übrig (Abb. E24.1). Die Hydrolyse-Produkte werden von der Epidermis aufgenommen. Diese beginnt außerdem mit der Abscheidung einer neuen Kutikula, die sie durch eine dünne Epikutikula-Schicht vor der Einwirkung der Fermente des Exuvialraumes schützt (vgl. Kap. E1, Abb. E24.1).

Die Ecdysis besteht im Abstreifen der bisherigen, durch Fermente stark angegriffenen Kutikula (= Exuvie). Sie wird dadurch ermöglicht, daß die alte Kutikula längs präformierter verdünnter Bruchlinien platzt. Es handelt sich dabei um einen auf dem ersten oder mehreren Thoracomeren median verlaufenden Streifen, der meist auch auf das Kopfdach übergeht und sich hier häufig gabelt. Die Sprengung geschieht durch Aufblähen des darunterliegenden Körperabschnittes mit Hilfe von Blut, das durch Kontraktion der Rumpfmuskeln des Abdomens hineingepreßt wird. Erleichtert wird die Volumenvergrößerung durch Schlucken von Luft in den Darm oder dessen Füllung mit Wasser, wodurch er sich zu einem prallen Rohr ausdehnt. Unter peristaltischen Bewegungen der Rumpfmuskulatur schiebt sich dann der Körper aus der klaffenden Spalte der Exuvie heraus.

Nun setzt die Metecdysis ein, bei welcher der noch weichhäutige Körper wiederum durch Verschiebung der Hämolymphe gestreckt wird. Anschließend erfolgt die Gerbung, also Versteifung und Bräunung der Exokutikula und die Abscheidung weiterer Kutikula-Schichten (vgl. Kap. E1). Bei der Imaginalhäutung der Pterygoten werden die gefalteten Flügel durch Einpumpen von Blut gestreckt, wobei sie oft zeitweise zunächst ziemlich dick aufgebläht werden und erst am Ende die Membranform annehmen.

III. Die Regeneration und die Autotomie

Die Neubildung von abgerissenen Extremitäten, insbesondere der Lauf-, nicht aber der Sprungbeine, ist vielen Insekten möglich in einem Stadium, auf das normalerweise noch eine Häutung folgt. Das Bein erscheint dann nach der Ecdysis mehr oder weniger vollständig wieder, wenn der Verlust nicht sehr kurz vorher eingetreten war. Zur Neubildung ist ein reichlicher Ecdysonspiegel im Blut nötig, nicht aber die Anwesenheit eines Nerven im Beinstumpf. Schneidet man alle aus diesem ins Thoraxganglion führenden Axone durch, so bildet sich trotzdem ein neues Bein, in das vom Ganglion aus aber sogleich neue Nerven einwachsen. Häufig erfolgt der Gliedmaßenverlust durch

Autotomie

Diese ist von vielen Orthopteromorphen bekannt, auch von Libellenlarven, die z. B. ihre Kiemen abbrechen lassen, wenn man sie daran festhält. Bei den Beinen liegt gewöhnlich eine präformierte Bruchstelle zwischen Trochanter und Femur, die nicht von Muskeln überkreuzt wird. Eine starke Blutung nach dem Abbrechen des Beines, wird durch eine hier vorhandene doppelte vertikale Membran verhindert. Anschließend löst sich in der Coxa die Epidermis von der Kutikula, bildet zunächst eine kleine Papille und wächst schließlich zu einem Epidermisschlauch aus, dem zukünftigen Bein. Dieses bleibt aber in der Coxa verborgen, der Schlauch legt sich also in Windungen. Nach der Häutung wird er durch Blutdruck gestreckt, seine Kutikula gehärtet und seine ebenfalls von der Epidermis erzeugte Muskulatur funktionsfähig. Doch erlangt die Extremität oft erst nach einer zweiten oder dritten Häutung die ursprüngliche Länge.

E25. Die Metamorphose

I. Die Typen der Metamorphose

Primär, also bei den *Myriapoda*, *Entognatha* und *Thysanura*, stellt die postembryonale Entwicklung sicher einen einfachen Wachstumsprozeß dar, der mit der Ausbildung der Geschlechtsorgane verbunden ist (Epimetabolie). Sonst sind zwischen Larven und Imagines keine nennenswerten Unterschiede vorhanden. Die Imago häutet sich ebenso wie die Jugendstadien nach der ersten Eiablage noch viele Male und kann trotz der Kleinheit eine beträchtliche Lebensdauer erreichen (*Lepisma* bis zu 5 Jahren, *Japyx* und *Machilis* bis zu 3 Jahren usw.).

Bei den geflügelten Insekten sind diese Verhältnisse insofern geändert, als sich hier komplizierte äußere Genitalien und Flügel ausbilden müssen als imaginipetale Merkmale. Außerdem häuten sich die Imagines nicht mehr. Zumindest bei den hochevoluierten Ordnungen ist ihre Lebensperiode gewöhnlich auf 1–3 Monate beschränkt, sie dient ausschließlich der Fortpflanzung und Verbreitung. (Unterdrückt man aber die Eiablage des Weibchens, so kann man im Labor viele Arten sehr lange erhalten, *Anacridium aegyptium* bis zu 500 Tagen, manche Käfer über 2 Jahre.)

Wir unterscheiden 2 Haupttypen der postembryonalen Entwicklung:

A. Die Hemimetabolie

Sie tritt bei den sogenannten *Exopterygota* auf, bei deren Larven die Anlagen der Flügel äußerlich sichtbar sind und sich wie die der Flugmuskeln kontinuierlich entwickeln. Das letzte Larvenstadium geht demgemäß direkt in die Imago über, zumal auch die Mundwerkzeuge sowie die Nahrung der Larven und Imagines grundsätzlich übereinstimmen, so daß keine tiefeingreifenden Umwandlungen nötig sind. Hierher gehören die anfangs bereits erwähnten Epimetabola, die *Ephemeroptera*, *Odonata*, *Dermaptera*, *Mantodea*, *Blattodea*, *Isoptera*, *Orthopteroidea*, *Psocoptera*, *Phthiraptera*, *Condylarthra* und ihre Verwandten.

Bei einigen Ordnungen der *Condylognatha* wird das Erscheinen der äußeren Flügelanlagen auf das letzte oder vorletzte Larvenstadium verschoben, die sogenannten Nymphen bzw. Pronymphen, die keinerlei Nahrung mehr zu sich nehmen. Das gilt für die *Thysanoptera* (Kap. 21), Männchen der *Coccina* (Abb. E25.1, Kap. 22C), geflügelte Weibchen der *Phylloxeridae* (Kap. 22C), Weibchen der *Adelgidae* (Kap. 22C). Bei den *Aleurodina* aber treten überhaupt keine äußeren Flügelanlagen auf. Ihr letztes (4.) Larvenstadium wird nach einiger Zeit unbeweglich und vollzieht

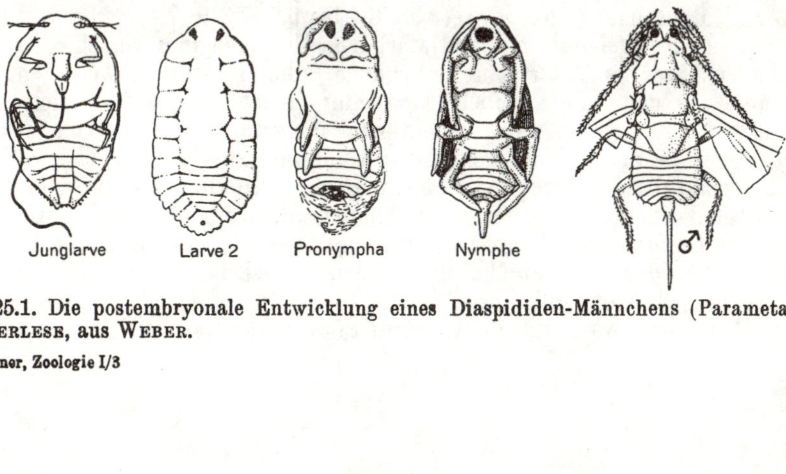

Abb. E25.1. Die postembryonale Entwicklung eines Diaspididen-Männchens (Parametabolie). Nach Berlese, aus Weber.

dann den sehr großen Metamorphoseschritt, bei dem der Körper die imaginale Gliederung und die Flügel zugleich in einer Häutung erwirbt (Abb. 22C.13). Die ganze Gruppe dieser aberranten Hemimetabola wird als Neometabola bezeichnet und ist eine reine Spezialisation der *Condylognatha*, nicht etwa eine Übergangsform zu den Holometabola.

B. Die Holometabolie

Sie ist bei den *Endopterygota* zu finden, deren Flügel und äußere Genitalien sich, ins Körperinnere eingestülpt, als Imaginalscheiben im Verborgenen entwickeln. In einem bei den einzelnen Ordnungen verschieden starken Maße wird auch die Ausbildung aller anderen imaginalen Merkmale lange hinausgezögert. Da meist die Larve eine andere Lebens- und Ernährungsweise hat als die Imago, sind die morphologischen Unterschiede zwischen beiden so groß, daß sie nicht von einem aktiven Entwicklungsstadium überwunden werden können. So wird ein Ruhestadium eingeschaltet, die Puppe. Hierher gehören die *Megaloptera*, *Raphidioptera*, *Planipennia*, *Coleoptera*, *Hymenoptera*, *Trichoptera*, *Lepidoptera*, *Mecoptera*, *Diptera*, *Siphonaptera* und *Strepsiptera*.

Bei den *Megaloptera* und den *Raphidioptera*, deren Habitus und Mundwerkzeuge wenig vom imaginalen Zustand verschieden sind, ist der Schritt vom Larven- zum Imaginalzustand klein, sehr groß aber bei den übrigen Ordnungen. Es ist anzunehmen, daß die Holometabolie monophyletisch entstanden ist. Die hohe Artenzahl der meisten Ordnungen, bei denen die Larven eine andere Ernährungsform als die Imagines haben, läßt vermuten, daß diese Verschiedenheiten zusammen mit dem Puppen-Ruhestadium einen Vorteil gegenüber der Hemimetabolie bieten.

II. Die Jugendstadien

A. Die Larven

Bei den *Hemimetabola* ähneln die Larven (im amerikanischen Schriftum im Gegensatz zu denen der Holometabola oft als Nymphen bezeichnet) im Habitus fast immer durchaus den Imagines, abgesehen vom Fehlen der Flügel. Abweichungen finden wir fast ausschließlich bei solchen, die im Gegensatz zu den Adulti das Wasser bewohnen und Kiemen ausgebildet haben, sei es durch Umwandlung embryonaler Gliedmaßen (*Ephemeroptera*), der Afterklappen (zygoptere Odonata) oder Entwicklung von Neubildungen (*Plecoptera*) (Abb. 6.4 bis 6.7, 7.3 u. 7.4, 8.2).

Die Larven der *Holometabola* sind stark von den Imagines verschieden, was in allen Fällen ihrer andersartigen Bewegungs- und Ernährungsweise entspricht. Meist handelt es sich um die Beibehaltung embryonaler Merkmale, die sich während der ganzen Larvenperiode nicht imaginipetal umwandeln, seltener um sekundäre Umbildungen, die den geradlinigen Entwicklungslauf zu einer Abweichung führen.

Die Beibehaltung der embryonalen homonomen Gliederung des Rumpfes, also das Nichtauftreten einer Differenzierung in Thorax und Abdomen, finden wir bei den Raupen der *Lepidoptera*, *Mecoptera* und *Symphyta*, bei parasitierenden Larven der verschiedensten Ordnungen und bei allen Maden, die teils parasitieren, teils in breiigen Medien (Schlamm, Kot, Mulm usw.) leben. Das Erhaltenbleiben vieler Abdominalextremitäten zeigen wiederum die offen an Pflanzen kletternden Raupen sowie die im Wasser lebenden Megalopteren, die diese Extremitäten zu Kiemen umbilden (Abb. 23.2). Abgesehen von den Megalopteren handelt es sich um Larven des **eruciformen Typus,** der eine weichhäutige Kutikula hat und bei der Lokomotion stark auf die Peristaltik des Rumpfes angewiesen ist. Ihm steht der **campodeide Typus** gegenüber, so genannt wegen der Ähnlichkeit des Habitus mit Campodea. Seine Fortbewegung erfolgt mit Hilfe der Hebelwirkung der Thoraxbeine, wenn auch bei manchen Formen ein sogenannter Nachschieber daran teilhat.

Auch in bezug auf die Mundwerkzeuge behalten die Larven gewöhnlich embryoähnlichere Züge, also den orthopteroiden Typus bei im Gegensatz zu den Saugrüsseln der Imagines der *Trichoptera*, Schmetterlinge, *Apocrita*, *Diptera* und Flöhe. Selten sind Spezialisationen der Mundwerkzeuge, die eine andere Richtung einschlagen als die der Imagines, wie z. B. die Saugzangen der Larven der *Dytiscidae* und *Planipennia* (Abb. 26.34, Abb. E25.7) und die Mundhaken der Larven der meisten Brachycera (Abb. 31.33, 31.31).

In bezug auf die Ausrüstung mit Lokomotionsorganen unterscheidet man polypode Larven (Raupen) mit einer ganzen Anzahl abdominaler Stummelbeine (Abb. E5.9), oligopode Larven, die außer den 3 Paar Thoraxbeinen höchstens ein Paar Nachschieber haben (Abb. E5.8,9) und apode Larven (Maden) (Abb. E16.1). Die Kopfkapsel kann wohlausgebildet (eucephale L.), im hinteren Teil membranös und dann oft etwas in den Thorax eingezogen (hemicephale L.) oder aber fast ganz vom Thorax überwachsen sein wie bei den Maden der *Cyclorrhapha* (acephal) (Abb. 31.32, 31.33).

Bei einer ganzen Anzahl von Käfern, deren Larven parasitieren, sowie bei den Strepsipteren (Kap. 33) unterscheiden sich die einzelnen Larvenstadien stark voneinander, indem zumindest das erste freibeweglich und campodeid ist, während eines oder mehrere, die im Inneren des Wirtes leben, verkümmerte Beine und Sinnesorgane haben (Abb. 33.6). Bei den *Proctotrupoidea* aber ist die Erstlarve meist oligomer und mit starken Mandibeln ausgestattet (Abb. E25.2) im Gegensatz zu den übrigen Stadien. Diese Vielgestaltigkeit der Larvenstadien ordnet man dem Begriff

Polymetabolie unter, wobei die **Hypermetabolie**

eine spezielle Variante darstellt, bei der das überwinternde Larvenstadium regungslos in der Exuvie des vorangegangenen Stadiums steckt. Es wird als „Scheinpuppe" bezeichnet, denn weder seine Körperform (keine äußeren Flügelanlagen usw.) noch seine Histiogenese gleichen der einer Puppe.

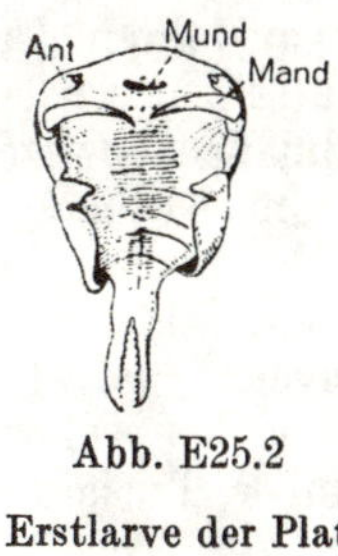

Abb. E25.2

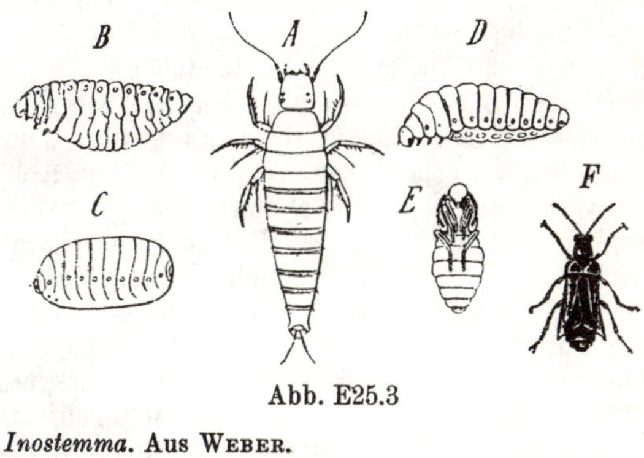

Abb. E25.3

Abb. E25.2. Erstlarve der Platygasteride *Inostemma*. Aus Weber.

Abb. E25.3. Hypermetabolie von *Sitaris* spec. **A** Triangulinus-Larve, **B—D** weitere Stadien, **E** Puppe. Nach Faber, aus Korschelt.

Die einfache Form der Polymetabolie finden wir bei Staphyliniden, z. B. *Aleochara*. Seine campodeide Larve dringt in Puparien von *Cyclorrhapha* ein und frißt darin so stark, daß sich ihr Körper aufbläht. Bei der Häutung entsteht eine blinde, sackförmige, weiße Sekundärlarve, die in dem Puparium bleibt. Die Tertiärlarve hat wiederum campodeide Körperform, verläßt das Puparium und verpuppt sich in der Erde.

Die interessantesten Beispiele für die Hypermetabolie finden wir bei den *Meloidae*. Die Erstlarve von *Meloë* ist campodeid und zeichnet sich dadurch aus, daß ihre Tarsalkralle durch seitliche Fortsätze dreiteilig ist (Abb. E25.3). Diese Triungulinuslarve erklettert Pflanzen, lauert auf deren Blüten und geht auf behaarte Insekten über, welche diese Blüten besuchen. Gelangt sie dabei auf eine solitäre Biene, so verharrt sie darauf, bis diese auf ihre Honigkammer ein Ei abgelegt hat. Auf dieses springt der Triungulinus und verzehrt es. Im Honig könnte er sich nicht fortbewegen. Das ist der Sekundärlarve möglich, die engerlingförmig und weich ist, nur ganz kurze Beine hat und der Augen entbehrt. Hat sie den Honig- und Pollenvorrat aufgefressen, so dringt sie in die Erde ein und häutet sich zu einer Tertiärlarve, deren Mundwerkzeuge verkümmert sind und die den Winter über in der halb abgestreiften Larvenhaut verharrt (Scheinpuppe). Die ebenfalls engerlingsähnliche Quartärlarve frißt nicht und häutet sich zu einer typischen Puppe. Andere *Meloidae*, wie z. B. *Sitaris*, *Lytta*, *Mylabris*, haben eine ähnliche Entwicklung, doch können ihre Tertiärlarven völlig eingehüllt sein von der Exuvie, die Triungulinen selbständig in Bienennester oder wie bei *Mylabris variabilis* in Gelege von Wanderheuschrecken (*Dociostaurus maroccanus* eindringen usw.

Auch die Bildung von **Kasten** bei sozialen Insekten unter dem Einfluß von Pheromonen und verschiedener Ernährung gehört zu den Erscheinungen der Metamorphose (Termiten Kap. 14, Ameisen Kap. 27 C).

B. Die Puppen

Die Puppen der *Holometabola*, von den französischen Autoren als Nymphen bezeichnet, sind keine Wachstums-, sondern Verwandlungsstadien, die von den Nahrungsvorräten der Larve leben. Wir unterscheiden:

Pupa exarata, bei der die Körperanhänge unbeweglich, aber frei auf der Körperoberfläche liegen (Abb. E25.4, E25.13). Wir finden solche Puppen bei den meisten Käfern, Hautflüglern, Flöhen, *Planipennia*, *Mecoptera*, *Trichoptera* und wenigen primitiven Schmetterlingen. Auch die *Cyclorrhapha* haben solche Puppen, doch verbleiben diese in der Haut des letzten Larvenstadiums, die durch nachträgliche Inkrustation sklerotisiert wird und dann ein tonnenförmiges Puparium bildet (oft ungenau als P. coarctata bezeichnet).

Pupa obtecta (Mumienpuppe), gekennzeichnet dadurch, daß alle Körperanhänge durch die verhärtende Exuvialflüssigkeit fest an den Körperstamm geklebt sind. Die freiliegenden Integumentflächen sind stark sklerotisiert und pigmentiert. So beschaffen sind die Puppen fast aller Schmetterlinge, der *Nematocera* und mancher Käfer, z. B. der *Coccinellidae*.

Die meisten Puppen sind völlig unbeweglich, manche können aber, wenn sie berührt werden, zuckende Bewegungen mit dem Abdomen ausführen. (Ausnahmen: Puppen der Stechmücken und Verwandten, Abb. 31.54). Kurze Zeit vor der Imaginalhäutung aber können manche Pupae exaratae ihre Gliedmaßen bewegen. Das geschieht mit Hilfe der Muskulatur der pharaten, d. h. „im Köcher steckenden“ Imago. Bei *Simulium* ist nachgewiesen, daß z. B. deren Mandibelmuskeln mit der Kutikula der Puppen-Oberkiefer durch Tonofibrillen verbunden bleiben. So können die Puppen mancher *Mecoptera*, *Trichoptera* und primitiven *Lepidoptera* mit den Oberkiefern, die manchmal besonders stark entwickelt sind, den Kokon aufbeißen (Abb. E25.4). Alte Puppen von Kamelhalsfliegen laufen umher, Trichopterenpuppen schwimmen vor der Imaginalhäutung zur Wasseroberfläche usw.

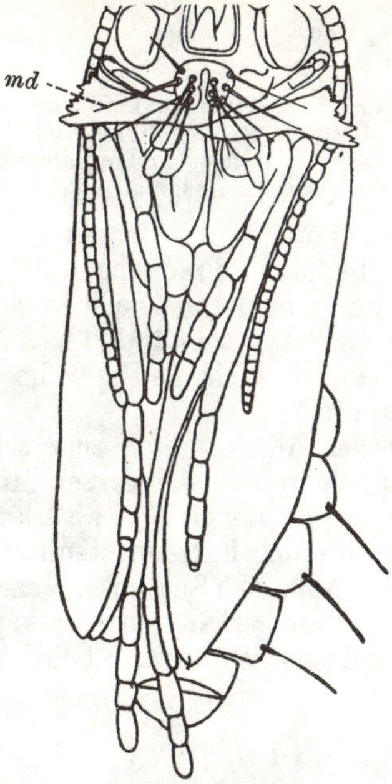

Abb. E25.4

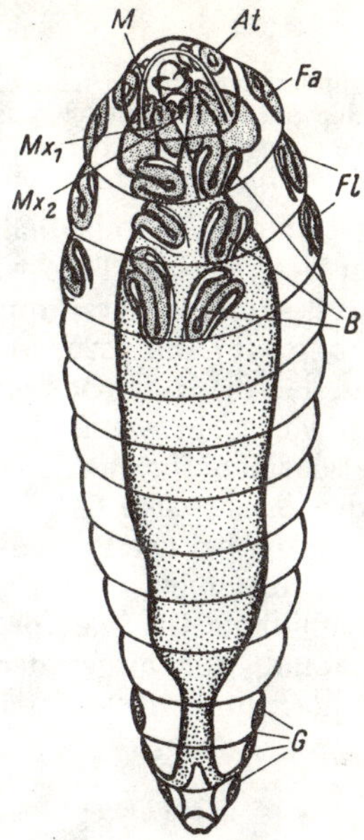

Abb. E25.5

Abb. E25.4. *Eriocrania purpurella* HAWORTH. Die Pupa libera dieses primitiven Schmetterlings arbeitet sich mit großen Mandibeln (**md**) aus der Erde, die von imaginalen Muskeln (pharate Imago!) bewegt werden. Nach PACKARD, aus BUGNION.

Abb. E25.5. *Ageniaspis fuscicollis* DALMAN. Larve, von der Bauchseite gesehen und durchsichtig gemacht, um die Imaginalscheiben zu zeigen. Nach BUGNION, aus KÜHN. Imaginalscheiben: **At** der Antennen; **B** der Beine; **Fa** der Komplexaugen; **Fl** der Flügel; **G** der Genitalanhänge (Stechapparat); **M**, $\mathbf{Mx_1}$, $\mathbf{Mx_2}$ der Mandibel und der beiden Maxillenpaare. Punktiert der Mitteldarm. Länge 1,7 mm.

C. Die Subimago

Sie tritt nur bei den *Ephemeroptera* und manchen *Strepsiptera*-Männchen auf (Abb. 6.1), schlüpft aber nur bei den Eintagsfliegen aus der Puppe, bei den Strepsipteren bleibt sie im Puparium.

III. Die äußere Metamorphose

Die den Larven fehlenden Körperanhänge, in jedem Fall die Flügel und die Genitalanhänge, bei den Maden auch die Beine, werden als röhren- oder scheibenförmige Areale undifferenzierter Zellen bereits bei den Larven in den zugehörigen Segmenten angelegt (Abb. E25.5). Selten liegen diese **Imaginalscheiben** direkt unter der Kutikula. Meist senken sie sich ins Körperinnere ein, indem sich die an sie angrenzenden Epidermiszellen als Grube einbuchten (Abb. E25.6). Die Imaginalanlage der Beine, oft auch die der Flügel, liegt am Boden der Grube und faltet sich dann zusammen. Der Grubeneingang kann weit bleiben oder sich stark verengen, wobei eine sogenannte gestielte Imaginalanlage entsteht. Eine Sonderform ist die reverse Flügelanlage. Hier bildet die zusammengefaltete Imaginalanlage die Vorderwand der Grube. Höchst kompliziert sind die Imaginalanlagen des Kopfes bei den Maden der *Cyclorrhapha*, aus denen das Integument der ganzen Kopfkapsel, die Fühler, Augen, Antennen sowie der Rüssel entstehen (Abb. 31.33 u. 31.52).

Die Imaginalanlagen treten früh auf. Bei *Calliphora* sind sie mit Ausnahme der Beinscheiben schon bei der auskriechenden Erstlarve zu finden. Ultraviolettbestrahlung des Keimstreifs cyclorrhapher Fliegen setzt Defekte, aus denen hervorgeht, daß schon auf diesem Stadium Vorgänge im Blastoderm oder Ectoblastem eine Determination der imaginalen Teile vorbereiten.

Die Ausstülpung der Imaginalanlagen und Änderungen der Gestalt des Körpers finden zum wesentlichen Teile während des Stadiums der Praepupa statt, wie man die Proecdysis-Periode der Puppe bezeichnet, während der sie noch innerhalb der Larvenhaut steckt (Abb. E25.7). Der Beginn dieses Stadiums kündigt sich äußerlich dadurch an, daß die Larve bewegungslos wird. Dann birgt sie die Puppe im pharaten Zustand, in dem nicht wenige Insekten überwintern.

Imaginalscheiben für die langen Saugrüssel der Adulti treten sehr selten auf, z. B. bei den *Schizophora* (Abb. 31.52). Gewöhnlich werden die kurzen Mundwerkzeuge der Larven bei der Proecdysis der Puppe auf die gleiche Weise verlängert wie kurze larvale Antennen oder Beine. Die Epidermis der Extremitätenbasis wächst unter Faltenbildung tief ins Körperinnere hinein (Abb. E25.8). Durch Verschiebung der Körperwand, Rückbiegen der zunächst nach unten gerichteten Kopfkapsel usw. wird dann noch unter der letzten Larven-Kutikula die verlängerte Gliedmaße frei.

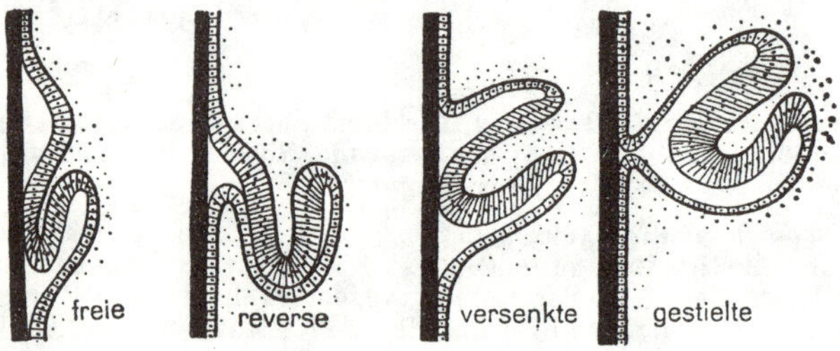

Abb. E25.6. Vier Formen der Imaginalanlagen der Flügel, dargestellt an Längsschnitten. Die Kutikula der Larve ist schwarz angelegt. Nach WEBER.

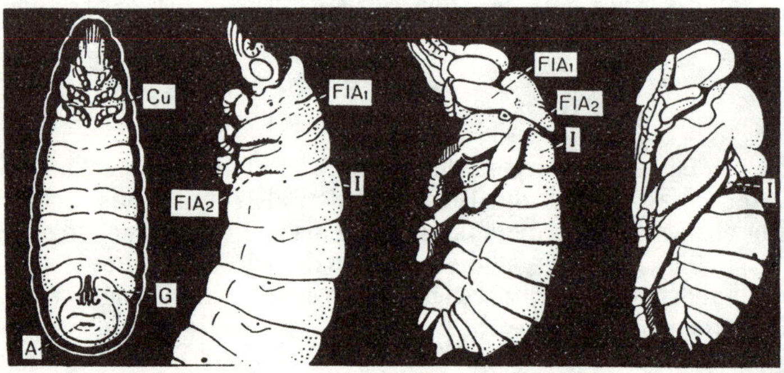

Abb. E25.7. *Apis mellifica* LINNAEUS. Die Bildung der Puppe. **a—c** Stadien, die innerhalb der Larvenkutikula entwickelt werden (**b** u. **c** sind von dieser befreit worden); **d** fertige Puppe nach Abwerfen der Larvenhaut. Nach SNODGRASS, aus WEBER. **A** After; **Cu** Larvenkutikula; **FlA_1**, **FlA_2** die ausgestülpten Imaginalscheiben der Vorder- und Hinterflügel; **G** Imaginalanlagen des Stechapparates. **I** 1. Abdominalsegment, das mit dem Thorax verschmilzt. Die Stadien **a—c** können als Praepupa bezeichnet werden.

Sehr selten sind die larvalen Mundwerkzeuge stark differenziert, die der Imago hingegen vom beißenden orthopteroiden Typus, wie z. B. bei den *Planipennia* (Abb. 25.3; Abb. E25.9). Hier hat die Larvenmaxille weder Enditen noch einen Taster, sondern funktionsbedingt nur einen langen, ungegliederten, steifen Fortsatz. (Für seine Funktion vgl. Text u. Abb. 25.3.) Dieser stilettförmige Fortsatz wird bei der Praepupa und Puppe in die Laden und den Taster der orthopteroiden Maxille der Imago umgeformt. Dabei treten eine erstaunliche Plastizität des Exoskelettes und gleichzeitig eine Kontinuität der Muskulatur und ihrer Innervation hervor. Sehr eindrucksvoll wird weiterhin bei diesem Umbau demonstriert, daß Sklerotisierungsgrenzen des Exoskelettes funktionsbedingt sind und keineswegs ohne weiteres mit morphologischen Grenzen gleichgesetzt werden dürfen. „Wie in der Theaterpause werden die Elemente der Kulissen zu einem neuen Gefüge umgestellt.“ Das gilt auch für die Muskulatur und die Innervation, die ohne vorhergehende Histolyse wieder verwendet werden. Der Prozeß beginnt damit, daß sich die Epidermis von der Kutikula des Stilettes löst und proximad zusammenzieht, so daß sie den distalen Abschnitt verläßt, der bald darauf abbricht. Dann geht sie zur Umformung des basalen Stilettabschnittes in einen Taster und 2 Enditen über. Die laterale Wand des Maxillarpalpus entsteht, indem sich die laterale Wand des Stilettes zusammen mit derjenigen der großen Drüse ventrad kontrahiert (Abb. E25.10). Dadurch formt sich der vorher zwischen beiden umschlossene enge Zwischenraum zwischen Stilettwand und Drüse zu einem konvexen Halbrohr um. Das Drüsenepithel wird zu normaler Epidermis. Der distale Teil des Palpus wird zum erheblichen Teil von der medialen Drüsenwand gebildet. Die Lacinia aber entwickelt sich aus dem Epidermismaterial des Stilettdaches, das direkt an der Stilettbasis liegt. Dieses wird mediad verschoben und nimmt dabei den Ansatz des kräftigen hier inserierenden Muskels 7 mit (Abb. E25.9, E25.11, E25.12, E25.13). Dieser verwandelt sich aus einem Beweger des Stilettes zum Musculus cranolacinialis. Die Galea gliedert sich aus dem Epidermisareal zwischen Lacinia und Palpus heraus. Ein Vergleich der Abb. E25.11 bis E25.13 zeigt, daß die intrastilettalen Muskeln mit den Epidermisteilen verschoben werden, an denen sie inserieren. So gerät der distale Teil von M. 9 in die Galea, deren

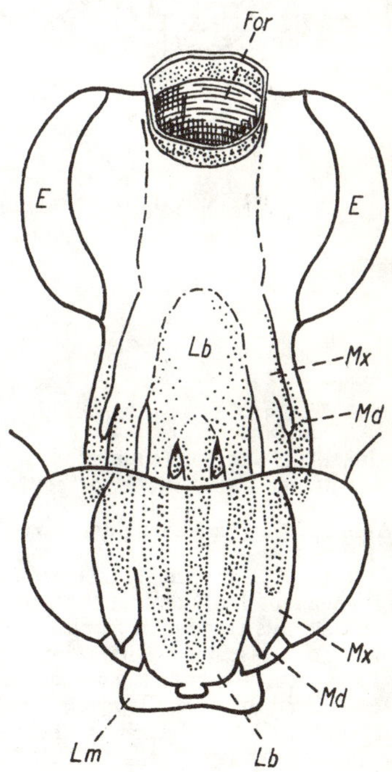

Abb. E25.8. *Apis mellifica* Linnaeus. Die Umbildung der larvalen Mundwerkzeuge bei der Proecdysis der Puppe. Nach Snodgrass. Die larvalen Mundwerkzeuge sind viel kürzer als die der Puppe. **E** Komplexauge; **For** Foramen magnum; **Lb** Labium; **Lm** Labrum; **Md**, **Mx** Mandibel und Maxille.

Flexor er bildet, der proximale wird zum Levator und Depressor des Maxillarpalpus. Auch der basale intrastilettale Muskel 8 behält seine Anheftungsstelle bei, wird mit ihr mediad verschoben und zum Flexor laciniae. Entsprechend der Tatsache, daß die neuen Zugrichtungen mit den alten nicht übereinstimmen, werden die Muskeln entdifferenziert (nicht histolysiert!) und den funktionellen Bedingungen entsprechend wieder aufgebaut.

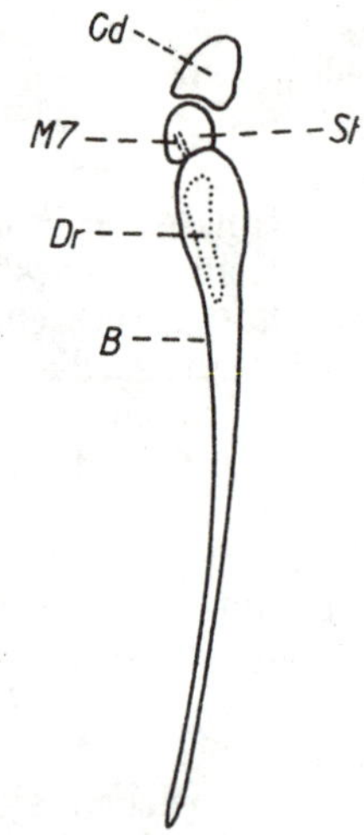

Abb. E25.9

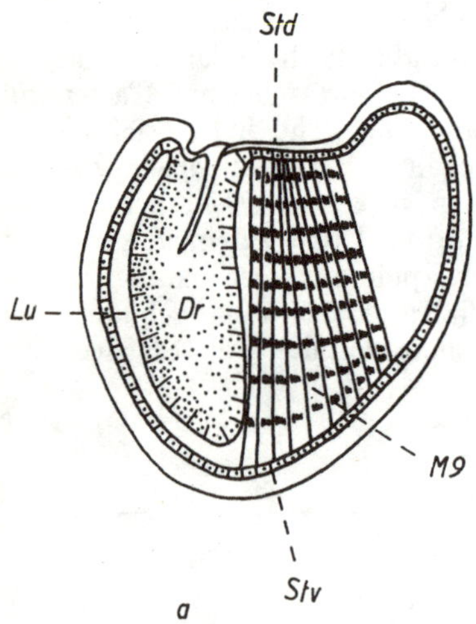

Abb. E25.10a

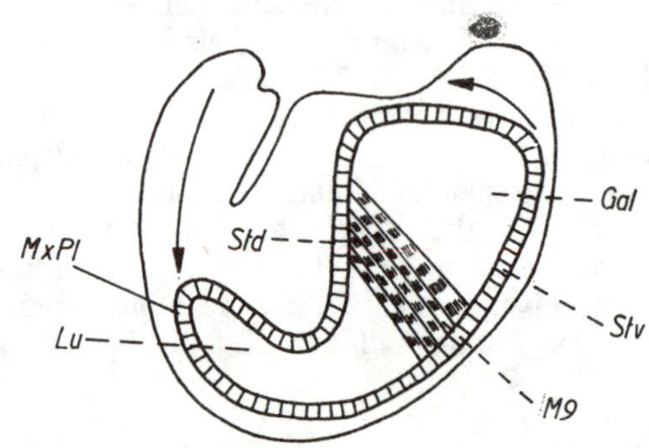

Abb. E25.10b

Abb. E25.9 bis 13. *Osmylus chrysops* Linnaeus. Die Umwandlung der langen stilettförmigen Maxille der Larve in die orthopteroide der Imago. Nach Wundt, Abb. 9 u. 10a vereinfacht.

Abb. E25.9. Die Maxille der Larve, von der Unterseite gesehen. Länge 3 mm.

Abb. E25.10. **a)** Querschnitt des basalen Teils der larvalen Maxille. **b)** Querschnitt durch den gleichen Abschnitt bei der Praepupa. Die Pfeile zeigen die Richtung an, in der sich die Epidermis samt der ansitzenden Muskulatur gedreht hat. In diesem frühen Stadium haben die zukünftigen Maxillenteile erst den Charakter von Vorwölbungen. Ihr Lumen ist noch nicht gegeneinander abgeschlossen, sondern steht noch in breiter Verbindung mit dem gemeinsamen Innenraum des ehemaligen Stilettes. **Dr** große Drüse; **Gal** Galea; **Lu**: bei (a) Lumenspalte des Stilettes zwischen lateraler Stilettepidermis und lateraler Drüsenwand, bei (b) zum Lumen des Maxillarpalpus **MxPl** geworden. Andere Bez. siehe S. 233 unten.

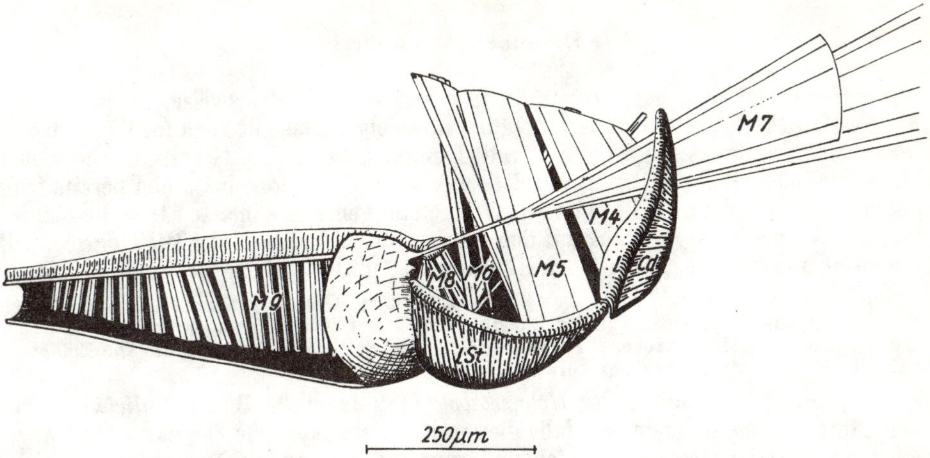

Abb. E25.11. Seitenansicht der larvalen Maxille, deren Spitzenteil abgeschnitten und deren Basis seitlich aufgeschnitten worden ist.

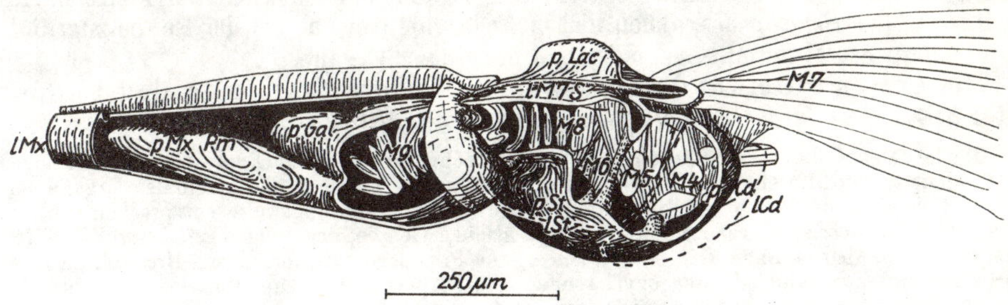

Abb. E25.12. Seitenansicht des praepupalen Zustandes der Maxille, kurz nach dem Abbrechen ihres distalen Abschnittes. Die Larvenkutikula ist seitlich aufgeschnitten.

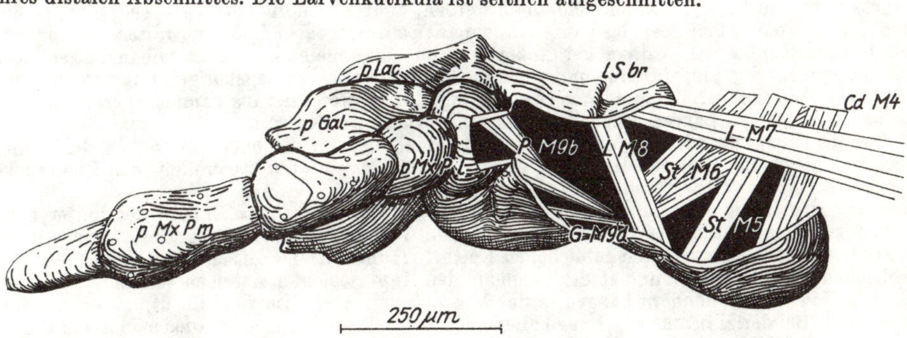

Abb. E25.13. Seitenansicht der früh-pupalen Maxille, basolateral aufgeschnitten.

Die vor manche Bezeichnungen gesetzten Buchstaben **l** oder **p** bedeuten larval bzw. pupal. **B** Bruchstelle, an welcher der lange distale Abschnitt des Stilettes kurz vor dem auf Abb. E25.12 dargestellten Stadium, also vor der Häutung zur Puppe, abbricht; **Cd** Cardo; **Dr** große laterale Drüse des Larvenstilettes; **Gal** Galea; **l** larval; **Lac** Lacinia; **M 4—M 9** Muskeln; **MxPl** Abschnitt des Maxillarpalpus, der von der lateralen Wand der großen Drüse gebildet wird; **MxPm** Abschnitt, der von der medialen Drüsenwand gebildet worden ist; **p** pupal; **Sbr** ehemaliger basaler Rand des larvalen Stilettes; **St** Stipes; **Std** Epidermis der dorsalen Stilettwand; **Stv** Epidermis der ventralen Stilettwand.

IV. Die innere Metamorphose

Die *Hemimetabola* haben Larven, die in bezug auf die Lebensweise, abgesehen von der Flugfähigkeit, wenig von den Imagines abweichen. Das gilt auch für ihre Körperform, die Mundwerkzeuge, Beine und Komplexaugen. Im Gegensatz zu vielen Holometabolen sind die Strukturen des Oberschlundganglions bei ihnen bereits früh entwickelt, vor allem die Lobi optici. Demgemäß gehen die meisten Gewebe bei der letzten (= Imaginal-) Häutung auf den Adultus über. Lediglich der Mitteldarm wird, bei vielen Insekten sogar bei jeder Häutung, völlig abgestoßen.

Ein Abbau von Organen findet bei Hemimetabolen im Grunde genommen nur bei solchen Formen statt, die im Gegensatz zu den Imagines das Wasser bewohnen und Kiemenanhänge oder Darmkiemen ausgebildet haben. Die Anhänge fallen bei der letzten Häutung ab. Die Epidermis hat sich bei der Ecdysis aus ihnen zurückgezogen.

Die primitiven Familien der *Holometabola*-Ordnungen, z. B. die *Culicidae* unter den Dipteren, übernehmen ebenfalls die meisten Organsysteme der Larve ins Imaginalstadium und unterscheiden sich in bezug auf die innere Metamorphose nicht sehr stark von den Hemimetabolen. Bei anderen Insekten, z. B. den meisten Schmetterlingen, den Bienen und am extremsten bei den hochentwickelten Familien der Dipteren, den *Schizophora*, gehen viel mehr larvale Gewebe bei der Puppe zugrunde und liefern das Material für den Aufbau imaginaler Organe.

Die extreme Umwandlung der inneren Organisation in den Puppen der *Schizophora* (z. B. bei *Calliphora*, *Sarcophaga*, *Musca*, *Drosophila*).

Die larvalen Zellen dieser Fliegen sind fast alle hochpolytän oder hochpolyploid und vermögen sich nicht zu entdifferenzieren. So können sie nicht zum Umbau in die imaginalen Organe verwendet werden, die der gänzlich anderen Lebens- und Ernährungsweise entsprechen müssen. Lediglich die meisten Nervenzellen, die Malpighischen Gefäße, das Rückengefäß und die Keimzellen werden übernommen. Öffnet man eine solche Puppe, so entquillt ihr ein Brei, der an Eiter erinnert und aus zahllosen phagozytierenden Blutkörpern sowie Organbruchstücken besteht.

In die hochpolytäne Larvenepidermis sind im Abdomen segmental angeordnete, paarige Imaginalscheiben eingeschaltet. Während die larvalen Zellen zerfallen und von innen her ihre Bruchstücke von Phagozyten aufgenommen werden, breiten sich unter raschen Zellteilungen die undifferenzierten Zellen über das ganze Abdomen aus, die larvalen Epidermisreste verdrängend. Die gesamte Kopfkapsel wird von der großen Kopfimaginalscheibe samt allen Anhängen gebildet, das Integument der Flügel, Beine und äußeren Genitalien von den zugehörigen Imaginalanlagen, die rasche Zellteilungen durchmachen (Abb. 31.33). Ihre Differenzierung kann erst jetzt erfolgen, nachdem sie bei den Larven durch Neotenin unterdrückt worden war.

Die Muskulatur wird bis auf 6 Paar Abdominalmuskeln, die beim Austreiben der Kopf-Imaginalanlage eine Rolle spielen, völlig neu aufgebaut. Myoblasten liegen unter den Epidermis-Imaginalscheiben, solche für die Beine bei deren Anlagen.

Sehr merkwürdig verhält sich das Tracheensystem, indem das Epithel der hinter dem 4. Abdominalsegment liegenden Längsstämme und Verzweigungen zerfällt. Dafür wuchern an dieser Grenze aus dem erhalten gebliebenen Epithel traubenförmige Büschel von Tracheolen, die schließlich auch im Thorax und an den beiden in den Kopf ziehenden Ästen entstehen. Sie dringen nicht in Gewebe ein, sondern hängen in das Mixocöl, versorgen also wohl die Hämolymphe mit Sauerstoff. Bei der Häutung zur Imago aber wächst das Tracheen-Epithel wieder in die hinteren Segmente und bildet ein typisches Röhrensystem aus. Abgesehen davon, daß zahlreiche Äste in die Flugmuskeln eindringen und Luftsäcke gebildet werden, bleibt das Verteilungsmuster der Larve im wesentlichen erhalten.

Der Vorderdarm und der Enddarm erhalten ein neues Epithel, dessen Imaginalanlagen am vorderen und hinteren Ende des Mitteldarmes sowie z. T. an den Ausmündungen liegen. Das Mitteldarmepithel wird ins Darmlumen abgestoßen und aus imaginalen Scheiben ersetzt, die zwischen ihm und der Darmmuskelschicht gelegen haben. Vorher kontrahieren sich die Darm-Längsmuskeln, verkürzen dabei aber nicht nur den Darmkanal, sondern auch die larvalen Cöca und den larvalen Kropf bis auf kurze Kuppeln, die später zerfallen. Der imaginale Kropf ist eine Neubildung, ebenso die imaginale Speicheldrüse. Der Fettkörper, dessen Vorräte eine große

Rolle beim Aufbau der imaginalen Organe spielen, zerfällt unter Auflösung des Bindegewebes in seine Zellen. Zumindest ein Teil derselben vereinigt sich später zusammen mit Neubildungen nicht einwandfrei bekannter Herkunft zum imaginalen Fettkörper.

Das aus einem einzigen großen Verbundganglion bestehende Zentralnervensystem der Larve wird bei dem Austreiben der Kopf-Imaginal-Anlage geteilt in den cephalen Anteil, der in den Kopf hineingezogen wird, und die Neuromeren des Rumpfes, die im Thorax zurückbleiben (Kap. 31) (Abb. E8.2; Abb. 31.52). Das Verteilungsmuster der abdominalen Nerven bleibt erhalten, doch verkürzen sich diese entsprechend der allgemeinen Kontraktion des ganzen Körpers, nachdem vorher ihre Bindegewebsscheiden zerfallen waren. Natürlich erhöht sich die Anzahl der Nervenverzweigungen für die Thoraxmuskeln gewaltig. Im Oberschlundganglion ist ein Abbau nicht zu beobachten, sondern im Gegenteil eine Entstehung neuer Strukturen, und zwar des Zentralkörpers, des Balkens, des Cauliculus, der Protocerebralbrücke und der ersten Antennalglomeruli. (Bei der Made, die ja spärlich mit Sinnesorganen ausgestattet ist, wurden erst am 2. Larventag die Pilzkörper angelegt, ebenfalls die Medulla externa. Am 4. Tag waren die Pilzkörper in allen Teilen deutlich vom übrigen Protocerebrum abgehoben, und gegen Ende der Larvenperiode erschienen die Medulla exterior und zuletzt die Lamina ganglionaris.)

V. Die Vorgänge beim Abbau von Geweben

Der Abbau larvaler Organe ist eingehend am Beispiel der Muskulatur untersucht worden. Man beobachtete:

1. Transformationsmuskeln im Abdomen von *Calliphora*. Sie lösen ohne Gegenwart von Phagozyten ihre Querstreifung und Muskelfibrillen auf, so daß eine granulierte Matrix mit Zellkernen zurückbleibt. Aus der Hämolymphe wandern dann Myoblasten, die wohl von Imaginalscheiben stammen, in die Matrix ein. Darauf zerfallen deren larvale Kerne, und die der Myoblasten nehmen an der Umwandlung des Muskels zu einem fungierenden imaginalen Organ teil.

2. Völlige Auflösung segmentaler Abdominalmuskeln, die bei der Puppe von Seidenspinnern (*Antheraea* u. a.) noch fungieren und bei der Imago verschwinden. Es wurden 3 Faktoren gefunden, die diese Auflösung bewirken: der Wegfall motorischer Impulse des Nervensystems, die Wirkung muskeleigenen Kathepsins, und die Einwirkung von Hormonen.

a) Das völlige Ausfallen motorischer Impulse wurde elektrophysiologisch nachgewiesen. Stimulierte man vor der Histolyse das Nervensystem durch Injektion von Pilokarpin ins Abdomen, so wurde der Zerfall verzögert. Diese Wirkung blieb aus, wenn man den Abdominalnerv durchschnitt.

b) Der Kathepsingehalt des Muskels steigt gegen das Ende des Puppenstadiums stark an, ist aber vor der Imaginalecdysis nahezu vollständig an die Mitochondrienfraktion gebunden. Wenn die Histolyse begonnen hat, sinkt die Menge des sedimentierbaren, latenten Kathepsin, das an elektronenoptisch nachweisbare lysosomenähnliche Organelle gebunden war. Gleichzeitig steigt der Gehalt an aktivem Kathepsin. In ähnlicher Weise ändert sich auch die Menge der im Muskel vorhandenen sauren Phosphatase.

c) Durch Injektion von Neotenin (Juvenilhormon) vor Beginn der Imaginalentwicklung läßt sich das Ansteigen des Kathepsintiter und damit der später einsetzende Muskelabbau verhindern.

3. Beim Abbau von 23 Paar der 29 in jedem der 7 Abdominalsegmente der Larve von *Calliphora* vorhandenen Muskeln treten in diesen Auflösungserscheinungen schon auf, bevor Phagozyten sich in sie eindrängen. Diese nehmen bei *Calliphora* nicht nur die Organbruchstücke auf, sondern transportieren sie, wie man einwandfrei beobachten konnte, auch zu den Stellen, wo neue Organe aufgebaut werden.

VI. Der Aufbau imaginaler Organe

Der Aufbau dieser Organe ist von der Anwesenheit eines Nerven abhängig. Dafür zwei Beispiele:

1. Die Differenzierung der Antennen-Imaginalscheiben von *Calliphora*.

Entnimmt man einer Larve des letzten (3.) Stadiums die Kopf-Imaginalanlage und transplantiert sie in den Hinterleib einer anderen Made des gleichen Stadiums, so bildet die Antenne darin alle ihre Sinnesorgane (Johnstonsche Organe, Gruben mit chemischen Sensillen) und die Arista vollständig aus, wenn der abdominale Terminalnerv bis in die Spitze der Anlage hineinwächst. Transplantiert man gleich 2 Anlagen, so wird eine davon oft ungenügend innerviert. Gelangt der Nerv nur bis ins 2. Fühlerglied, so bildet sich keine Arista, vielmehr besteht das ganze 3. Glied lediglich aus einer soliden undifferenzierten Zellmasse, an deren Oberfläche weder Haare noch Sensillen erscheinen.

2. Die Entwicklung der Flugmuskulatur bei Schmetterlingen.

Im Thorax der jungen Puppe des Seidenspinners *Antheraea* befinden sich nur wenige dünne, von der Larve übernommene Transformationsmuskeln. Die mächtige Flugmuskulatur der Imago aber wird aufgebaut aus einkernigen Myoblasten, zwischen denen sich bereits der Muskelnerv verästelt. Nach einer Mitoseperiode verschmelzen diese Myoblasten zu langen, dünnen, syncytialen Strängen, in denen sich die Kerne unter amitotischer Teilung in Reihen anordnen. Bereits am 3. Tage treten Granula auf, aus denen sich vom 8. Tage an Myofibrillen differenzieren, die vom 10. Tage ab Querstreifung erkennen lassen. Die Entwicklung ist von der Innervierung abhängig. Trennt man einen Nervenzweig durch, so fallen die davon versorgten Muskeln aus. Exstirpiert man das Thoraxganglion, so bleiben die Brustsegmente des Schmetterlings größtenteils hohl.

VII. Die Steuerung der verschiedenen Häutungen durch Hormone

Die Häutungen und die Metamorphose erfolgen unter dem Einfluß von 3 Hormonen. Das Sekret von neurosekretiven Zellen der Pars intercerebralis (Ecdysiotropin) wirkt auf die Prothorax- (= Häutungs-) Drüse, die das Häutungshormon Ecdyson ausschüttet. Der Charakter der eintretenden Häutung (Larven-, Puppen- oder Imaginalhäutung) aber wird von dem Mengenverhältnis zwischen Ecdyson und dem Hormon der Corpora allata, dem Juvenilhormon (Neotenin), bestimmt. Reichlicher Anteil des Neotenin verhindert die Entwicklung imaginaler Merkmale, führt also zu einer Larvenhäutung, geringer Anteil zur Puppenhäutung. Wird kein Neotenin abgeschieden, so findet die Imaginalhäutung statt.

Diese Verhältnisse sind in vielen Experimenten in sehr verschiedenen Ordnungen der Pterygoten nachgewiesen worden. Bei weiteren Forschungen konnten aber etwas kompliziertere Bedingungen im einzelnen enthüllt werden. So fand man z. B. bei Schaben, Schmetterlingen und Fliegen im Nerven, der vom 1. Thorakalganglion zur Häutungsdrüse zieht, Neurosekrete, die nach bisherigen Versuchen eine anregende Wirkung des Ganglionextraktes auf die Drüse haben könnten. Die Corpora cardiaca können in manchen Fällen die Tätigkeit der Pars intercerebralis ersetzen, was allerdings weniger auffällig ist, da sie ja deren Neurosekrete speichern.

Die Wirkung der Hormone soll im folgenden durch die Schilderung einiger Experimente veranschaulicht werden.

a) Die Wirkung der Neurosekrete der Pars intercerebralis (Ecdysiotropin)

Entfernt man einer erwachsenen Raupe vor der kritischen Periode*) das Gehirn, so verpuppt sie sich nicht und kann bis zu 2 Monaten als Dauerraupe weiterleben. Setzt man ihr dann ein anderes Raupenhirn in den Hinterleib, so kann sie sich verpuppen.

Läßt man eine Anzahl Diapausepuppen des Spinners *Platysamia (Hyalophora) cecropia*, denen man das Gehirn entfernt hat, zusammenwachsen, so bleiben sie im Puppenstadium (in der Diapause werden keine Hormone abgeschieden). Sie sterben schließlich ab. Pflanzt man vorher ein aktiviertes Puppengehirn dem letzten Individuum der Kette ein, so häuten sich alle zum Schmetterling (Abb. E25.14). (Die Aktivierung erfolgt durch Brechen der Diapause bei Verbringen der Puppe in eine Temperatur von 5 °C.)

b) Die Wirkung des Hormons der Prothorakaldrüse (Ecdyson)

Eine enthirnte Diapausepuppe von *Platysamia cecropia* wird hinter dem 4. Abdominalsegment quer durchschnitten. Die beiden Stücke werden mit den Wundrändern auf je eine Glasplatte geklebt, die eine Durchbohrung hat. Setzt man durch diese Öffnung dem Vorderstück ein aktiviertes Gehirn oder ein Stück davon ein, das die Pars intercerebralis enthält, so häutet es sich zur Imago. Dies tritt beim hinteren Teilstück nur ein, wenn man außer dem Gehirn noch eine Prothorakaldrüse einpflanzt. Dann kann sich auch das Hinterende häuten, kann begattet werden und Eier ablegen.

c) Wirkung des Hormons der Corpora allata (Juvenilhormon = Neotenin)

Entfernt man einer kleinen Seidenraupe des 3. oder 4. Larvenstadiums die Corpora allata, so häutet sie sich unter Überspringung der weiteren Larvenstadien gleich zu einer sehr kleinen Puppe, der ein entsprechend abnorm kleiner Schmetterling entschlüpft. Durch die Operation ist die Hemmung der Entwicklung imaginaler Organe weggefallen.

Verbindet man eine Larve des 1. Stadiums von *Rhodnius* vor der kritischen Periode nach Abschneiden des Kopfes durch ein Glasrohr mit einer geköpften, reifen Larve des 5. Stadiums, bei der die kritische Periode schon abgelaufen ist, so führt auch die Jungwanze eine Imaginalhäutung durch. Die Altlarve enthielt in ihrem Blut nur Ecdyson, kein Neotenin, die Junglarve keine Hormone. Sie wurde durch die übergetretenen Hormone der Altlarve zur Imaginalhäutung gezwungen, da die hemmende Wirkung des Neotenin fehlte.

Setzt man Larven vor der kritischen Periode zusätzliche Corpora allata ein, so wachsen sie zu Riesenlarven heran, weil der gesteigerte Neoteningehalt des Blutes, der durch die überlebenden Drüsen erzeugt wird, eine imaginale Entwicklung lange Zeit verhindert und das Tier im Larvenstadium erhält. Seidenraupen des 5. Stadiums häuten sich dann nicht zur Puppe, sondern machen noch 1–2 Raupenhäutungen durch, werden übergroß und liefern schließlich einen extrem großen Schmetterling. Verstärkt man bei *Carausius*-Larven des 5. (letzten) Larvenstadiums die Neotenin-Wirkung durch Implantation zusätzlicher Corpora allata des 3. Stadiums, so finden weitere Larvenhäutungen statt, so daß sie sich statt nach der 6. erst nach der 9. oder gar 10. Häutung zur Imago umwandeln; diese ist dann mit 15 cm Länge über doppelt so groß wie eine normale.

Die Tatsache, daß sich bei gleichen Hormonverhältnissen bei der Puppenhäutung eine Puppen- und bei der Imaginalhäutung eine Imaginalkutikula entwickelt, beruht nicht darauf, daß eine solche Abfolge in den Epidermiszellen determiniert ist. Vielmehr ist diese völlig von der Hormonwirkung abhängig. Dies zeigen folgende Experimente.

Implantiert man in eine Raupe des letzten Stadiums der Wachs- oder Mehlmotte ein Integumentstück einer kleinen Raupe des 1. Stadiums, so wächst es in der Leibeshöhle zu einem Bläschen zusammen, wobei die Kutikula dessen Innerem zugekehrt ist. Tritt nun die Puppenhäutung des Wirtes ein, so stößt es zu gleicher Zeit seine Kutikula ins Bläscheninnere ab und erzeugt unter Überspringung der 4 Larvenhäutungen ebenfalls eine Puppenkutikula (Abb. E25.15). Wird Falterintegument ins vorletzte Raupenstadium der Wachsmotte hineingesteckt, so stößt es bei dessen letzter Raupenhäutung seine Kutikula ab und erzeugt eine Larvenkutikula, später synchron mit dem Wirt eine Puppen- und schließlich nochmals eine mit Schuppen besetzte

*) Die kritische Periode ist der Zeitabschnitt zwischen dem Beginn der Ausschüttung des Ecdyson bis zu dessen Verbreitung bis ans Hinterleibsende. Bei Schwärmer- und Seidenraupen ist ihr Anfang äußerlich zu erkennen am Aufhören der Nahrungsaufnahme und dem Verlassen der Nährpflanze, bei Mehlmottenraupen am Abrücken der Larvenaugen von der Kutikula.

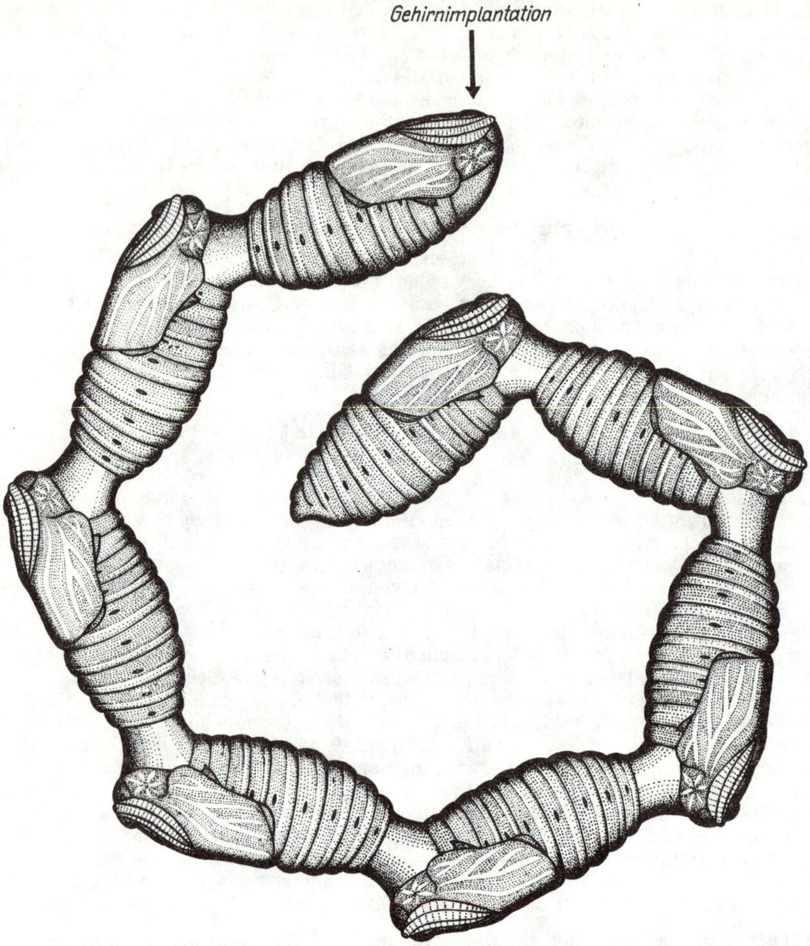

Abb. E25.14a

Abb. E25.14. Induktion der Entwicklung in einer Kette von gehirnlosen miteinander verbundenen Puppen von *Hyalophora cecropia* LINNAEUS durch Implantation eines aktivierten Gehirnes in die vorderste Puppe (auf dem Bild links). Nach WILLIAMS, aus GERSCH.

Imaginalkutikula. Auch die Einpflanzung von Stücken des imaginalen Mitteldarmes in die Leibeshöhle des vorletzten Raupenstadiums der Wachsmotte führte teilweise zu einem Umbau in einen larvalen Darm.

Sogar die gesamte Kutikula einer Imago kann bei *Rhodnius* bei Einführung einer sehr hohen Menge von Neotenin weitgehend larvalen Charakter annehmen. Die Imago kann man zu einer Häutung zwingen, wenn man sie nach Entfernung des Kopfes in Parabiose mit 2 dekapitierten Larven des 5. Stadiums vereinigt, die sich in der kritischen Periode befinden. Verstärkt man den Einfluß des Neotenin, indem man 4 dekapitierte Larven in Parabiose anschließt und noch zusätzlich jugendliche Corpora allata implantiert, so erfolgt eine Häutung, bei der die Kutikula weitgehend larvale Eigenschaften ausbildet.

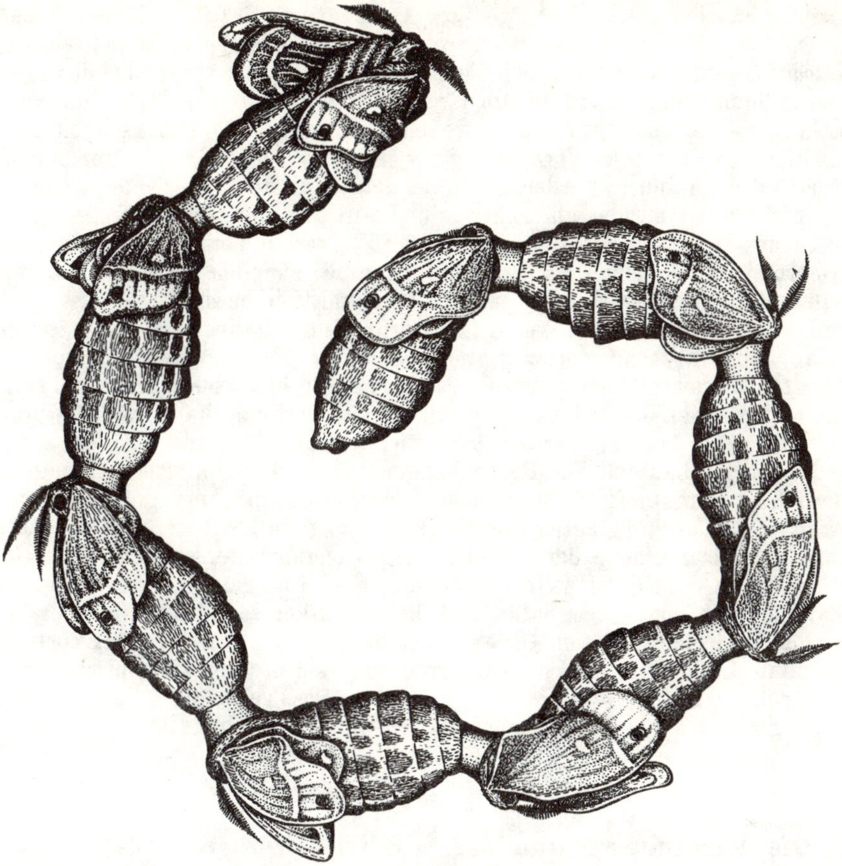

Abb. E25.14b

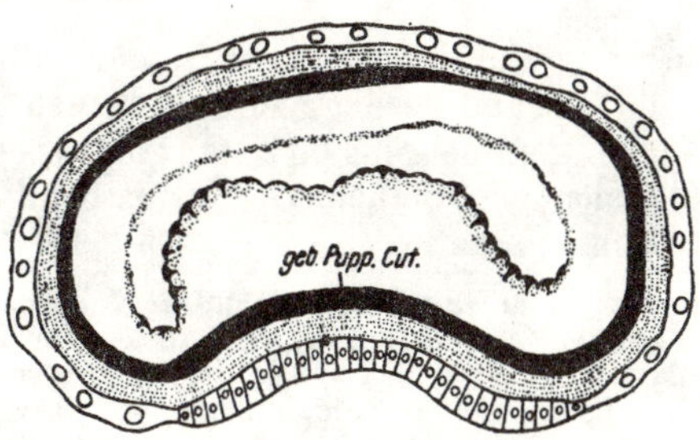

Abb. E25.15. Entwicklung eines Integumentstückes einer jungen Raupe in einer Altraupe, die sich verpuppt. Das Integumentstück (durch enge Zellen gekennzeichnet) hat eine Umwachsungsepidermis mit weit voneinander entfernten Kernen ausgesproßt, die sich zu einer Blase schließt. Als die Wirtsraupe zur Puppe überging, hat die implantierte Epidermis ihre Kutikula in das Blasenlumen abgestoßen und eine typische Puppenkutikula (**geb. Pupp. Cut**) gebildet. Nach KÜHN.

Über die Faktoren, die den Anstoß zur Ausschüttung der Häutungshormone und damit wohl zunächst zur Ausschüttung von Ecdysiotropin geben, ist wenig bekannt. Bei *Rhodnius* sind es wahrscheinlich Signale der Propriozeptoren, die bei der in jedem Larvenstadium einmal stattfindenden reichlichen Blutaufnahme gedehnt werden. Beim letzten Stadium der Wachsmottenlarve konnte durch Durchschneidung der Abdominalkonnektive oder Vermeidung der Hinterleibsdehnung die Puppenhäutung verzögert oder verhindert werden. Auch bei *Blatella* bestehen Beziehungen zwischen dem Eintritt der Häutung und einer mindestens 12stündigen Nahrungsaufnahme, die mit einer Streckung des Tieres um etwa 25% verbunden ist. Unbekannt ist, ob das Neurosekret der Zellen der Pars intercerebralis lediglich die Ausschüttung des Ecdyson oder dessen Synthese in den Prothorakaldrüsen bewirkt.

Die Hormone wirken auch auf das Verhalten der Raupen vor der Verpuppung ein (Kap. 29). Eingehend wurde das bei *Philosamia cynthia walkeri* untersucht. Die bei Kurztag aufgewachsenen Larven dieser Art gehen in Diapause über und spinnen sich im Gegensatz zu den Subitanpuppen nicht nur an einem Blatt der Futterpflanze, sondern durch ein breites, über den Blattstiel verlaufendes Band auch am Ast fest, so daß sie beim Laubfall am Baum hängenbleiben. Implantierte man nun einer solchen Diapauseraupe im 5. Stadium das Hirn einer im Langtag 16/8 erzogenen, so spann sie wie ein Langtagtier nur die Befestigung am Blattstiel, was auf die Einwirkung der Hirnhormone der Spenderin zurückgeführt werden muß. Das gleiche geschieht, wenn man das Hirn der Spenderin 5–6 Tage lang in einer Organkultur bei Langtag hält, ein Beweis dafür, daß die Induktion der Lichtperiode direkt auf das Gehirn und nicht auf dem Umweg über die Augen wirkt. Weitere Experimente zeigten, daß es sich beim wirksamen Hirnhormon um das ecdysiotropische handelt. (Die Diapause wird im Gegensatz zur Verhaltensweise schon im 4. Raupenstadium induziert und von später einsetzenden Lichtperioden nicht betroffen.)

E26. Die Verbreitung und die Möglichkeiten, die verschiedenen Klimabedingungen zu ertragen

I. Die geographische Verbreitung

Die Insekten sind über alle Kontinente verbreitet und überschreiten die Polarkreise. So gibt es z. B. noch Schmetterlinge in Spitzbergen und Grönland bei 76° nördl. Breite, wo im Polarsommer mehr als 50 Arten Angiospermen, z. T. auf Felsen, die aus dem ewigen Eis herausragen, blühen. In Nowaja Semlja, etwas nördlicher als 70° nördl. Breite, leben Hummeln usw.

Dieses Insektenleben ist weniger auf die Lufttemperaturen, die im Polarsommer herrschen, zurückzuführen, als auf die Sonneneinstrahlung, die an manchen Stellen den Boden erstaunlich stark erwärmt und so Mikroklimate schafft, die trotz der Kürze der Vegetationsperiode das Leben ermöglichen. Sogar im unwirtlichsten Teil der Erde, in der Antarktis, z. B. im südlichen Viktoria-Land (77,10° südl. Breite, 110° östl. Länge), können deshalb außer stationären Parasiten an Warmblütern noch Collembolen leben. Im Sommer (Dezember, Januar) steigt hier die Lufttemperatur manchmal bis auf +2 bis zu +5 °C, das Mikroklima am Boden aber keineswegs selten stundenweise auf +10 °C. An Abhängen von Felsen kann es von −15 °C im Schatten binnen 3 h bei Eintritt voller Besonnung auf +27 °C ansteigen. Moose, Flechten, Boden-, Blau- und Grünalgen sowie Pilze leben auf dem nicht humosen Boden und bieten den Collembolen Nahrung, die bis etwa −1 °C aktiv sind.

Auf dem Lande werden alle Lebensräume samt den Binnengewässern bis in Höhen am Rande des Gletschereises besiedelt. In den Alpen leben Carabiden bis zu 2500 m, Schmetterlinge (z. B. *Erebia*) bis 3000 m, Collembolen bis fast 3900 m. Im Himalaya fing man noch in 6000 m Höhe Käfer, Schmetterlinge, Collembolen usw.

Die marine Verbreitung der Insekten ist im Gegensatz dazu fast völlig auf die Küste und die Gezeitenzonen beschränkt. Auf dem Wasserspiegel der Hochsee leben nur einige Wanzen (*Halobatidae* Kap. 22A) und im Wasser des Pazifik in Inselnähe die Chironomidengattung *Pontomyia* (Abb. 31.6).

Die weit überwiegende Menge der Insekten existiert in den Tropen. Dabei besteht ein eigenartiger Unterschied der Fauna der tropischen Regenwälder gegenüber den gemäßigt kühlen Regionen. In den tropischen Wäldern ist die Anzahl der Insektenarten sehr viel höher, aber die Zahl der Individuen einer Spezies geringer als in den gemäßigt kühlen Ländern.

So wurden in Para durch Bates im Umkreis einer Wegstunde 700 Falterarten festgestellt, also anderthalb mal so viel wie in ganz Europa vorkommen. Aber die Anzahl der Individuen jeder Art war gering. In Kalimantan (Borneo) gehörten 150 Falter, die man in einer Nacht fing, 120 verschiedenen Arten an. Das ist ein großer Gegensatz zu unseren manchmal so großen Schwärmen von Kohlweißlingen, zu den berüchtigten gewaltigen Scharen weniger Stechmückenarten in der Tundra usw.

Die Entstehung so vieler Arten ist sicherlich u. a. auf die hohe Generationenzahl der Insekten der tropischen Wälder zurückzuführen, denen dauernd gleichmäßige Wärme und Feuchtigkeit zugeführt wird und die nicht durch Kälte- oder Trockenperioden unterbrochen wird. Auch die Körpergröße vieler tropischer Arten steht wohl damit in Zusammenhang. So günstig die klimatischen Bedingungen sind, so stark scheint aber auch die Bedrohung durch Feinde zu sein. Nirgends in anderen Regionen findet man so große Anzahlen von Arten, die durch Tarntrachten, Mimikry, widerlichen Geschmack usw. passiv einen Schutz genießen (Abb. 12.1; 16.6 u. 15.7; 17.1; 17.2; 22A.3 u. 22A.6; 26.15; 29.21 bis 29.23, 29.34).

Trotz großer Zufuhr an Energie in Gestalt von Wärme bieten die Wüsten der Existenz von Insekten große Schwierigkeiten. Da weder Bäume noch Wolken vorhanden sind, gibt es keinen Schatten, mittags kann sich die Sandoberfläche auf 50–60 °C (Palästina), maximal bis 70 °C (Samarkand) und 78 °C (Saharadünen) erwärmen. Trotzdem ist die Zahl der in der Wüste lebenden Arten nicht sehr gering (vgl. *Tenebrionidae*-System, Kap. 26). Sie nützen den täglichen Gang der Feuchtigkeit und Temperatur aus, der oft zwischen etwa 20% RF mittags und fast 90% RF nachts sowie um 29 Temperaturgrade schwanken kann.

So kommen viele Wüsteninsekten nur nachts hervor. Am Tage sind sie im Sand vergraben. Schon in 15 cm Tiefe ist oft der tägliche Temperaturgang nur ¼ so groß wie auf der Oberfläche. In Luxor maß man bei 55 °C Wärme auf der Sandoberfläche in 7,5 cm Tiefe nur 27 °C, bei 15% RF dicht über dem Boden in 7,5 cm Tiefe fast 98% RF. Da keine Kapillaren im Sand vorhanden sind, kann sich nach den wenigen Regenfällen (200–300 mm im Jahr) im Boden in geringer Tiefe oft erstaunlich viel Feuchtigkeit halten. Am Tage oberflächlich lebende Arten tauchen öfter in den Sand ein, stellen den Körper so, daß er der Sonne die Schmalseite zuwendet usw. Umgekehrt muß die Wüstenschrecke *Schistocerca* in der Morgenkühle die Sonne zur Erwärmung ausnützen und sich quer zu ihren Strahlen stellen, da sie nur bei mindestens 35 °C Körperwärme fliegen kann. Bei *Locusta*-Larven steigt in einer Lufttemperatur von 28 °C, die ihrer Körpertemperatur gleicht, dann binnen 1 min die Körpertemperatur auf 36 °C, binnen 10 min auf 42,7 °C.

Das Aufsuchen eines günstigen Mikroklimas ist die einzige Möglichkeit der Wüsteninsekten, sich gegen den Wärmetod zu schützen, da auch wärmeliebende Imagines der Pterygoten — artweise verschieden — bei Körpertemperaturen zwischen 41 und

46 °C zugrunde gehen. Eine Senkung der Innentemperatur kann aber außer beim Flug im wesentlichen nur durch Transpiration erfolgen, die im Wüstenklima eine Gefahr bedeutet. Sie erfolgt hauptsächlich durch das Tracheensystem. Bei der Heuschrecke *Gastrimargus* und der Puppe von *Bombyx mori* macht sie 70 bzw. 66% der gesamten Verdunstung des Körpers aus. Die durch Transpiration zustande kommende Senkung der Körpertemperatur ist jedoch gering. Der Wüstentenebrionide *Adesmia* hat auf einem 44 °C heißen Boden eine Innentemperatur von 39,5 °C, ein totes Exemplar ist 2 °C wärmer! Unter solchen Umständen müssen auch Steppenbewohner immer wieder den Schatten aufsuchen, so z. B. *Glossina morsitans*, die auf längere Zeit eine Körpertemperatur von höchtens 41 °C vertragen kann. Öffnet sie bei Lufttemperaturen von 39–41 °C, wie sie es normalerweise tut, alle Thoraxstigmen weit, so sinkt ihre von der Sonne aufgeheizte Körpertemperatur in trockener Luft von 44,5 °C nur um 1,66 °C; hat man die Stigmen zugeklebt, so vermag die Transpiration der Körperoberfläche allein gar nur eine Senkung von 0,26 °C zu bewirken.

In den gemäßigt warmen Ländern mit kalten Wintern, z. B. Mitteleuropa, sind im Winter nur ganz wenige Arten von Insekten aktiv. Solche Schneeinsekten, die zumindest als Imagines nur in der kalten Jahreszeit auftreten, sind die Gletscherflöhe (Kap. 3), die Winterhafte (*Boreidae*, Abb. 30.5) und die Schneefliege *Chionea* (Abb. 31.5).

Sie laufen auf dem Schnee umher und sind bei Lufttemperaturen bis zu –1 °C, manche bis zu –5 °C aktiv. Nur in den kalten Monaten (Dezember–Februar) tritt weiterhin die flügellose Generation von *Biorhiza aptera* auf (Abb. 27B.5), im Spätherbst, oft bei schwachem Frost, die Imago der Frostspanner. Bei Sonneneinstrahlung und milderer Luft schwärmen die Wintermücken (*Trichoceridae*). Außerdem können bei starkem Sonnenschein auch solche Insekten aus ihrer Quiescenz erwachen und auf dem Schnee erscheinen, die an die warme Jahreszeit gebunden sind, wie z. B. *Coccinellidae* und Schneewürmer, die Larven von *Cantharidae*.

In Mitteleuropa sind auch in der Vegetationsperiode die Temperaturen vor allem frühmorgens ziemlich tief, so daß viele Insekten erst gegen die Mittagsstunden erscheinen oder sich sonnen, wie man an Heuschrecken und vor allem Schmetterlingen sehr häufig beobachten kann (Kap. 29). Sehr oft reicht die Luftwärme auch tagsüber nicht für die Erreichung der Innentemperatur des Thorax aus, die für die Tätigkeit der Flugmuskeln erforderlich ist. An trüben Tagen vermögen deshalb zahlreiche Arten, z. B. Libellen, Aculeaten usw., nicht zu fliegen, sondern sitzen an Pflanzenzweigen. Viele können sich aber durch „Muskelzittern" aufheizen und eine Körpertemperatur von 32–35 °C erreichen. Das geschieht fast immer mit Hilfe der Flugmuskeln, wobei die Flügel ausgeklingt sein können oder mitschwingen, was besonders bei Schmetterlingen näher untersucht worden ist (Kap. 29). Während des Fluges tritt ein Wärmeverlust hauptsächlich durch Konvektion auf. Er wird stark vermindert durch sehr dichte Behaarung – die Länge der Haare spielt eine geringe Rolle –, wie z. B. bei *Bombus*, dichte Beschuppung, wie z. B. bei Schwärmern und Eulen, sowie durch subintegumental gelegene Luftsäcke, z. B. bei Libellen. Mit Hilfe der Nestkonstruktion und besonderer Verhaltensweisen halten soziale Insekten eine gleichmäßig hohe Bruttemperatur aufrecht (Kap. 27C, 27D, 27E).

Jahreszeiten, die lebensfeindlich sind, sei es wegen Hitze, Kälte, geringer Luftfeuchtigkeit oder Nahrungsmangel, überstehen die Insekten

durch den Übergang in ein Ruhestadium (Dormanz) (Sommer- oder Winterschlaf), meist verbunden mit dem Aufsuchen eines günstigen Mikroklimas durch Vergraben usw., durch eine jahreszeitliche Wanderung, die aber nur bei einer geringen Anzahl von Ordnungen auftritt, z. B. bei Schmetterlingen, wo sie am besten bei *Danaus* erforscht ist (Kap. 29), bei Wanderheuschrecken, die für ihre Brut günstige Bedingungen suchen (Kap. 17), usw.,

in kalt gemäßigten Gegenden außerdem

durch Kältefestigkeit,

bei sozialen Insekten auch durch dichte Zusammenscharung und Erwärmung durch Muskelzittern (Kap. 27C u. E).

II. Die Dormanz

Die für Insekten nötigen Lebensbedingungen in bezug auf Wärme, Feuchtigkeit und Ernährungsmöglichkeit gewähren das ganze Jahr über nur feuchte tropische Urwälder, Höhlen, tiefe Gewässer, menschliche Gebäude, insbesondere Vorratshäuser. Die Parasiten können solche Verhältnisse bei einem Säuger oder Vogel finden. Alle anderen, also die Mehrzahl der Insekten, sind gezwungen, gelegentlich oder regelmäßig unteroptimalen Bedingungen auszuweichen, indem sie durch drastische Senkung ihres Energieverbrauches und ihres Stoffwechsels ihre Bedürfnisse aufs äußerste einschränken. (Puppen des Schmetterlings *Hyalophora cecropia* senken den Sauerstoffverbrauch dann auf 1,4% des normalen.)

Es gibt verschiedene Stufen der Dormanz: die Quiescenz, die Oligo- und die Parapause sowie die Diapause s. str.

Der einfachste Fall ist die Quiescenz. Sie tritt in jedem Entwicklungsstadium sogleich ein, wenn die Wärme, Feuchtigkeit oder die Ernährungsmöglichkeit unter den Bereich der ökologischen Valenz sinkt. Dann wird der Stoffwechsel eingeschränkt und die postembryonale Entwicklung aufgehalten. Sobald wieder normale Lebensverhältnisse auftreten, wird der Zustand aufgehoben. Lange Zeit kann er nicht ausgedehnt werden.

Die Parapause entsteht unter günstigen Umweltbedingungen beim Erreichen eines bestimmten ontogenetischen Stadiums, häufig beim Übergang vom reinen Soma- zum Keimzellenwachstum. Sie wird überwunden, wenn die Außenbedingungen sich ändern, und zwar meist suboptimal gegenüber einem vorher herrschenden optimalen Zustand. Das Eintreten von Winterkälte hat dabei keine Bedeutung. Diese Parapause findet man als Gonadenparapause z. B. bei Laufkäfern, die im Hochsommer oder Frühherbst die Puppe verlassen haben, sich aber erst im kommenden Frühling fortpflanzen. Dabei unterscheiden sich im einzelnen sogar die Arten der gleichen Gattung.

So bleiben bei *Pterostichus* die Oocyten fast so klein wie die Nährzellen, wenn man das Weibchen unter dauerndem Langtag (18/6 h) hält. Bringt man *P. nigrita* mindestens 4 Wochen in Kurztag (8/16 h), so wachsen die Oocyten sofort. Es findet aber keine starke Dottereinlagerung statt, ehe nicht erneut Langtagperioden gegeben werden, die dann zur Eiablage führen. Bei *P. angustatus* unterbleibt auch in der Kurztagsperiode das Oocytenwachstum und tritt erst zusammen mit der Dotterbildung bei der nächsten Langtagperiode ein. Bei *P. oblongopunctatus* hingegen ist zur vollen Gonadenreifung eine echte Diapause, also Einwirkung der Winterkälte, erforderlich.

In jedem Falle aber wird erreicht, daß die nicht überwinterungsfähige Larve nicht in der Langtagsperiode (Juni) oder der vom August ab folgenden Kurztagsperiode geboren wird, sondern erst nach dem Winter in der Langtagperiode des Frühlings.

Die Diapause s. str. (= Eudiapause)
ist die ökologisch vollkommenste Anpassung an ungünstige Jahreszeiten. Bei ihr handelt es sich um einen Ruhezustand des ganzen Organismus, dessen Energieverbrauch aufs äußerste beschränkt ist, so daß lange Zeit keine Nahrung erforderlich ist. Weiterhin bietet die Regungslosigkeit eine wichtige Vorbedingung für den Unterkühlungsprozeß der frostharten Insekten. Die Diapause s. str. ist streng auf ein bestimmtes Entwicklungsstadium fixiert und wird in dessen sensibler Phase induziert. Bedingungen, die vor- und nachher herrschen, sind ohne Einfluß. Das ist von großer Bedeutung. Es verhindert z. B., daß die Diapause durch einige ungewöhnlich warme Tage im Herbst unterbrochen wird und das Insekt dann der gleich darauf folgenden Winterkälte schutzlos ausgesetzt ist. Die Diapause kann vielmehr erst dann gebrochen werden, wenn einige Zeit eine niedrige Temperatur, in kühlen Breiten also der Winter, geherrscht hat. Dadurch wird gesichert, daß das Insekt erst nach der unteroptimalen Jahreszeit wieder aktiv wird. Weiterhin wird die Diapause lange Zeit vor ihrem Eintritt unter noch durchaus günstigen Bedingungen induziert, so daß eine ausreichende Vorbereitung für die Dormanz möglich ist. Der wesentliche Induktionsfaktor ist die Photoperiode, der Eintritt der Diapause also an einen kosmischen Zeitgeber gebunden, der gleichmäßig in jedem Jahr auftritt. Bei einer direkten Abhängigkeit vom Wetter, das ja jahrweise höchst verschieden ist, bestünde die Gefahr, daß zufällig eintretende optimale Witterungsbedingungen am Ende der Vegetationsperiode im Gegensatz zu den Verhältnissen in normalen Jahren das Eintreten der Diapause unterdrücken. Alle Individuen würden sich dann über das Ende der günstigen Jahreszeit hinaus weiter entwickeln und schließlich beim Abbrechen der verspäteten Wärmeperiode zugrunde gehen, also ganze Populationen absterben.

Die kritische Tageslänge, bei der die Diapause induziert wird, entspricht den Verhältnissen in den Breitengraden, in denen das Insekt lebt, ist also bei Arten mit großem Verbreitungsgebiet örtlich verschieden. Bei *Apatele* (= *Acronycta*) *rumicis* liegt sie in Leningrad (60° nördl. Breite) bei einer kritischen Lichtperiode von 20 h je Tag. Schon im frühen Sommer also werden alle Raupen zur Diapause determiniert, entsprechend der Kürze der Vegetationszeit. Es erscheint jedes Jahr nur eine Generation. An der Schwarzmeerküste hingegen liegt die kritische Lichtperiode bei 14,5 Stunden, also sehr spät im Jahr; es treten mehrere Generationen in der Vegetationsperiode auf. Die entsprechenden Werte für *Anopheles maculipennis* sind: bei 65° nördl. Breite 20 h 15 min, in Transkaukasien 12 h 25 min.

Bei manchen Arten wird die Diapause sehr frühzeitig induziert. Bei Rassen von *Bombyx mori* gilt das für die Eier. Wenn diese den Winter über im Diapausezustand liegen, so stammen sie von Müttern, die in ihrem Eistadium mindestens 14 h Lichtgenuß gehabt hatten. Eier, die bei einer Lichtperiode von höchstens 13 h aufgezogen werden, ergeben Weibchen, die Eier legen, die nicht diapausieren. Solche Weibchen bilden ein Hirnhormon, das die Ausschüttung des im Unterschlundganglion erzeugten Diapause-Hormons hemmt. (Wenn das Hirn kurz nach der Verpuppung exstirpiert wird, legen alle Weibchen dieser Rasse Diapause-Eier. Frühe Diapause-Induktion der Eier bei Blattläusen: Kap. 22C.)

Die Induktion der Diapause durch die Photoperiode kann durch Einwirkung des Lichtes direkt auf das Gehirn geschehen, wie bei Blattläusen (Kap. 22C) und den Puppen von *Hyalophora* nachgewiesen worden ist. Belichtete man das Vorderende der Puppe allein mit einem Bündel Lichtstrahlen täglich mit langer Periode, so ging die Puppe nicht zur Diapause über. Die gleiche Beleuchtung, auf das Hinterende der Puppe konzentriert, wirkte wie Dunkelheit: die Puppe diapausierte. Das geschah nicht, wenn man ins Hinterende ein Puppenhirn eingepflanzt hatte, das bei Belichtung Ecdysonausschüttung und damit die Imaginalhäutung auslöste.

Auch bei anderen Insektenordnungen wird die Larven- und Puppendiapause verursacht durch den Ausfall eines Gliedes der Hormonkette, welches die postembryonale Entwicklung steuert. Gewöhnlich ist es die Inaktivität der neurosekretiven Zellen der Pars intercerebralis. Die Imaginaldiapause, bei der nur die Ausbildung der Geschlechtsorgane unterbrochen wird, steht im wesentlichen unter dem Einfluß des Ausfalls der Hormone der Corpora allata.

Die nach einer Diapause hervorgehende Generation kann sich von der anderen morphologisch und in der Färbung unterscheiden, so daß Saisonformen auftreten, Modifikationen, die nicht wie sonst neben-, sondern zeitlich nacheinander erscheinen. Die Abweichungen sind je nach der Reaktionsnorm der Art verschieden groß. Oft, wie z. B. bei manchen Blattläusen, sind sie sehr unauffällig, auch beim Segelfalter unbedeutend. Hingegen treten sie z. B. sehr stark hervor bei *Araschnia levana* und bei manchen Zikaden, vor allem *Euscelis* (Kap. 29 J, 22 B). Eine Beziehung zwischen den Lebensbedingungen der Jahreszeiten, in denen die Generationen fliegen, und hrer unterschiedlichen Färbung ließ sich bisher in keinem Falle nachweisen.

III. Die Kältefestigkeit

Im Herbst umgeben sich Insekten in vielen Fällen mit einem Kokon, einem Puparium oder einer Puppenwiege, wenn manche auch ohne jede Hülle überwintern, z. B. die Imagines. Sie stellen die Nahrungsaufnahme ein, entleeren den Darm, geben dabei viel Wasser ab und verfallen in Regungslosigkeit. Bei einer ganzen Anzahl erscheinen dann im Blut auffallend viel Glyzerin oder Zucker (hauptsächlich Trehalose), die nicht verbraucht, sondern in der Postdiapause wieder zu Glykogen resynthetisiert werden.

Die Bedeutung dieser Vorbereitungen zeigt die Untersuchung von Gefrierschnitten überwinternder Insekten. Ihre Hämolymphe verhält sich wie Wasser in Kapillaren. Sie gefriert nur nach erheblicher Unterkühlung, nicht selten erst bei —20 °C. Es bilden sich dann innerhalb der Lymphe einzelne kleine, scheibenförmige Kristalle. Je mehr davon entstehen, um so konzentrierter wird die Hämolymphe, die noch nicht gefroren ist. Sie umhüllt nicht nur die Kristalle, sondern isoliert auch die Gewebezellen von dem Eis. In vielen Fällen werden der Unterkühlungspunkt des Blutes und die weitere Eisbildung hintangehalten durch niedermolekulare Stoffe im Blut, Glyzerin oder Zucker. Das gilt aber nur für Insekten, die durch Spaltung von Glykogen das Glyzerin selbst gebildet haben. Die Injektion von Glyzerin in andere Arten hat keine solche Wirkung.

Glyzeringehalt in Prozenten des Körper-Frischgewichtes bei einigen Schmetterlingen
Larve von *Pyrausta nubilis* 4% verträgt 24 h lang Temperaturen unter —40 °C
Praepupa von *Monema flavescens* 5% verträgt 24 h lang Temperaturen unter —40 °C
Puppe von *Hyalophora cecropia* 3,4% verträgt 24 h lang Temperaturen unter —70 °C
Puppe von *Papilio machaon* 3,4% verträgt 24 h lang Temperaturen unter —40 °C

Im Gegensatz zu diesen Verhältnissen wird *Araschnia levana* trotz des Gehaltes von 4,8% Glyzerin nicht frosthart.

Welche Bedeutung der Glyzeringehalt hat, zeigt sich bei *Monema* sehr deutlich. Vor der Bildung von Glyzerin erträgt sie —10 °C nur 24 h lang. Wenn der Gehalt

2% des Frischgewichtes des Körpers ausmacht, bleibt sie nach stundenlangem Aufenthalt in flüssigen Gasen ungeschädigt.

Auch wenn in den Interzellularräumen Eiskristalle liegen, gefrieren die Zellen nicht, die durch konzentrierte Hämolymphe davon getrennt sind. Sie überstehen die eintretende Entwässerung, weil sich während der Diapause die Plasmastruktur und damit auch die Permeabilität für Wasser verändert und eine Deformation der Zellen möglich wird. Die oft sehr tiefe Unterkühlung und die langsame extrazelluläre Eisbildung werden dadurch ermöglicht, daß sich das Insekt nicht bewegt und sein Darminhalt, der zahlreiche Kondensationskerne liefern würde, entleert ist. Weiterhin verhindern Kokons und andere Hüllen, daß sich die Kutikula mit Wasser überzieht, das dann gefriert. Es genügt ja die Injektion eines winzigen Eiskristalls, um sofort die Unterkühlung zu beenden.

Sehr langer tiefer Frost schädigt auch frostresistente Arten. Während *Monema flavesvens* durch einen 100 Tage dauernden Aufenthalt bei -20 °C nicht geschädigt wird, entwickelten sich aus 10 ihrer Praepuppen, die 150 Tage dieser Temperatur ausgesetzt waren, nur 3 zu Schmetterlingen. Wahrscheinlich werden bei so langer Frostdauer auch die ganz langsamen, bei Kälte andauernden Stoffwechselprozesse gestört. Bei 0 °C schadeten nämlich Aufenthalte von 275 Tagen nicht. Ein langsam ansteigender Frost ist für viele Insekten wohl für das Überstehen der Kälte deshalb von Bedeutung, weil bei Temperaturen um 0 °C bei manchen die Bildung von Glyzerin einsetzt, was bei tiefen Temperaturen unmöglich ist. Friert man die Blattwespe *Trichiocampus populi* in 3 Stufen (-20, -5, -30 °C) ein, so verträgt sie anschließend ein 24stündiges Eintauchen in flüssigen Stickstoff. Von 20 Praepupae vollendeten 15 ihre Metamorphose.

Das Aufsuchen eines günstigen Mikroklimas im Winter

Während sich der Zitronenfalter häufig damit begnügt, sich in einem Gebüsch, auf einem Zweig sitzend, einschneien zu lassen, schlüpfen die meisten Insekten in Rindenspalten, Baumhöhlen, menschliche Gebäude und schützen sich dadurch vor Abkühlung durch vorbeistreichende Kaltluft. Viele graben sich in Moos oder Erde ein. Gewöhnlich tun sie das an ihrem Aufenthaltsort. Bewohner sehr ausgedehnter Kultursteppen aber suchen z. T. besondere Überwinterungsstätten auf. Getreidewanzen wie *Aelia acuminata*, *Eurygaster maura*, *Palomena prasina* wählen trockene Böden, die mit einer dünnen Schicht Fallaub bedeckt sind, seien es Waldränder oder Plätze unter blattreichen Alleebäumen. Rapsglanzkäfer fliegen zu Auwaldrändern mit unverpilzten Laubschichten auf dem Boden, die eine gewisse Feuchtigkeit bei guter Luftdurchlässigkeit halten. An Grabenrändern fand man dort manchmal 60–80, an anderen Stellen bis über 500 Käfer je ¼ m^2 auf. *Coccinella septempunctata* und *C. quinquepunctata* fliegen zu Tausenden von den Kultursteppen zu hochgelegenen Gegenden oder Waldrändern, wo sie in Scharen zusammen überwintern. Sehr tief graben sich solche Pflanzenbewohner, aber auch Laufkäfer kaum ein. Den Rapsglanzkäfer *Meligethes* fand man in 2–5 cm Tiefe, *Carabus nemoralis* im strengen Winter 1928/29 (bei Nachtfrösten von -25 °C an zahlreichen Tagen) unter 1 cm dickem Moos in der Erde, häufiger in 4–6, ja 15cm Tiefe. Aber auch die im Moos oberfläch liegenden kopulierten bereits 1 h, nachdem man sie in die Wärme gebracht hatte, waren also keineswegs geschädigt.

Welchen Schutz gegen Kälte schon der Aufenthalt in nur 1 cm Tiefe im Boden bietet, zeigen Beobachtungen, die in Wien im Boden unter zertrampeltem Schnee und in Leningrad im Boden unter ständig weggekehrtem Schnee gemacht worden sind*).

Es bedeuten 1 mittlere Monatstemperatur von 1911—1944 in Wien (Breite 48° 15'),
2 das kälteste Monatsmittel in dieser Zeit,
3 die absolut kälteste Temperatur, die einmal in den Jahren 1911—1944 gemessen wurde,
4 die mittlere Monatstemperatur in Leningrad (Breite 59° 41') in 10jähriger Beobachtung ermittelt.

	In 1 cm Tiefe				In 52 cm Tiefe	
	1	2	3	4	1	2
November	+4,7	−2,6	−4	−2,4	+6,3	+1,1
Dezember	+1,6	−5,5	−6,2	−8,9	+2,8	−0,4
Januar	0	−9,9	−11,1	−12	+1,6	−2,7
Februar	+0,2	−9,4	−9,8	−12,2	+1,1	−2,6
März	+4,3	−3	−7	−9,4	+3,6	−0,5

Zieht man die sehr tiefen Wintertemperaturen Leningrads in Betracht, so zeigt das Beispiel 4, wie schon in der geringen Tiefe von 1 cm die Kälte beträchtlich gemildert, die periodische und aperiodische Schwankung stark verringert ist. In 10 cm Tiefe werden sich also Insekten mit einer Resistenz von —20 °C über lange Zeit gut halten können. Lang andauernder Frost (70—90 Tage) herrscht in Mitteleuropa nur in extrem kalten Wintern, z. B. 1946/47, wo er bis 40 Tage lang bis in 90 cm Tiefe vorgedrungen war.

IV. Die Bindungen der Art an ihr Verbreitungsareal (Auflösung des Begriffes Biotop)

Das Verbreitungsgebiet einer Art setzt sich aus einer Anzahl mehr oder weniger dicht gelagerter Areale zusammen. Seine Grenzen verschieben sich häufig, wohl weil kleine, gleichsinnige, jahrelang andauernde Klimaänderungen entweder das Vordringen gestatten oder Grenzgebiete veröden lassen. Faunisten, die jahrzehntelang ein beschränktes Gebiet regelmäßig kontrolliert haben, finden manchmal darin plötzlich einige Arten, die sie dort bisher nie zu Gesicht bekamen. Abgesehen davon verändert leider der Mensch die Umwelt derart, daß sich die Verbreitungsgebiete vieler Species verkleinern.

Das Wohnareal ist aber auch von der Geschichte der Art bzw. der Lage des Entstehungszentrums der Gattung abhängig. Es ist häufig kleiner als die Gesamtheit der Flächen, auf denen die Art leben könnte. Ganz besonders auffällig zeigt sich das, wenn berüchtigte wirtschaftliche Schädlinge sich mit der Zucht einer Kulturpflanze über mehrere Kontinente hinweg ausbreiten, wie z. B. die Oleander-Schildlaus, der Kartofflekäfer usw.

Das Verbreitungsgebiet eines Organismus bietet diesem die Gesamtheit der Energien und Stoffe, deren er zu seiner Existenz bedarf: seine ökologische Umwelt. Deren Charakterisierung gehört grundsätzlich zur Kennzeichnung einer Species. Bei vielen Parasiten und spezialisierten Pflanzenfressern läßt sie sich schon durch einen einzigen Faktor befriedigend kennzeichnen: die Nahrungsquelle. Sonst aber ist die ökologische Umwelt nur durch sorgfältige vergleichende Untersuchungen

*) Herrn Prof. Dr. R. Geiger danke ich herzlich für seine Auskünfte, denen ich diese Daten entnommen habe.

im gesamten Verbreitungsgebiet der Art und durch experimentelle Feststellung der Ansprüche aller ihrer Stadien an das Klima und an die Nahrung zu erfassen. Die verbreitete Gewohnheit, einfach den Biotop, in dem man eine Art gefunden hat, zur Charakterisierung ihrer ökologischen Umwelt zu verwenden, ist irreführend. Der Biotop, eine Pflanzengesellschaft, Geländeform usw., ist ein geographischer Begriff, eine Fundortsbezeichnung, aber keine naturwissenschaftliche Auskunft über die ökologische Umwelt. Im Biotop befinden sich neben den lebenswichtigen Elementen auch zahlreiche für das Insekt unwesentliche Energien und Objekte.

So sind z. B. manche Laufkäfer-Arten im Binnenlande Mitteleuropas an den Wald gebunden, die im atlantischen Klima Nordeuropas, oft schon auf einem Koog Schleswig-Holsteins, im freien, baumlosen Gelände vorkommen. Der Baumbestand gehört also nicht zur ökologischen Umwelt dieser Käferarten, nur in manchen Arealen ihres Verbreitungsgebietes ermöglicht er durch seinen Einfluß auf das Mikroklima deren Existenz. Natürlich gehören die im baumlosen Gelände lebenden Populationen der betreffenden Arten auch anderen sogenannten Biocönosen an als ihre waldbewohnenden Artgenossen. Desgleichen leben manche in Mitteleuropa nur im Mittelgebirge anzutreffenden Arten in Schweden im Tieflande. In beiden Fällen läßt sich die ökologische Umwelt, also die Gesamtheit der Ansprüche des Tieres an seine Umgebung, nicht an dem Biotop erkennen, in dem es in einem einzelnen Teilgebiet seines Gesamt-Verbreitungsareals vorkommt.

Trotzdem gibt es innerhalb eines engeren Klimagebietes Parallelen zwischen der ökologischen Umwelt und dem Biotop, die es ermöglichen, diesen als bequemes Mittel zur Kennzeichnung des Vorkommens zu benutzen.

So dringen z. B. einige genau untersuchte feldbewohnende Carabidenspecies, wie Fallenfänge zeigen, nicht ins Innere der benachbarten, nur 8—10 m breiten Gebüschstreifen ein, und nur höchst selten verirrte sich eine der darin hausenden heckenbewohnenden Carabidenarten bis zu 2 m weit ins Feld hinaus. Desgleichen wurden die betreffenden Feldbewohner, die man gefangen und markiert am Heckenrande ausgesetzt hatte, nur in Fallen wiedergefunden, die im Feld aufgestellt worden waren. Das Umgekehrte gilt für solche Versuche mit den Heckenbewohnern.

Experimente zur Kennzeichnung der ökologischen Umwelt sind in letzter Zeit besonders mit mitteleuropäischen Carabiden gemacht worden. Da bei ihnen Nahrungskonkurrenz keine große Rolle spielt, konnte man sich auf einen meßbaren Anteil der Umwelt, das Klima, beschränken, das sie zum Aufenthalt wählen. Man bot den Individuen einer Art in Orgeln die verschiedensten Stufen von Wärme, Feuchtigkeit und Helligkeit zur Wahl an, Wildfängen wie auch Zuchttieren, Imagines ebenso wie Larven. Dabei ergab sich, daß die Vorzugswahl ein reproduzierbares Artmerkmal ist, dessen intraspezifische Unterschiede nicht so groß sind, daß sich die interspezifischen verwischen. So sucht z. B. *Pterostichus vulgaris* L. breite Zonen in allen 3 Orgeln auf, ist also eurytherm, euryhygr und euryphot, *Agonum assimile* Payk. hingegen auffallend enge. Dem entspricht auch die Wahl der Aufenthaltsorte im Freien, wo *Agonum assimile* stenotherm, stenohygr und stenophot ist, im Gegensatz zu *Pterostichus vulgaris.* Mit solchen Einzelversuchen allein sind freilich die Ansprüche einer Art nicht ausreichend zu analysieren. Es ist zu prüfen, welche der in Einzelversuchen festgestellten Vorzugswahlen den Ausschlag beim Aufsuchen einer bestimmten ökologischen Umwelt geben. Das kann man mit Hilfe von kombinierten Versuchsanordnungen, z. B. einer Temperaturorgel mit verschiedenen Helligkeitsstufen, ermitteln. So sucht z. B. *Agonum assimile* in der einfachen Feuchtigkeitsorgel mit konstanter Temperatur den trockensten Bereich auf. In einer Temperaturorgel mit hoher Luftfeuchtigkeit aber, oder einer Orgel, die mit einem Feuchtigkeitsgefälle kombiniert ist (kühl-feucht-warmtrocken), wählt es die Vorzugstemperatur von 5—10 °C. Bei der kombinierten Wahl ist also die Temperatur bestimmend. Das entspricht dem Verhalten im Freien: die Art lebt in kühl-feuchten Wäldern.

E27. Das System und die Phylogenie der Insekten

Die Aufklärung der genealogischen Verhältnisse einer Tierklasse geht davon aus, daß die Übereinstimmung einer Anzahl von Vertretern in einigen abgeleiteten (apomorphen) Merkmalen auf die Abstammung von einem gemeinsamen Ahnen hinweist. Man vereint dann diese Arten zu einer taxonomischen Einheit, Ordnung, Familie usw. Archaische Eigenschaften, wie z. B. kauende Mundwerkzeuge, Vierflügeligkeit, liefern dafür keine brauchbaren Unterlagen, da sie von den gemeinsamen Ahnen der ganzen Klasse ererbt, also Gemeingut sind. Wesentlich sind aber die Unterdrückungen solcher Merkmale, wie z. B. Zweiflügeligkeit, Abwandlung der Mundwerkzeuge zu Saugorganen usw. Um zu einwandfreien Ergebnissen zu kommen, genügt es nicht, nur Stichproben auf das Vorhandensein eines Merkmals in einer vermutlich monophyletischen Gruppe zu machen; man muß vielmehr eine sehr große Anzahl Vertreter untersuchen. In bezug auf leicht erkennbare Merkmale ist das schon im vorigen Jahrhundert geschehen. Das hat zu dem Erfolg geführt, daß die dabei aufgestellten 33 Insektengruppen, die herkömmlicherweise als Ordnungen in diesem Buch aufgeführt werden, noch heute als monophyletische Äste des Insektenstammbaumes aufgefaßt werden können. Da sie aber so scharf umrissen sind, daß sich keine Übergänge zwischen ihnen erkennen ließen, blieben ihre verwandtschaftlichen Verhältnisse zueinander im Dunkel. Es müssen apomorphe Merkmale gesucht werden, die einigen von ihnen gemeinsam sind, wenn man feststellen will, welche von ihnen auf einen gleichen Ahnen zurückgehen, also zusammen einen Hauptast des Stammbaums, eine Überordnung, Unterklasse usw. bilden. Dabei handelt es sich um weniger auffällige Details, deren Untersuchung und Beurteilung Schwierigkeiten bieten, vor allem auch dadurch, daß sie ja an vielen Vertretern der Ordnungen gemacht werden müssen. Was dabei geleistet werden kann, zeigt die Aufklärung der genealogischen Beziehungen zwischen Trichopteren, Lepidopteren, Mecopteren und Dipteren, die u. a. auch durch sorgfältige Untersuchungen der Thoraxmuskulatur eine höchst erwünschte Bestätigung erfahren haben. Aber diese z. T. schwierigen technischen Untersuchungen sind bei den meisten anderen Abteilungen der Insekten erst noch zu leisten.

Bedauerlicherweise ist die Insektensystematik darauf angewiesen, von den rezenten Insekten ausgehend, deren Herkunft zu erschließen. Die Fossilien bieten nicht nur wegen ihrer geringen Anzahl wenig Hilfe. Es sind ja gewöhnlich nur Flügel erhalten und Körperumrisse. Das aber sind nur in Einzelfällen die konstitutiven Merkmale einer Insektenordnung. So ist z. B. ein fossiler Vorderflügel, der grundsätzlich mit dem der rezenten Mecoptera übereinstimmt, durchaus kein Beweis dafür, daß man den Rest einer fossilen Schnabelfliege vor sich hat. In dieser Ordnung ist die Flügeladerung ursprünglicher als in anderen Ordnungen. Das Fossil kann deshalb ein Vertreter der Stammgruppe der Holometabola oder eine primitive Art einer ganz anderen Insektenordnung gewesen sein. Die Flügel gehören demgemäß bei den Schnabelfliegen wegen ihrer Primitivität nicht zu den konstitutiven Merkmalen. Wir müßten an dem Fossil solche der Mundwerkzeuge, Antennen, Tarsen, der basalen Abdomensegmente, der Kopulationsorgane usw. erkennen können, manchmal auch die Larve vor uns haben, um sichere Schlüsse zu ziehen. So haben die zahlreichen aus dem Karbon beschriebenen „Schaben“ bzw. Schabenvorfahren zum erheblichen Teil keineswegs den *Blattodea* oder deren Stammgruppe angehört. Um solche Verhältnisse beurteilen zu können und sie mit denen der rezenten Insekten in Beziehung zu bringen, gehört ein universales Wissen in allen Gruppen und eine scharf durchdachte Methode, die Tatsachen genealogisch, nicht typologisch zu verarbeiten. Im Zeitalter der Spezialisation, die ja unvermeidlich ist, werden nur wenige Forscher dieser Bedingung gerecht: die Literatur ist belastet mit oberflächlichen Meinungen, groben Untersuchungsfehlern, Schlüssen, die aus stichprobenhaften Untersuchungen gezogen worden sind. Im folgenden orientieren wir uns an den souveränen und streng selbstkritischen Arbeiten von Hennig, der rezente und fossile Insekten in den Bereich seiner Darstellung gezogen hat.

Die Insekten stammen zweifellos von vielbeinigen Tracheaten ab, wie ihre Embryonalentwicklung zeigt (Abb. E2.1 u. E2.2). Als Schwestergruppe kommen unter den uns bekannten, also rezenten Arthropoden nur die *Myriapoda* in Frage, freilich keine ihrer rezenten Unterklassen. Wenn z. B. die *Symphyla* interessante Übereinstimmungen in manchen Merkmalen mit denen primitiver Insekten zeigen, so sind diese als Erbgut der gemeinsamen Tracheaten-Stammgruppe aufzufassen (Lieferung 5, S. 1048ff.). Die ältesten Insekten sind sicher flügellos gewesen. Unter den rezenten Hexapoden sind das die *Ento-* und die *Ectotropha*, die auch sonst in primitiven Eigenschaften mit den Myriapoda übereinstimmen, wie z. B. dem Fehlen echter Keimhüllen und der Blastokinese (Abb. 1.5), dem Fehlen echter Kopulationsorgane und der aktiven Aufnahme des Spermas durch die Weibchen (Abb. 4.7; 5.2; Lieferung 5, S. 1003, Abb. 879, u. S. 1051, Abb. 908), dem Auftreten von Styli und Coxalsäckchen (Abb. E2.4; Abb. 1—7; Lieferung 5, S. 1049, Abb. 905) und dem nephridialen Charakter der Labialdrüse (Abb. E14.1 u. E14.2). Die primär flügellosen Insekten scheiden sich in solche, deren Mundgliedmaßen von einem Wall umhüllt und leicht eingesenkt sind (Entotropha), und solche, bei denen die Mundwerkzeuge frei liegen (Ectotropha). Beide sind Schwestergruppen. Die Mandibeln haben bei den Entotropha und den zu den Ectotropha gehörenden *Archaeognatha* nur einen Condylus, während die *Zygentoma* ebenso wie die flügeltragenden Insekten einen zweiten, davor liegenden dazu erworben haben (Abb. 4.2, 4.3 u. 4.4; 5.1; Abb. E7.2). Derselbe Vorgang ist unter den Krebsen zu beobachten, konvergent bei den Decapoda, Isopoda und Amphipoda (Lieferung 5, S. 852ff., Abb. 667—669). Für die Insekten ist es wahrscheinlich, daß die Erwerbung des vorderen Condylus nicht zweimal unabhängig voneinander, sondern nur einmal gemacht wurde, und zwar bei den *Zygentoma*. Von diesen haben ihn die *Pterygota* ererbt. Dafür spricht indirekt, daß die *Zygentoma* noch weitere Eigenschaften haben, die auch für die *Pterygota* typisch sind, nämlich z. B. den Grundplan des orthopteroiden Legeapparates (Abb. E2.8) und seitliche Erweiterungen der Thoracomeren, die Paranota, aus denen bei den Pterygoten die Flügel hervorgehen, die in genau derselben Weise durch einen Ast der Beintrachee versorgt werden (Abb. E4.3a; E20.1).

Die *Pterygota* können als eine monophyletische Gruppe aufgefaßt werden. Sowohl das Geäder und das komplizierte Flügelgelenk, als auch die Muskulatur ihrer Flügel stimmen ja bei allen im Grundplan ganz auffallend überein. Unter ihnen fallen 2 Ordnungen, die *Ephemeroptera* und *Odonata*, dadurch auf, daß sie ihre Flügel im Gegensatz zu allen anderen nicht über dem Rücken flach zusammenlegen können. Im wesentlichen ist das darauf zurückzuführen, daß die Basen einiger Flügeladern bei ihnen nicht als Pteralia abgegliedert sind. So stehen beide Ordnungen als *Palaeoptera* den übrigen Pterygoten, den *Neoptera*, gegenüber, die nach Rückdrehung der Flügel in schützende Spalten kriechen können und wohl ihre Schwestergruppe darstellen. Die stammesgeschichtliche Entwicklung der *Neoptera* kann hier nur diskutiert werden, wenn auf die Einbeziehung einer Anzahl artenarmer Ordnungen (8—10 und 18) verzichtet wird, deren Verwandtschaftsverhältnisse noch sehr verschieden beurteilt werden. Das Inhaltsverzeichnis läßt erkennen, welchen Abteilungen der *Neoptera* HENNIG sie zuordnet, der in ihnen ursprünglichere Glieder derselben sieht. Weiterhin scheiden wir aus unserer Betrachtung die *Siphonaptera* und *Strepsiptera* aus, über deren Herkunft wir nichts wissen.

Es bleiben dann 3 große Äste des Stammbaumes übrig. Der primitivste, die *Paurometabola*, wird durch Ordnungen dargestellt, deren Arten sich in kleinen Schritten von der Larve zur Imago entwickeln und schon als Larven Ocellen aufweisen können. Es sind im wesentlichen Bodenbewohner, deren Vorderflügel mehr oder weniger sklerotisiert sind und deren viel größere Hinterflügel die Hauptleistung beim Flug erbringen, die *Blattopteriformia* und die *Orthopteroidea*. Diesem Stammbaumast stehen wahrscheinlich als Schwestergruppe sämtliche anderen Pterygota gegenüber, deren Larven nie Ocellen haben: die *Paraneoptera* und die *Holometabola*. Beide sind sehr wahrscheinlich monophyletische Zweige, aber es ist noch unsicher, ob sie beide von gleichen, nur ihnen gemeinsamen Vorfahren abstammen, also Schwestergruppen sind. Fast alle *Paraneoptera* haben keine Cerci. Ihre Abdominalganglien sind in den Thorax eingewandert und mit den thorakalen zu einem Verbundganglion verschmolzen. Weiterhin haben sie die Neigung, die Mundgliedmaßen zu nadelförmigen Stäben umzugestalten und deren Basen ins Kopfinnere zu verlagern. Sie zeigt sich bei den *Psocoptera* nur bei der Lacinia, bei den übrigen zugehörigen Gruppen, insbesondere den *Condylognatha*, an Mandibeln und Maxillen. Der höchstentwickelte Zweig der Insekten sind die *Holometabola*, denen fast $^4/_5$ aller bekannten Arten angehören. Sie sind dadurch gekennzeichnet, daß ihre Larven keine äußeren Flügelanlagen haben, sondern daß diese als Imaginalscheiben ins Körperinnere versenkt sind und daß vor das Imaginalstadium eine Puppe eingeschaltet ist, die, ohne Nahrung aufzunehmen, nur der Umwandlung des Larvenorganismus in den imaginalen dient. Während bei den meisten dieser *Endopterygia* die Larven im Habitus und der Lebensweise sich sehr stark von den Imagines unterscheiden, ist dies bei den *Neuropteroidea* in geringerem Maße der Fall. Sie erscheinen demgemäß als ein früher Zweig, der durch das Auftreten einer Gula, also eines apomorphen Merkmals, gekennzeichnet ist. Da dieses Merkmal auch die Käfer auszeichnet und zweifellos zu ihrem Grundplan gehört, besteht die Möglichkeit, daß diese die Schwestergruppe der *Neuropteroidea* sind. Wegen ihrer primitiven, an Queradern reichen Flügel hat man einst auch die *Mecoptera* den Neuropteroidea eingeordnet. Tiefer eindringende Forschungen haben aber völlig andere Abstammungsverhältnisse dieser Gruppe offenbart. Um die Bedeutung der Heranziehung innerer Organe wenigstens einmal zu berühren, sei erwähnt, daß sie im Gegensatz zu den Neuropteroiden den äußeren tergalen Coxalremotor zurückgebildet und einen Pleurotergalmuskel mit dem 1. Pterale verbunden haben. Durch diese Eigenheiten, von denen der Mundwerkzeuge usw. abgesehen, stimmen sie überein mit den *Diptera*, *Trichoptera* und *Lepidoptera*. Ein weiteres apomorphes Merkmal, die Verlagerung der Insertion des Pleuralarm-Scutum-Muskels vom hinteren Scutum-Seitenrand auf die Spitze des Tergalarmes bzw. des 4. Pterale, haben sie nur mit den *Diptera* gemeinsam. In Übereinstimmung mit anderen Eigenheiten wird dadurch die Ansicht gestützt, daß *Mecoptera* und *Diptera* Schwestergruppen sind. Ihr gemeinsamer Ahne ist mit *Antliophora* bezeichnet worden. Ihm stehen als Schwestergruppe die *Amphiesmenoptera* gegenüber, denen das letztgenannte apomorphe Merkmal fehlt. Die beiden zu den *Amphiesmenoptera* gehörigen Ordnungen lassen sich ebenfalls zusätzlich zu einer ganzen Anzahl länger bekannter äußerlicher Merkmale auch an einer apomorphen Eigenheit der Muskulatur unterscheiden. Bei den *Lepidoptera* ist im Gegensatz zu den *Trichoptera* die Ursprungssehne des Pleuralleiste-Subtegula-Muskels zu einem Tegulararm umgebildet.

Als große, bedeutende Ordnung bleiben die *Hymenoptera*, die alle die genannten apomorphen Veränderungen des Muskelsystems nicht zeigen und außerdem die einzigen *Holometabola* sind, welche den orthopteroiden Legeapparat beibehalten haben. Vorläufig läßt sich über ihre Genealogie nichts Gesichertes sagen.

Während die Ordnungen der Insekten scharf umrissen sind und im Grunde schon seit dem Anfang des 20. Jahrhunderts ihre Begrenzung nicht mehr umstritten ist, gilt das in keiner Weise von ihrer taxonomischen Gliederung in Unterordnungen, Familien usw., die in den meisten Fällen durchaus nicht abgeklärt ist.

Übersicht über die bisher ziemlich gut gesicherten Verwandtschaftsverhältnisse von Insektengruppen.

Doppelstriche verbinden Einheiten, die mit ziemlicher Sicherheit als Schwestergruppen gelten können, einfache solche, von denen dies als wahrscheinlich gelten kann.

(Eine Übersicht über sämtliche Gruppen bietet das Inhaltsverzeichnis)

- Entognatha (2700)
- ‖
- Ectognatha (777390)
  - Archaeognatha (220)
  - ‖
  - Dicondylea (777170)
    - Zygentoma (270)
    - ‖
    - Pterygota (776900)
      - Palaeoptera (Eintagsfliegen, Libellen) (6700)
      - ‖
      - Neoptera (768200)
        - Paurometabola (26400)
          - ‖ Blattopteriformia (Schaben, Termiten, Ohrwürmer, Fangheuschrecken)
          - ‖ |
          - ‖ Orthopteroidea (Heuschrecken und Stabschrecken)
        - Paraneoptera (81700)
          - ‖ Psocodea (Staub- u. Tierläuse)
          - ‖ |
          - ‖ Phthiraptera
          - ‖ |
          - ‖ Condylognatha (Blasenfüße und Hemiptera)
        - Holometabola (660100)
          - Neuropteroidea
          - |
          - Coleoptera
          - | Hymenoptera?
          - Mecopteroidea
            - Amphiesmenoptera
              - ‖ Trichoptera
              - ‖ ‖
              - ‖ Lepidoptera
            - Antliophora
              - Mecoptera
              - ‖
              - Diptera

Die in Klammern gesetzten Ziffern geben die ungefähre Anzahl der bisher bekannt gewordenen Arten an.

Die ältesten Fossilien der	wurden gefunden im
Collembola (*Rhyniella* HIRST & MAULIK)	Mittel-Devon
Pterygota (*Eopteron* ROHDENDORF)	Oberes Devon
Stammgruppe der *Ephemeroptera*	Mittlerer Ober-Karbon
Stammgruppe der *Odonata*	Unterer Ober-Karbon
Stammgruppe der *Blattodea*	Oberes Karbon
Stammgruppe der *Orthopteroidea*	Oberes Karbon
Caelifera	Obere Trias
Hemiptera	Unteres Perm
Coleoptera	Unteres Perm
Megaloptera	Oberes Perm
Mecoptera	Oberes Perm
Amphiesmenoptera	Oberes Perm
Hymenoptera	Trias
Diptera	Rät
Lepidoptera	Keine sicher zuzuordnenden Fossilien im Mesozoikum.

Die sehr gut erhaltenen Fossilien des Bernsteins sind für die Genealogie der Ordnungen bedeutungslos.

Literatur

Das entomologische Schrifttum ist, auch wenn man von den taxonomischen Arbeiten absieht, so außerordentlich umfangreich, daß es nicht einmal möglich ist, die von mir durchgesehenen Abhandlungen zu nennen, wenn nicht unvernünftig viel Raum und damit eine erhebliche Verteuerung des Buches in Kauf genommen werden soll. Ich habe deshalb lediglich einige Beispiele aus der Literatur gebracht und mich dabei im wesentlichen beschränkt auf Abhandlungen, die in deutschen Büchereien leicht erreichbar sowie in einer der in unseren Schulen gelehrten Sprachen geschrieben sind. Weiterhin bin ich gewöhnlich nicht mehr als anderthalb Jahrzehnte zurückgegangen in der Hoffnung, daß die Literaturverzeichnisse in den neueren Abhandlungen und in den anschließend genannten großen Handbüchern den Weg in die ältere Literatur weisen. Ausdrücklich möchte ich betonen, daß das zwischen 1890 und 1940 erschienene morphologische Schrifttum zahllose höchst gediegene Arbeiten enthält, deren Inhalt weder überholt noch durch das spätere Schrifttum ersetzt und damit entbehrlich gemacht worden ist.

Da zwischen der Literatur für die einzelnen Ordnungen und der für den Allgemeinen Teil kaum grundsätzliche Unterschiede gemacht werden konnten, muß der Leser gebeten werden, stets gleichzeitig an beiden Stellen nachzuschlagen, z. B. beim Suchen von Literatur über Atmung im Wasser unter E20 sowie bei Libellen, Wanzen und Käfern.

Handbücher, die alle Disziplinen der Entomologie berücksichtigen

Schröder (1912–1929), Handbuch der Entomologie. Verlag G. Fischer, Jena. 3 Bände mit 1426, 1410 u. 1202 Seiten.

Handbuch der Zoologie, gegründet von Kükenthal, hrsg. von Krumbach. Band 4, 2. Hälfte Insekten. 1936–1938. Verlag de Gruyter, Berlin. Von der 2. Auflage, herausgegeben von Helmcke, Stark u. Wermuth, sind bisher (1970) erschienen die Ordnungen 3, 6, 7, 9, 12, 14, 17, 18, 20 (allein die Mallophaga), 21, 33 und die Artikel: Paläontologie, Phylogenie, Klassifikation, Geographische Verbreitung.

Traité de Zoologie, publié sous la direction de Grassé. Insectes. Tome IX u. X (fascicule 1 et 2) (1949–1951). Verlag Masson, Paris. Der Allgemein-anatomische und physiologische Teil (Band VIII) erscheint in den nächsten Jahren.

Bronn, Klassen u. Ordnungen des Tierreichs. 5. Band, III. Abteilung Insecta. Akademische Verlagsgesellschaft Geest & Portig, Leipzig. Erschienen sind bisher, bearbeitet von Beier: *Embioptera* und *Saltatoptera* (1955), *Cheleutoptera* (1957), *Dermaptera* (1959), *Blattodea* (1961), *Mantodea* (1964), bearbeitet von Eichler: *Mallophaga* (1963).

Vorwiegend morphologische Handbücher, Meisterwerke, die trotz ihres Alters nichts von ihrer großen Bedeutung verloren haben:

Weber (1933), Lehrbuch der Entomologie (726 Seiten). Verlag G. Fischer, Jena.

Snodgrass (1935), Principles of Insect Morphology (667 Seiten). Verlag McGraw-Hill, New York u. London.

Snodgrass (1952), A Textbook of Arthropod Anatomy (363 Seiten). Comstock publish. Assoc. Ithaca.

Lehrbücher der Entomologie (Morphologie, System, Funktion der Organe)

Weber (1954), Grundriß der Insektenkunde, 3. Auflage (428 Seiten). Verlag G. Fischer, Stuttgart.

EIDMANN (1970), Lehrbuch der Entomologie, 2. Auflage, bearbeitet von KÜHLHORN (631 Seiten). Verlag Parey, Hamburg.

IMMS (1969), A General Textbook of Entomology. 9. Auflage, durchgesehen von RICHARDS u. DAVIES (896 Seiten). Verlag Methuen, London.

Entomologisches Wörterbuch (Morphologie, Metamorphose, Systematik)

VON KÉLER (1963), Entomologisches Wörterbuch. 3. Auflage (774 Seiten). Akademie-Verlag, Berlin.

Entomologisches Praktikum

SEIFERT (1970), Entomologisches Praktikum (422 Seiten). Verlag Thieme, Stuttgart.

Physiologie

ROCKSTEIN (1964–1965), The Physiology of Insects. 3 Bände mit Beiträgen verschiedener Autoren. Academic Press. London.

ROEDER (1953), Insect Physiology (1100 Seiten). Verlag Wiley, New York.

WIGGLESWORTH (1965), The Principles of Insect Physiology. 6. Auflage (704 Seiten). Verlag Methuen, London.

BURSELL (1970), An Introduction to Insect Physiology (276 Seiten). Academic Press, London.

Handbücher über die Lebensweise

SCHULZE (1922–1944), Biologie der Tiere Deutschlands. Die Teile 25–42 behandeln alle Insektenordnungen, ausgenommen die Schmetterlinge, auch in bezug auf ihre postembryonale Entwicklung und z. T. die Anatomie.

Urania Tierreich, Urania Verlag, Leipzig, Jena, Berlin, Band 3, Insekten (1968). 630 Seiten. Die anhaltsreichste moderne Überschau über das Gebiet in deutscher Sprache.

GRZIMEKS Tierleben. Band 2, Insekten (1969) (627 Seiten). Verlag Kindler, Zürich. Etwas kürzer gefaßt als das vorhergehende Werk.

Knaurs Tierreich in Farben. Band Insekten, von KLOTS & KLOTS, übersetzt von FORSTER (350 Seiten). Droemersche Verlagsanstalt, Knaur Nachfolger, München.

FORSTER (1968), Knaurs Insektenbuch (280 Seiten). Verlag Droemer, Knaur, München. Eine handliche, sehr reich illustrierte Übersicht.

WESENBERG-LUND (1943), Biologie der Süßwasserinsekten (682 Seiten). Verlag Springer, Berlin. Ein sehr inhaltsreiches Werk, dessen Lektüre außerdem durch die anschauliche und erlebnisnahe Darstellung des großen Forschers sehr genußreich ist.

MARTINI (1952), Lehrbuch der medizinischen Entomologie. 4. Auflage (640 Seiten). Verlag G. Fischer, Jena.

Die Neue Brehm-Bücherei, Verlag Ziemsen, Wittenberg, in der Bundesrepublik Vertrieb durch Verlag Neumann-Neudamm, Melsungen, enthält zahlreiche kleine wertvolle Monographien von Arten und Familien.

Systematik der Insekten der Erde

BRUES, MELANDER & CARPENTER (1954), Classification of Insects. Keys to the Living and Extinct Families. Bull. Mus. Compar. Zool. Harvard Coll. **108** (917 Seiten). – Nicht ganz so ausführlich: HANDLIRSCH (1929), in SCHRÖDER, Handbuch der Entomologie 3.

HENNIG (1969), Die Stammesgeschichte der Insekten (480 Seiten). Verlag Kramer, Frankfurt a. Main.

Werke, die durch farbige Bilder zahlreicher Vertreter mitteleuropäischer Insekten einen Begriff vom Habitus der meisten in diesem Lehrbuch genannten Gattungen geben:

Atlas d'entomologie, Verlag Édition Boubeé & Cie. Paris VIe, 11 Place St. Michel. Hefte von 80 bis 180 Seiten mit je 12 Farbtafeln, die einzeln käuflich sind und meist je eine Ordnung darstellen. Von den *Hemiptera*, *Diptera*, *Hymenoptera* sind je 2, von den *Lepidoptera* u. *Coleoptera* mehrere Hefte erschienen.

TÜMPEL (1901 u. 1922), Die Geradflügeler Mitteleuropas. Die 23 Tafeln stellen Odonata, *Blattodea* und *Saltatoria* dar, neben einigen *Plecoptera* und *Ephemeroptera*.

REITTER (1908–1916), Fauna Germanica, Käfer. 5 Bände mit insgesamt 168 Farbtafeln, die einen sehr großen Teil der Arten darstellen. Verlag Lutz, Stuttgart. (Die 2. Auflage des Werkes, die der ersten taxonomisch weit überlegen ist, enthält diese Tafeln nicht.)

FORSTER & WOHLFAHRT (ab 1954), Die Schmetterlinge Mitteleuropas. Franckhsche Verlagsanstalt, Stuttgart. Enthält Farbtafeln aller Arten und Varietäten. Erscheint in Lieferungen.

KOCH (1956–1961), Wir bestimmen Schmetterlinge. 4 Bände mit 84 Farbtafeln. Neumann Verlag, Radebeul u. Berlin.

Kleinere Bücher mit einer Auswahl von Arten der Schmetterlinge und Käfer sind von zahlreichen Autoren in neuerer Zeit veröffentlicht worden. Es ist unmöglich, sie hier aufzuführen.

Jährlich erscheinende Periodica, die wesentliche Zusammenfassungen einzelner Themen enthalten:

Advances in Insect Physiology, edited by BEAMENT, TREHERNE & WIGGLESWORTH. Academic Press, London. Vol. 1–7, 1963–1970.

Annual Review of Entomology, edited by SMITH & MITTLER. Verlag: Ann. Rev. Inc. Palo Alto (California) in cooperation with the Entom. Soc. America. Vol. 1–15, 1956–1970.

Bücher, die Einzelthemen, wie z. B. Photoperiodismus, Metamorphose usw. zusammenfassen, sind bei dem betreffenden Kapitel genannt.

Einführung in die Morphologie, Physiologie und Ontogenie der Insekten

SMITH (1968), Insect Cells. Their Structure and Function. Verlag Oliver & Boyd, Edinburgh.

E1. Integument

I. Prokutikula: RICHARDS (1951), The Integument of Arthropods. – Ders. (1958): Ergeb. Biol. **20**. – Ders. (1967): Zool. Jb. Anat. **84**. – Ausbildung der Exokutikula im Laufe der Ontogenie: BARBIER (1968): Bull. Soc. zool. France **93**. – Chitin-Protein-Komplex: RUDALL (1963): Adv. Insect Physiol. **1**. – Elektronenoptik chitinhaltiger Strukturen: PETERS (1968): Zool. Anz. Suppl. **31**. – Resilin: ANDERSEN & WEIS-FOGH (1964): Adv. Insect Physiol. **2**. – Einbau von Tyrosin in Resilin: KRISTENSEN (1966): J. Insect Physiol. **12**. – Tägliche Bildung von Resilin: NEVILLE (1967): J. Cell. Sci. **2**.

II. Epikutikula: LOCKEY (1960): J. exp. Biol. **37**. – GLUUD (1968): Zool. Jb. Anat. **85**. – Kutikulinbildung bei *Calpodes*: LOCKE (1966): J. Morph. **118**.

III. Auflösung der alten und Bildung der neuen Kutikula bei der Häutung: Aktivität der Epidermiszellen: LOCKE, CONDOULIS & HURSHMAN (1965): Science **149**. – Chitin u. Chitinolyse: JEUNIAUX (1963); Chitine et chitinolyse. Paris, bei MASSON. – Ders. (1962): Bull. Soc. zool. France **86**. – Neubildung der Kutikula und Sklerotisation: COTTRELL (1964): Adv. Insect Physiol. **2**. – Einbau von Aminosäuren: SCHLOSSBERGER-RAECKE & KARLSON (1964): J. Insect Physiol. **10**. – LIPKE, LETO & GRAVES (1965): Ebenda **11**. – Intussusceptions-Wachstum bei *Calpodes* während der Bildung von Endokutikula in den Zwischenhäutungs-Perioden: CONDOULIS & LOCKE (1966): J. Insect Physiol. **12**. – Tagesperiodische Ablagerung von Endokutikula-Schichten: NEVILLE (1963): Ebenda **9**. – MENZEL, MOCH, WLADARZ & LINDAUER (1969): Biol. Zbl. **88**.

V. Die Bildung von Schuppen: Vgl. Kap. 29.

VI. Physiologie der Kutikula: Aktiver und passiver Transport von Wasser durch die Kutikula: BEAMENT (1961): Biol. Rev. **36**; Ders. (1962): Proc. Linn. Soc. **173**; Ders. (1964): Adv. Insect Physiol. **2**. – LOCKE (1965): Sci. **147**. – Permeabilität: der wasserbewohnenden Larven von *Sialis* und *Hydropsyche*: MARLIER (1949): Ann. roy. zool. Belg. **79**. – der Wasserwanze *Ilyocoris*: STADDON (1969): J. exp. Biol. **51**.

VII. Färbung: Ommochrome: LINZEN (1967): Naturwiss. **54**; Ders. (1968): Zool. Anz. Suppl. **31**. – Redoxpigmente und ihre Bedeutung für den morphologischen Farbwechsel bei *Carausius*: DUSTMANN (1964): Z. vgl. Physiol. **49**. – Pigmentveränderungen bei *Mantis*, *Sphodromantis* und *Locusta*: VUILLAUME (1968): Bull. biol. France Belg. **102**. – Carotinoide und Gallenfarbstoffe sowie ihre Beteiligung am morphologischen Farbwechsel bei *Carausius*: WILLIG (1969): J. Insect Physiol. **15**; Ders. (1970): Zool. Anz. Suppl. **33**.

VIII. Tarntracht u. Mimikry: COTT (1966); Adaptive Coloration in Animals. Verlag Methuen, London. – WICKLER (1968), Mimikry, Verlag Kindler, München.

IX. Oenocyten: bei Formica: Maidhof (1968): Z. Naturf. **23b**. – Schmidt (1961): Z. Zellforsch. **55**. – bei *Apis*: Kramer (1962): Z. Morph. Ökol. **51**. – Beziehung zu Fettkörper u. Wachsdrüsen: Böhm (1965): Z. Zellforsch. **65**.

E2. Abdomen

Gouin (1963): Referat in Fortschr. Zool. **15**. – Homologien und Nomenklatur der äußeren Geschlechtsorgane: Tuxen (1969): Estratto Mem. Soc. entom. Ital. **48**. – Taxonom. Glossar: Tuxen (1970): Taxonomist's Glossary of Genitalia in Insects. 2. Auflage. Verlag Munksgaard, Kopenhagen. – Deutung der äußeren männl. Organe: Snodgrass (1957): Smithsonian misc. Coll. **135**. – Deutung der äußeren weiblichen Organe: bei *Machilidae* und *Raphidiidae*: Matsuda (1957): Trans. Amer. Entom. Soc. **83**. – bei den *Ensifera (Deinacrida)*: Ramsay (1965): Proc. Roy. Entom. Soc. London. A. **40**. –

E3. Thorax

Zusammenfassung: Gouin (1959): Ann. biol. Paris, Sér. 3. **35**. – Morphologie des Skelettes, Muskulatur: Carpentier vgl. 1, 4, 5, 13. – Barlet vgl. 5. – Czihak vgl. 23, 25. – Ehrlich & Ehrlich vgl. 29. – Füller vgl. 30. – Larsén vgl. 22 A. – Markl vgl. 27. – Mickoleit vgl. E 27, 24, 25, 30, 31. – Nüesch vgl. 29. – Wittig vgl. 8. – *Odonata*: Russenberger & Russenberger (1959–1960): Mitt. Naturf. Ges. Schaffhausen **27**. – Die Möglichkeit, die Zugehörigkeit eines Muskels zu einem Segment mit Hilfe seiner Innervierung festzustellen, gezeigt an Experimenten an *Telea*: Nüesch (1954): Rev. Suisse Zool. **61**. – Die Bedeutung der Chilopodenmorphologie für die Subcoxaltheorie: Füller (1963): Abh. Dt. Akad. Wiss. Berlin. Klasse f. Chemie, Biol. Geol. Jg. 1962, Nr. 3. – Ders. (1963): Zool. Anz. **170**. – Manton (1966): J. Linn. Soc. (Zool.) **46**, p. 132f. u. 135f.

Bindegewebe: Zusammenfassung bei Ashhurst (1968): Ann. Rev. Entom. **13**. – Richards & Schneider (1958): Z. Naturf. **13b**. – Struktur u. Funktion der extraneuralen Hülle: Boulton & Rowell (1968): Nature **217**. – Struktur der Muskelinsertionen: Lai-Fook (1967): J. Morph. **123**.

E4. Die Flügel

Zusammenfassende Artikel bzw. Bücher über Flügel und Flug: Nachtigall (1969): Gläserne Schwingen. Verlag Moos, München. Eine sehr anschauliche Einführung in alle mit dem Flug in Zusammenhang stehenden Probleme, die ohne Formeln auskommt. – Pringle (1957): Insect Flight. Univ. Press Cambridge. – Ders. (1965) in Rockstein, The Physiol. of Insects **2**. – Ders. (1967): The contractile mechanism of insect fibrillar muscle. Progr. Biophys. molek. Biol. **17**. – Ders. (1968): Comparative physiology of the flight motor. Adv. Insect Physiol. **5**. – Magnan (1934): Le vol des insectes. Verlag Herrmann, Paris.

Flügelmorphologie: Comstock (1918), The Wings of Insects. Ithaca. – Demerec (1950): Biology of *Drosophila*. Wiley & Sons, New York. – Stellwaag (1914): Z. wiss. Zool. **108**. – Die Hauptformen der Gliederungsvorgänge bei der Entwicklung des Flügels: Henke (1952 u. 1953): Verh. dt. Zool. Ges. in Wilhelmshaven u. Biol. Zbl. **72**. – bei *Tenebrio*: Hundertmark (1935): Z. Morph. Ökol. **30**. – Experimentelle Modifikationen bei *Galleria*: Clever (1959): Arch. Entwickl.mechanik **151**.

Baumaterialien des Flügels und seiner Gelenke: Andersen & Weis-Fogh vgl. E1, I. – Jensen & Weis-Fogh (1962): Phil. Trans. Roy. Soc. London **B 245**.

Flügelfaltung: Kaufmann (1960): Diss. München, Sonderdruck. – Dade (1962) in Bee world **43**. – Kleinow vgl. 11.

Flügelstatik: Kleinow vgl. 11. – Ritter (1911) Smiths. misc. Coll. **56**. – Dugard (1967): J. Insect. Physiol. **13**.

Kinematik der Flügelbewegung: *Odonata*: Chadwick (1940): Bull. Brooklyn Entom. Soc. **35**. – Neville (1960): J. exp. Biol. **37**. – *Orthoptera*: Zarnack (1970): Z. vgl. Physiol. **68**. – *Coleoptera*: Prasse (1960): Beitr. Entomol. **10**. – Atkins (1960): Canadian Entomologist. – *Hymenoptera*: Neuhaus & Wohlgemuth (1960): Z. vgl. Physiol. **43**. – Herbst & Freund (1962): Dtsch. entomol. Z. N. F. **9**. – *Diptera*: Hollick (1940): Philos. Trans. **B 230**. – Nachtigall (1966): Z. vgl. Physiol. **52**. – Vogel (1966 u. 67): J. exp. Biol. **44** u. **46**.

Flugton: Sotavalta (1947): Acta entomol. Fenn. **4**. – Ders. (1953): Biol. Bull. **104**.

Aerodynamik der Trag- und Schlagflügel: Allgemein: Osborne (1951): Exp. J. Biol. **28**. – Weis-Fogh & Jensen (1956): Philos. Trans. London. **B 239**. – Bennet (1966): Science **152**. – Flower (1964): J. Insect Physiol. **10**. – Dubs (1954): Aerodynamik der reinen Unterschallströmung. Verlag Birkhäuser, Basel. — *Odonata*: Russenberger & Russenberger (1959/60): Mitt. Naturf. Ges. Schaffhausen. **27**. — *Saltatoria*: Weis-Fogh (1956): Philos. Trans. London **B 239**. — Jensen (1956): Ebenda. — *Coleoptera*: Burton & Sademan (1961): South Afr. J. Science **57**. — Nachtigall (1964): Zool. Anz. Suppl. **28**. — *Lepidoptera*: Nachtigall (1967): Z. vgl. Physiol. **54**. — *Diptera*: Nachtigall (1966): Z. vgl. Physiol. **50**. — Vogel (1967): J. exp. Biol. **46**. — Wirth (1952): The *Heleidae* of California. Univ. Calif. Publ. Entomol. **9**. — Wood (1970): A study of the instantaneous air velocities in a plan behind the wings of certain diptera flying in a wind tunnel: J. exp. Biol. **52**.

Kleinste Insekten: Horridge (1956): Nature **178**. — Thom & Swart (1940): J. Roy. Aero. Soc. **44**.

Verhalten der *Calliphoridae* bei der Landung: Goodman (1960): J. exp. Biol. **37**. — Landung an der Zimmerdecke: Hyzer (1962): Science **137**.

E5. Die Beine und die Lokomotion

Abdominalbeine: Entwicklung bei einigen Schmetterlingen: Friedmann (1934): Comment. biol. **4** Soc. Sci. Fennicae. — Hinton (1955), On the structure, function and distribution of the prolegs of the *Panorpoidea*, with a criticism of the Berlese-Imms-Theory. Trans. R. ent. Soc. London **106**.

Laufen: Gray (1953): How Animals Move. Cambridge Univ. Press. — Wilson (1966): Insect walking. Ann. Rev. Entomol. **11**. — Koordination der Beinbewegungen: Hughes (1952): J. exp. Biol. **29**. — Vergleichende Betrachtung der Lokomotion der Tracheaten: Manton (1966): J. Linnean Soc. London **46**. — Beziehung zwischen Laufgeschwindigkeit und Körpergröße: Hempel (1954): Z. vgl. Physiol. **36**. — Laufen und Stehen von *Carausius*, Sinnesborstenfelder an den Beingelenken als Glieder von Regelkreisen: Wendler (1964): Z. vgl. Physiol. **48**. — Fortbewegung der Larven von *Cantharis*: Wendler (1964): Ebenda **48**. — Muskulatur und Lokomotion der Raupen: Barth (1937): Zool. Jb. Anat. **62**.

Springen: *Locusta*: Hoyle (1955): Proc. Zool. Roy. London. **B 143**.

Fortbewegung auf der Oberfläche des Wassers: *Collembola*, Wasserläufer, Käfer, Fliegen: Baudoin (1955): Bull. Biol. France Belg. **89**. — *Gerris*: Brinkhurst (1960): Proc. Zool. Soc. London **133**. — Vgl. auch 22A. — Entspannungsschwimmen: *Paederus*: Heberdey (1944): Z. Morph. Ökol. **40**. — *Velia* und *Stenus*: Linsenmayr & Jander (1963): Naturwiss. **50**. — *Stenus*: Schildknecht (1970): Angew. Chemie **82**.

Schwimm-Mechanik der Wasserinsekten: Nachtigall (1964): Ergeb. Biol. **27**. — Der *Dytiscus*-Käfer: Ders. (1960): Z. vgl. Physiol. **43**. — Des *Gyrinus*: Ders. (1961): Ebenda **45**. — Hydrodynam. Messungen am Rumpf v. *Dytiscus*: Ders. (1963): Zool. Anz. Suppl. **27**. — Stoffwechsel u. Bewegung: Ders. (1964): Helgol. wiss. Meeresunters. **9**. — Schwimmkäfer-Hydrostatik: Heumann (1949): Z. vgl. Physiol. **31**. — Schwimmen der Käfer- und Nematocerenlarven vgl. 26 u. 31.

Stammesgeschichte der Putzbewegungen der Insekten: Jander (1966): Z. Tierpsychol. **23**. — Putzhandlungen der *Hymenoptera*: Wagner (1959): Diss. Univ. München.

E6. Erzeugung von Schall

Summen der Fliegen und Bienen: Wilson (1968): Adv. Insect Physiol. **5**, p. 322, 326ff. — Haskell (1961): Insect Sounds. Verlag Witherby, London. — Tuxen (1967), Insektenstimmen. Verständl. Wissenschaft. Verlag Springer, Berlin. — Verständigung durch Vibrationssignale: Markl (1969): Naturwiss. **56**. — Vgl. den Speziellen Teil, insb. 8, 13, 15, 16, 22A, 22B.

E7. Der Kopf

Embryonale Entwicklung vgl. E23.

Snodgrass (1951), Comparative studies on the head of mandibulate arthropods. Comstock Publ. Comp. Ithaca. — Matsuda (1965), Morphology and evolution of the insect head. Mem. Americ. ent. Instit. **4**. — Butt (1960), Head development in the arthropods. Biol. Rev. **35**. — Entgegnung darauf: Manton (1960): Ebenda **35**. — Siewing (1963), Zum Problem der Arthropodenkopf-Segmentierung. Zool. Anz. **170**. — Weber (1952), Morphologie, Histologie und Entwicklungsgeschichte der Artikulaten. Fortschr. Zool. **9**. — Gouin (1968), Strukturen des Kopfes. Ebenda **19**. — Die funktionelle und morphologische Bedeutung der Nähte am Insektenkopf: Strenger (1952): Zool. Jb. Anat. **72**.

Mundwerkzeuge und ihre Funktion: bei *Periplaneta*: POPHAM (1961): The Entomologist **94**. – Im übrigen vgl. man die Literatur bei den einzelnen Ordnungen.

E8. Die Koordinationssysteme

I. Das Nervensystem

Entwicklung des Oberschlundganglions: SCHOLL (1965): Zool. Anz. Suppl. **28**. – MALZACHER (1968): Z. Morph. Tiere **62**. – ROHRSCHNEIDER (1968): Zool. Jb. Anat. **85**. – Endverzweigungen der afferenten Neurone der Sinneszellen der Antennen sind wesentlich an der Bildung der glomerulösen Struktur des Deutocerebrum beteiligt: PANOV (1959): Zool. Z. **38** (Moscow).

Postembryonale Entwicklung bei den *Holometabola*: bei *Pieris*: HEYWOOD (1965): J. Insect Physiol. **11**. – bei *Anopheles*: SATIJA & SUD (1967): Res. Bull. Panjeb Univ. N. S. **18**. – bei *Danaus*: NORDLANDER & EDWARDS (1968): J. Morph. **126**.

Anatomie: GOUIN (1966): Fortschr. Zool. **17**. – Struktur des Gehirns von *Formica*: GOLL (1967): Z. Morph. Ökol. **59**. – Feinbau des Neuropils im Corpus pedunculatum von *Formica*: STEIGER (1967): Z. Zellfrosch. **81**. – Lobus opticus der *Lepidoptera*: STRAUSFELD & BLEST (1970): Philos. Trans. R. Soc. London **B 258**. – Lobus opticus der *Diptera*: STRAUSFELD (1970): Ebenda **B 258**. – Gehirn der *Diptera*: GROTH (1971): Zool. Jb. Anat. **88**. – Stomodeales Nervensystem von *Periplaneta*: WILLEY (1961): J. Morph. **108**.

Physiologie: The physiology of the insect central nervous system. Papers from the 12th internat. Congress of Entomology, edited by TREHERNE & BEAMENT (1965), Academic Press, London. – HUBER (1966), Aktuelle Probleme in der Physiologie des Nervensystems der Insekten. Verhdl. Verb. dtsch. Biol. **3**. Wiss. Verlagsges., Stuttgart. – Funktion des Gehirnes bei der Fortbewegung und Lauterzeugung der Grillen: HUBER (1959): Zool. Anz. Suppl. **23**. – Ders. (1960): Z. vgl. Physiol. **44**. – Ders. (1962): Physiologie des Nervensystems der Evertebraten. Fortschr. Zool. **15**. – Organisation des Zentralnervensystems: WIERSMA (1962): Amer. Zool. **2**. – ROEDER (1963): Nerve cells and insect behaviour. Harvard Univ. Press.

Rolle des Frontalganglions bei der Steuerung des Eiweißstoffwechsels von *Locusta*: GILLOT (1964): Helgol. wiss. Meeresunters. **9**.

Peripheres Nervensystem und Muskulatur im Thorax von *Formica* u. *Vespa*: MARKL (1966): Zool. Jb. Anat. **83**. – Steuerung der Visceralmuskulatur: DACEY (1964): Advanc. Insect Physiol. **2**. – Struktur u. Funktion des Riesenfasersystems bei *Periplaneta*: FARLEX & MILBURN (1969): J. Insect Physiol. **15**. – Feinstruktur der peripheren Nerv-Muskel-Verbindung: EDWARDS, RUSKA & DE HARDEN (1958): J. Biophysic. a. biochem. Cytol. **4**.

Das Lernvermögen isolierter Thoraxganglien: HORRIDGE (1962): Proc. R. Soc. (London) **B 157**. – EISENSTEIN & COHEN (1965): Anim. Behaviour **13**. – BROWN & NOBLE (1968): Biochem. Pharmacol. **17**.

Beziehungen zwischen Neuronen- und Gliazellen: LANDOLT (1965): Z. Zellforsch. **66**. – TEODORESCU, MARCU & ZAHARIA (1965): Rev. roum. Embryol. Cytol. **2**. – Permeabilität des Perineurium und der Neuroglia: TREHERNE (1962): Nature **196**. – SMITH & TREHERNE (1963): Advanc. Insect Physiol. **1**. – ELDEFRAWI, TOPPOZADA, SALPETER & O'BRIEN (1968): J. exp. Biol. **48**.

E8. II. Das endokrine System

GERSCH (1964), Vergleichende Endokrinologie der wirbellosen Tiere. Akademische Verlagsgesellschaft, Leipzig. – NOVAK (1966), Insect Hormones. Verlag Methuen, London. – JOLY (1968), Endocrinologie des Insectes. Verlag Masson, Paris. – BÜCKMANN (1970): Die hormonale Entwicklungssteuerung der Arthropoden. Zool. Anz. Suppl. **33**. – Pflanzen als Quelle von Verbindungen, die eine ähnliche Wirkung wie das Juvenilhormon und das Ecdyson auf Insekten ausüben: STAAL (1967): Proc. kon. ned. Akad. Wet. **C 70**.

Das Schicksal der neurosekretorischen Zellen des Larvengehirns von *Sarcophaga* während der Metamorphose: DOGRA & TANDAN (1965): Experientia **21**.

Beziehungen zwischen Gehirn, Corpora allata und dem Oocytenwachstum bei *Schistocerca*: STRONG (1965): J. Insect. Physiol. **11**.

Corpora allata: Feinstruktur: bei *Schistocerca*: ODHIAMBO (1966): J. Insect Physiol. **12**. – bei *Chironomus*: KÜMMEL (1969): Zool. Anz. Suppl. **32**. – Struktur des Juvenilhormons: RÖLLER, DAHM, SWEELEY & TROST (1967): Angew. Chem. **79**. – Verbindungen mit der Wirkung des Juvenilhormons: SCHMIALEK (1963): Z. Naturf. **18b**. – Beeinflussung der Imaginalentwicklung von *Tenebrio* durch Farnesylmethyläther und Actionomycin: EMMERICH (1969): Zool. Anz. Suppl. **32**. – Die Wirkungen des Hormons der Corpora allata auf das Insekt: WIGGLESWORTH (1965): Nature **208**. – Steuerung der Kopulationsbereitschaft bei *Leucophaea*: ENGELMANN & BARTH (1968): Ann. ent. Soc. Amer. **61**. – Steuerung der Dotterbildung in den Oocyten: bei *Periplaneta*: THOMAS & NATION (1966): Biol. Bull. **130**. – bei *Pyrrhocoris*: SLAMA (1965): J. Insect Physiol. **11**. – Steuerung der Proteinsynthese und der Atmung im Fettkörper sowie des Oocytenwachstums bei der Schabe *Nauphoeta*: LÜSCHER (1968): Ebenda **14**. – Steuerung der accessorischen Drüsen der Männchen von *Locusta*: GIRARDIE & VOGEL (1966): C. R. Acad. Sci. (Paris): D **263**. – Aktivierung der Corpora allata durch steigenden Proteintiter in der Hämolymphe: ENGELMANN (1965): Arch. anat. micro. Morph. exp. **54**.

Corpora cardiaca: Feinstruktur bei *Calliphora*: NORMAN (1965): Z. Zellforsch. **67**. – Senkung des O_2-Verbrauchs im Fettkörper von Schaben: WIENS & GILBERT (1965): Science **150**. – KEELY & FRIEMAN (1967): Gen. comp. Endocr. **8**. – Nervöse Verbindung zu den Ocellen und den neben diesen liegenden parocellaren Organen der *Blattodea*: BROUSSE-GAURY (1968): C. R. Acad. Sci. (Paris) **D 267**.

Ventral- oder Prothorakal-Drüse. Ultrastruktur bei *Bombyx*: BEAULATON (1968): J. Ultrastruct. Res. **23**. – Struktur und Wirkungsmechanismus des Ecdyson: KARLSON (1966): Naturwiss. **53**. – Das Enzymsystem, das Ecdyson inaktiviert: KARLSON & BODE (1969): J. Insect Physiol. **15**. – SHAAYA (1969): Z. Naturf. **24b**. – Einfluß des Ecdyson auf die Regeneration bei Schaben: MARKS & REINECKE (1965): Gen. comp. Endocr. **5**. – An der Puffbildung von Riesenchromsomen der Dipteren nachgewiesene stadienspezifische Genaktivierung durch Ecdyson: BECKER (1962): Zool. Anz. Suppl. **25**. – CLEVER (1962): Ebenda **25**. – CLEVER & ROMBALL (1966): Proc. nat. Acad. Sci. (Washington) **56**.

Die hormonale Entwicklungssteuerung: BÜCKMANN (1970): Zool. Anz. Suppl. **33**. – ETKIN & GILBERT (1968), Metamorphosis. Verlag: North Holland Publ. Comp. Amsterdam. – Histologische Untersuchungen über die Aktivität inkretorischer Organe bei der Verpuppung von *Cerura*: HINTZE (1968): Roux Arch. **160**.

Endokrine Steuerung der Fortpflanzung: ENGELMANN (1968): Ann. Rev. Ent. **13**.

Steuerung des Wasserhaushaltes durch Hormone: bei *Periplaneta*: WALL (1965): Zool. Jb. Physiol. **71**. – bei *Locusta*: CAZAL & GIRARDIE (1968): J. Insect Physiol. **14**. – bei *Rhodnius*: MADDRELL (1963): J. exp. Biol. **40**. – Ders. (1966): Ebenda **45**. – bei *Chaoborus*: GERSCH (1969): Zool. Jb. Physiol. **75**.

Proctodon-Erzeugung im Enddarm von *Ostrinia (Lepidoptera)*: ALEXANDER & FAHRENBACH (1969): Z. Zellforsch. **94**.

Geschlechtsdifferenzierende Hormone der apikalen mesoblastischen Teile der Hodenfollikel bei *Lampyris*: NAISSE (1965): Arch. Anat. micr. Morph. exp. **54**.

E9. Die Sinne und ihre Organe

BURKHARDT (1960), Die Eigenschaften u. Funktionstypen der Sinnesorgane. Ergebn. Biol. **22**. – Ders. (1961), Allgemeine Sinnesphysiologie und Elektrophysiologie der Receptoren. Fortschr. Zool. **13**. – Ders. (1969), Wörterbuch der Neurophysiologie. Verlag VEB G. Fischer, Jena.

Streckungsrezeptoren: HOFFMANN (1964), Bau u. Vorkommen von proprioceptiven Sinnesorganen bei den Arthropoden. Ergebn. Biol. **27**. – Bau und Lage in 7 Ordnungen der Insekten: OSBORNE & FINLAYSON (1962): Quart. J. microscop. Sci. **103**. – Bau u. Funktion der abdominalen Rezeptoren: FINLAYSON & LOWENSTEIN (1958): Proc. R. Soc. (London) **B 148**. – Propriozeptoren im Thorax u. Abdomen der Grillen: MÖSS (1968): Zool. Anz. Suppl. **31**. – Elektrophysiologische Untersuchung des Streckungsrezeptors am Flügelgelenk von *Locusta*: PABST (1965): Z. vgl. Physiol. **50**.

E10. Die mechanorezeptorischen Sensillen

HOFFMANN (1963), Vergleichende Physiologie der mechanischen Sinne. Fortschr. Zool. **16**. – THURM (1964), Mechanoreceptors in the cuticle of the honey bee: Fine structure and stimulus mechanism. Science **145**. – Ders. (1965): Cold spring Harbor Sympos. quantit. Biol. **30**. – Ders. (1963): Z. vgl. Physiol. **46**. – THURM (1968), Steps in the transducer process of mechanoreceptors. Sympos. zool. Soc. London Nr. **23**. – Sensible Innervierung der Borsten während der Häutung: RICHARD (1952): Bull. Soc. zool. France **77**.

Campaniforme Sensillen: Feinbau im Pedicellus von *Chrysopa*: SCHMIDT (1969): Z. Zellforsch. **96**. – steuern die Flügelverwindung bei den *Caelifera*: GETTRUP (1966): J. exp. Biol. **44**.

Scolopidien: Feinbau im Pedicellus der Florfliege: Schmidt (1969): Z. Zellforsch. **99**. – Entwicklung im Pedicellus von *Aedes* während der Puppenphase: Schmidt (1968): Zool. Anz. Suppl. **31**.

Sinnesborstenfelder: an den Gelenken der *Hymenoptera*, wo sie der Propriorezeption und dem Schweresinn dienen: Markl (1962): Z. vgl. Physiol. **45**. – bei *Carausius*: Wendler (1961): Naturwiss. **48**. – bei Fangschrecken: Mittelstaedt (1957): Recent advanc. in Invert. Physiol. Univ. Oregon Publ. – Ders. (1953): Zool. Anz. Suppl. **16**.

Die Schweresinnesorgane der Insekten: Markl (1963): Naturwiss. **50**. – Schweresinnesorgan der Honigbiene: Lindauer & Nedel (1959): Z. vgl. Physiol. **42**. – Geomenotaxis bei Honigbienen: Markl (1966): Z. vgl. Physiol. **53**. – Geomenotaktische Fehlorientierung bei *Formica*: Ders. (1964): Ebenda **48**. – Schwerkraftrezeption bei der Geotaxis des laufenden Mehlkäfers: Horn (1970): Ebenda **66**. – Bedeutung von Gelenkrezeptoren in den Beinen für die Geotaxis der *Pterygota*: Jander, Horn & Hoffmann (1970): Ebenda **66**. – Phylogenie der Geotaxis innerhalb der *Apioidea*: Jander & Jander (1970): Ebenda **66**. – Leistungen der Schwereorientierung bei *Bledius (Staphylinidae)*: Bückmann (1954): Ebenda **36**. – Gleichgewichtssinn bei fliegenden Libellen: Mittelstaedt (1950): Ebenda **32**.

Luft-Strömungssinn: Sinneshaarfelder am Kopf von *Locusta*: Weis-Fogh (1956): Philosoph. Trans. R. Soc. (London) B **239**. – Camhi (1969): J. exp. Biol. **50**. – Feinstruktur der Sinneshaare bei *Schistocerca*: Guthrie (1966): J. Cell. Sci. **1**. – Entfernung der 1000 Augenborsten jedes Komplexauges der Honigbiene senkt die Flug-Geschwindigkeit im freien Gelände: Neese (1966): Z. vgl. Physiol. **52**.

Anemotaxis: bei *Velia*: Heran (1962): Z. vgl. Physiol. **46**. – bei den *Tenebrionidae* u. *Geotrupidae*: Linsenmair (1969): Ebenda **64**. – Die Perzeption der Erschütterung des festen Untergrundes: Verständigung durch Vibrationssignale bei Arthropoden: Markl (1969): Naturwiss. **56**. – Vergleichende Untersuchungen über den Erschütterungssinn: der Insekten: Autrum & Schneider (1948): Z. vgl. Physiol. **31**. – der Käfer und Fliegen: Schneider (1950): Ebenda **32**.

Die Perzeption von Wasserwellen: vgl. Wasserwanzen (Kap. 22A) u. *Gyrinidae* (Kap. 26).

Die Perzeption von Luftwellen:

Messung der Eigengeschwindigkeit beim Flug: mit Hilfe des Johnstonschen Organes der Antennen: bei *Locusta*: Gewecke (1970): Nature **225**. – bei *Apis mellifica*: Heran (1959): Z. vgl. Physiol. **42**. – bei *Calliphora*: Bau der Antennengelenke und ihrer Rezeptoren: Gewecke (1967): Z. Morph. Ökol. **59**. – Wirkung von Luftströmungen auf die Antenne und das Flugverhalten: Ders. (1967): Z. vgl. Physiol. **54**. – Gewecke & Schlegel (1969): Zool. Anz. Suppl. **32**. – Vibration der Antenne und ihre Bedeutung für die Flugsteuerung: Dies. (1970): Z. vgl. Physiol. **67**. – Einzelableitungen von einem Stellungsrezeptor (Sensillum campaniforme) im Pedicellus-Funiculus-Gelenk: Schlegel (1967): Ebenda **55**. – Vergleichende Untersuchungen zur Steuerung der Fluggeschwindigkeit: Schneider (1965): Z. wiss. Zool. **173**.

Gehörsinn: Schwartzkopff (1960), Vergleichende Physiologie des Gehörs. Fortschr. Zool. **12**. – Ders. (1962), Vergleichende Physiologie des Gehörs und der Lautäußerungen. Ebenda **15**. – Ders. (1962), Die akustische Lokalisation bei den Tieren. Ergebn. Biol. **25**. – Gehörorgan männlicher *Culicidae*: Bau: Risler (1953): Zool. Jb. Anat. **73**. – Funktion: Tischner & Schief (1954): Zool. Anz. Suppl. **18**.

Tympanalorgane: bei *Locusta*: Feinstruktur: Gray (1960): Philosoph. Trans. R. Soc. (London) B **243**. – Empfindlichkeit: Wever & Vernon (1959): Proc. Nat. Acad. Sci. (Washington) **45**. – Katsuki & Suga (1960): J. exp. Biol. **37**. – Verschiedene Frequenzempfindlichkeit einzelner Sinneszellen des Tympanalorganes: Michelsen (1966): J. Insect Physiol. **12**. – Elemente mit unterschiedlicher Frequenzempfindlichkeit im Bauchmark: Yanagisawa, Hashimoto & Katsuki (1967): Ebenda **13**. – Getrennte nervöse Repräsentation für verschiedene Tonbereiche im Protocerebrum: Adam & Schwartzkopff (1967): Z. vgl. Physiol. **54**. – Adam (1968): Zool. Anz. Suppl. **31**. – Ders. (1969): Neurophysiologie des Hörens u. Bioakustik: Z. vgl. Physiol. **63**. – Einfluß der Schallrichtung auf die Tympanalorgane: Autrum, Schwartzkopff & Swoboda (1961): Biol. Zbl. **80**. – bei den *Caelifera*: Anatomie vgl. Abb. 15.10. – Funktion bei *Tettigonia*: Autrum (1941): Z. vgl. Physiol. **28**. – Phasische u. tonische Antworten: Ders. (1960): *Acustica* **10**. – Richtungshören: Ders. (1940): Z. vgl. Physiol. **28**. – Funktion bei *Homorocoryphus*: McKay (1969): J. exp. Biol. **51**. – bei den Cicadidae: Anatomie vgl. Abb. 22B.12. – Funktion: Empfindlichkeit und Frequenzbereich der Reaktion: Katsuki & Suga (1960): J. exp. Biol. **37**.

Gehörsinn der Wasser- u. Landwanzen vgl. Kap. 22 A, von *Chrysopa* vgl. Kap. 25, von Nachtschmetterlingen vgl. Kap. 29.

Perzeption von Luftwellen durch Fadenhaare (Trichobothrien) am Cercus von *Periplaneta*: Nicklaus (1965): Z. vgl. Physiol. **50**. – Ders. (1967): Ebenda **54**.

E11. Die chemorezeptiven Sensillen

Hoffmann (1961), Fortschr. Zool. **13**. – Dethier (1963), The Physiology of Insect Sens. Wiley Verlag, New York. – Hayashi (1967), Olfaction and Taste. Pergamon Press, London. – Schoonhoven (1968), Chemosensory Bases on Host Plant Selection. Ann. Rev. Ent. **13**.

I. Die Geruchssensillen und ihre Funktion

Morphologie: Der Bau der Antenne von *Bombyx*: Glieder, Bewegungsapparat, Kutikula: Schneider & Kaissling (1956): Zool. Jb. Anat. **75**. – Sensillen, ihr Muster und Bau: Dies. (1957): Ebenda **76**. – Bindegewebe u. Blutgefäß: Dies. (1959): Ebenda **77**. – Feinstruktur der Riechsensillen auf der Antenne von *Necrophorus*: Ernst (1969): Z. Zellforsch. **94**. – Bei *Bombyx* und *Rhodnius* ist jede Sinneszelle der Antenne individuell mit dem Deutocerebrum durch ihren eigenen Axon verbunden: Steinbrecht (1969): J. Cell. Sci. **4**.

Physiologie: Entschlüsselungs-System für chemische Signale: Schneider (1969): Science **163**. – Übersicht über die Geruchssensillen: Schneider & Steinbrecht (1968): Symp. zool. Soc. London **23**. – Vergleichende Rezeptorphysiologie der Riechorgane der Insekten: Schneider (1963): Jahrb. Max-Planck-Ges.

Lepidoptera: Reaktionsspektren der Geruchs-Sinneszellen bei Schmetterlingen und Empfindlichkeit gegen den Sexuallockstoff, insbesondere bei Seidenspinnern: Schneider (1966): Der Nervenarzt **37**. – Riechschwelle von *Bombyx mori*: Kaissling & Priesner (1970): Naturwiss. **57**. – Reaktionsspektrum von Riechzellen des Saturniiden *Antheraea*: Schneider, Lacher & Kaissling (1964): Z. vgl. Physiol. **48**.

Reaktionsschwelle, Arbeitsbereich und Spezifität eines Geruchsrezeptors auf der Antenne von *Locusta*: Boeckh (1967): Z. vgl. Physiol. **55**. – Elektrophysiologische Untersuchungen an einzelnen Geruchsrezeptoren: von *Necrophorus*: Boeckh (1962): Ebenda **46**. – von weiblichen *Aedes*: Lacher (1967): J. Insect Physiol. **13**. – Elektrophysiologischer Nachweis der Riechfunktion von Porenplatten bei *Apis*: Lacher & Schneider (1963): Z. vgl. Physiol. **47**. – Lacher (1964): Ebenda **48**. – Funktion der Geruchssensillen bei Pflanzenfressern, bes. Raupen: Schoonhoven (1968): Ann. Rev. Ent. **13**. – Elektrophysiol. Unters. d. Sensilla basiconia der Antenne der Seidenraupen: Morita & Yamashita (1961): J. exp. **38**. – *Bombyx*-Raupen können 200 verschiedene Gerüche unterscheiden: Hirao & Ishikawa (1964): J. sericult. Sci. Japan **33**.

Osmotropotaxis u. Nahorientierung im Duftfeld bei *Apis*: Martin (1964): Z. vgl. Physiol. **48**. – Leistungen des topochemischen Sinnes bei *Apis*: Ders. (1965): Ebenda **50**. – Vgl. auch Kap. 27 E unter *Apis*.

II. Die CO_2-Rezeptoren

CO_2-Rezeptoren auf den Endgliedern der Maxillarpalpen der Larven des Kurzrüssel-Käfers *Otiorrhynchus*: Klingler (1966): Ent. exp. appl. (Amsterdam) **9**. – Ihre biologische Bedeutung: Ders. (1958): Mitt. schweiz. ent. Ges. **31**. – Reaktion von Grubenkegeln der Honigbiene auf CO_2: Lacher (1964): Z. vgl. Physiol. **48**.

III. Die Rezeptoren für Luftfeuchtigkeit

Bei *Apis*: Lacher (1964): Z. vgl. Physiol. **48**. – bei Raupen von *Manduca*, *Pieris* usw.: Dethier & Schoonhoven (1968): J. Insect Physiol. **14**.

IV. Die Geschmackssensillen und ihre Funktion

Morphologie: der Sinneshaare der Labellen sowie ihrer Innervierung: bei *Calliphora*: Peters (1965): Z. Morph. Ökol. **55**. – bei *Phormia*: Wilczek (1967): J. Morph. **122**. – Deren Feinstruktur: Hansen & Heumann (1970): Zool. Anz. Suppl. **33**. – Feinstruktur der Sinneshaare am Labellum und an den Tarsen bei *Stomoxys*: ADAMS, HOLBERT & FORGASH (1965): Ann. ent. Soc. America **58**. — Deren Verteilung auf den Beinen: ADAMS & FORGASH (1966): Ebenda **59**. — Bau der tarsalen Rezeptoren von *Phormia*: GRABOWSKI & DETHIER (1954): J. Morph. **94**. — Bau der Rezeptoren an den Maxillen der Schmetterlingsraupen: SCHOONHOVER & DETHIER (1966): Arch. néerland. Zool. **16**.

Funktion: Verhaltensversuche mit Schmeckstoffen, die, an Tarsen gebracht, Rüsselausstrecken bei Schmetterlingen u. Fliegen auslösen, findet man in den Physiologielehrbüchern referiert. — Bei *Trichoptera*: FRINGS & FRINGS (1956): Biol. Bull. **111**. — Schwellenkonzentrationen, bei denen noch die Rüsselstreckung ausgelöst wurde, für Saccharose u. NaCl: bei *Tabanidae*: LALL & DAVIES (1967): Canad. J. zool. **45**. — Dies. (1968): Ann.ent. Soc. America **61**.

Elektrophysiologische Untersuchung: der Labellum-Sinneshaare: von *Phormia* u. *Sarcophaga*: HODGSON & ROEDER (1956): J. cell. comp. Physiol. **48**. — von *Phormia*: DETHIER & HANSON (1968): Proc. nat. Acad. Sci. (Washington) **60**. — von einer Sarcophagide: MORITA & SHIRAISHI (1968): J. gen. Physiol. **52**. — der Geschmackssensillen am Übergang des Labellum n die Labialrinne des Rüssels: DETHIER & HANSON: J. cell. comp. Physiol. **65**. — der Labellum- und Tarsen-Sensillen von *Phormia*: STEINHARDT, MORITA & HODGSON (1966): J. cell. Physiol. **67**. — der Tarsensensillen von *Calliphora*: DEN OTTER & VAN DER STARRE (1967): J. Insect Physiol. **13**. — Man vgl. auch E13, Temperatursinn.

Geschmackssinn der Schmetterlingsraupen und nektarsaugenden Insekten: SCHOONHOVEN (1968), Chemosensory bases of host plant selection. Ann. Rev. Ent. **13**.

Ultrastruktur der Sensillen am Hypopharynx von *Blabera*: MOULINS (1967): J. Ultrastruct. Res. **21**.

E12. Der Gesichtssinn

I. Komplexaugen

Die bereits im Band Crustacea (Band I, 2. Teil) auf Seite 1213—1215 genannten Abhandlungen sind hier nicht noch einmal zitiert. Man beachte auch das Schriftenverzeichnis der Kapitel 27 C, D, E, 29 u. 31.

Bau und Entwicklung: YAGI & KOYAMA (1963), The Compound Eye of Lepidoptera. Verlag Maruzen, Tokyo. — Feinbau bei *Rhodnius*: MÜLLER (1970): Zool. Jb. **75**. — Feinstruktur der zentralen Retinazellen des Ommatidium der Dipteren: MELAMED & TRUJILLO-CENOZ (1968): J. Ultrastruct. Res. **21**. — der Retinulae von *Apis*: VARELA & PORTER (1969): Ebenda **29**. — Feinstruktur der Oberfläche der Cornea: Kutikulawarzen, welche die Reflektion an der Corneaoberfläche herabsetzen: BERNHARD, GEMNE & SÄLLSTRÖM (1970): Z. vgl. Physiol. **67**.

Funktion: Zusammenfassungen: VON FRISCH (1965), Tanzsprache und Orientierung der Bienen. Verlag Springer, Heidelberg. — BERNHARD, GEMME & SEITZ (1971), Optical Properties of the Compound Eye. In Handbook of Physiology, edit. by FUORTES-BURTT & CATTON (1966), Image Formation and Sensory Transmission in the Compound Eye. Advanc. Insect Physiol. **3**. — SEITZ (1971), Der Aufbau und die Funktion des Komplexauges der Schmeißfliege. Naturwiss. **58**.

Der dioptrische Apparat: und der Strahlengang: bei *Calliphora*: SEITZ (1968): Z. vgl. Physiol. **59**. — Ders. (1969): Zool. Anz. Suppl. **32**. — u. Z. Zellforsch. **93**. — bei *Phausis*: SEITZ (1969): Z. vgl. Physiol. **62**. — Bei *Photuris*: HORRIDGE (1969): Proc. R. Soc. London B **171**. — Physiologische Sehwinkel der Ommatidien: von *Musca*, im hell- und dunkeladaptierten Auge: VOWLES (1966): Proc. r. Soc. (London) A **164**.

Die optische und neurale Projektion der Umwelt auf das Raster der Rhabdomeren und die neurale Projektion auf die Sehganglien bei *Musca domestica*: KIRSCHFELD (1967): Exp. Brain Res. **3**. — BRAITENBERG & KIRSCHFELD (1968): Mitt. aus der Max-Planck-Ges. Heft **3**. — Neurale Projektion der Umwelt auf die ersten beiden Sehganglien bei *Anisoptera*, *Locusta* und der Drohne von *Apis*: HORRIDGE & MEINERTSHAGEN (1970): Z. vgl. Physiol. **66**. — Elektronenoptische Untersuchung der Lamina ganglionaris von *Lucilia* und *Sarcophaga*: TRUJILLO-CÉNOZ (1965): J. Ultrastruct. Res. **13**.

Experimenteller Nachweis der Richtigkeit der Exnerschen Theorie des Strahlenverlaufs im Superpositionsauge an lebenden *Ephestia* sowie einigen Nachtschmetterlingen: KUNZE (1969): Nature **223**. Ders. (1971): Zool. Anz. Suppl. **34**.

Anpassung an wechselnde Lichtverhältnisse: Erweiterung der von den Hauptpigmentzellen am proximalen Ende der Kristallzellen gebildeten Lochblende (Pupille) durch Vordringen der Rhabdomerenspitzen in den Kristallkegel (Retinomotorik): bei *Tenebrio*: Wada & Schneider (1967): Naturwiss. **54**. — bei Heteroptera, *Forficula*, *Tipula*. Eckert (1968): Zool. Jb. Physiol. **74**. — bei *Rhodnius*: Müller (1970): Ebenda **75**. — Pigmentwanderung, Schirmpigmentwirkung und Änderung der Rezeptorempfindlichkeit in Superpositionsaugen von Nachtschmetterlingen: Höglund (1966): Acta physiol. scand. **69**, Suppl. 282.

Struktur u. Funktion des Tapetum der Schmetterlinge: Miller & Bernard (1968): J. Ultrastruct. Res. **24**.

Der zeitliche Verlauf des Erregungsvorganges: optische Verschmelzungsfrequenz von 17 Insektenarten: Campan, Gallo & Queinnec (1966): C. R. Soc. Biol. (Paris) **159**. — Seibt (1967): Z. vgl. Physiol. **57**.

Farbunterscheidungsvermögen: Autrum (1968): Naturwiss. **55**. — Langer (1967): Zool. Anz. Suppl. **30**. — Spektrale Empfindlichkeit einzelner Sehzellen: bei *Notonecta*: Bruckmoser (1968): Z. vgl. Physiol. **59**. — bei Larven und Imagines von *Aeschna*: Autrum & Kolb (1968): Ebenda **60**. — Änderungen der Feinstruktur der Retinulazellen von *Apis* nach Bestrahlung mit farbigem Licht: Gribakin (1969): Nature **223**. — Verhaltensversuche mit Bienen: Reizmetrische Untersuchungen: Daumer (1956): Z. vgl. Physiol. **38**. — Beziehungen zwischen Farbensinn u. Blütenbesuch der Biene: das unterschiedlich schnelle Erlernen von Farbmarken beruht lediglich auf den verschiedenen Farbqualitäten und geht auf eine zentralnervöse Bewertungsinstanz zurück: Menzel (1967): Z. vgl. Physiol. **56**. — Das Gedächtnis für Spektralfarben: Ders. (1969): Ebenda **63**. — Blumenfarben, wie sie die Bienen sehen: Daumer (1958): Ebenda **41**.

Formensehen: Winkelunterscheidung durch *Apis* an vertikal orientierten Streifenmustern. Bedeutung der Streifenbreite: Wehner (1968): Z. vgl. Physiol. **58**. — Visuelle Formunterscheidung von *Apis* im Bereich von Vier- und Sechsstrahlsternen: Schnetter (1968): Ebenda **59**. — Einfluß von Landmarken auf die Orientierung: Von Frisch & Lindauer (1954): Himmel u. Erde in Konkurrenz bei der Orientierung der Bienen. Naturwiss. **41**. — Vgl. auch Kap. 27C, 27D (*Sphecidae*), 26 (*Carabidae*, Lauterbach [1964], *Melolonthinae*).

Ocellen

Bau u. Funktion: Goodman (1970): Advanc. Insect Physiol. **7**. — Feinbau: bei Libellen: Ruck & Edwards (1964): J. Morph. **115**. — Synaptische Kontakte der Axone der Retinazellen mit Dendriten von Neuronen der Pars intercerebralis, deren Axone mit den Nerven der Corpora cardiaca in Verbindung stehen: Brousse-Gaury (1968): C. R. Acad. Sci. Paris D **267**.

Funktion: Einfluß auf die Flug- und Klettergeschwindigkeit bei *Schistocerca*, *Anacridium* und *Mantis*: Ergene (1964 u. 1965): Z. vgl. Physiol. **48**, **49** u. **51**. — Elektrophysiologische Untersuchungen: Autrum & Metschl (1963): Z. vgl. Physiol. **47**. — Metschl (1963): Ebenda **47**. — Funktion bei den Dämmerungsflügen von *Apis*: Lindauer & Schricker (1963): Biol. Zbl. **82**. — Schricker (1965): Z. vgl. Physiol. **49**. — Phototaktische Gegenkoppelung von Stirnocellen und Komplexaugen in der Phototropotaxis von *Locusta* u. *Gryllus*: Jander & Berry (1968): Ebenda **57**.

Parocellarorgane

der *Blattoptera* haben Retinazellen, deren Axone zum Deutocerebrum und Tritocerebrum verlaufen. Sie werden mit den Nerven der Corpora cardiaca in Verbindung gesetzt: Brousse & Gaury (1968): C. R. Acad. Sci. (Paris) D **267**.

E13. I. Periodik

Beck (1968): Insect Photoperiodism (Kapitel: Circadian rhythms and biological time relationships). Academic Press, London. — Circadian Clocks (1965), edited by Aschoff. Proc. Feldafing summer school. Verlag North Holland Publish. Comp. Amsterdam. — Müller (1964): Fortschr. Zool. **16** (p. 515, Photoperiode u. Aktivitätsrhythmik). — Tagesrhythmen der Aktivität bei *Carabidae*: Thiele (1968): Oecologia **1**. — Bedeutung der lokomotorischen Aktivität in circadianen Systemen: Lohmann (1967): Z. vgl. Physiol. **55**. — Tagesperiodische Aktivität bei *Geotrupes*: Warnecke (1966): Z. Tierpsychol. **23**. — Geisler (1961): Ebenda **18**. — Circadiane Rhythmik des O_2-Verbrauchs bei *Drosophila*: Rensing

(1966): Z. vgl. Physiol. 53. — Tageszeitlich gebundenes Schlüpfen: REMMERT (1962), Der Schlüpfrhythmus der Insekten (Puppen). Verlag Steiner, Wiesbaden. — Tageszeitliche und semilunare Schlüpfperiodik von *Clunio*: NEUMANN (1962—1968), vgl. Kap. 31, Abschnitt Imaginalhäutung. — Circadiane Rhythmik des Hormonsystems: RENSING (1966): Z. Zellforsch. 74. — Bedeutung: der Hormone für die Steuerung der circadianen Rhythmen: Ders. (1965): Zool. Jb. Physiol. 71. — des von A-Zellen bei *Noctua (Triphaena) pronuba* erzeugten Serotinins für die nächtliche Aktivität der Eule: HINKS (1967): Nature 214. — Komplexaugen perzipieren die Lichtreize, die bei *Periplaneta* den Rhythmus induzieren: NISHIITSUTSUJIIUWO & PITTENDRIGH (1968): Z. vgl. Physiol. 58.

II. Der Zeitmeßmechanismus und seine Bedeutung für die Kompaßorientierung

RENNER (1958), Der Zeitsinn der Insekten. Ergeb. Biol. 20. — Versetzung von Bienenvölkern über Tausende von km zur Analyse des Zeitsinnes und der Sonnenorientierung von *Apis*: RENNER (1955): Naturwiss. 42. — Ders. (1957): Z. vgl. Physiol. 40. — Ders. (1959): Ebenda 42. — Zeitgedächtnis von *Apis* unter dem Einfluß von Narkose und sozialen Zeitgebern: MEDUGORAC & LINDAUER (1967): Ebenda 55. — Synchronisation und Dissociation der „inneren Uhr" von *Apis* durch äußere Faktoren: BEIER, MEDUGORAC & LINDAUER (1968): Ann. Épiphyties 19. — Innate Types of Chronometry in Insect Orientation: BIRUKOW (1960): Cold Spring Harbor Symp. of Quant. Biol. 25.

III. Der Einfluß des Photoperiodismus

DANILEVSKIJ (1965), Photoperiodism and Seasonal Development of Insects. Verlag Oliver & Boyd, Edinburgh. — MÜLLER (1964): Die Photoperiode als Umweltfaktor: Fortschr. Zool. 16. — Einfluß auf die Ausdehnung und Befestigung des Puppengespinstes bei *Philosamia*: NOPP-PAMMER & NOPP (1969): Zool. Anz. Suppl. 32. — Einfluß auf die Schlüpfzeiten der Puppe von *Clunio*: NEUMANN (1966): Z. vgl. Physiol. 53. — auf den Eintritt der Diapause: Vgl. E26, II. — auf die Morphen der *Aphidina*: Vgl. Kap. 22C. — auf Saisonformen von *Aleurochiton*: Vgl. Kap. 22C *Aleyrodina*. — auf die Phasenbildung bei *Locusta migratoria*: Vgl. Kap. 17, Abschnitt Wanderheuschrecken. — auf die Bildung der Saisonformen von *Euscelis plebejus*: MÜLLER (1954): Beitr. Ent. 4. — Ders. (1959): Zool. Anz. Suppl. 22. — Ders. (1965): Zool. Beitr. N. F. 11. — Die Wirkung verschiedener Spektralbereiche bei der Induktion: Ders. (1964): Zool. Jb. Physiol. 70. — Induktion der Saisonformen: von *Euscelis*: Ders. (1957): Zool. Jb. System. 85. — von *Araschnia levana*: Ders. (1956): Naturwiss. 43. — Einfluß der Mondlichtperioden auf Schlüpfzeiten von *Clunio*: NEUMANN (1966): Z. vgl. Physiol. 53.

IV. Orientierung im elektromagnetischen Feld

beim Maikäfer: SCHNEIDER (1963): Ergebn. Biol. 26. — Ruheeinstellung von Termiten und Fliegen nach dem Magnetfeld: BECKER (1963): Naturwiss. 50. — Einfluß des Erdmagnetfeldes auf die Schwereorientierung von *Apis*: LINDAUER & MARTIN (1968): Z. vgl. Physiol. 60.

V. Der Temperatursinn

HERTER (1953), Der Temperatursinn der Insekten. Verlag Duncker & Humblot, Berlin. — HOFFMANN (1961): Fortschr. Zool. 13. — Lage der wichtigsten Temperatur-Rezeptoren bei einigen Käfern und Wanzen, bestimmt aus dem Verhalten nach Exstirpation von Antennengliedern: GEBHARDT (1953): Zool. Jb. Physiol. 63. — Dressuren von *Apis* auf Räume von verschiedener Wärme: HERAN (1952): Z. vgl. Physiol. 34. — Elektrophysiologische Untersuchungen: bei *Apis*: LACHER (1964): Ebenda 48. — bei Schmetterlingsraupen: SCHOONHOVEN (1967): J. Insect Physiol. 13. — DETHIER & SCHOONHOVEN (1968): Ebenda 14. — Kälterezeptor auf der Antenne von *Periplaneta*: LOFTUS (1966): Ebenda 52.

Die Entladungsfrequenz der chemosensorischen Neurone der Labellen ändert sich, wenn das ganze Labellum, nicht aber wenn nur die Haarspitzen thermisch gereizt werden: HODGSON (1956): Anat. Rec. 125. — DETHIER & ARAB (1958): J. Insect Physiol. 2.

E14. Die Drüsen

I. Die Labialdrüse

Anatomie: bei *Campodea*: FRANCOIS (1970): Zool. Jb. Anat. **87**. – Ultrastruktur: von *Onychiurus (Collembola)*: ALTNER (1968): J. Ultrastruct. Res. **24**. – von *Lepisma*: HAUPT (1969): Zool. Beitr. N. F. **15**. – Histophysiologie der Speicheldrüse von *Periplaneta*: RAYCHAUDHURI & GHOSH (1964): Zool. Anz. **173**.

II. Hautdrüsen

Im Kopf von *Campodea*: GEORGE (1963): J. microscop. Sci. **104**. – Vgl. im übrigen den Speziellen Teil.

E15. Ernährung und Ernährungsorgane

Nährstoffbedarf: HOUSE (1961): Ann. Rev. Ent. **6**. – GORDON (1968), Quantitative aspects of insect nutrition. Amer. Zool. **8**. – Sinnesphysiologische Grundlagen der Nahrungswahl pflanzenfressender Insekten: SCHOONHOVEN (1968): Ann. Rev. Ent. **13**. – JERMY (1966), Feeding inhibitors and food preference in chewing phytophagous insects. Ent. exp. appl. (Amsterdam) **9**. – Lebensweise und Sinnesphysiologie der Insekten, die sich an Blüten ernähren: KUGLER (1970), Einführung in die Blütenökologie. Verlag G. Fischer, Stuttgart u. Jena. – Morphologische Anpassungen der Vertreter der verschiedenen Ordnungen an die Gewinnung von Blumennahrung: SCHREMMER (1961): Zool. Anz. Suppl. **25**. – Ders. (1969): Umschau **69**. – Lernvermögen blütenbesuchender Insekten z. T. auch gegenüber Blüten, deren Bau nicht in harmonischer Wechselbeziehung zu ihrer Rüssellänge usw. steht: Ders. (1953 u. 1955): Österr. Botan. Z. **100** u. **102**. – Vgl. vor allem auch Kap. 27D, 27E, 29 u. 31.

E15. Darm und Verdauung

WATERHOUSE (1957): Digestion in insects. Ann. Rev. Ent. **6**. – URICH (1963), Physiologie des Stoffwechsels. Fortschr. Zool. **16**. – Chemical Zoology, edit. by FLORKIN & SCHEER (1970), **5**. – Funktion des Kropfes bei *Periplaneta*: DAVEY & TREHERNE (1963 u. 1964): J. exp. Biol. **40** u. **41**. – Kaumagen holzfressender Käfer: REICHENBACH-KLINKE (1953): Z. angew. Ent. **34**.

Struktur u. Bildungsgeschwindigkeit peritrophischer Membranen bei *Calliphora*: ZIMMERMANN, PETERS & HALLSTEIN (1969): Z. Naturf. **24b**. – Fein-Struktur bei verschiednen Insekten: PETERS (1969): Z. Morph. Tiere **64**. – Produktionsgeschwindigkeit bei verschiedenen Insekten: WATERHOUSE (1954): Austr. J. Biol. Sci. **7**. – Funktion bei *Musca* u. *Calliphora*: ZHUZHIKOV (1964): J. Insect Physiol. **10**.

Kohlenhydratverdauung bei der Schabe *Blaberus*: BANKS (1963): Science **141**. – Verdauung u. Resorption von Tripalmitin bei *Periplaneta*: TREHERNE (1958): J. exp. Biol. **35**. – Resorption u. Stoffwechsel einiger Zucker bei *Schistocerca*: Ders. (1958): Ebenda **35**. – Verdauung bei Insekten, die mit der Nahrung sehr viel Zellulose aufnehmen: *Ctenolepisma*: LASKER & GIESE (1956): J. exp. Biol. **33**. – *Periplaneta*: WHARTON, WHARTON & LOLA (1956): J. Insect Physiol. **11**. – *Gryllus*: MARTOJA (1962): C. R. Acad. Sci. Paris **254**. – *Oryctes* und *Melolontha*-Larven (mit Ausblicken auf andere holzfressende Käferlarven): RÖSSLER (1961): J. Insect Physiol. **6**. – Holzfressende Käferlarven: SCHLOTTKE (1945): Zool. Jb. Physiol. **61**. – Kotfressende Scarabaeiden-Larven: GOIDANICH & MALAN (1962): Atti Acad. Sci. Torino I, **96**. – Holzbrütende *Scolytidae* und *Siricidae*, die mit Hilfe von Pilzen das Holz für ihre Larven verdaubar machen: FRANCKE-GROSMANN (1967): in Symbiosis (edit. by HENRY) **2**. – Verdauung von Wolle durch die Larven von *Tineola*: MERCER (1954): Biochim. et biophysica acta (Amsterdam) **15**. – POWNING (1962): J. Insect Physiol. **8**. – POWNING & IRZKIEWICZ (1962): Ebenda **8**.

Verdauung von Wachs durch die Larve von *Galleria*: NIMIERKO (1959): Proc. intern. Congr. Biochem. 4. Vienna **12**.

E16. Exkretion (vgl. auch E17)

Zusammenfassung bis 1960: CRAIG (1960): Ann. Rev. Ent. 5. – Endprodukte der Stickstoffwechsel-Exkretion: RAZET (1966): Ann. biol. (Paris) Sér. 4, 5. – Exkretion von Ammoniak bei Wasserwanzen: STADDON (1963 u. 1964): J. exp. Biol. **40** u. **41**. –

Entwicklung der Malpighischen Gefäße bei *Dysdercus*: SRIVASTA & BAHADUR (1961): Quart. J. microscop. Sci. **102**. — Zusammenfassung der elektronenoptischen funktionsmorphologischen Untersuchungen insbesondere an *Drosophila*: WESSING (1968): Zool. Anz. Suppl. **31**. — Elektronenoptische Untersuchung der regionalen Gliederung der Malpighischen Gefäße von *Drosophila*: Ders. (1969): Z. Zellforsch. **101**. — Speicherung u. Ausscheidung von freiem Tryptophan durch die Malpighischen Gefäße von *Drosophila*: WESSING & BONSE (1962): Z. Naturf. **17b**. — Exkretion von Harnsäure bei *Periplaneta*: SRIVASTAVA & GUPTA (1961): J. Insect Physiol. **6**. — Exkretion bei *Carausius*: RAMSAY (1958): J. exp. Biol. **35**. — Wasser-, Ionen- und Stickstoffexkretion bei *Dysdercus*: BERRIDGE (1965): J. exp. Biol. **43**. — Exkretion bei *Corcyra (Pyralidae)*: SRIVASTAVA (1962): J. Insect. Physiol. **8**.

Absorption im Rectum: bei *Periplaneta*: WALL (1967): Ebenda **13**. — bei *Schistocerca*: PHILLIPS (1964): J. exp. Biol. **41**. — Ders. (1965): Trans. r. Soc. Can. Ser. 4, **3**. — Rectalintima als Molekularsieb bei *Schistocerca*: PHILLIPS & DOCKRILL (1968): J. exp. Biol. **48**. — Ionen- u. Wasserflux im Rectum von *Schistocerca*: STOBBART (1968): J. Insect Physiol. **14**. — Rektalkomplex (Cryptonephridie) bei Käfern und Raupen: SAINI (1964): Trans. R. ent. Soc. London **116**. — bei *Tenebrio*: RAMSAY (1964): Phil. Trans. R. Soc. London A **248**. — GRIMSTONE, MULLINGER & RAMSAY (1968): Ebenda B **253**. — Hormonale Steuerung der Funktion der Malpighischen Gefäße und des Rectum bei *Schistocerca*: MORDUE (1969): J. Insect Physiol **15**.

E17. Wasserhaushalt

SHAW & STOBBART (1963), Osmotic and Ionic Regulation in Insects. Advanc. Insect Physiol. **1**. — BEAMENT (1964), The Active Transport and Passive Movement of Water in Insects. Advanc. Insect Physiol. **2**.

Landinsekten:

EDNEY (1947): The Water Relations of Terrestrial Arthropods. Cambridge Press, London. — Wassergleichgewicht bei Wüsteninsekten: Ders. (1967): Science **156**. — Beziehungen zwischen dem Mikroklima des Biotops und der Wasserdampfabgabe mitteleuropäischer *Caelifera*: JACOBLEV (1957): Zool. Anz. Suppl. **20**. — Ders. & KRÜGER (1953): Zool. Jb. Physiol. **64**. — Wasserhaushalt der Honigbiene: ALTMANN (1958): Ann. univ. saraviensis sci. **7**. — Einfluß der Luftfeuchtigkeit auf die Vorzugstemperatur bei medizinisch wichtigen *Culicidae* u. *Calliphoridae*: SCHULZE (1959): Z. angew. Ent. **44**. — Regulation der Wasserabgabe durch die Kutikula bei *Locusta*: LOVERIDGE (1968): J. exp. Biol. **49**. — Regulation der Wasserabgabe durch die Stigmen: bei *Locusta*: Ders. (1968): Ebenda **49**. — bei *Glossina*: BURSELL (1957): Proc. R. ent. Soc. London (A) **32**. — bei *Odonata*: MILLER (1964): J. exp. Biol. **41**. — bei Diapausepuppen von *Hyalophora* in Temperaturen unter —4 °C: BURKETT & SCHNEIDERMAN (1968): Nature **217**. — Wasseraufnahme in Dampfform aus der Atmosphäre durch die Kutikula: bei *Thermobia*: BEAMENT et al. (1964): J. exp. Biol. **41**. — bei *Tribolium*: WINSTON & NELSON (1961): Am. Zool. **1**. — Bei der wüstenbewohnenden Schabe *Arenivaga*: EDNEY (1966): Comp. Biochem. Physiol. **19**. — bei der Larve von *Xenopsylla*: KNÜLLE (1967): J. Insect Physiol. **13**. — Gewinnung von Wasser aus der Nahrung: bei Larven von *Tenebrio*: SCHULZ (1930): Biochem. Z. **227**. — bei *Dermestes*, *Tribolium* u. *Ephestia*: FRAENKEL & BLEWETT (1944): Bull. ent. Res. **35**. — Wasser- u. Ionenregulation bei *Dysdercus*: BERRIDGE (1965): J. exp. Biol. **43**.

Wasserbewohnende Insekten:

Wasserhaushalt von *Corixa*: STADDON (1964): J. exp. Biol. **41**. — von *Notonecta*: Ders. (1963): Ebenda **40**. — Permeabilität der Kutikula der Wasserwanzen: Ders. (1966): Ebenda **44**. — der Larve von *Chaoborus*: SCHALLER (1949): Z. vgl. Physiol. **31**. — Austausch von Na u. K bei *Aedes*-Larven: RAMSAY (1953): J. exp. Biol. **30**. — TREHERNE (1954): Ebenda **31**. — Veränderungen der Feinstruktur der Analpapillen der *Aedes*-Larven bei unterschiedlicher Salinität des Mediums: SOHAL & COPELAND (1966): J. Insect Physiol. **12**. — Variabilität der abdominalen Schläuche aquatischer Chironomidenlarven in Abhängigkeit von der Ionenzusammensetzung des Mediums: STRENZKE & NEUMANN (1960): Biol. Zbl. **79**. — Osmotische Resistenz u. Osmoregulation aquatischer Chironomidenlarven: NEUMANN (1961): Biol. Zbl. **80**. — Osmoregulation euryhaliner Dipterenlarven aus Salzmarschen: SUTCLIFFE (1960): Nature **187**. — Larven aus hyperhalinen Gewässern: *Ephydra cinerea*: NEMENZ (1960): J. Insect. Physiol. **4.** – Ders. (1960): Sitzber. Öst. Akad. Wiss. math. naturw. Kl. Abt. 1. **169.** – *Berosus spinosus*: NEMENZ (1969): Vie et milieu **20.**

E18. I. Der Fettkörper und seine Funktionen

KILLY (1963), The Biochemistry of the Insect Fat Body. Advanc. Insect Physiol. **1.** – GILMOUR (1965): The Metabolism of Insects. Univ. Rev. Biol., edit. by TREHERNE **4.** Verlag Oliver & Boyd, Edinburgh. – Ontogenie des Fettkörpers bei *Musca* und seine Inhaltsstoffe: WIESMANN (1963): Mitt. schweiz. ent. Ges. **35.** – Speicherung von Fett, Glykogen und Eiweiß in sublichtmikroskopischen Strukturen des Fettkörpers: VON GAUDECKER (1963): Z. Zellforsch. **61.** – Histochemische Analyse der Proteine in Zellen des larvalen Fettkörpers von *Sarcophaga*: BENSON & BENSON (1966): J. Cell. Sci. **1.** – Histochemische Verschiedenheiten des Fettkörpers der Geschlechter der *Ensifera* u. *Caelifera*: MARTOJA & LAUVERJAT (1964): Bull. Soc. Zool. France **89.** – Stoffwechsel des Fettkörpers von *Schistocerca*: CLEMENTS (1959): J. exp. Biol. **36.** – Synthese von Aminosäuren aus ^{14}C-Glukose bei *Argyrotaenia (Tortricidae)*: J. Nutr. (Philad.) **95.** – Fett-Transport: bei *Locusta*: BEENAKKERS (1965): J. Insect. Physiol **11.** – GILBERT, CHINO & DOMROESE (1965): Ebenda **11.** – Harnsäure- und Harnstoff-Speicherung der Larve von *Chrysopa*: SPIEGLER (1962): J. Insect Physiol. **8.**

E18. II. Die Endosymbiose

Zusammenfassende Werke: BUCHNER (1953), Endosymbiose der Tiere mit pflanzlichen Mikroorganismen. Verlag Birkhäuser, Basel. – BUCHNER (1965), Endosymbiosis of Animals with Plant Microorganisms. Verlag Wiley, New York. – BUCHNER (1960), Tiere als Mikrobenzüchter. Verständl. Wissenschaft. Springer, Berlin. – KOCH (1956), Das Verhältnis zwischen Symbiont u. Wirt. Zool. Anz. Suppl. **19.** – KOCH (1962), Grundlagen und Probleme der Symbioseforschung. Medizin. Grundlagenforschg. **4.** Verlag Thieme, Stuttgart. – KOCH (1967), Insects and their Endobionts: in Symbiosis **2**, edit. by HENRY. Academic Press, New York.

E19. Kreislauf

MCCANN (1970), Physiology of insect hearts. Ann. Rev. Ent. **15.** – Kreislauf von *Sialis*: SELMAN (1965): Proc. Zool. Soc. London **144.** – Vergleichende Anatomie des Herzens der *Polyneoptera*: NUTTING (1951): J. Morph. **89.** – Rückengefäß der *Heteroptera*: HINKS (1966): Trans. R. ent. Soc. London **118.** – Morphologie und Physiologie des Kreislaufsystems von *Locusta* unter besonderer Berücksichtigung des Blutdrucks: BAYER (1968): Z. vgl. Physiol. **58.** – Funktion der Flügelmuskeln des Herzens: DE WILDE (1948): Arch. néerl. Physiol. **28.** – Endothelzellen des Herzens von *Locusta*: HOFFMANN & LEVI (1965): C. R. Acad. Sci. (Paris) **260.** – Rolle der Herzneurone beim Herzschlag von *Periplaneta*: MILLER (1968): J. Insect Physiol. **14.** – Ventrales Diaphragma: RICHARDS (1963): J. Morph. **113.** – Blutzirkulation in den Flügeln: ARNOLD (1964): Mem. ent. Soc. Canada **38.** – Insekten-Hämocyten: JONES (1962): Amer. Zool. **2.** – Bau u. Funktion der Blutzellen von *Tenebrio*: MARSCHALL (1966): Z. Morph. Ökol. **58.** – Abwehrreaktion des Insektenblutes gegen parasitische Larven von *Hymenoptera* und *Tachinidae*: SCHNEIDER (1950): Vierteljahrsschr. Naturf. Ges. Zürich **95.** – Chemische Zusammensetzung des Blutes in Beziehung zur Phylogenie: SUTCLIFFE (1963): Comp. Biochem. Physiol. **9.**

E20. Atmung

Lage und Zahl der Stigmen bei den verschiedenen Ordnungen: HINTON (1966): Trans. Philos. R. Soc. London Nr. **771.** – Bildung von Tracheen u. Tracheolen bei *Rhodnius* LOCKE (1958): Quart. J. microscop. Sci. **99.** – Feinstruktur der Tracheoblasten, Tracheolen u. Tracheen: EDWARDS, RUSKA & DE HARVEN (1958): Arch. de Biol. **69.** – Wanderung der Tracheolen während der Häutung: WIGGLESWORTH (1959): J. exp. Biol. **36.** – Wachstumskoordination der Tracheen: LOCKE (1958): Quart. J. microscop. Sci. **99.** – Stigmenreusen von *Apis* hindern das Eindringen von Staub: CONNEL & JONES (1953): Bull. Ent. Res. **44.** – Gasfüllung der zunächst flüssigkeitshaltigen Tracheen: BUCK & KEISTER (1955): J. exp. Biol. **32.** – Entfernung dieser Flüssigkeit, indem die Epikutikula der neuen Tracheenwand durch die Gerbung der darunterliegenden Kutikula wasserabstoßend wird: BEAMENT (1961): The water relations of insect cuticle.

Biol. Rev. **36**, p. 314f. – Ders. (1962): Proc. Linnean Soc. London **173**, p. 119. – Tracheenluft der Schabe hat sehr hohe RF. Bei Abkühlung der Beintrachee mit Äther kondensieren sich in der Trachee winzige Tropfen, die nicht zusammenfließen. Tracheenintima ist also wachshaltig: Beament (1964): Advanc. Insect Physiol. **2**. – Intratracheealer Druck bei der Atmung: Watts (1951): Ann. ent. Soc. America **44**. – Miller (1966): The Regulation of Breathing: Advanc. Insect Physiol. **3**. – Kontrolle der Ventilation bei *Schistocerca*: Miller (1960): J. exp. Biol. **37**. – Steuerung der Stigmen-Öffnung: Ebenda. – Atmung und Tracheen-Ventilation bei fliegenden Insekten: Weis-Fogh (1967): J. exp. Biol. **47**. – Vergleich der Tracheenatmung fliegender Insekten mit der Funktion der Vogellunge: Weis-Fogh (1964): Ebenda **41**. – Steuerung der Stigmen bei Libellen: Miller (1962): Ebenda **39**. – O_2-Angebot fliegender Käfer: Miller (1966): J. exp. Biol. **45**. – O_2-Verbrauch fliegender Käfer: Ludwig (1961): Zool. Anz. Suppl. **24**. – Diskontinuierliche Atmung der Puppen von *Hyalophora (Saturniidae)*: Levy & Schneiderman (1966): J. Insect Physiol. **12**. – Nervöse Atmungsregulierung der *Gryllidae*: Huber (1960): Z. vgl. Physiol. **43**.

Atmung der Wasserinsekten: Kiemen-Epikutikula ist für Wasser permeabel: Beament (1961): Biol. Rev. **36**, p. 294f. – Luftvorrat tauchender Insekten arbeitet als physikalische Kieme: Wolvekamp (1955): Experientia **11**. – Rahn & Paganelli (1968): Resp. Physiol. **5**. – Atmungsphysiologie der *Donacia*-Larve: Houlihan (1969): J. Insect Physiol. **15**. – Thorpe (1950), Plastron Respiration in Aquatic Insects. Biol. Rev. **25**. – Plastron vor dem Stigma wasserbewohnender Dipteren-Puppen (spiracular gills): Hinton (1968): Advanc. Insect Physiol. **5**. – Plastron-Atmung: mariner Insekten: Hinton (1966): Nature **209**. – der Eier: vgl. E23.

E21. Geschlechtsorgane

Äußere Organe: vgl. E2. – Wachstum des Eies im Ovarium: Bier (1967): Naturwiss. **54**. – Funktion der Nährzellen: bei adephagen *Coleoptera*, *Hymenoptera* u. *Lepidoptera*: Bier (1965): Zool. Jb. Physiol. **71**. – bei *Calliphora* u. *Musca*: Bier (1963): Roux Arch. Entwicklungsmechanik **154**. – Oogenesetypen: Ders. (1970): Zool. Anz. Suppl. **33**. – Hormonale Steuerung der Ovarentwicklung bei weiblichen Larven von *Heteropeza pygmaea*: Pohlhammer (1968): Zool. Jb. Physiol. **74**. – Bergerad (1967), Ambisexualité et intersexualité chez les insectes: Ann. biol. (Paris): Sér. 4, **6**.

E22. Fortpflanzung

Kopula u. Eiablage: Vgl. die Abschnitte im Speziellen Teil. – Intraspezifische chemische Signale, die bei der Anlockung der Geschlechter eine Rolle spielen: Matthes (1963): Forsch. Fortschr. **37**. – Jacobson (1966): Ann. Rev. Ent. **11**. – Butler (1967): Biol. Rev. **42**. – Bedeutung akustischer Signale für das Zusammenkommen der Geschlechter: vgl. vor allem Kap. 16, 17, 22B. – Pheromone reifer Männchen von Schistocerca, welche die Reifung frischgehäuteter, im gleichen Käfig lebender männlicher Imagines beschleunigen: Loher (1961): Naturwiss. **48** u. Proc. r. Soc. (London) B **153**. – Schwarmbildung: Downes (1969): Ann. Rev. Ent. **14**. – Hormonale Steuerung der Fortpflanzung: Engelmann (1968): Ebenda **13**.

E23. Das Ei und seine Entwicklung

I. Atmungssystem der Eischale (= Chorion): Hinton (1969): Ann. Rev. Ent. **14**. – Feinbau der Eischale: von *Musca*: Hinton (1967): J. Insect Physiol. **13**. – von *Leptohylemyia*: Hinton (1962): Quart. J. microscop. Sci. **103**. – von Fliegen-Eiern, die an Kuhdung abgelegt werden: Hinton (1960): Phil. Trans. R. Soc. London B **243**.

II. Zusammenfassung: Gouin (1962): Fortschr. Zool. **14**. – Bildung des Mesoblastem und der Cölomsäcke bei *Tenebrio*: Ullmann (1964): Phil. Trans. R. Soc. London B **248**. – Sonderung des Mesoblastem bei *Carausius*: Louvet (1964): Bull. Soc. zool. France **89**. – Bildung u. Differenzierung der Keimblätter im Thorax u. Abdomen bei *Chrysopa*: Bock (1939): Z. Morph. Ökol. **35**. – Dorsalorgan: von *Collembola*: Tiegs (1942): Quart. J. microscop. Sci. **83**. – von *Campodea*: Tiegs (1942): Ebenda **84**.

Embryologie: von *Thermobia* u. *Ctenolepisma*: Woodland (1957): J. Morph. **101**. – von *Periplaneta*, *Forficula*: Heymons (1895), Die Embryonalentwicklung von Dermapteren und Orthopteren. Verlag G. Fischer, Jena. – von *Locusta*: Roonwal (1937): Phil. Trans. R. Soc. London B **227**. – Grundzüge der Organbildung bei *Tachycines*: Ibrahim (1958): Zool.

Jb. Anat. **76**. – Embryologie von: *Calandra*: TIEGS & MURRAY (1938): Quart. J. microscop. Sci. **80**. – von *Pontania* (Blattwespe): IVANOVA-KASAS (1959): Zool. Jb. Anat. **77**. – von *Mamestra (Lepidoptera)*: REMPEL (1951): Canad. Ent. **83**. – von *Culex* u. *Lucilia*: DAVIS (1967): Aust. J. Zool. **15**. – ANDERSON (1966): The comparative embryology of the Diptera: Ann. Rev. Ent. **11**.

Entwicklung des Kopfes: von *Japygidae*: SILVESTRI (1933): C. R. 5. Congrès intern. d'entomologie. Paris **2**. – von *Orchesella (Collembola)*: BRUCKMOSER (1965): Zool. Jb. Anat. **82**. – von *Lepisma*: LARINK (1970): Z. Morph. Tiere **67**. – von *Periplaneta*: ROHRSCHNEIDER (1968): Zool. Jb. Anat. **85**. – Experimentelle Analyse der morphogenetischen Einheiten des Kopfes von *Tachycines*: WADA (1966): Ebenda **83**. – Embryonalentwicklung: des Kopfes u. Prothorax von *Carausius*: SCHOLL (1969): Z. Morph. Tiere **65**. – des Gehirns von *Carausius*: Ders. (1965): Zool. Anz. Suppl. **28**.

Entwicklungsphysiologie: Zentren im Eisystem: SEIDEL (1961): Zool. Anz. Suppl. **24**. – SEIDEL (1964), Analyse des Differenzierungsverlaufs im Insektenei (*Gryllus*) mittels Bestrahlung, Zool. Anz. Suppl. **27**. – Ders. (1966), Das Eisystem der Insekten u. die Dynamik seiner Innervierung. Ebenda **29**. – KRAUSE (1958), Induktionssysteme in der Embryonalentwicklung von Insekten, Ergebn. Biol. **20**. – SANDER (1968), Mechanismen der Keimeseinrollung (Anatrepsis) im Insektenei. Zool. Anz. Suppl. **31**. – des Thorax und seiner Muskulatur bei *Locusta*: WIESEND (1957): Z. Morph. Ökol. **46**. – Entwicklung der Struktur und der Funktionsfähigkeit der imaginalen Flugmuskeln von *Antheraea*: NUESCH (1965): Z. Naturforsch. **20b**.

Umwandlung der extrem spezialisierten larvalen Mundwerkzeuge von *Osmylus* samt ihrer Muksulatur in die typischen kauenden Mundgliedmaßen der Imago: WUNDT (1968): Zool. Anz. Suppl. **31**. – bei der Metamorphose von *Osmylus* werden diejenigen Teile der Kopfkutikula, die für den Verlauf der Verwandlung funktionell wichtig sind, zuerst abgebaut und umgeformt: WUNDT (1970): Zool. Anz. Suppl. **33**.

Postembryonale Entwicklung des Gehirns: bei *Pieris*: HEYWOOD (1965): J. Insect Physiol. **11**. – bei *Apis* u. *Myrmeleon*: LUCHT-BERTRAM (1962): Z. Morph. Ökol. **50**. – bei *Calliphora*: GIERYNG (1965): Z. wiss. Zool. **171**. – Postembryonale Entwicklung des gesamten Zentralnervensystems bei *Locusta*: AFIFY (1960): Zool. Jb. Anat. **78**. – Postembryonale Umwandlung: der Feinstruktur des Fettkörpers bei *Philosamia*: ISHIZAKI (1965): J. Insect Physiol. **11**. – des Tracheensystems bei *Eristalis*: GÄBLER (1930): Z. Morph. Ökol. **19**.

E24. Die postembryonale Entwicklung

Wachstum: WIGGLESWORTH (1964), The Hormonal Regulation of Growth and Reproduction in Insects. Advanc. Insect Physiol. **2**. – Wachstum ohne Zellteilung unter Vervielfachung des Genoms im Kern und die somatische Reduktion bei der Metamorphose: RISLER (1959): Chromosoma **10**. – Ders. (1961): Biol. Zbl. **80**. – RISLER & ROMER (1969): Zool. Anz. Suppl. **32**.

Häutung: COTTRELL (1964), Insect Ecdysis with Particular Emphasis on Cuticular Hardening and Darkening. Advanc. Insect Physiol. **2**. – Funktion der Epidermiszellen bei den Häutungen: WIGGLESWORTH (1960): Nature **188**. – Aufbau der Kutikula u. Epikutikula: vgl. E 1.

Regeneration der Beine: beim Kartoffelkäfer: LABOUR (1966): Bull. Soc. zool. France **91**. – bei Schaben: O'FARRELL & STOCK (1958): Proc. 10. intern. Congr. Ent. **2**. – PENZLIN (1964): Roux Archiv Ent.mechanik. **155**. – Ders. (1965): Wiss. Z. Univ. Rostock **14**. – Wundheilung im Integument: LAI-FOOK (1966): J. Insect Physiol. **12**.

E25. Die Metamorphose

Die Entwicklungsstadien bei den einzelnen Ordnungen u. die Umwandlung ihrer Organe: SNODGRASS (1954): Smithsonian miscell. Coll. **122**. – Physiologie der postembryonalen Entwicklung: BÜCKMANN (1962): Fortschr. Zool. **14**. – Die Umwandlungen der Organe und die hormonale Steuerung: Vgl. auch E 8.II. – ETKIN & GILBERT (1968): Metamorphosis, a Problem in Developmental Biology. Verlag North Holland Publ. Comp., Amsterdam. – Theorie der Entstehung des Puppenstadiums und damit der Holometabolie aus Ökomorphosen (Wachstumshemmungen und morphologischen Veränderungen, die z. B. bei *Collembola* zu beobachten sind): CASSAGNAU (1965): Ann. biol. (Paris) Sér. 4, **4**. – Klassifikation der Puppen: HINTON (1946): Proc. Zool. Soc. London **116**. – Bewegliche Puppen, deren Extremitäten von der pharaten Imago regiert werden: HINTON (1968): Advanc. Insect Physiol. **5**, p. 68ff.

Rück- und Umbildung von abdominalen Intersegmentalmuskeln: bei *Rhodnius*: Warren & Porter (1969): Amer. J. Anat. **124**. – bei *Saturniidae*: Lockshin & Williams: (1965): J. Insect Physiol. **11**. – bei *Calliphora*: Crossley (1968): J. Insect Physiol. **14**. – der thorakalen Muskeln bei *Apis*: Daly (1964): Univ. Calif.

E26. I. Die geographische Verbreitung

De Lattin (1967), Grundriß der Zoogeographie. Verlag VEB G. Fischer, Jena. – Holdhaus (1929), in Schröder, Handbuch der Entomologie **2**. – Mani (1967): Ecology and Biogeography of High Altitude Insects. Verlag Junk, den Haag.

Antarktis: Entomology of Antarctica, edit. by Gressitt: Antarctic Res. Ser. **10**. Amer. Geophysical. Union 1967. Washington. – Janetscheck, vgl. bei Kap. 3. – Beziehungen zwischen Insekten u. Blüten in der Hocharktis (82° nördl. Breite): Hocking (1968): Oikos (Kobenhavn) **19**. – Niedrige Kälte-Resistenz von Insekten im Sommer in Spitzbergen: Remmert & Wiesniewsky (1970): Öeologia **4**.

Wanderungen: Williams (1958), Insect Migration. Deutsch bearbeitet von Roer (1961). Verlag Parey Hamburg. – Nielsen (1964): Ergeb. Biol. **27**. – Southward (1962): Migration of terrestrial arthropods in relation to their habitat. Biol. Rev. **37**. – Wanderungen der Coccinellidae: Hodek (1967): Ann. Rev. Ent. **12**. – Vgl. auch Kap. 7, 17, Wasserwanzen Kap. 22A, 29. – Die Verbreitung der Insekten in der Luft in verschiedenen Höhen über dem Boden: Johnson (1957): J. Anim. Ecol. **26**. – Aktive Wanderungen u. passive Verwehung von Landinsekten nach Helgoland: Caspers (1942): Zoogeographica **4**. – Aktives Überfliegen von Insekten über die Nord- u. Ostsee bis zu Feuerschiffen in mindestens 30 km Entfernung: Heydemann (1967): Dtsch. ent. Z. N. F. **14**.

Ökologische Verbreitung: Geiger (1961): Das Klima der bodennahen Luftschicht. Vieweg, Braunschweig. – Peus (1954): Auflösung der Begriffe „Biotop" und „Biozönose": Dtsch. ent. Z. N. F. **1**. – Experimentelle Untersuchungen über die Ursachen der Biotopbindung bei Carabiden: Zusammenfassung: Thiele (1968): Naturwiss. Rundschau **21**. – Ders. (1964): Z. Morph. Ökol. **53**. – Analyse u. Synthese im tierökologischen Experiment: Thiele & Lehmann (1967): Ebenda **58**. – Ökologische Untersuchungen an bodenbewohnenden Käfern einer Heckenlandschaft: Thiele (1964): Ebenda **53**. – Zusammenhänge zwischen Tages- und Jahresrhythmik einerseits und der Habitatbindung andererseits bei Carabidae: Ders. (1969): Oecologia **3**. Vgl. auch *Carabidae*, Kap. 26.

Koch (1961): Some aspects of abundant life in the vegetationsless sand of the Namib desert dunes. *Tenebrionidae*: Sci. Pap. Namib desert Res. Stat. **1**. – Vgl. auch *Tenebrionidae*, Kap. 26.

Regulation der Körpertemperatur bei Schmetterlingen: Heath (1967): J. exp. Biol. **47**. – Vgl. Kap. 29.

Strübing (1958): Schneeinsekten. Verlag Ziemsen, Wittenberg.

E26. II. Die Dormanz

Müller (1970), Formen der Dormanz bei Insekten. Abh. dtsch. Akad. Naturforscher Leopoldina. N. F. **35**, Nr. 191. – Probleme der Insektendiapause: Ders. (1966): Zool. Anz. Suppl. **29**. – Danilevskij (1965): Photoperiodism and Seasonal Development of Insects. Verlag Oliver & Boyd, Edinburgh. – Licht als ökologischer Faktor: Müller (1964): Fortschr. Zool. **16**. – Beck (1968): Insect Photoperiodism. Academic Press, London.

Beispiele für Parapause: bei *Pterostichus nigrita, angustatus* u. *Agonum assimile*: Thiele (1966): Z. angew. Ent. **58**. – Ders. (1968): Zool. Anz. Suppl. **31**. – Sommerparapause bei *Nebria brevicollis* u. *Patrobus atrorufus (Carabidae)*: Thiele (1969): Oecologia **2**. – Eudiapause der Puppen, die mit Saisondimorphismus verbunden ist: bei *Araschnia levana*: Wirkung der Photoperiode: Müller (1956): Naturwiss. **43**. – Einfluß der Temperatur: Reinhardt (1969): Zool. Jb. Physiol. **75**. – beim Segelfalter (*Iphiclides*): Wohlfahrt (1956–57): Ber. Physikal. Medizin. Ges. Würzburg N. F. **68**.

Theorie der Diapause-Entwicklung und Beendigung auf Grund der Synchronisation der Photoperiode mit dem Rhythmus der Proctodon-Sekretion des Raupen-Enddarmes, welche die Neurosekretion des Protocerebrum reaktiviert. Beck (1964): Amer. Natural. **98**.

E26. III. Kältefestigkeit

Asahina (1969), Frostresistance in Insects. Advanc. Insect Physiol. **6**. – Salt (1961), Principles of Insect Cold Hardiness. Ann. Rev. Ent. **6**. – Bedeutung des Glyzerins für die

Kältefestigkeit: Sømme (1964): Canad. J. Zool. **42.** – Änderungen in den Stoffwechsel-Reserven und Gonaden bei überwinternden *Coccinellidae*: El-Hariri (1966): Proc. R. ent. Soc. London **41.** – Wirkung der Akklimatisation auf die Widerstandsfähigkeit von *Blastophaga piniperda (Scolytidae)* gegen tiefe und hohe Temperaturen: Annila & Tertutunen (1964): Ann. ent. fenn. **30.** – Kältefestigkeit der Larven: von *Pyrausta (Ostrinia) nubilalis* (Maiszünsler): Hanec & Beck (1960): J. Insect Physiol. **5.** – von *Malacosoma*: Hanec (1966): Ebenda **12.**

E27. System und Phylogenie

Hennig (1969): Die Stammesgeschichte der Insekten. Verlag Kramer, Frankfurt a. Main. – System: Ders. (1968): Taschenbuch der Zoologie. Band **3,** Wirbellose II (Gliedertiere). Verlag VEB Thieme, Leipzig. – Bestimmungsschlüssel für die Familien der Insekten der Erde: Brues, Melander & Carpenter (1954): Bull. Mus. comp. Zool. Harvard Coll. **108.** – Übersicht über die Gattungen: Handlirsch (1929) in Schröder, Handbuch der Entomologie **3.** – Neue Wege der Insektensystematik: Stammer (1961): 11. Intern. Kongr. Ent. Wien. **I.** – Untersuchungsergebnisse der Thoraxmuskulatur, welche die Theorie festigen, daß die *Mecopteroidea* eine monophyletische Gruppe sind, innerhalb deren die *Amphiesmenoptera* und *Antliophora* Schwestergruppen darstellen: Mickoleit (1966): Zur Kenntnis einer Spezialhomologie (Synapomorphie) der *Mecopteroidea.* Zool. Jb. Anat. **83.** – Vergleichend anatomische Untersuchungen an der pterothorakalen Pleurotergalmuskulatur der *Neuropteroidea* und *Mecopteroidea*: Ders. (1969): Z. Morph. Tiere **64.**

Untersuchungen zur Stammesgeschichte von Putzbewegungen: Jander (1966): Z. Tierpsychol. **23.**